U0237747

卓越计划·工程力学丛书

流 体 力 学

主　编　吴静萍　刘艾明

副主编　张咏鸥　邵江燕　李廷秋

科 学 出 版 社

北 京

内 容 简 介

本书共12章，主要内容包括流体及其物理特性、流体静力学、流体运动学、流体动力学、涡旋理论、势流理论、波浪理论、管路水力计算、边界层理论、机翼理论和相似理论与相似换算。每章配有例题、测试题、习题和拓展题，书后附录提供了相关的数学基础知识。

本书以不可压缩流体为对象，可作为高等院校船舶与海洋工程专业流体力学课程教材，也可供其他相关专业本科、研究生及工程技术人员参考。

图书在版编目（CIP）数据

流体力学 / 吴静萍，刘艾明主编. —北京：科学出版社，2024.5
（卓越计划・工程力学丛书）

ISBN 978-7-03-076363-1

Ⅰ. ①流… Ⅱ. ①吴… ②刘… Ⅲ. ①流体力学-教材 Ⅳ. ①O35

中国国家版本馆 CIP 数据核字（2023）第177540号

责任编辑：王 晶 / 责任校对：高 嵘
责任印制：彭 超 / 封面设计：苏 波

科学出版社出版
北京东黄城根北街16号
邮政编码：100717
http://www.sciencep.com
武汉中科兴业印务有限公司印刷
科学出版社发行 各地新华书店经销
*
2024年5月第 一 版 开本：787×1092 1/16
2024年5月第一次印刷 印张：20 1/2
字数：522 000

定价：72.00 元

（如有印装质量问题，我社负责调换）

前　言

流体力学是力学的一个分支，是一门基础性很强、应用性很广的学科。“船舶流体力学”课程是武汉理工大学船舶与海洋工程专业的一门专业必修课，是将流体力学基础理论知识与专业应用相结合的一门高等教育课程。本书在本校王献孚、马乾初、全贵钧等教授主编的教材基础上，参考国内外其他高校同类书籍，有机融入思政元素和学科新进展，结合团队多年的教学实践经验，在章节内容和编排顺序上进行了由浅入深、深入浅出的统一规划，由团队老师编写而成。

本书编写有以下几个特点。

（1）课程体系和章节知识点体系保持统一风格。课程体系分为两大部分：流体力学基础和专业基础的理论知识。先介绍流体物理属性、静力学、运动学、动力学等流体力学基础理论，然后介绍涡旋理论、势流理论、波浪理论、管路水力计算、边界层流动和机翼理论等专业基础理论，最后介绍指导实验研究的基础理论知识——相似理论与相似换算。章节体系统一，每章内容的编写顺序统一为：从简单的基本概念开始，再介绍重要的表达式和方程式，最后将理论与实际应用相结合。章后配例题、测试题、习题和拓展题。内容编排由理论到实际、由抽象到具体，以期解决流体力学学习中遇到的难学、抽象等问题。

（2）有机融入科技发展和课程思政内容，通过理论联系实际，传授高阶解决问题的思路和方法，培养高阶能力。流体质点模型和湍流边界层构成分别为数值模拟计算流体动力学方法的划分网格和模拟边界层流动奠定基础；势流理论中简单流动叠加方法为边界元法数值计算方法奠定基础；拉格朗日方法为光滑粒子流体动力学方法和粒子图像测速技术奠定基础。应用帕斯卡定律、阿基米德定律、伯努利方程、马格努斯效应、卡门涡街等众多的理论知识分析新型液压机械、海底沉物打捞、汽车轮船避碰、新型可再生能源装置、新型涡激振动等问题。将深水静压力计算知识点融入大国重器蛟龙号外壳强度设计，将弯曲管道黏性流动分离二次流知识点融入都江堰泄洪分沙水利工程等，树立文化自信，激发爱国热情。传授忽略次要因素抓住主要因素的建立模型方法、方程迭代逼近求解方法、降维处理方法、惯性坐标系转换方法、量级分析方法等高阶方法。以知识为载体，传授解决问题的方法，学以致用，知行合一。

（3）夯实基本概念和理论基础。概念内涵、外延清晰。如浮力与升力，涡流、涡旋和旋涡，明晰它们的区别。概念先后顺序逻辑关系清晰。如在物体外部绕流流动问题中，出现两条线的概念：一方面，黏性作用小的高雷诺数物体绕流流动→忽略流体黏性→理想流体势流理论→物体外部绕流速度场（零受力）；另一方面，黏性壁面无滑移→考虑流体黏性→黏性边界层→黏性阻力。再如，旋转角速度→无旋→速度势→拉格朗日方程→水波自由面动力学边界条件。夯实理论基础。如第 1 章流体及其物理特性、第 2 章流体静力学、第 3 章流体运动学、第 4 章流体动力学，对一些重要的基本方程式，诸如连续性方程、纳维-斯托克斯方程、伯努利方程、动量方程等的建立，都有较详细的推导，是流体力学基础中的基础；第 5 章涡旋理论、第 6 章势流理论、第 7 章波浪理论和第 10 章机翼理论，阐述了理想流体不同专题流动的基础知识；第 8 章管路、孔口和管嘴的黏性流动和第 9 章边界层理论分别是黏性流体内流和外流两大流动的基础知识。同时，穿插量纲、张量、重力和速度势函数、速度梯度散度和旋度、涡量、输运方程等有一定深度的力学术语，为研究生学习奠定基础。

（4）强化物理量的量纲和无量纲化参数的重要意义。采用无量纲参数表达力学规律是发现物理现象规律的重要手段。本书在第 1 章奠定量纲和无量纲化参数的基础，并将量纲分析和无量纲化参数分析力学规律贯穿于始终。

（5）每章提供少量拓展题。通过课外知识的积累，培养自学和创新能力。

本书共 12 章，由吴静萍、刘艾明任主编，张咏鸥、邵江燕、李廷秋任副主编，全书由熊鳌魁审核，赵小仨和黄朝炎参与编写。具体分工为：绪论、第 1～4 章由吴静萍编写，第 5～6 章由吴静萍、刘艾明编写，第 7 章由李廷秋、刘艾明编写，第 8 和 11 章由张咏鸥编写，第 9 章由邵江燕编写，第 10 章和附录由刘艾明编写，参考文献由赵小仨整理。全书的统稿、定稿工作由吴静萍、刘艾明、黄朝炎完成。

本书的出版得到了武汉理工大学本科教材建设专项出版基金项目的资助，特别致以谢意。同时，感谢武汉理工大学的各位领导、老师长期以来给予流体力学教学和发展工作的指导和支持，感谢在本书编写工作中提供协助的硕士研究生张敏、盘俊、沈冠之、关超、何博、湛鹏、王明玉、陈昌哲、林克青，本科生林泽华，以及默默奉献的家人。借此机会，谨以此书感谢我们敬仰的前辈们。本书的出版得到了科学出版社的支持，对编辑辛勤和细致的审查工作表示感谢。

由于编者水平有限，书中难免有不妥之处，敬请广大读者批评指正。

编　者

2023 年 5 月 14 日

目　　录

第0章　绪　　论

本章简单介绍流体力学的研究内容、研究对象、研究方法和发展简史，以及流体力学课程的特点，使读者对流体力学有一个简短的了解。

0.1　流体力学的研究内容、研究对象及应用

1. 研究内容

流体力学是一门宏观力学，它研究流体处于静止或者运动状态的基本规律，流体与固体相互作用的力学规律，以及这些规律在实际工程中的应用。流体力学主要围绕三要素：流体、运动和力解决问题。

2. 研究对象

日常生活处于流体环境中，常见的流体如水、油、空气等。以研究水为代表的不可压缩流体流动的流体力学称为水动力学，以空气代表可压缩流体流动的称为空气动力学。

根据流体力学研究对象不同及与其他学科的交叉性，又出现理想流体力学、黏性流体力学、可压缩性流体力学、多相流、非牛顿流体力学、稀薄气体力学、电磁流体力学、化学流体力学、生物流体力学、地球流体力学等众多分支学科。

3. 广泛的生活和工程中的应用

流体力学在日常生活和工程中的应用相当广泛。在日常生活中，可应用于空调、排气扇、电扇、洗衣机、自来水供应等。在工程上，可应用于风能、太阳能、波浪能等清洁能源的利用，大坝和水利灌溉系统，舰船、汽车、高速铁路、飞机、跨海大桥浮桥等的设计建造，以及天气预报、洪水防治、大气水及海洋污染治理等。

在土木、水利、机械、动力、石油、化工、海洋等工程领域，气象、航天等各个部门几乎都会涉及水、空气、油等流体物质，流体力学是这些工业领域的理论基础。甚至在电影特效和游戏引擎处理上，也会使用流体力学的仿真进行渲染。

简单地说，人类生活离不开水和空气，流体力学知识的科普很适用也很重要。

0.2　流体力学的研究方法

流体力学主要有三种研究方法：理论分析方法、实验研究方法和数值计算方法。相对应地，根据研究方法的不同，流体力学可分为理论流体力学、实验流体力学和计算流体力学。

1. 理论分析方法

理论分析方法通常是在研究流体运动规律的基础上提出简化流动模型，建立各类主控方

程，并在一定初始条件和边界条件下，经过推导和运算获得问题的解析解。它最大特点是可以给出具有普遍性的结果，可以用最小的代价和时间给出规律性的结果或变化趋势。理论分析结果能揭示流动的内在规律，具有普遍适用性，但分析范围有限。

理论分析方法是目前解决实际问题常采用的方法，但其缺点是无法用于研究复杂的、以非线性为主的流动现象。

2. 实验研究方法

长期以来，实验研究方法是研究流动机理、分析流动现象、探讨流动新概念、推动流体力学发展的主要研究手段，是获得和验证流动新现象的主要方法。在今后相当长的时期内仍将是流动研究的重要手段。

然而，实验研究方法往往受到模型尺寸、外界干扰、测量精度和人身安全的限制，有时甚至难以获得实验结果。此外，实验还会遇到资金投入、人力和物力的巨大耗费及周期时间长等各种困难。实验结果能反映工程中的实际流动规律，发现新现象，检验理论和数值计算结果，但其缺点是每种工况一次实验，结果的普适性较差。

3. 数值计算方法

17 世纪，法国和英国奠定了实验流体力学的基础。18～19 世纪，理论流体力学在欧洲也逐渐发展起来。到 20 世纪，流体力学（甚至所有的物理科学和工程）的研究和实践都使用理论分析或开展实验研究。

然而，高速数字计算机的出现及使用这些计算机解决物理问题而发展起来的高精度数值算法，使得研究流体力学的方法发生了革命性的变化。20 世纪 60 年代，计算机将一种非常重要的、新的研究方法——计算流体力学方法引入流体力学，成为流体力学的第三种研究方法。

数值计算方法基于众多的数值离散方法，如差分法、有限元法、边界元法、有限体积法、谱方法等，主要依托计算机的高速计算性能，对理论难以求解和实验难以实现的问题，获得它们的数值解。但其数值求解模型还在继续发展中，对于新问题的计算精度低，甚至无法求解。

0.3 流体力学的解题思路

在此，流体力学的解题思路主要是通过建模、推导表达式和方程，具体如下。

1. 建立模型

这里指数学、物理模型，主要根据研究对象的实际情况抽象出来的。比如，推导微分方程的微元体、推导积分方程的控制体等，而不是常见的汽车模型、船模、航模等实物模型。

2. 建立力学方程

利用物理基本定律，建立描述所研究对象的基本方程。选择能够解决问题的物理基本定律，如建立连续性方程是基于质量守恒定律，解决运动问题；建立流体运动微分方程是基于牛顿第二运动定律，解决受力问题，等等。

3. 解方程

展开推导过程，得到最终的结论。结论包括表达式和方程。例如，流体质点的加速度表达式、连续性方程、伯努利方程、纳维-斯托克斯（Navier-Stokes）方程（简称 N-S 方程）等，并对结论进行说明。

4. 应用

流体力学的模型来源于实际，可将其结论应用到实践中去解释和解决实际问题。

0.4 流体力学的发展简史

流体力学的知识，不管人类是否发现它、利用它，它一直广泛存在于自然界中。流体力学学科在人类与自然界的活动中，是随着人类文明和技术的发展而逐渐发展起来的。

早在公元二百多年前阿基米德解决皇冠掺银问题，发现了浮力定律。然后，自 17 世纪开始，流体力学得到了比较迅速的发展。由牛顿、伯努利、欧拉、拉格朗日、达朗贝尔等初步勾画出古典流体力学的雏形。在我国，著名力学家周培源、钱学森、郭永怀等在近代流体力学的发展中作出过重要贡献。

更多较为详细的流体力学发展史在此不一一叙述，请读者参见相关资料。

0.5 流体力学课程的特点

1. 技术（专业）基础性课程

流体力学是从基础课程向专业课程过渡的一门力学课程。研究的是抽象问题，是从工程实践中抽象出来的，解决的是实际问题。从实践中来，到实践中去。

2. 用场的观点研究问题

流体力学研究的是流场。流场从几何上可理解为流体所充满的空间。数学上，流场中的物理量是连续分布的。

对一个具体的流动问题，其流场是有边界的。比如，确定某段河流中水流速度沿水深的分布。流场是这段河流，整条河流通过这条河流的上游、下游边界与之相关联。而流体的速度沿水深是连续分布的，其他物理量如密度、压力分布等也是连续的。

3. 概念多、公式多

每门学科都有众多专业术语，如可压缩、黏性、流线、涡旋、边界层等。还有流体质点、加速度、迹线、压强、应力等。

课程涉及的内容主要是经典流体力学部分，表达式和方程主要来源于“大学物理”和“工程力学”（或者“理论力学”、“材料力学”）课程，而在流体力学中做了全新的表述。主要运用了牛顿三大定律、质量守恒定律、动量守恒定律、能量守恒定律等。

第 1 章　流体及其物理特性

流体力学的研究对象是流体，流体质点为组成流体的最基本单元。基于连续介质模型，流体质点在流场中连续分布。流场中的物理量包括标量和矢量，也是连续分布的，可用场论的方法进行分析。

流体的主要物理特性包括流体的易流动性、密度（惯性）、可压缩性和热膨胀性、流体的黏性，以及液体的表面张力特性等。

流体所受的作用力因成因不同、大小不同而引起流体千变万化的流动。它按作用方式不同分为体积力（质量力）和表面力，便于分析流体受力和揭示引起流动的本质。

本章主要围绕流体及其物理特性展开相关介绍。

1.1　流体连续介质模型

自然界的物质主要有三种宏观形态：固态、液态和气态，分别又称为固体、液体和气体。

固体既有一定的体积，又有一定的形状，且不易变形；液体有一定的体积，但没有固定形状；气体没有固定的体积和形状，可以充满能够达到的整个空间。

物质的宏观形态可从微观的角度加以说明。构成固体的分子间距最小，而组成液体和气体的大量分子处于松散状态。分子间距离越小，内聚力（也称为凝聚力）越大。固体的内聚力最大，液体次之，气体则不是很明显。内聚力最大的固体，因分子运动受限而保持一定的形状，而液体和气体无固定形状。

常见的流体有空气、水、油、金属溶液和天然气等。更广泛地，固体小颗粒的高速流动、密集人群的活动、连续不断的车流、星系运动等运动现象也都遵循流体的运动规律。

1. 流体质点

例如，夏天房间内温度高，通过空调降温。空调通过温度传感器监测室内空气温度，实现空调运转控制，从而达到最优化的温度调节效果。这里，温度传感器感应到的是微小局部的温度，这个温度是大量空气分子热运动的平均温度，是一个宏观的物理量。同时，房间的温度分布是连续变化的。

在日常生活和工程技术中，通常关注流体的物理量是大量分子、原子的统计平均特性，而对微观流体分子原子的热运动则不感兴趣。如风力发电、拉索桥梁和高耸建筑物问题中的风速、水力发电、深水桥墩和船舶航行问题中的水流速度，以及天气预报、室内温度控制问题中的温度，等等。这样的大量分子原子的集合组成了流体力学的最基本单元——流体质点。

同时，与理论力学的质点类似，流体质点也是一种体积可以忽略的模型，即流体质点的体积 ΔV 趋近于 0 或写作 $\Delta V \to 0$。

简之，流体质点是由大量分子原子组成的、体积无穷小的流体微团。流体质点的运动是大量分子原子的统计平均特性，具有一定的质量、密度、温度、速度、压强、动量等宏观物理量。

虽然流体质点从模型上是无穷小，但是它包含足够数量的分子原子，具有确定的质量和体积。图 1.1.1 给出流体质点的质量 Δm 与体积 ΔV 之比 $\dfrac{\Delta m}{\Delta V}$ 随体积 ΔV 变化的示意图。

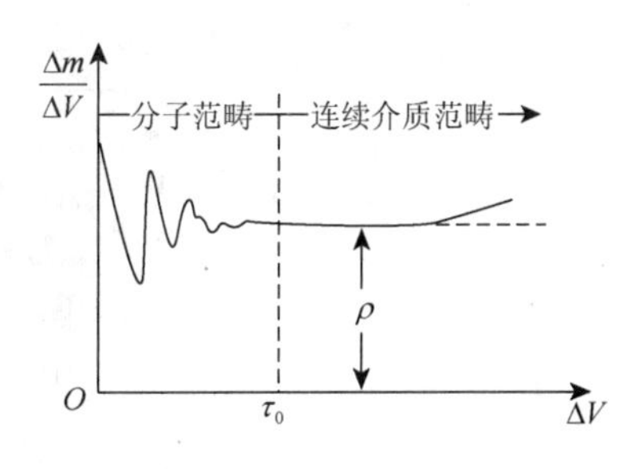

图 1.1.1 $\dfrac{\Delta m}{\Delta V}$ 随体积 ΔV 变化的示意图

从图中可见，当 $\Delta V < \tau_0$ 时，$\dfrac{\Delta m}{\Delta V}$ 的统计平均值波动而不稳定，说明流体质点所含流体分子原子数量太少，流体质点的统计平均值对分子原子的随机运动的影响很敏感。

当 $\Delta V > \tau_0$ 时，$\dfrac{\Delta m}{\Delta V}$ 的统计平均值是稳定的，这个稳定说明流体质点所含流体分子原子数量是充分的，分子原子的随机运动的影响不明显。可见，τ_0 是流体质点的极限体积，不能再小。对于所有的液体及在 1 个标准大气压下的气体，τ_0 约 10^{-9} mm^3。

如果 $\dfrac{\Delta m}{\Delta V}$ 随着 ΔV 继续增大到一定程度，其大小发生的变化反映了宏观物理量 $\dfrac{\Delta m}{\Delta V}$ 在空间分布的不均匀性。

2. 流体介质连续假设

从日常生活和工程技术的实践中获知，流体质点的宏观物理量在空间上是连续分布的。瑞士科学家欧拉（Euler）在 1755 年《流体运动的一般原理》中提出“连续介质模型”，认为流体是由空间上连续分布的流体质点所组成。该模型是流体力学中最基本的模型，与实践经验相吻合，换句话说，满足工程精度要求。

“连续介质模型”指出不仅流体质点之间没有间隙，而且流体质点的物理量在空间上是连续分布的。

那么，这样的流体质点存在吗？实际上，“连续介质模型”成立的关键在于流体质点的宏观尺度如何选取。

流体质点一方面是体积无穷小的流体微团，另一方面它包含大量分子原子。因此，其尺度与流体运动的空间相比足够小，而与分子原子间隙（或者分子自由程）相比足够大。

（1）流体质点的尺度与分子原子间隙相比足够大。

在 1 个标准大气压（100 kPa）和温度 0℃下，1 mm^3 空气有 2.7×10^{16} 个空气分子，相邻分子间的距离为 7×10^{-5} mm；1 mm^3 水有 3.3×10^{19} 个水分子，相邻分子间的距离为 3×10^{-7} mm。

通常研究宏观流体力学问题时，流体质点的大小远远大于分子的大小及其间距，即使流体质点微小的 τ_0 极限体积（体积约 10^{-9} mm^3，尺度约 10^{-3} mm）中也包含足够数量的分子，能够体现出稳定的流体分子统计平均特性。

图 1.1.2 所示为底部被加热的一杯水。假设室温 25℃，底部因加热而温度升至 30℃。现将水离散成由众多体积为 1 mm^3 的流体质点所组成，很明显，这些流体质点在空间上是无间

隙连续分布的，每一个流体质点的温度是确定的，并且在 25～30℃连续变化。采用连续介质模型描述水杯的温度分布（或温度场）是可行的。

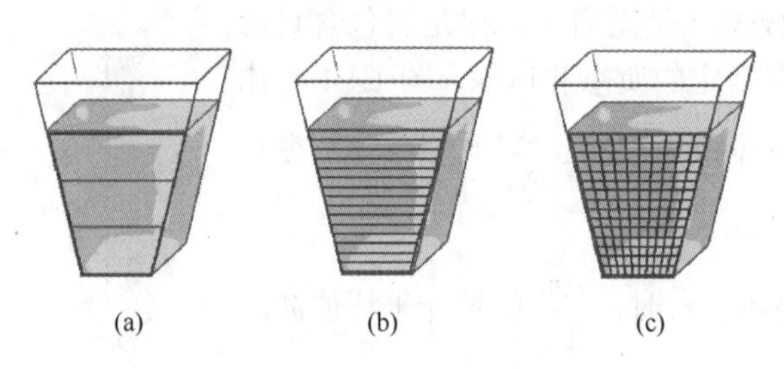

图 1.1.2　不同的流体质点布放方案

但是，如此微小的流体质点体积导致流体质点数量巨大，在实际中并不实用。假设水杯中水的体积仅为 $5\ \text{cm}\times 5\ \text{cm}\times 5\ \text{cm} = 125\ \text{cm}^3 = 1.25\times 10^5\ \text{mm}^3$，它就包含了 1.25×10^5 个 $1\ \text{mm}^3$ 大小的流体质点。实用上，流体质点的尺度可以更大一点，在满足工程精度要求的情况下，相对流体流动的空间尺度而言足够小就可以了。

（2）流体质点的尺度与流场尺度相比足够小。

那么，对于图 1.1.2 中流体质点的尺度取多大合适呢？

图 1.1.2 给出了三种不同的流体质点布放方案。其中：（a）沿高度方向离散成 3 个流体质点；（b）沿高度方向离散成 15 个流体质点；（c）在（b）的基础上增加了沿水平方向的离散，共 150 个流体质点。可知，（a）中仅 3 个流体质点，尺度偏大，导致质点平均温度不连续；（b）中流体质点的尺度减小，质点的平均温度在高度方向上可能达到工程精度要求，是连续的。但是忽略了温度在水平方向的变化；（c）中流体质点的尺度最小，质点的平均温度分布既反映温度在高度方向的连续变化，又反映水平方向的连续变化，流体质点尺度是三者中最合适的。

再比如天气预报，流体质点的尺度可取一座城市的空间尺度大小。可见，流体质点的体积足够小，是相对流场尺度的。

总之，流体质点与分子原子相比足够大，与流场尺度相比足够小。如果流体质点太小或者太大，均不满足连续介质模型的要求。

流体质点和连续介质模型对现代数值计算的有网格方法的网格划分和无网格方法的粒子布放具有指导作用，现做以下讨论。

（1）流场中质点大小不一定是均匀的。

流体质点的尺度在流场中并不一定是均匀的。在物理量变化较快的区域，流体质点的尺度往往小于变化较慢的区域。

在计算流体力学网格数值计算方法中，将计算域划分网格离散出一定数量的网格单元，每个网格单元占据一个流体质点。粗细网格结合，有利于提高计算精度和计算速度。

（2）连续介质模型不适用的情况。

连续介质模型在微观尺度流动问题、稀薄气体的动力学问题中不再适用，需要用分子运动论或统计力学的微观方法进行研究。

比如，$1\ \text{nm} = 1.0\times 10^{-6}\ \text{mm}$，$1\ \text{nm}^3 = 1.0\times 10^{-18}\ \text{mm}^3$，$1\ \text{mm}^3$ 水有 3.3×10^{19} 个水分子。那么，$1\ \text{nm}^3$ 水有 33 个水分子，包含的水分子数量太少。相邻分子间的距离为 $3\times 10^{-7}\ \text{mm}$，即 0.3 nm，分子间距与质点的纳米尺度量级相当，质点间的空隙相当明显。

钱学森在1946年发表的论文中指出在几十公里高空飞行时将会遇到稀薄气体动力学问题。在120 km高空，空气分子的平均自由行程约1.3 m。此处气体密度极低，分子间距远大于分子自由程，气体分子处于离散结构，这种气体称为稀薄气体。当气体密度很低时，流体力学中的连续介质假设不再适用，研究这种气体流动规律的学科称为稀薄气体动力学。

（3）流场是连续的。

流场内充满了连续分布的流体质点，流体质点具有众多的物理量，比如密度、速度、压强、温度、动量等。

在数学上，如果建立直角坐标系 $O\text{-}xyz$，流体质点物理量的数值与空间点 (x,y,z) 一一对应，并连续分布，形成物理量场，比如速度场、压力场、温度场。物理量不仅在空间位置 (x,y,z) 上连续变化，还会随时间 t 连续变化。

既然流体在空间和时间上是连续的，就可用连续性函数 $B(x,y,z;t)$ 描述流体质点物理量随空间位置 (x,y,z) 和随时间 t 的变化，如温度 $T(x,y,z;t)$，速度 $v(x,y,z;t)$，压强 $p(x,y,z;t)$；以及由物理学基本定律建立流体运动微分或积分方程，并用连续函数理论求解方程。

连续介质模型将物理意义的流场与数学上的场论有机结合起来，使数学分析方法成为解决流体力学问题的重要手段。

3. 标量　矢量　张量

物理量可分为标量、矢量和张量等类别。

标量只有大小没有方向，用一个数量和单位即可表示。常见的流体物理量中，标量有：质量 m、时间 t、压强 p、温度 T 等。

矢量不仅有大小，还有方向。常见的矢量有：位置 $\boldsymbol{r}$、速度 $\boldsymbol{v}$、加速度 $\boldsymbol{a}$、力 $\boldsymbol{F}$，等等。

在三维直角坐标系 $O\text{-}xyz$ 下，矢量有三个分量。以速度矢量为例，其三个坐标轴方向的速度分量分别用 v_x，v_y，v_z 表示，则速度矢量 $\boldsymbol{v}$ 表示为

$$\boldsymbol{v}=v_x\boldsymbol{i}+v_y\boldsymbol{j}+v_z\boldsymbol{k} \tag{1.1.1}$$

张量是矢量的一个推广，当物理量有多个分量时采用的一种表达方式。在三维空间中，用 3^n 个分量来表示的量称为 n 阶张量，n 为阶数。

标量是零阶张量，$n=0$。矢量是一阶张量，$n=1$。矢量用张量的形式表达更简单、方便。在直角坐标系 $O\text{-}xyz$ 下，流体质点的位置坐标 (x,y,z)，3个分量可用一个符号 $x_i(i=1,2,3)$ 表示。类似地，速度 (v_x,v_y,v_z) 的3个分量可用符号 $v_i(i=1,2,3)$ 表示。可见，矢量有3个分量；而当 $n=2$ 时，张量有9个分量，如形变速度张量和黏性应力张量。

4. 基本量纲　导出量纲

物理量不仅有大小还有单位。在国际单位制（SI）中，长度的单位为米（m）、时间单位为秒（s）、质量单位为千克（kg）、温度单位为开尔文（K）。

量纲是单位的种类，又称因次。如长度、宽度、高度、深度、厚度等都可以用纳米、米、年等不同单位来度量，但它们属于同一种类，即具有相同的量纲——长度量纲，用L表示。

在流体力学中有 4 个基本的量纲分别是长度的量纲 L、时间的量纲 T、质量的量纲 M（或力量纲 F）和温度的量纲 Θ。其中，不涉及热力学问题常用的基本量纲是前三个。基本量纲是具有独立性的量纲，其他物理量的量纲由基本量纲导出，称为导出量纲。

速度的单位：米/秒（m/s）；量纲$[v] = LT^{-1}$；

加速度的单位：米/秒^2（m/s^2）；量纲$[a] = LT^{-2}$；

力的单位：牛顿（N 或 $kg \cdot m/s^2$）；量纲$[F] = [ma] = MLT^{-2}$；

压强的单位：牛顿/米^2（N/m^2）或者帕斯卡（Pa）；量纲$[p] = ML^{-1}T^{-2}$；

任意物理量 B 的量纲可写成：$[B] = M^aL^bT^c\Theta^d$。

1.2 作用于流体上的力

固体在外力作用下，运动状态将发生变化，流体也一样。

比如，空气是摸不着的，水从指缝间流走。看似什么也没有发生，实际上，空气和水在与手的相互作用过程中，其运动状态在外力作用下已经发生了巨大变化。

为分析流体的受力，从流场中任取一个流体团（分离体）作为分析对象。一般地，作用于流体团的力有内力和外力。内力作用于流体团内部质点之间，大小相等，方向相反，成对出现，合力为零，不需要分析。外力才是流体受力分析的重点。

外力是流体团周围的流体和固体对它的作用力，按作用方式分为体积力和表面力。

1. 体积力

体积力又称为质量力，指某种力场作用在流体团全部质点上的力，大小与流体团的质量成正比，是一类分布力、非接触力。

常见的体积力如重力、惯性力、磁场力等，虽然各自的物理成因不同，但是它们的作用方式相同。重力是地球质量的引力和地球自转引起的离心力的合力，地球重力作用的空间称为地球重力场。在地球重力场中，不论是在河道的水流还是喷向空中的射流，不管与地球是否接触，重力均分布作用在每个流体质点上。

体积力通常表示为单位质量的力量值，例如万有引力常数，又称重力常数。单位质量体积力的单位和量纲与加速度相当，国际单位制中单位为 m/s^2，量纲是 LT^{-2}。

如图 1.2.1 所示，在直角坐标系 O-xyz，流场中的任意 A 点处取一个流体微团。该微元的体积为δV，密度ρ，所受体积力为$\delta \boldsymbol{F}$。体积力在 x、y、z 轴上的分力分别为δF_x、δF_y、δF_z，则微元单位质量的体积力在 x、y、z 轴上的投影 f_x、f_y、f_z分别为

$$\begin{cases} f_x = \dfrac{\delta F_x}{\rho \delta V} \\ f_y = \dfrac{\delta F_y}{\rho \delta V} \\ f_z = \dfrac{\delta F_z}{\rho \delta V} \end{cases} \tag{1.2.1}$$

当$\delta V \to 0$时，微体元趋近于 A 点，则得到流体质点的单位质量的体积力为

$$
\begin{cases}
f_x = \lim\limits_{\delta V \to 0} \dfrac{\delta F_x}{\rho \delta V} \\
f_y = \lim\limits_{\delta V \to 0} \dfrac{\delta F_y}{\rho \delta V} \\
f_z = \lim\limits_{\delta V \to 0} \dfrac{\delta F_z}{\rho \delta V}
\end{cases} \tag{1.2.2}
$$

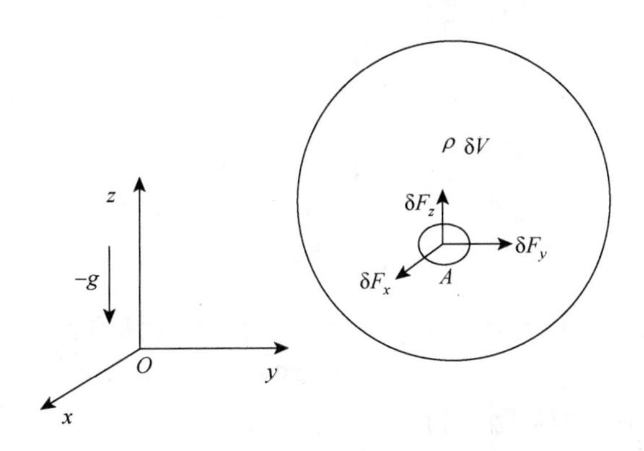

图 1.2.1　微体元体积力示意图

工程上，单位质量的体积力是已知的。特别地，在重力场下，单位质量的重力，其三个方向的分量已知，并分别为

$$
\begin{cases}
f_x = 0 \\
f_y = 0 \\
f_z = -g
\end{cases} \tag{1.2.3}
$$

式中：g 为重力加速度，负号代表分力 f_z 的方向竖直向下。

对体积力 $\boldsymbol{f}(f_x, f_y, f_z)$，如果存在关系式：

$$
\begin{cases}
\dfrac{\partial f_z}{\partial y} = \dfrac{\partial f_y}{\partial z} \\
\dfrac{\partial f_x}{\partial z} = \dfrac{\partial f_z}{\partial x} \\
\dfrac{\partial f_y}{\partial x} = \dfrac{\partial f_x}{\partial y}
\end{cases} \tag{1.2.4}
$$

则说明体积力有势，并可找到力势函数 U，且与体积力 $\boldsymbol{f}$ 存在如下关系式：

$$
\begin{cases}
f_x = \dfrac{\partial U}{\partial x} \\
f_y = \dfrac{\partial U}{\partial y} \\
f_z = \dfrac{\partial U}{\partial z}
\end{cases} \tag{1.2.5}
$$

或

$$\boldsymbol{f} = \nabla U \tag{1.2.6}$$

式中：$\nabla = \frac{\partial}{\partial x}\boldsymbol{i} + \frac{\partial}{\partial y}\boldsymbol{j} + \frac{\partial}{\partial z}\boldsymbol{k}$ 称为哈密顿算符。

对重力，将式（1.2.3）代入式（1.2.4）关系式成立，说明重力是有势的体积力，则存在重力势函数 U。

将式（1.2.3）代入式（1.2.5），则有

$$\begin{cases} \frac{\partial U}{\partial x} = 0 \\ \frac{\partial U}{\partial y} = 0 \\ \frac{\partial U}{\partial z} = -g \end{cases} \tag{1.2.7}$$

可见，重力势函数 U 仅是 z 的函数，即 $U = U(z)$；并得到关于 U 的微分方程式

$$\mathrm{d}U = -g\mathrm{d}z$$

将上式积分，即得到重力势函数为

$$U = -gz \tag{1.2.8}$$

2. 表面力

表面力是指流体团受到周围接触的流体或固体表面对其表面的作用力，大小与表面积成正比，分布作用在表面上，是一类分布力、接触力，通常用单位面积上的表面力，即表面应力来表示。

常见的表面应力包括压强、黏性切应力、表面张力等。在一个密闭房间中，假设空气静止，取一个悬空的流体团，则流体团受到周围流体的压强作用，压强的合力与重力保持平衡。当流体团的部分表面与地面或墙面接触时，流体对地面或墙面有压强的作用，那么固体表面对流体团同样有压强的反作用。

如图 1.2.2 所示，在流体团表面上任意一点 B 处取一个微面元，面积为 δA，作用其上的表面力为 $\delta \boldsymbol{F}$，则 B 点的表面应力 $\tau_{(B)}$ 表示为

$$\tau_{(B)} = \lim_{\delta A \to 0} \frac{\delta \boldsymbol{F}}{\delta A} \tag{1.2.9}$$

将表面力 $\delta \boldsymbol{F}$ 沿表面的外法线方向 $\boldsymbol{n}$ 和切向方向 $\boldsymbol{\tau}$ 分解为 $\delta \boldsymbol{F}_n$ 和 $\delta \boldsymbol{F}_\tau$，则 B 点法向应力为

$$\sigma = \lim_{\delta A \to 0} \frac{\delta \boldsymbol{F}_n}{\delta A} \tag{1.2.10}$$

切向应力为

$$\tau = \lim_{\delta A \to 0} \frac{\delta \boldsymbol{F}_\tau}{\delta A} \tag{1.2.11}$$

图 1.2.3 所示，在直角坐标系 $O\text{-}xyz$ 下，平面法向 M 与 x 轴正向一致，平面 M 上任意 B 点的表面力有三个分量：法向应力 p_{xx}，切向应力 τ_{xy} 和 τ_{xz}。其中，第一个下标表征面的方向，第二个下标表征力的方向。

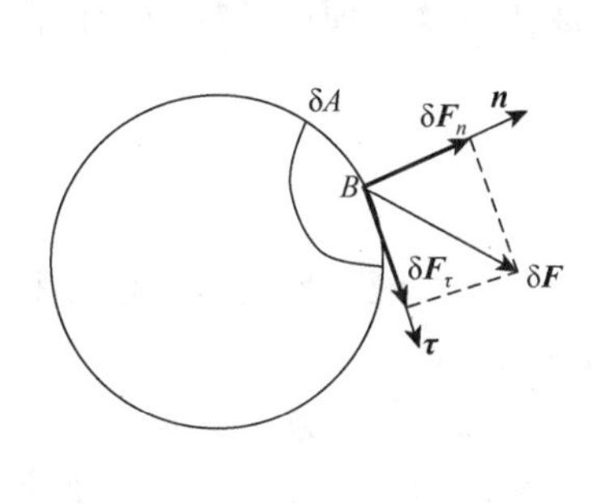

图 1.2.2　任意微面元表面力示意图

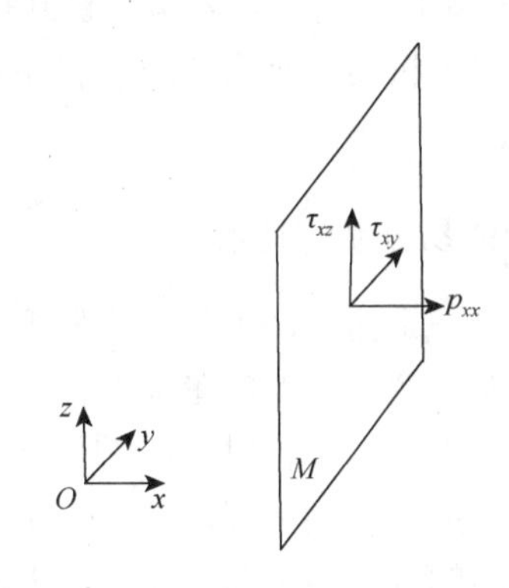

图 1.2.3　正 x 轴向面元表面力示意图

关于表面力必须强调的是接触特点。比如，夏天用电扇吹风，人体表面附近的空气没有受到电扇的作用力，因为它们没有接触面。

1.3　流体的易流动性及特点

1.3.1　易流动性

流体包括液体和气体。它与固体相比，分子之间的相互作用比较松散，易于流动和变形，具有易流动的特性。

静止的流体不能承受任何剪切力的作用，不论剪切应力多么小，在足够时间内流体均会发生持续的变形，这种特性称为流体的易流动性，是流体的基本特性。

流体不能承受拉力，在一定条件下能承受压力。流体的形状随着容器的形状而变化。气体与液体相比，分子间内聚力更小，几乎为 0，从而两者易流动性的表现也存在不同。

气体与气体容易混合；某些气体和液体可以溶解或者混合在其他液体中；但是当气体与液体、液体与液体互不相混时，存在分界的流体面。气体与液体分界的面常称为自由液面，而空气与水的分界面，称为自由面。液液分界的流体面是液体内部的分层面。

如果流场出现扰动，在流体的分界面上极易出现波动现象。如船舱液面晃荡、风生波、地震引起的海啸和海洋内波等。

流体与固体接触时，若不考虑化学腐蚀和高压物理作用，则不考虑流体与固体表面的结合，流体不会渗透进入固体表面。

1. 气体易流动的特点

气体可以充满整个空间，易于压缩，无自由液面。例如，氧气罐内的氧气在高压下充满整个储藏罐，在使用过程中，罐内气压减小，但是氧气依然充满罐体，挂件吸盘固定于壁面，如果壁面粗糙或者壁面吸附不服帖，空气就进入狭小的缝隙中，导致吸盘的吸附力不够；飞机在高空中高速飞行，带动周围空气做高速流动，空气的流动需要考虑可压缩性。由于飞机距离地面和海面遥远，整个流场是无限流场，且流场因没有液体而无自由液面。

但是，对具体问题需要区别处理。例如，人行走时、汽车行驶时，由于空气的运动速度低，分析空气对人体或汽车的阻力问题时可忽略空气的可压缩性。再如，飞机贴近水面飞行，飞机在航空母舰上起飞、降落，直升机在海面上搜救作业等情况，这时飞机距离水面相当近，空气流动对飞机的影响需要考虑自由面的存在。还有，液化气罐在使用过程中，存在自由液面，等等。

2. 液体易流动的特点

液体有一定体积，形状受容器形状约束，不易压缩，存在气液交界的自由液面和液液分界的分层面。例如，水盛在碗里、装在桶里，就是容器的形状。

船舶在水面上航行时，船舶周围水的波动对船舶水动力的影响必须考虑自由面的存在。一方面，船舶在水面上兴起波浪，消耗了能量，增加了船舶阻力；另一方面，水面上的水波还会导致船舶做摇荡运动。此时，水的可压缩性当然是不必考虑的。

深水海洋中，由于含盐量不同，海水分层。在海水分层的流体界面上出现的内波将严重影响潜艇或其他深水结构物的安全性。

需要注意，若液体充满整个容器，自然没有自由液面问题。但例如储油罐，一旦满罐的油液被消耗少许，油液在低压下汽化，油罐空出的体积会被气体填满，从而出现气液交界的自由液面。如果大型储油罐在运输的船舶上，自由液面的存在会影响船舶的稳性。再如，当湿泥沙在船舶运输过程中，由船舶摇晃导致泥沙液化，出现类似自由面而影响船舶的稳性，这也是要引起注意的。

可见，流体的易流动性对于专业问题的影响要具体分析。

1.3.2 液体的气化和汽化

当液体压强降低时，会出现两种现象：空化现象与空泡现象。

如果液体中溶解了气体，比如水中含有空气，当压强降低时（不考虑温度变化），气体会从液体中析出，称为气化。气体在液体中以气泡形式存在，在液体中产生空泡，称为空化现象。

当液体压强继续降低，等于或小于液体的汽化压强时，液态转变为气态，称为汽化。对于流动的液体，当流速高到一定程度时，局部压强可能低至液体的汽化压强，此时液体在内部汽化，同样在液体中产生空泡，称为空泡现象。

当空泡遇到压强增加时，空泡崩溃破裂，产生脉动高压，并伴随噪声。脉动高压冲击固体表面，造成表面材料被剥落、腐蚀；导致物体振动产生疲劳损伤，甚至损坏；噪声严重破坏环境，甚至暴露目标。空泡现象在船用螺旋桨和水力机械中容易发生，必要时需采用措施避免。

表 1.3.1 给出了在 1 个标准大气压和 20℃下几种常见液体的汽化压强。

表 1.3.1 在 1 个标准大气压和 20℃下几种常见液体的汽化压强

名称	汽化压强/Pa
水	2 340
酒精	5 860
汽油	5 520
水银	0.17

由于液体在低于汽化压强时汽化为气态，所以液体中的压强一般不会低于液体的汽化压强。

1.4　流体的密度和重度

惯性是物体保持原有运动状态的特性，是物体的一种固有属性。质量是对物体惯性大小的量度，质量越大，惯性越大，越难改变其原来的静止或运动状态。

1.4.1　流体的密度

单位体积流体所含有的质量称为流体的密度，单位为 kg/m^3，量纲是 ML^{-3}，常用符号 ρ 表示。

某一时刻，在流场中取一流体微团，如图 1.4.1 所示。该微体元的体积为δV，质量为δm，则微体元的平均密度$\bar{\rho}$为

$$\bar{\rho}=\frac{\delta m}{\delta V} \tag{1.4.1}$$

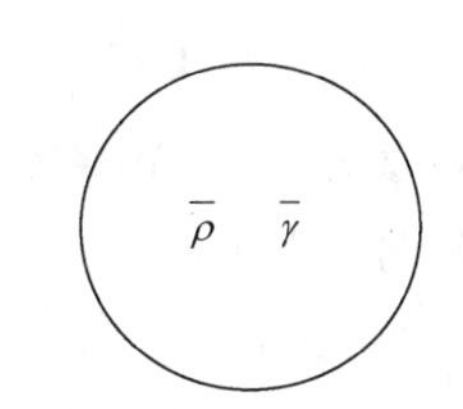

图 1.4.1　流体微团的密度和重度

当$\delta V\to 0$时，微体元趋近于流体质点，则得到流体质点的密度为

$$\rho=\lim_{\delta V\to 0}\frac{\delta m}{\delta V}=\frac{\mathrm{d}m}{\mathrm{d}V} \tag{1.4.2}$$

密度ρ是空间位置(x,y,z)和时间t的函数，$\rho=\rho(x,y,z;t)$。

春夏秋冬，北寒南暖，不同季节、不同地区的气温气压不同，空气的密度随之发生变化。流体的密度ρ可表示为压强p和温度Θ的函数，$\rho=\rho(p,\Theta)$。温度对密度的影响比压强的大。

不同流体具有不同的密度。在 1 个标准大气压（100 kPa）下，常用气体和液体的密度如表 1.4.1 所示。

表 1.4.1　几种常用气体和液体的密度

名称	温度/℃	密度/（kg/m^3）	名称	温度/℃	密度/（kg/m^3）
空气	0	1.29	水	0	999.87
空气	4	1.27	水	4	1 000.00
空气	10	1.24	水	10	999.75
空气	20	1.20	水	20	998.26
水蒸气	0	0.80	海水	15	1 025
氧气	0	1.43	水银	15	13 600
二氧化碳	0	1.98	汽油	15	725
氢气	0	0.09	石油	15	885
氮气	0	1.25	润滑油	15	905

工程上，常常忽略密度在空间位置的微小变化，而近似认为密度是均匀分布的，称为匀质流体。

对匀质流体，流体的密度为

$$\rho=\frac{m}{V} \tag{1.4.3}$$

密度空间分布不均匀时，为非匀质流体。

在流体力学中，将流体的密度与 4℃纯水的密度相比较，称为比重（也称为相对密度），是一个无量纲的量，用符号 s 表示为

$$s=\frac{\rho}{\rho_{4℃水}} \tag{1.4.4}$$

工程上，比重这个名词用得较多。如常用的：水银的比重为 13.6，密度为 13 600 kg/m^3；酒精的比重为 0.8，密度为 800 kg/m^3。

1.4.2　流体的重度

在重力场中，单位体积流体所具有的重量称为流体的重度，单位为 N/m^3，量纲是 $ML^{-2}T^{-2}$，常用符号 γ 表示。

对非均质流体：如图 1.4.1 所示，微体元的体积为 δV，重量为 δw，流体质点的重度 γ 为

$$\gamma=\lim_{\delta V\to 0}\frac{\delta w}{\delta V}=\frac{\mathrm{d}w}{\mathrm{d}V} \tag{1.4.5}$$

对匀质流体，流体的重度 γ 为

$$\gamma=\frac{w}{V} \tag{1.4.6}$$

重度与密度存在以下关系

$$\gamma=\rho g \tag{1.4.7}$$

式中：g 为重力加速度，取 $g=9.8\ \mathrm{m/s^2}$。

1.5　流体的压缩性和膨胀性

1.5.1　流体的压缩性

在一定的温度下，流体的体积随压强增加而缩小的性质称为流体的压缩性。通常用体积压缩系数 β_p 表示。它表示在温度保持不变时，单位压强增量所引起的流体体积相对缩小量，即

$$\beta_p=-\frac{1}{V}\frac{\mathrm{d}V}{\mathrm{d}p} \tag{1.5.1}$$

式中：V 为流体团体积；$\mathrm{d}V$ 为体积的缩小量；$\mathrm{d}V/V$ 为体积相对变化量；$\mathrm{d}p$ 为压强的增加量，式中负号表示压强增加而体积缩小，即 $\mathrm{d}V$ 与 $\mathrm{d}p$ 异号。

体积压缩系数 β_p 的单位为 m^2/N，量纲是 $M^{-1}LT^2$。

在相同的压强增量下，β_p 越大的流体，其体积变化率越大，越易压缩，反之亦然。

流体的压缩性常用体积弹性模量（modulus of volume elasticity）E_V 表示。流体体积压缩系数 β_p 的倒数是流体的体积弹性模量：

$$E_V=\frac{1}{\beta_p} \tag{1.5.2}$$

其单位与压强相同为 N/m^2，量纲是 $ML^{-1}T^{-2}$。

流体的体积弹性模量 E_V 指的是流体的单位体积相对变化所需的压强增量，其值越大，流体越不易压缩性，反之亦然。

1.5.2　流体的膨胀性

在一定的压强作用下，流体的体积随温度升高而增大的性质称为流体的膨胀性。流体膨胀性的大小用体积膨胀系数 β_t 表示。它表示在压强不变时，温度增加一个单位所引起的流体体积相对增大量，即

$$\beta_t = \frac{1}{V}\frac{\mathrm{d}V}{\mathrm{d}t} \tag{1.5.3}$$

式中：V 是流体体积；$\mathrm{d}V$ 是流体体积的增大量；$\mathrm{d}V/V$ 是体积变化率；$\mathrm{d}t$ 是温度的增加量。体积膨胀系数 β_t 越大，流体越易膨胀。体积膨胀系数 β_t 单位为 1/K 或 1/℃，量纲是 Θ^{-1}。

在 1 个标准大气压和温度为 10～20℃时，水的体积膨胀系数 β_t 为 $1.5\times10^4℃^{-1}$。

1.5.3　可压缩性判断标准

由于流体的可压缩性决定流体内微弱扰动波的传播速度，即流体内声音的传播速度，所以常用声速 c 来表示流体的可压缩性。声速 c 可用下式计算：

$$c = \sqrt{\frac{\mathrm{d}p}{\mathrm{d}\rho}} \tag{1.5.4}$$

对流体中具有固定质量的流体团，体积为 V，密度为 ρ，则 $\rho V =$ 常数，有微分关系：

$$-\frac{\mathrm{d}V}{V} = \frac{\mathrm{d}\rho}{\rho}$$

将上式代入式（1.5.1），可得声速 c 与体积弹性模量 E_V 的关系为

$$c = \sqrt{\frac{E_V}{\rho}} \tag{1.5.5}$$

可见，体积弹性模量 E_V 越大，声速越大，流体越不易压缩性。

在一个标准大气压和 20℃下，水中声速约为 1 480 m/s，空气中声速约为 340 m/s。

对流动的流体，流速的变化改变流场压强的分布。在温度变化可以忽略的情况下，对于低速流动的气体，流场压强变化量较小，可忽略密度的微小变化。

通常用流动特征速度 v 与声速 c 之比来判定密度的变化量。该比值以 Ma［马赫数（Mach number)］表示，即

$$Ma = \frac{v}{c} \tag{1.5.5}$$

Ma 是一个无量纲数，它是模拟流动中是否可压缩相似的一个相似准则。

在空气动力学中，可用它对流动作分类。通常，$Ma<0.3$ 为低速空气动力学，可忽略其中流体密度变化。若 $Ma>0.3$ 则都必须考虑气体的可压缩性，如 $Ma>1$ 为超声速流动，$0.8<Ma<1.2$ 为跨声速流动，$0.3<Ma<1$ 为亚声速流动等。

1.5.4 几个可压缩流体概念

在日常生活和工程中，忽略种种原因导致的流体密度随时间和空间的微小变化，认为流体密度为常数。

密度为常数的流体称为不可压缩流体，即

$$\rho = C \tag{1.5.6}$$

式中：C 为常数。

不可压缩流体是一种近似的流体模型，可以简化工程问题的求解。在没有特别说明的情况下，常取水的密度为 1 000 kg/m^3，空气的密度为 1.2 kg/m^3。

那么，什么情况下流体可认为是不可压缩的呢？主要看压强对流体密度的影响是否可以忽略。

例如，在 1 个标准大气压和 20℃下，水的体积弹性模量 E_V 为 2.18×10^9 N/m^2，当压强增加 1 个标准大气压，水的密度增加的相对值约为 1/20 000，密度变化完全可以忽略，近似认为是不可压缩的。在常温常压下，无论是静止还是运动，一般将液体作为不可压缩流体处理。但在水击现象、水中噪声传播和水下爆炸等问题中，必须考虑水的可压缩性。

空气的体积弹性模量 E_V 为 1.4×10^5 N/m^2，比水小 1.56×10^4 倍，空气比水易于压缩。一般地，气体是易于被压缩的流体。

但是气体体积的变化除与体积弹性模量 E_V 有关，还与压强的增量有关［见式（1.5.1）］。虽然气体的体积弹性模量 E_V 较小，易于被压缩，但是如果压强增量更小，那么密度的增量也是很小的。

例如，不考虑温度变化，大气压强值随地理高度的增加按指数规律减小。在海拔 2 km 以内，可以近似地认为每升高 12 m，大气压强降低 1 mm 汞柱，约为 133.4 Pa，这个压强的减小引起密度的相对变化值约为 1/1 000。在工程精度下，密度这样微小的变化是可以忽略的，所以在低空范围内，空气可认为是不可压缩的。在常温常压下，气体密度的微小变化可忽略的情况下，可被看成是不可压缩的。

对于流动的气体，当 $Ma<0.3$ 时为气体的低速流动，气体密度相对变化值约小于 3%，可按不可压缩流体处理。当 $Ma\geqslant0.3$ 时为气体的高速流动，压强变化较大，应该考虑气体的可压缩性。

取常温常压下空气声速 340 m/s，其 0.3 倍约为 102 m/s，通常取为 100 m/s（360 km/h）作为参考值。

汽车在高速公路上行驶限速为 110 km/h（30 m/s），在市区行驶速度更低。可见，在船舶、上层建筑、汽车、房屋等结构物的空气绕流问题中，空气速度远低于 100 m/s（360 km/h）。即常温常压下，工程上大多数问题属于气体的低速流动范围，可按不可压缩流体处理。而气压传动、压缩机、各类喷管等气体在高速流动时必须考虑可压缩性。

本书在没有特别说明的情况下，将液体和低速流动的气体作为不可压缩流体处理；不讨论可压缩流体的空气动力学等问题。

1.5.5 正压流体和斜压流体

对于可压缩流体，如果密度 ρ 只是压强 p 的函数，即

$$\rho = \rho(p) \tag{1.5.7}$$

称为正压流体。如：热力学中的等温过程 $p / \rho = C$、绝热过程 $p / \rho^k = C$ 的气体都属于正压流体，其中 k 为气体的绝热指数，C 是常数。不可压缩流体是正压流体的特例。

一般情况下，流体密度 ρ 既随压强 p 变化，又随温度 T 变化，即热力学状态方程为

$$\rho = \rho(p,T) \tag{1.5.8}$$

称为斜压流体。在大多数情况下，气体是斜压流体。

1.6　流体的黏性

自然界中，一切流体都具有黏性，黏性是流体的固有属性。常用黏度衡量流体的黏性大小，不同流体的黏度不同。

1.6.1　流体黏性的表现

黏性是流体运动时，带动或阻碍邻近流体运动的特性。

日常生活中，形容某人跑步速度很快，常说他跑起来像一阵风。因为人在跑步的时候，在空气黏性的作用下，身体快速跑动会带动紧贴身体的空气一起运动，这层空气又带动与其相邻的空气流动，空气流动一层一层地向外传递，这股气流就形成了风。而被带动的风阻碍人的前进。

流体黏性使固体表面带动流体流动，或者说使流体对固体表面具有黏附作用。这一流体黏性的作用还可从微观的角度得到解释。

由于流体分子之间处于松散状态和流体易变形性，流体可以流入到固体表面的任何微小凹坑内，实现分子量级的接触，分子之间的内聚力将流体黏附在固体表面上。在日常生活中，比如煎鸡蛋饼时，在鸡蛋是液态时将饼搁上去，两者很容易合为一体，而鸡蛋在固体时就不行，便是流体易变性的宏观表现。

固体运动，紧贴固体表面的薄层流体随固体以相同的速度运动；固体静止，薄层流体也静止。紧贴固体壁面的薄层流体与固体表面的相对速度为 0，如图 1.6.1 所示。这种黏性使流体具有附着于固体表面的性质，常把这种现象称为固体无滑移边界条件（具体见本书 4.6 节）。当然，我们也可以思考，如何让流体不要粘在固体上的办法。

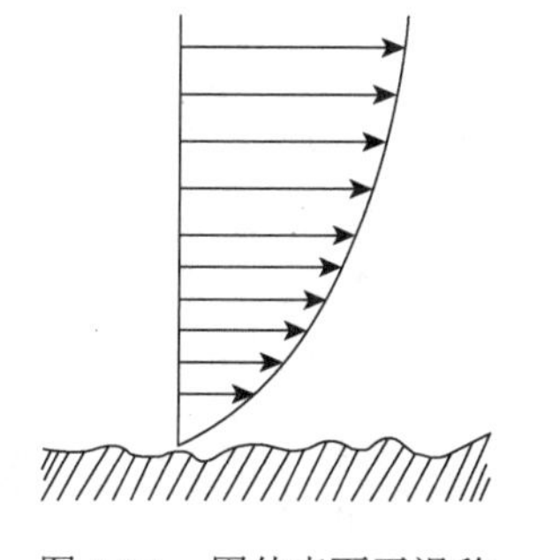

图 1.6.1　固体表面无滑移

两层流体间分子内聚力和分子动量的交换，使得流动在流体内部层与层之间传递。这是影响流体黏性大小的两个因素。

分子之间的内聚力是液体黏性的主要影响因素。当液体相邻两层有相对运动，分子间距增加时内聚力表现为吸引力，反之，表现为排斥力，阻碍流层分子之间的相对运动，如图 1.6.2（a）所示。

分子之间的动量交换是气体黏性的主要影响因素。气体分子间内聚力很微弱，但气体分子的随机运动剧烈，分子之间的动量交换频繁。当气体相邻两层有相对运动时，速度高的流层分子与速度低的流层分子发生碰撞，高速分子动量减小而低速分子动量增加，有速度一致的趋势，进而表现为黏性，如图 1.6.2（b）所示。

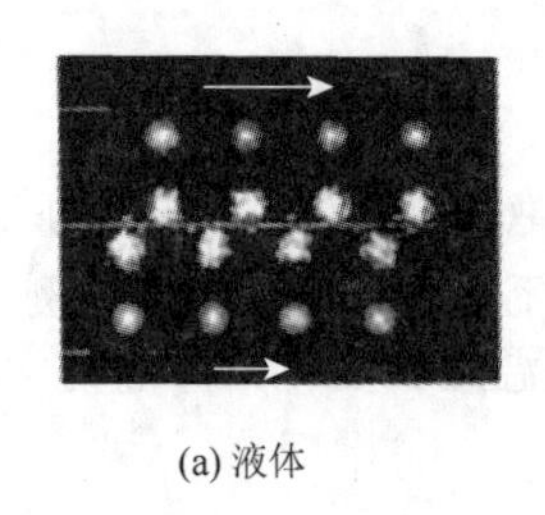

(a) 液体

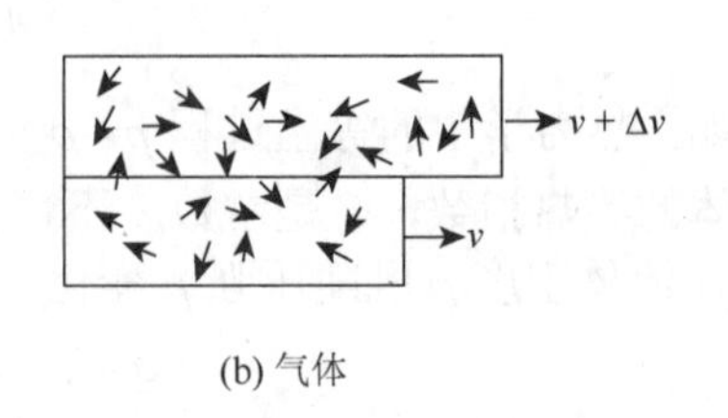

(b) 气体

图 1.6.2　相邻流体层之间的黏性作用

流层之间黏性作用的宏观表现为速度高的流层带动速度低的流层，速度低的流层阻碍速度高的流层；高速层速度减小而低速层速度增加。

流体的运动状态发生了变化，说明受到了某种力的作用。这种由于黏性产生的力称为黏性力。因其具有阻碍固体或流体运动的特点，亦称黏性内摩擦力。该力大小相等、方向相反、切向地作用于两相邻流体层。黏性力是一种切向的表面力，单位面积的黏性力称为黏性切应力（或者剪切应力）。

人跑步时，一方面，空气被带动了，说明空气从人体获得了能量；另一方面，人体能量被消耗，空气的黏性阻碍了人体的运动，对人体前进产生了阻力。

还有一个问题，这个流动在空气层与层之间能够传递多远？离开人体越远，流体层的流动变得越来越弱，被扰动的空气流动发生在人体附近有限的范围内。这说明空气流动在向外传递的过程中黏性消耗了能量，导致流动越来越弱，直至消失。可见，黏性是耗能的。

1.6.2　牛顿内摩擦定律

1. 牛顿内摩擦定律的概念

牛顿（Newton）在 1686 年给出了黏性力 T 的计算式：

$$T = \mu \frac{\mathrm{d}u}{\mathrm{d}y} A \tag{1.6.1}$$

和黏性切应力 τ 的计算式：

$$\tau = \mu \frac{\mathrm{d}u}{\mathrm{d}y} \tag{1.6.2}$$

式（1.6.1）和式（1.6.2）中：μ 为流体的动力黏性系数；u 为流体的速度分布；y 为空间坐标；$\frac{\mathrm{d}u}{\mathrm{d}y}$ 为 y 方向（与速度方向垂直）上单位长度的速度增量，称为速度梯度；A 为黏性力作用面积（相邻两层流体间接触面积）。

式（1.6.1）和式（1.6.2）被称牛顿内摩擦定律，后经实验验证是正确的。它们不仅给出了黏性力的大小，而且通过 $\frac{\mathrm{d}u}{\mathrm{d}y}$ 的正负可以确定黏性力的方向。

当风水平地吹过平坦的地面时，假设水平风速 u 沿竖直 y 方向（即垂直于地面的方向）的分布如图 1.6.3 所示。在地面 $y = 0$ 处，黏性速度为 0，离开地面，随着高度 y 的增加，风速迅速增加，到达一定高度后，风速增加减缓。

设 y 层流体的速度为 u，沿 y 轴正向的上层流体 $y+\mathrm{d}y$，空间位置增加 $\mathrm{d}y$，速度增加量为 $\mathrm{d}u$。

如图 1.6.3 所示，y 层流体受到坐标轴正向的上层 $y+\mathrm{d}y$ 的黏性力，该力用符号 T_y 表示，其方向与速度 u 的正方向相同，因为 $y+\mathrm{d}y$ 层对 y 层流体施加的是促进其向右前进的力。而 y 层流体对 $y+\mathrm{d}y$ 层流体的黏性力用符号 T_y' 表示，方向与 T_y 刚好相反，与速度 u 的方向也相反，因为 y 层流体阻碍 $y+\mathrm{d}y$ 层流体的前进。

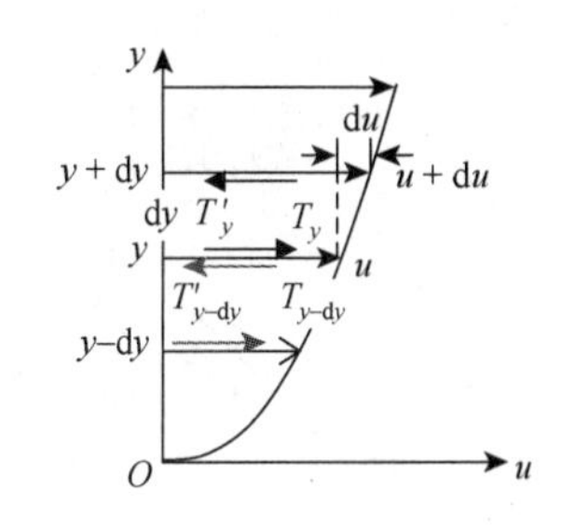

图 1.6.3　一维（y 向）速度分布 u 示意图

又 $\mathrm{d}y>0$，$\mathrm{d}u>0$，则 $\dfrac{\mathrm{d}u}{\mathrm{d}y}>0$。根据式（1.6.1）可知，牛顿内摩擦定律给出的黏性力 $T>0$，黏性力为正，说明黏性力的方向与某个矢量的正方向相同。很明显，此时，$T>0$ 代表的是黏性力的方向与速度的正方向相同。而 $y+\mathrm{d}y$ 层对 y 层黏性力 T_y 的方向与此吻合，即 T_y 的方向与速度 u 的正方向相同。

同理，y 层流体对 $y-\mathrm{d}y$ 层流体的黏性力 $T_{y-\mathrm{d}y}$ 大小和方向由牛顿内摩擦定律确定，而 y 层流体所受到的 $y-\mathrm{d}y$ 层流体对其的黏性力 $T_{y-\mathrm{d}y}'$ 与 $T_{y-\mathrm{d}y}$ 大小相等、方向相反。

另外，虽然 T_y 与 $T_{y-\mathrm{d}y}'$ 都是作用在第 y 层的黏性力，方向相反，但是因为 $\left.\dfrac{\mathrm{d}u}{\mathrm{d}y}\right|_y \neq \left.\dfrac{\mathrm{d}u}{\mathrm{d}y}\right|_{y-\mathrm{d}y}$，所以 T_y 与 $T_{y-\mathrm{d}y}'$ 大小不等。

一般情况下，牛顿内摩擦定律给出的黏性力 T 是坐标轴正向的上层流体对下层流体的黏性力，包括力的大小和方向。

当 $\dfrac{\mathrm{d}u}{\mathrm{d}y}>0$ 时，黏性力 T 的方向与速度方向一致；当 $\dfrac{\mathrm{d}u}{\mathrm{d}y}<0$ 时，黏性力 T 的方向与速度方向相反。

以上介绍了牛顿内摩擦定律黏性力的大小和方向。式（1.6.2）适用于一维层流流动，是黏性流体一维流动本构方程（constitutive equation）。

当流体处于静止状态或以相同的速度运动（流层间没有相对运动）时，从牛顿内摩擦定律可知黏性力等于零，此时流体的黏性作用表现不出来。

2. 牛顿流体与非牛顿流体

符合牛顿内摩擦定律，即满足式（1.6.2）的流体称为牛顿流体。自然界中大部分流体会满足。如气体、水、油液和分子结构简单的液体。注，本书仅讨论牛顿流体。

不符合牛顿内摩擦定律的流体称为非牛顿流体。如牛奶、咖啡、纸浆、泥浆、血液、高分子溶液、凝胶、油漆、蜂蜜和乳化液等，非牛顿流体的种类较多。

牛顿流体和非牛顿流体的剪切应力 τ 与速度梯度之间的关系可用统一的近似公式表示为

$$\tau=\tau_0+k\left(\frac{\mathrm{d}u}{\mathrm{d}y}\right)^m \tag{1.6.3}$$

式中：k 为流体表观黏度，反映流体黏度大小；m 为流体特征数；τ_0 为流体屈服应力。

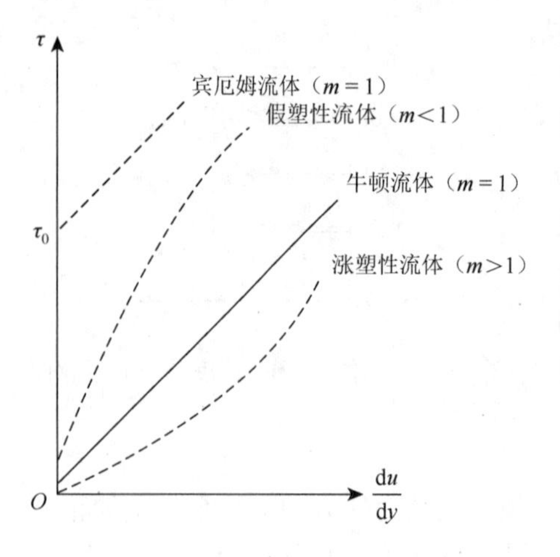

图 1.6.4　黏性流体的流变特性曲线

图 1.6.4 给出几种典型黏性流体的$\tau \sim \dfrac{du}{dy}$关系曲线，称为黏性流体的流变特性曲线。

（1）宾厄姆流体：$\tau_0 \neq 0$，$k=\mu$，$m=1$，当剪切应力小于屈服应力τ_0时，流体呈现固体特性，没有变形；超过屈服应力τ_0时，流体像牛顿流体一样流动。如印刷油墨、牙膏等。

（2）牛顿流体：$\tau_0=0$，$k=\mu$，$m=1$，剪切应力与速度梯度间呈线性关系。

（3）假塑性流体：$\tau_0=0$，k不一定是常数，$m<1$，k随$\dfrac{du}{dy}$的增加而减小，也称为剪切变稀流体，如油漆、纸浆、高分子溶液等。

（4）涨塑性流体：$\tau_0=0$，k不一定是常数，$m>1$，k随$\dfrac{du}{dy}$的增加而增大，也称为剪切稠化流体，如淀粉糊、混凝土液等。

1.6.3　流体的黏度

动力黏性系数μ又称为绝对黏度，是度量流体黏性的物理量。除动力黏性系数μ之外，还常用运动黏性系数ν表示流体的黏度，两者存在以下关系：

$$\nu = \frac{\mu}{\rho} \tag{1.6.4}$$

动力黏性系数μ的单位和量纲可以从式（1.6.2）导出，分别为

单位：$[\mu]=\left[\tau\dfrac{dy}{du}\right], \dfrac{N}{m^2}\dfrac{m}{m/s}=N\cdot s/m^2=$牛顿·秒/米^2

量纲：$[\mu]=\left[N\cdot s/m^2\right]=MLT^{-2}\cdot T\cdot L^{-2}=ML^{-1}T^{-1}$

运动黏性系数ν的单位和量纲从式（1.6.4）导出，分别为

量纲：$[\nu]=\left[\dfrac{\mu}{\rho}\right]=\dfrac{ML^{-1}T^{-1}}{ML^{-3}}=L^2T^{-1}$

单位：$[\nu]=m^2/s=$米^2/秒

在国际单位制中，动力黏性系数μ的单位为牛顿·秒/米^2（$N\cdot s/m^2$）或帕·秒（$Pa\cdot s$），运动黏性系数ν的单位为米^2/秒（m^2/s），单位太大，故也用 CGS（centimeter-gram-second，厘米-克-秒）单位制的单位。

在 CGS 单位制中，动力黏性系数μ的单位为克/厘米·秒（$g/cm\cdot s$），称为泊（poise，简称 P），与帕·秒（$Pa\cdot s$）的换算关系为

$$1\text{帕}\cdot\text{秒}=1\text{千克}/\text{米}\cdot\text{秒}=10\text{克}/\text{厘米}\cdot\text{秒}=10\text{泊}$$

或

$$1\,Pa\cdot s=10\,g/cm\cdot s=10\,P$$

运动黏性系数ν的单位为厘米^2/秒（cm^2/s），称为斯托克斯（stokes，简称 St），与米^2/秒（m^2/s）的换算关系为

$$1米^2/秒 = 10^4 厘米^2/秒 = 10^4\ St$$

或

$$1\ m^2/s = 10^4\ cm^2/s = 10^4\ St$$

流体黏性系数的大小与温度和压强有关。温度对流体的黏性系数影响较大，而压强的影响较小。液体的黏性系数随着温度的上升而减小，而气体的黏性系数随着温度的上升而增大。这是因为液体的黏性大小主要取决于液体分子间的内聚力，当温度升高时，分子内聚力降低，所以液体黏性系数减小。气体的黏性大小主要取决于气体分子间热运动所产生的动量交换，当温度升高时，分子之间的碰撞加剧，动量交换加快，所以气体黏性系数增大。

表 1.6.1 和表 1.6.2 分别给出水和空气的黏性系数随温度的变化情况。从表 1.6.1 中可知，水的黏性系数μ和ν随着温度的升高而减小；而从表 1.6.2 中可知，空气的黏性系数随着温度的升高而增加。

表 1.6.1　水的黏性系数随温度的变化

温度/℃	μ/（$\times10^3$ Pa·s）	ν/（$\times10^6\ m^2$·s）	温度/℃	μ/（$\times10^3$ Pa·s）	ν/（$\times10^6\ m^2$·s）
0	1.792	1.792	40	0.656	0.651
5	1.519	1.519	45	0.599	0.605
10	1.308	1.308	50	0.549	0.556
15	1.140	1.141	60	0.469	0.477
20	1.005	1.007	70	0.406	0.415
25	0.894	0.897	80	0.357	0.367
30	0.801	0.804	90	0.317	0.328
35	0.723	0.727	100	0.284	0.296

表 1.6.2　空气的黏性系数随温度的变化

温度/℃	μ/（$\times10^6$ Pa·s）	ν/（$\times10^6\ m^2$·s）	温度/℃	μ/（$\times10^6$ Pa·s）	ν/（$\times10^6\ m^2$·s）
0	17.09	13.20	260	28.06	42.40
20	18.08	15.00	280	28.77	45.10
40	19.04	16.90	300	29.46	48.10
60	19.97	18.80	320	30.14	50.70
80	20.88	20.90	340	30.80	53.50
100	21.75	23.00	360	31.46	56.50
120	22.60	25.20	380	32.12	59.50
140	23.44	27.40	400	32.77	62.50
160	24.25	29.80	420	33.40	65.60
180	25.05	32.20	440	34.02	68.80
200	25.82	34.60	460	34.63	72.00
220	26.58	37.10	480	35.23	75.20
240	27.33	39.70	500	35.83	78.50

水的运动黏性系数ν随温度的变化可用经验公式计算：

$$\nu = \frac{0.017\,75}{1 + 0.033\,68t + 0.000\,221t^2}\ \text{cm}^2/\text{s} \tag{1.6.5}$$

式中：ν为t℃时水的运动黏性系数。

在标准大气压下，空气的运动黏性系数ν随温度的变化也可用经验公式计算：

$$\nu = 0.132(1 + 0.003\,29t + 0.000\,001\,7t^2)\ \text{cm}^2/\text{s} \tag{1.6.6}$$

式中：ν为t℃时空气的运动黏性系数。

图 1.6.5 直观地显示水的运动黏性系数ν随温度曲线下降，而空气的运动黏性系数ν在图示温度范围内随温度几乎直线上升。

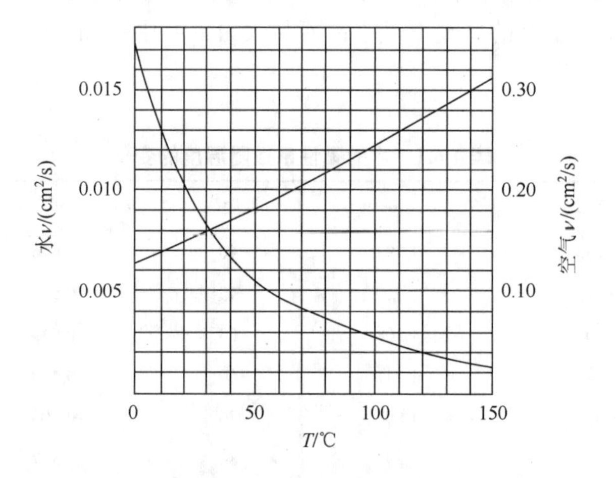

图 1.6.5 水和空气的运动黏性系数ν随温度T的变化

在 1 个标准大气压和 20℃下，水的动力黏性系数$\mu = 1.005 \times 10^{-3}\ \text{Pa}\cdot\text{s}$，空气的动力黏性系数$\mu = 1.808 \times 10^{-5}\ \text{Pa}\cdot\text{s}$，水的黏度约为空气的 55.6 倍。

需要指出的是，运动黏性系数的数值大小并不直接反映流体黏性的大小。如，在 1 个标准大气压和 20℃下，水的运动黏性系数$\nu = 1.0 \times 10^{-6}\ \text{m}^2/\text{s}$，空气的运动黏性系数$\nu = 1.5 \times 10^{-5}\ \text{m}^2/\text{s}$。

表 1.6.3 给出了空气、淡水和海水在不同温度下密度ρ、运动黏性系数ν的值，供工程应用时参考。

表 1.6.3 空气、淡水和海水在不同温度下ρ、ν的值

温度 T/℃	空气		淡水		海水	
	ρ/（kg·m^{-3}）	ν /（×10^6 m^2·s）	ρ/（kg·m^{-3}）	ν /（×10^6 m^2·s）	ρ/（kg·m^{-3}）	ν /（×10^6 m^2·s）
0	1.293	1.320	999.87	1.786 7	1 028.07	1.828 4
4	—	—	1 000.00	1.565 6	1 027.77	1.699 4
5	1.270	1.376	999.92	1.517 0	1 027.68	1.561 4
8	—	—	999.82	1.384 7	1 027.19	1.431 0
10	1.247	1.419	999.75	1.306 4	1 026.89	1.353 8
12	—	—	999.43	1.235 0	1 026.60	1.283 2
14	—	—	999.14	1.169 6	1 026.11	1.218 6

续表

温度 T/℃	空气		淡水		海水	
	ρ/（kg·m^{-3}）	ν /（×10^6 m^2·s）	ρ/（kg·m^{-3}）	ν /（×10^6 m^2·s）	ρ/（kg·m^{-3}）	ν /（×10^6 m^2·s）
15	1.226	1.455	999.04	1.139 0	1 025.91	1.188 3
16	—	—	998.94	1.109 7	1 025.71	1.159 2
18	—	—	998.55	1.054 6	1 025.22	1.104 4
20	1.205	1.500	998.26	1.003 7	1 024.73	1.053 7
22	—	—	997.76	0.956 8	1 024.15	1.006 8
25	1.184	1.556	996.78	0.873 1	1 022.97	0.922 6
28	—	—	996.20	0.835 7	1 022.28	0.884 7
30	1.165	1.600	995.61	0.800 9	1 021.69	0.849 3

实验证明，只要压强不是特别高（例如小于 50 MPa）时，压强对黏性系数的影响很小。因此一般只考虑温度的影响。但当压强超过一定阈值时，黏度（度量黏性大小）急剧增加，如当压强由 0 升高到 150 MPa 时，矿物油的黏度将增加 17 倍。

1.6.4　雷诺数

在流体力学中，流体黏性在流体流动中的重要性如何，一般是相对于流体流动的惯性力而言的。常用惯性力与黏性力之比来衡量黏性的重要性。这个比值越小，说明黏性的影响越大；反之亦然。这个比值称为雷诺数 Re（Reynolds number）：

$$Re=\frac{\rho VL}{\mu}=\frac{VL}{\nu} \tag{1.6.7}$$

式中：ρ、μ、ν 分别是流体的密度、动力黏性系数、运动黏性系数；V 是特征速度；L 是特征尺度。特征速度 V 和特征尺度 L 根据具体问题确定。如管道流动，特征速度为管流平均速度，特征尺度为管直径；边界层流动，特征速度是来流速度，特征尺度是离前缘的距离，等等。

Re 的量纲为

$$[Re]=\left[\frac{VL}{\nu}\right]=\frac{\mathrm{LT^{-1}\cdot L}}{\mathrm{L^2T^{-1}}}=1$$

是一个无量纲数，它是模拟流动中是否黏性相似的一个相似准则。

当流动的 Re 较低时，黏性对流动的影响必须考虑。当 Re 增大时，流动中的黏性效应减小。对高 Re 的流动，因黏性效应小，黏性影响可以忽略不计。

但是对高 Re 的绕静止固体表面的流动，在研究固体阻力问题时，由于壁面上黏性无滑移条件（见图 1.6.1），在壁面附近很小的厚度层中出现速度从 0 增加到外部流速的快速变化。该厚度层内速度梯度大，黏性力的作用重要而不能忽略。这个厚度很薄，在这个壁面附近薄层内的流动，黏性影响是不能忽略的；薄层以外的流动，黏性仍然可以忽略不计。

虽然黏性是流体的固有属性，但是在有些情况下，流体黏性可以不考虑，采用无黏模型不仅合理，还使求解问题的模型得到简化。

例如：流体静止时黏性没有表现出来，不需要考虑流体的黏性；常见的水和空气的黏度十分小，如果速度梯度也很小，那么黏性力也将很小，甚至可以忽略不计；再如高 Re 的固体外部绕流流动中黏性影响可以忽略不计；在流体流动中引起流体质点加速或减速的外力常见的有重力、压强差和黏性力等，当黏性力相对于重力或压强差对流动的影响很小时，如水面波动问题中重力起主要作用，可以忽略黏性。

不考虑黏性影响的流体称为理想流体。考虑黏性影响的流体称为黏性流体。

如运动物体的阻力问题，虽然外部绕流速度梯度小，黏性可以忽略不计，但是无黏模型无法计算流体对固体阻力。这是因为在固体表面的边界层内速度梯度很大，在边界层内必须考虑黏性的影响，这个黏性的影响不仅是黏性摩擦阻力，还有黏压阻力，以及管道流动、明渠流动中的水头损失等问题，因此必须考虑。

黏性流体与理想流体的主要差别如下：

（1）流体运动时，黏性流体相互接触的流体层之间有剪切应力作用，而理想流体没有；

（2）黏性流体附着于固体表面，即在固体表面上其流速与固体的速度相同，而理想流体在固体表面上会发生相对滑移。

1.7　液体的表面张力

水面停留的小昆虫，细腿在水面上受到的表面张力足以与重力保持平衡。在实验室里由于表面张力作用水面在测量线上爬升，使浪高仪存在一个绝对测量误差。类似地，表面张力的作用影响液柱式细测压管的液柱高读数。近年来的宇宙太空飞行研究表明，在微重力环境中表面张力将起主导作用，包括液体存放、空间材料加工、太空飞行器液体系统运作等需要加强对表面张力的研究。

1.7.1　表面张力的产生

表面张力是液体的一个重要属性。表面张力只发生在液体与气体、另一种不相混合的液体或者固体的交界面上。表面张力的本质是液体表层（厚度量级为 10^{-7} mm）分子的内聚力。以液体与气体交界的交界面为例。在液体表层以下的液体内部，液体分子各方向所受的周围分子内聚力相互平衡。但是在表层上，液体分子的一侧受内部液体分子的内聚力作用，而另一侧因与气体分子接触而内聚力几乎为 0，如图 1.7.1 所示。

两侧受力不平衡导致表层液体受到了来自液体内部的拉力，而像一张受张力拉紧的膜。设想在交界面上截取一小块面积，面积周边上均受相邻表层流体拉紧的张力，如图 1.7.1 所示。这个张力发生在液体表层，称其为表面张力。液体内部的拉力不是表面张力，它们互相垂直。表面张力会改变交界面外形，方向与交界面处处相切。

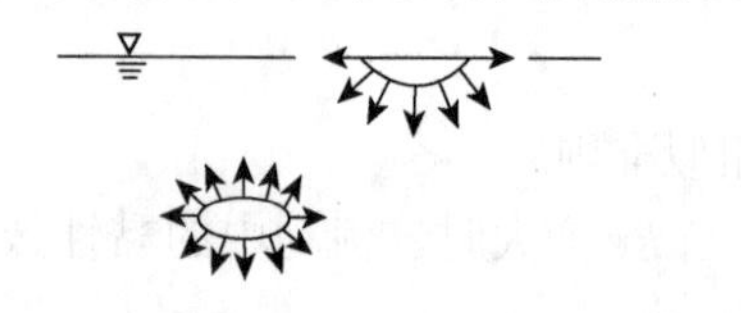

图 1.7.1　液体表层与内部分子的内聚力比较

表面张力常用单位长度上的力表示，称为表面张力系数，用符号 σ 表示，单位为 N/m，量纲为 MT^{-2}。长度的方向与表面张力垂直。设表面张力作用的长度为 L，则表面张力 $F_\sigma = \sigma L$ 。

由于表面张力是液体分子内聚力产生的，所以当温度升高时，表面张力下降。表 1.7.1 给出在 1 个标准大气压下，水和空气接触的表面张力系数 σ 随温度的变化值。从表中可见，温度升高，水的表面张力系数下降。

表 1.7.1　水的表面张力系数 σ

温度/℃	0	10	20	30	40	60	80	100
σ/（$\times10^{-3}$ N/m）	75.6	74.2	72.8	71.2	69.2	66.2	62.6	58.9

表面杂质明显影响表面张力的大小。如肥皂、洗洁剂等表面活性剂，能大大降低水溶液的表面张力。如图 1.7.2 所示，表面活性剂分子以单层分子吸附于水的表面，烃尾朝外，极性头向内。由于表面活性分子取向一致而产生排斥力，抵消掉部分使表面收缩的表面张力，从而减小表面张力使水更容易进入被洗物质的纤维和附着的污垢粒子之间，将污垢冲洗掉。

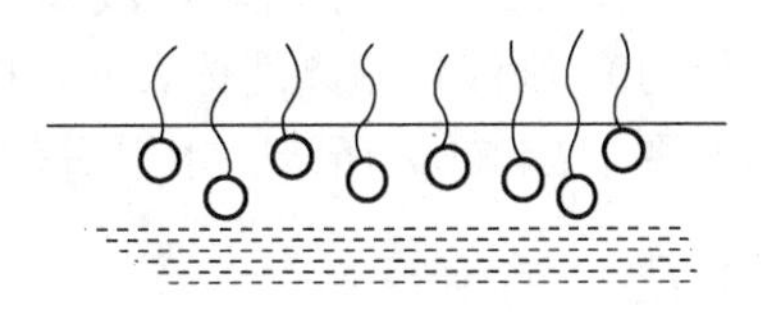

图 1.7.2　表面活性剂减小表面张力

表面张力的大小还与液体表面相接触介质的种类有关，也决定交界面的形状。如水中的气泡，在表面张力和交界面内外压强差的作用下保持平衡。如果气泡是球形，将气泡在中间切开作脱离体受力分析，如图 1.7.3 所示，球半径为 R，交界面上的表面张力系数为 σ，球内外压强差为 Δp。在图示的方向上，表面张力与压强合力平衡，即

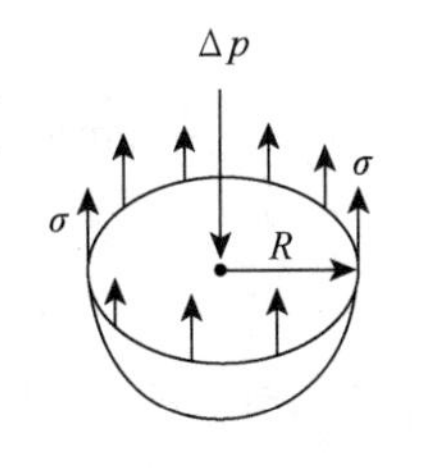

图 1.7.3　球形气泡交界面受力平衡示意图

$$2\pi R \cdot \sigma = \pi R^2 \cdot \Delta p \tag{1.7.1}$$

可得气泡内外压强差 Δp 与表面张力系数 σ 之间的关系为

$$\Delta p = \frac{2\sigma}{R} \tag{1.7.2}$$

液体与固体接触时，在表面张力的作用下会出现润湿现象和毛细现象。

1.7.2　润湿现象

当液体与固体接触时，视材料性质不同，有些液体能够润湿固体，有些液体不能润湿固体，这也可从分子间的作用力来分析。

在与固体接触的液体表层处，如果固体分子对表层液体分子的吸引力（或称附着力）大于液体内部分子的吸引力（内聚力），则液体能够沿固体表面伸展，称为润湿现象。当液体能润湿固体时，在与固体接触的液体表面处做切面，则切面与固体表面的夹角 θ（为浸湿角）是锐角，液面呈凹形，如图 1.7.4（a）所示。如水对玻璃是能润湿的，浸湿角约为 8.5°。水对洁净的玻璃面 $\theta = 0$，称为完全润湿。

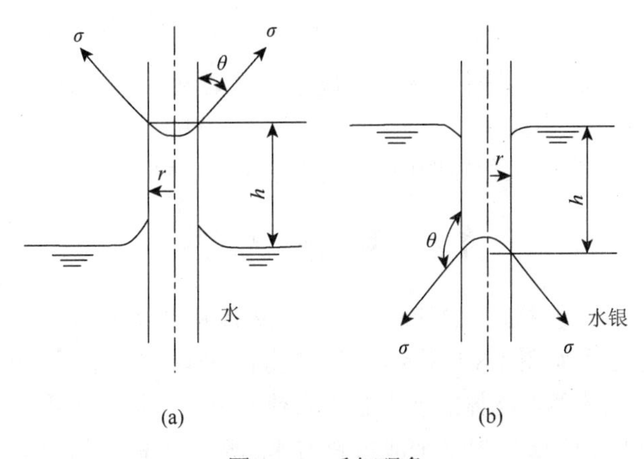

图 1.7.4　毛细现象

如果固体分子对表层液体分子的吸引力（或称附着力）小于液体内部分子的吸引力（内聚力），则液体脱离固体表面，称为不润湿现象。这种情况下，浸湿角 θ 是钝角，液面呈凸形，如图 1.7.4（b）所示。水银对玻璃是不能润湿的，浸湿角约为 140°。

1.7.3　毛细现象

在液体中竖直插入固体细管，液体在管内的液面高于或低于管外液面，这种现象称为毛细现象。毛细管插入润湿液体中，管内液面上升，高于管外，如图 1.7.4（a）所示；毛细管插入不润湿液体中，管内液体下降，低于管外，如图 1.7.4（b）所示。毛细管的管径越细，液面差越大，即毛细高度 h 越大；反之，管直径越大，毛细高度 h 越小。当管径足够大时，毛细现象消失。

当水在 20℃时，上升高度为 $h=\dfrac{15}{r}$ mm；当酒精在 20℃时，上升高度为 $h=\dfrac{5}{r}$ mm；当水银在 20℃时，下降高度为 $h=\dfrac{5}{r}$ mm，r 为细管半径，单位为 mm。

在制作利用液柱高度测量的仪器时，由于存在毛细现象，测管的内径不可太小。对于单管差压计，当作精密测量时，如果介质为水，则管的内径不小于 15 mm；如果介质为水银，则管的内径不小于 20 mm。对一般的 U 形压差计，由于受体积的限制，管的内径不宜做得太大，通常为 8 mm。

表面张力的重要性除润湿现象和毛细现象外，在液体射流、液滴与气泡的形成、多孔介质内的流动等方面也很重要。比如分析液滴的形成是喷墨打印机设计中最关键的考虑因素。从表 1.7.1 中可见，表面张力是很小的，表面张力的影响在绝大多数的工程问题中可忽略不计。表面张力的重要性可用韦伯数（Weber number）或邦德数（Bond number）来衡量。

1.7.4　韦伯数

We 是一个无量纲数，为流动惯性力与表面张力之比：

$$We=\frac{\rho V^2 L}{\sigma} \tag{1.7.3}$$

式中：ρ 是流体的密度；σ 是表面张力系数；V 是特征速度；L 是特征尺度。

We 可以用来衡量表面张力在流体流动问题中的重要性。*We* 越小，表面张力越重要；如毛细现象、肥皂泡、表面张力波等。

对于大尺度问题，大量的工程问题中 *We* 远大于 1.0，表面张力的作用可以忽略不计。

1.8　例 题 选 讲

例 1.8.1　为进一步说明黏性力的计算，以牛顿内摩擦定律的验证实验为例。

牛顿于 1687 年进行了如图 1.8.1 所示的黏性实验：两块平行平板，相距为 h，平板面积为 A，其间充满静止的黏性流体，流体的动力黏性系数为 μ。保持下板不动，在上平板施加一个拖动力 F，最终上板以速度 U 在自身平面内做匀速运动。上板做匀速运动时，两板之间的流体速度呈线性分布，称为纯剪切流动。试求拖动上平板的力 F。

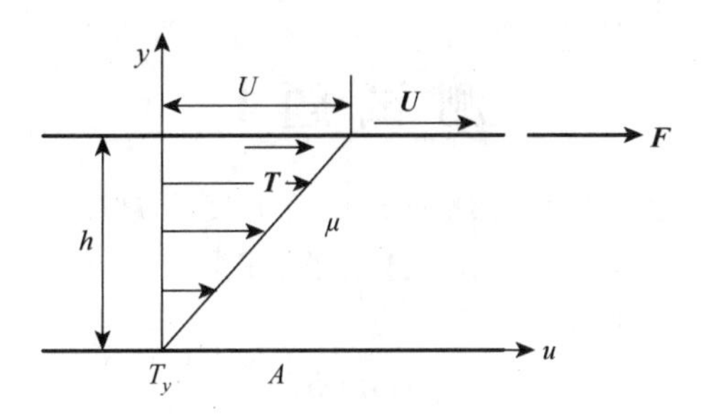

图 1.8.1　缝隙线性速度分布

解　上平板带动流体运动，并对下层流体作用一个黏性力 T，方向与平板运动方向一致。那么，下层流体对上平板作用一个反作用黏性力 T'，与 T 大小相等，方向相反：

$$T = T'$$

对上平板进行受力分析。在运动方向上，上平板除受拖动力 F 作用外，还受到下层流体的黏性力 T'。上平板匀速运动，列力平衡方程：

$$F = T'$$

则拖动力：

$$F = T = \mu \left.\frac{\mathrm{d}u}{\mathrm{d}y}\right|_{y=h} A = \mu \frac{U-0}{h-0} A = \mu \frac{U}{h} A$$

所以拖动上平板的力 $F = \mu \dfrac{U}{h} A$。

例 1.8.2　已知圆管有效截面上的速度分布为 $u = u_{\max}\left[1-\left(\dfrac{r}{R}\right)^2\right]$，$u_{\max}$ 为管轴处的最大速度，R 为圆管半径，r 为以管轴为圆心的圆周线的半径，$r \leqslant R$，如图 1.8.2 所示。试求流体对管壁面的黏性应力。

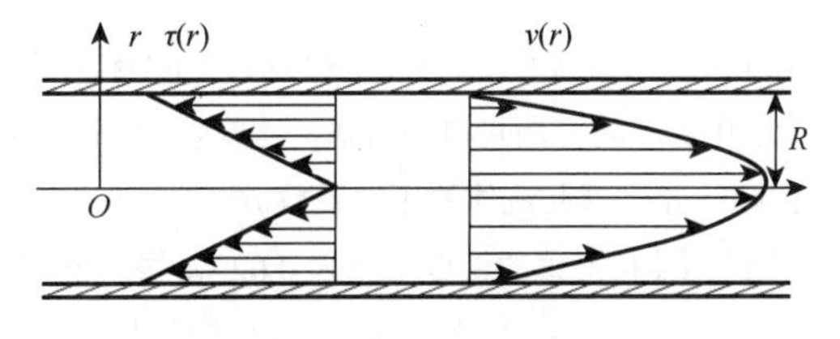

图 1.8.2　圆管抛物面速度分布

解　由牛顿内摩擦定律，管道截面的黏性应力为

$$\tau = \mu \frac{\mathrm{d}u}{\mathrm{d}y} = \mu \frac{\mathrm{d}u}{\mathrm{d}r} = -2\mu \frac{u_{\max}}{R^2} r$$

式中：负号说明应力与速度方向相反。

当 $r = R$ 时，$\tau = -2\mu \dfrac{u_{\max}}{R}$，是管壁面对流体的黏性力。那么流体对管壁面的黏性力大小为 $2\mu \dfrac{u_{\max}}{R}$，方向与速度方向一致。

测试题 1

1. 流体质点是体积无穷小的流体微团，指相对于（　）尺度无穷小。

A. 流场　　B. 大量分子原子集合

2. 流体是由连续分布的（　）所组成。

A. 分子原子　　B. 流体质点

3. 流体力学中物理量的基本量纲是（　）。

A. L、M、T、Θ　　B. ρ、V、L、T

4. 流体的可压缩性是指流体密度或体积在（　）变化时而有变化的属性。

A. 温度　　B. 压强

5. 对流速（　）声速 0.3 倍的气体流动，可忽略可压缩性。

A. 低于　　B. 高于

6. 牛顿流体层与层之间的黏性切应力与（　）成正比。

A. 动力黏性系数μ　　B. 速度梯度 du/dy

7. 静止流体（　）黏性。

A. 没有　　B. 具有

8. 液体的黏度随着温度的升高而（　）。

A. 降低　　B. 升高

9. 黏性使紧贴固体表面的薄层流体（　）。

A. 静止　　B. 随固体一起运动

10.（　）数是一个无量纲数，它可以衡量流体在流动中黏性效应的重要作用。

A. 运动黏性系数　　B. 雷诺数

习　题　1

1. 已知水的密度 $\rho = 997.0\ \text{kg/m}^3$，运动黏性系数 $\nu = 0.893\times10^{-6}\ \text{m}^2/\text{s}$，求它的动力黏性系数 μ。

2. 某流体在密封的圆筒形容器中。移动一端封口的活塞，当压强为 $2\times10^6\ \text{N/m}^2$ 时，体积为 995 cm^2；当压强为 $1\times10^6\ \text{N/m}^2$ 时，体积为 1 000 cm^2。求此流体的压缩系数 β_p。

3. 当压强增量为 $5\times10^4\ \text{N/m}^2$ 时，某种液体的密度增长为 0.02%，求此液体的体积弹性模量 E_V。

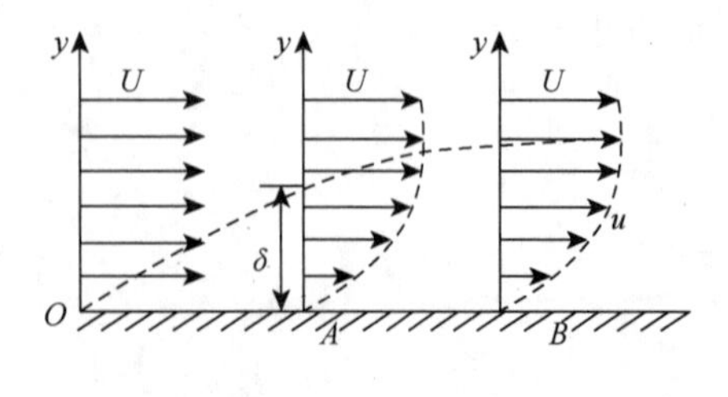

题图 1.1　题 4 附图

4. 如题图 1.1 所示，流速为 $U = 20$ m/s 的流体流过水平板面，在近壁面 δ 厚度内的速度按抛物线分布：

$$u = U\left(2\frac{y}{\delta} - \frac{y^2}{\delta^2}\right)$$

在壁面的 A 点处 $\delta = 10$ mm，求分别流过 20℃的空气和水时对壁面 A 点的黏性应力。

5. 如题图 1.2 所示，水流平行流过水平放置的平板，水流速度 $U = 1$ m/s。靠近板壁附近的流速 u 呈抛物线形分布，$u = ay + by + c$。A 为紧贴壁面的点，B 点为抛物线的端点。B 点处 $\dfrac{\text{d}u}{\text{d}y} = 0$，距离平板壁面 0.04 m。水的运动黏性系数为$\nu = 1.0\times10^{-6}\ \mathrm{m^2/s}$，试求：$y = 0,2,4\ \mathrm{cm}$ 处的黏性切应力。（提示：利用给定的速度和速度梯度条件确定待定系数 a、b、c）

6. 如题图 1.3 所示，一个边长为 200 mm、重量为 1 kN 的滑块在斜面的油膜上向下滑动。油膜厚度为 0.005 mm，油的动力黏性系数为$\mu = 7\times10^{-2}\ \mathrm{N\cdot s/m^2}$。设滑块以匀速下滑时油膜内速度为线性分布，试求滑块的平衡下滑的速度 U。

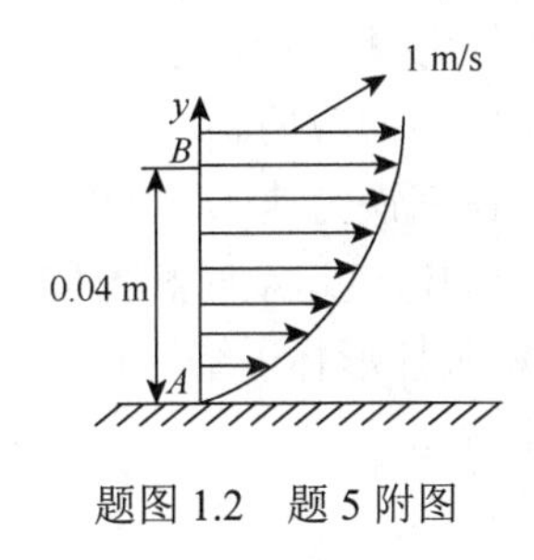

题图 1.2　题 5 附图

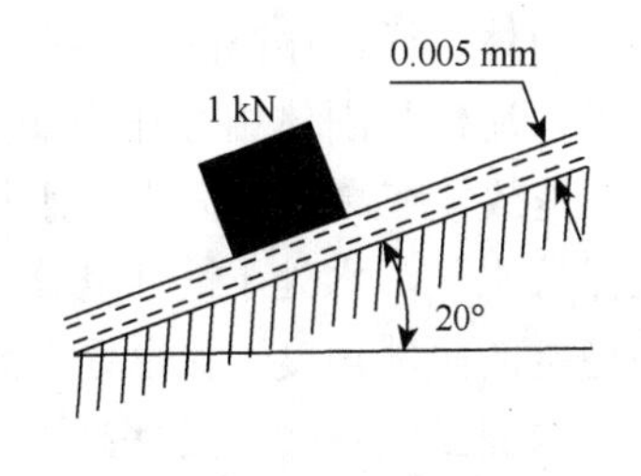

题图 1.3　题 6 附图

拓 展 题 1

1. 关于某些物质是否为流体的实验，比如沥青、玻璃，试证明物质是流体，还有哪些意想不到的研究？
2. 查阅验证牛顿内摩擦定律的库仑实验。

第 2 章　流体静力学

流体与固体一样，存在静止和运动两种状态。本章流体静力学研究流体处于静止（平衡）状态下和静止流体与固体相互作用的力学规律及其在工程实际中的应用。

图 2.1 是放置在高铁桌面上的水杯，其中，图 2.1（a）在高铁匀速 U 直线运动时杯内的水面一直保持水平，水处于静止状态；图 2.1（b）在高铁匀加速度运动时杯内的水面一直保持不变的稳定的倾斜角度，水也处于静止状态；图 2.1（c）将圆柱形杯子绕其轴做匀角速度 $\boldsymbol{\omega}$ 旋转，杯内水面虽然下凹但是保持不变，显示水也处于静止状态。

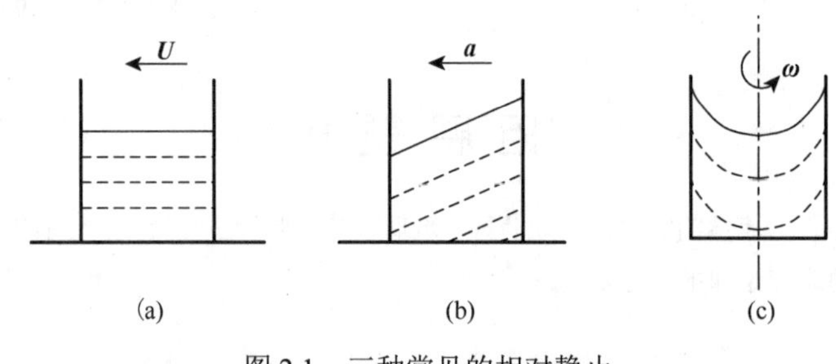

图 2.1　三种常见的相对静止

（a）U = 常数；（b）a = 常数；（c）ω = 常数

静止是指流体质点之间没有相对运动，达到相对平衡。相对地球的静止称为绝对静止，相对其他坐标系的静止称为相对静止。本章主要讲绝对静止。

风平浪静时，水面就像一面镜子，水看似是静止的。但是水下鱼儿的游动干扰了静止，船舶的航行打破了平静，此外还有风吹水面波动的扰动等。那么，自然界中是否有静止的流体呢？一般认为，流体的静止状态是一种物理模型，针对特定的研究对象，当微小的扰动可以忽略不计时，即近似地认为流体是静止的；或者在远离扰动而没有被影响的区域，流体是静止的，这样的处理在实际应用上是合理的。

本章主要介绍静止流体的静压强特性、欧拉平衡微分方程、静压强的基本方程，以及静压强对固体壁面的作用力。流体静止时不显示黏性，所以不考虑黏性的影响。流体静力学的理论可以直接应用到实际流体。

2.1　静止流体的静压强特性

静止流体因不存在速度梯度，故黏性内摩擦切应力等于零，黏性没有表现出来。那么，静止流体只有沿法线上的表面应力，且该表面应力具有以下两个特性。

特性一　静止流体的表面应力沿作用面内法线方向指向作用面，所以称为压强 p。

反证：对于静止的流体，如果存在切向应力，则流体不会静止，所以静止流体切向应力应为 0。在法线方向上，因流体不能承受拉应力，故法向应力只能是压应力即压强，其方向沿内法线方向指向作用面。

如图 2.1.1 所示，在静止流体中取一流体团（分离体），其表面的外法向方向为 $\boldsymbol{n}$，内法向方向为 $-\boldsymbol{n}$，切线方向为 $\boldsymbol{\tau}$。压强 p 的作用线在外法线 $\boldsymbol{n}$ 上，方向与内法线方向 $-\boldsymbol{n}$ 一致。

同样地，理想流体没有黏性，切向应力为 0，理想流体的表面应力也只有压强的作用。

特性二 任一点的流体静压强，其大小与作用面的方向无关，只是位置坐标的函数。

证明：建立直角坐标系 $O\text{-}xyz$，如图 2.1.2 所示。在静止流体中取一个微直角四面体 $ABCD$，顶点 A 与坐标系原点 O 重合，直角边分别与坐标轴重合，直角边长分别为 $\mathrm{d}x$、$\mathrm{d}y$、$\mathrm{d}z$。各面的面积很小，作用于各面上的平均静压强分别用 p_x、p_y、p_z、p_n 表示，方向如图中所示，沿各面的外法线指向作用面。

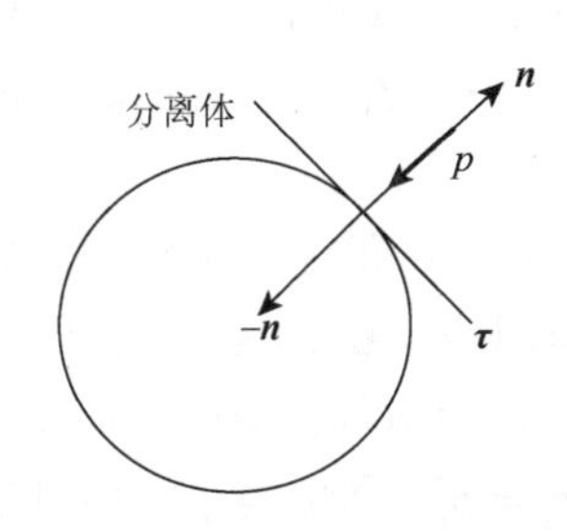

图 2.1.1 压强的方向

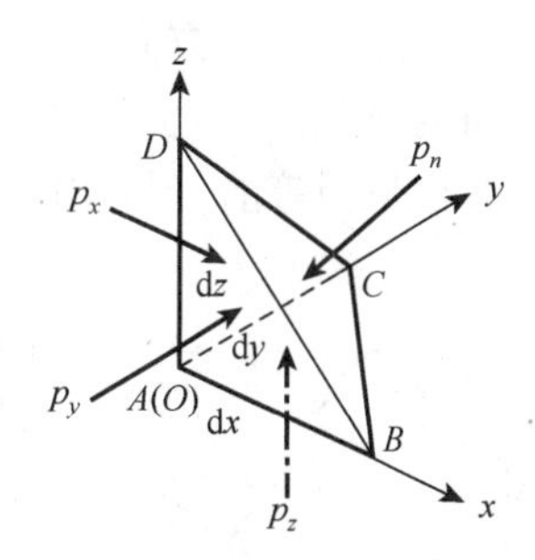

图 2.1.2 直角四面体 $ABCD$ 的表面压强示意图

已知微四面体的平均密度为 ρ，所受的单位质量的体积力沿坐标轴的分量分别为 f_x、f_y、f_z，假设体积力的方向包含在符号之中。

对微四面体进行受力分析。体积力分别为

$$f_x \cdot \rho \frac{1}{6}\mathrm{d}x\mathrm{d}y\mathrm{d}z, \quad f_y \cdot \rho \frac{1}{6}\mathrm{d}x\mathrm{d}y\mathrm{d}z, \quad f_z \cdot \rho \frac{1}{6}\mathrm{d}x\mathrm{d}y\mathrm{d}z$$

表面力分别为

$$p_x \cdot \frac{1}{2}\mathrm{d}y\mathrm{d}z, \quad p_y \cdot \frac{1}{2}\mathrm{d}x\mathrm{d}z, \quad p_z \cdot \frac{1}{2}\mathrm{d}x\mathrm{d}y, \quad p_n \cdot \mathrm{d}S_{\Delta BCD}$$

流体处于静止平衡状态，合外力应为 0。以 x 方向为例，列力平衡方程：

$$p_x \cdot \frac{1}{2}\mathrm{d}y\mathrm{d}z - p_n \cdot \mathrm{d}S_{\Delta BCD} \cdot \cos(\boldsymbol{n} \cdot \boldsymbol{x}) + f_x \cdot \rho \frac{1}{6}\mathrm{d}x\mathrm{d}y\mathrm{d}z = 0 \tag{2.1.1}$$

式中：$p_n \cdot \mathrm{d}S_{\Delta BCD} \cdot \cos(\boldsymbol{n} \cdot \boldsymbol{x})$ 为面积 $S_{\Delta BCD}$ 上的压力 $p_n \cdot \mathrm{d}S_{\Delta BCD}$ 在 x 方向的分量，其方向与 x 轴正向相反，所以在式中加上负号。

又 $\mathrm{d}S_{\Delta BCD} \cdot \cos(\boldsymbol{n} \cdot \boldsymbol{x}) = \frac{1}{2}\mathrm{d}y\mathrm{d}z$ 为面 $S_{\Delta BCD}$ 在 x 方向上的投影面积，代入式（2.1.1）得

$$(p_x - p_n) \cdot \frac{1}{2}\mathrm{d}y\mathrm{d}z + f_x \cdot \rho \frac{1}{6}\mathrm{d}x\mathrm{d}y\mathrm{d}z = 0 \tag{2.1.2}$$

$$p_x - p_n + f_x \cdot \rho \frac{1}{3}\mathrm{d}x = 0 \tag{2.1.3}$$

同理可得

$$p_y - p_n + f_y \cdot \rho \frac{1}{3} \mathrm{d}y = 0 \tag{2.1.4}$$

$$p_z - p_n + f_z \cdot \rho \frac{1}{3} \mathrm{d}z = 0 \tag{2.1.5}$$

将微四面体体积趋近于0，即同时$\mathrm{d}x \to 0$、$\mathrm{d}y \to 0$和$\mathrm{d}z \to 0$。分别代入式(2.1.3)～式(2.1.5)，得到

$$p_x = p_y = p_z = p_n \tag{2.1.6}$$

式中：因为微四面体的 $\boldsymbol{n}$ 方向是任意的，所以p_x、p_y、p_z、p_n代表作用于流体质点A上、来自不同方向的压强。并且式（2.1.6）表明：静止流体中任一点的压强虽然来自不同方向，但是他们的大小是相等的，与作用面的方向无关。

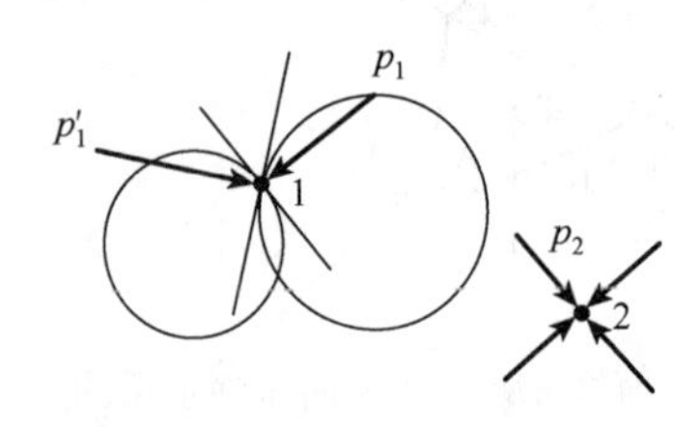

图 2.1.3　压强的大小和方向示意图

在图 2.1.3 中，静止流体中的某一点 1 可以位于不同的分离体上，在同一个作用点 1 的压强方向因不同分离体表面法线方向不同而不同，但大小是相等的，即 1 点处两不同方向的压强相等：$p_1 = p_1'$。而压强随空间位置发生变化，1 点与 2 点的压强不相等：$p_1 = p_1' \neq p_2$。

在直角坐标系下，压强是空间位置的标量函数，$p = p(x, y, z)$。同样地，对于理想流体也成立。压强仍然会随时间 t 发生变化。

压强在空间位置上的变化即压强的全微分 $\mathrm{d}p$ 可表示为

$$\mathrm{d}p = \frac{\partial p}{\partial x}\mathrm{d}x + \frac{\partial p}{\partial y}\mathrm{d}y + \frac{\partial p}{\partial z}\mathrm{d}z = \nabla p \cdot \mathrm{d}\boldsymbol{r} \tag{2.1.7}$$

式中：$\nabla = \frac{\partial}{\partial x}\boldsymbol{i} + \frac{\partial}{\partial y}\boldsymbol{j} + \frac{\partial}{\partial z}\boldsymbol{k}$ 称为哈密顿算符。哈密顿算符具有微分和矢量的双重运算性质。$\nabla \boldsymbol{p} = \frac{\partial p}{\partial x}\boldsymbol{i} + \frac{\partial p}{\partial y}\boldsymbol{j} + \frac{\partial p}{\partial z}\boldsymbol{k} = \mathrm{grad}\ \boldsymbol{p}$ 为压强的梯度，是矢量；$\mathrm{d}\boldsymbol{r} = \mathrm{d}x\boldsymbol{i} + \mathrm{d}y\boldsymbol{j} + \mathrm{d}z\boldsymbol{k}$ 为空间位移矢量。

2.2　重力场中的流体静力学基本方程

2.2.1　欧拉平衡微分方程

在直角坐标系下，静止流体中以$A(x_A, y_A, z_A)$为顶点取一个微平行六面体元。微六面体的边长分别为 dx、dy、dz，平均密度为ρ，所受的单位质量的体积力沿坐标轴的分量用f_x、f_y、f_z表示（假设体积力的方向包含在符号之中），A 点的流体静压强为p，如图 2.2.1 所示。

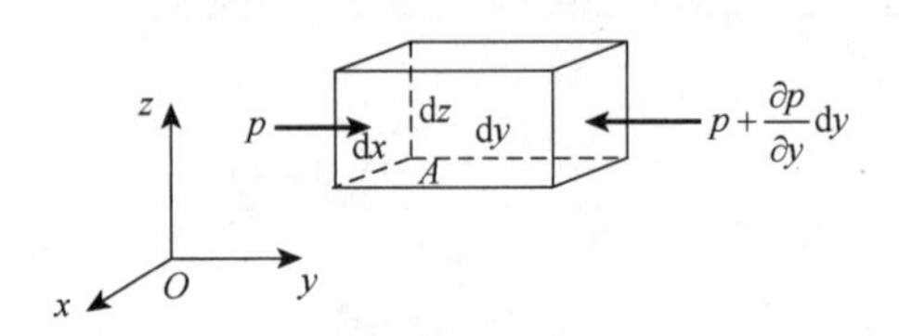

图 2.2.1　平衡的微平行六面体

对微平行六面体进行受力分析。

体积力：$f_x \cdot \rho \mathrm{d}x\mathrm{d}y\mathrm{d}z$、$f_y \cdot \rho \mathrm{d}x\mathrm{d}y\mathrm{d}z$、$f_z \cdot \rho \mathrm{d}x\mathrm{d}y\mathrm{d}z$；

表面力：在 x、y、z 方向各 2 个面，共有 6 个面的压强作用。

以 y 方向的 2 个面为例：

$y = y_A$ 面：压强与 A 点压强相等，为 p，表面力为 $p\mathrm{d}x\mathrm{d}z$，方向为 y 轴正方向；

$y = y_A + \mathrm{d}y$ 面：采用泰勒级数展开，保留一阶线性项，在 A 点压强 p 上添加一个由位置增量 $\mathrm{d}y$ 产生的增量项 $\frac{\partial p}{\partial y}\mathrm{d}y$。该面上压强大小为 $p+\frac{\partial p}{\partial y}\mathrm{d}y$，表面力为 $\left(p+\frac{\partial p}{\partial y}\mathrm{d}y\right)\mathrm{d}x\mathrm{d}z$，方向指向 y 轴负方向。

同理可得另外 4 个面的压强、表面力和方向。

由于流体静止，列 y 方向的力平衡方程：

$$p \cdot \mathrm{d}x\mathrm{d}z - \left(p+\frac{\partial p}{\partial y}\mathrm{d}y\right)\mathrm{d}x\mathrm{d}z + f_y \cdot \rho \mathrm{d}x\mathrm{d}y\mathrm{d}z = 0 \tag{2.2.1}$$

化简，得

$$\frac{\partial p}{\partial y} = \rho f_y \tag{2.2.2}$$

同理可得 x 方向和 z 方向上的平衡方程。则三式组成静止流体的平衡方程组：

$$\begin{cases} \frac{\partial p}{\partial x} = \rho f_x \\ \frac{\partial p}{\partial y} = \rho f_y \\ \frac{\partial p}{\partial z} = \rho f_z \end{cases} \tag{2.2.3}$$

写成矢量形式

$$\nabla \boldsymbol{p} = \rho \boldsymbol{f} \tag{2.2.4}$$

或张量形式

$$\frac{\partial \boldsymbol{p}}{\partial x_i} = \rho f_i \quad (i=1,2,3) \tag{2.2.5}$$

以上即为流体平衡微分方程，是欧拉（Euler）在 1755 年首先提出的，故也称为欧拉平衡方程，是流体力学的最基本方程（组）。该方程表明，流体在平衡的情况下，压强梯度必须与体积力取得平衡。流体平衡微分方程既适用于绝对平衡，也适用于相对平衡。

2.2.2　流体静力学基本方程

这里所说的静止流体仅处于重力场中，体积力仅为重力，亦称重力流体。且流体不可压缩，密度 $\rho = \mathrm{const}$。

在直角坐标系下，单位质量的重力见式（1.2.3），即

$$\begin{cases} f_x = 0 \\ f_y = 0 \\ f_z = -g \end{cases}$$

代入式（2.2.3），可得

$$\begin{cases}\dfrac{\partial p}{\partial x}=0\\ \dfrac{\partial p}{\partial y}=0\\ \dfrac{\partial p}{\partial z}=-\rho g\end{cases} \tag{2.2.6}$$

由$\dfrac{\partial p}{\partial x}=0$和$\dfrac{\partial p}{\partial y}=0$可知，压强$p$不随$x$和$y$变化，仅为$z$的函数，$p=p(z)$。$\dfrac{\partial p}{\partial z}=-\rho g$可改写为全导数的形式：

$$\frac{\mathrm{d}p}{\mathrm{d}z}=-\rho g$$

或

$$\mathrm{d}p=-\rho g\mathrm{d}z=-\gamma\mathrm{d}z \tag{2.2.7}$$

对于不可压缩流体，密度$\rho=\text{const}$。将式（2.2.7）积分，并整理为如下形式：

$$z+\frac{p}{\gamma}=C \tag{2.2.8}$$

式中：z为某点距离基准面的高度，可正可负；p为z点的压强；C为积分常数，由边界条件确定。此式即为流体静力学的基本方程式，表明：在重力场中，对于不可压缩的、连通的同种流体，z与$\dfrac{p}{\gamma}$之和保持不变，为常数。

式（2.2.8）中每一项的量纲：

$$[z]=\mathrm{L}$$

$$\left[\frac{p}{\gamma}\right]=\frac{[\mathrm{N/m^2}]}{[\mathrm{N/m^3}]}=[\mathrm{m}]=\mathrm{L}$$

均为长度量纲L。

根据几何物理意义，z称为位置水头，为该点相对于基准面的位置高度；$\dfrac{p}{\gamma}$称为压强水头，相当于该液柱高度的重力所产生的压强，故常用液柱高度表示压强；两项之和$z+\dfrac{p}{\gamma}$称为静止流体的总水头。式（2.2.8）表明：在静止不可压缩的流体中总水头保持不变。在静止流体中，总水头线就是测压管水头线，是一条水平的线，如图2.2.2所示。

从物理意义上，z为单位重量流体对基准面具有的位置势能，$\dfrac{p}{\gamma}$为单位重量流体具有的压强势能，$z+\dfrac{p}{\gamma}$称为单位重量流体对基准面具有的势能。式（2.2.8）表明：静止流体中各点的单位重量流体对基准面具有的势能永远相等。这是能量守恒定律在静止液体中的体现，也称为静止流体能量守恒方程。

由式（2.2.8）在静止流体中任取 1 点和 2 点，如图 2.2.2 所示，则下式成立：

$$z_1 + \frac{p_1}{\gamma} = z_2 + \frac{p_2}{\gamma} \tag{2.2.9}$$

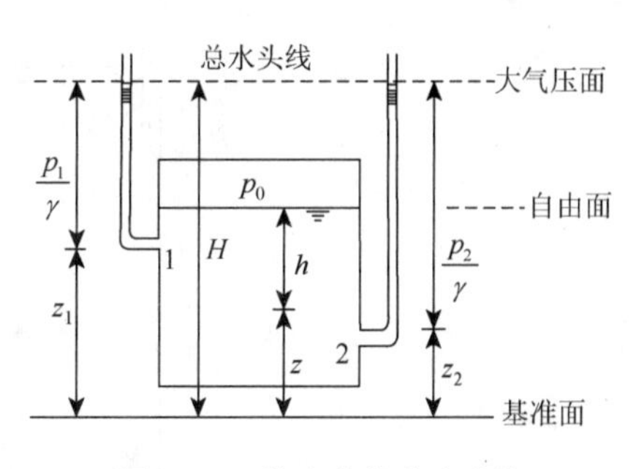

图 2.2.2　静止流体总水头线

由式（2.2.9）可知，如果 1 点有一个压强增量 dp，那么这个增量等值地在流体（不可压缩流体）中传播，即 2 点的压强也增加 dp：

$$z_1 + \frac{p_1 + \mathrm{d}p}{\gamma} = z_2 + \frac{p_2 + \mathrm{d}p}{\gamma} \tag{2.2.10}$$

在静止的不可压缩流体中，任一点的压强增量在流体内部将会瞬时等值地传递至流体各点，这就是帕斯卡定律（Pascal law），也称为帕斯卡原理。比如我们熟知的水压机、千斤顶、液压传动装置就是以此原理设计的。

2.2.3　重力场中的流体静压分布规律

根据已知条件求出式（2.2.8）中的积分常数 C，即可得到重力场中压强的计算式。为方便给出压强的已知条件，以不可压缩的液体为例，它的自由面是一个压强已知的面。

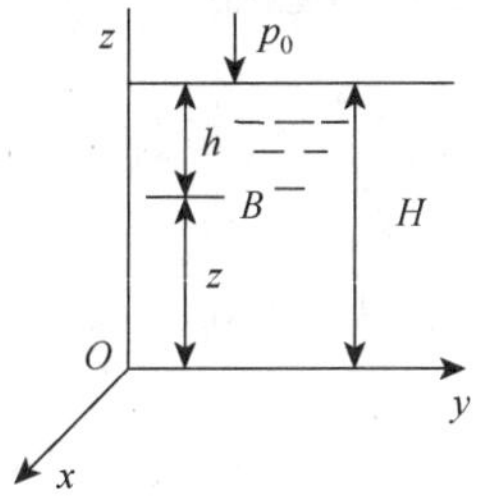

如图 2.2.3 所示，已知自由面 $z = H$ 处的压强为 $p = p_0$，代入式（2.2.8），可得

$$C = H + \frac{p_0}{\gamma} \tag{2.2.11}$$

自由面下任意 B 点处，浸深为 h（坐标为 $z = H - h$）处的压强为 p，代入式（2.2.8），可得

$$(H - h) + \frac{p}{\gamma} = H + \frac{p_0}{\gamma} \tag{2.2.12}$$

图 2.2.3　浸深 h 处压强 p 的计算

即可得到自由面下浸深为 h 处的压强为

$$p = p_0 + \gamma h \tag{2.2.13}$$

上式为重力场中流体静压分布规律。这表明：流体任一点的静压强 p 等于自由面压强 p_0 与深度为 h 的液柱重力所产生的压强之和。虽然以液体为例推导而得，同样适用于不可压缩的气体。

从式（2.2.13）可推出以下几点。

（1）等高面即为等压面：$h = \text{const}'$，则 $p = \text{const}$。在重力场中，水平面就是等高面，也为等压面；自由面为水平面，也是等高面、等压面。利用此规律，采用装水的软管可以很方便地安装等高器材。

（2）压强随浸深呈线性增加。在液体中浸深越深压强越大。在水下，每下潜 10 m 大约会增加 1 个标准大气压。在没有装备的帮助下，正常人下潜深度约 10 m，专业潜水者可下潜深度约 15 m，甚至 17 m（这是极限范围）。游泳不可深潜到水深区域，深水作业注意做好防护措施，以及减少深水停留时间，避免过大水压对身体的伤害。

（3）如图 2.2.4 所示的两分层液体，那么下层液体 ρ_2 中静压 p 为

$$p = p_0 + \rho_1 g h_1 + \rho_2 g h_2 \tag{2.2.14}$$

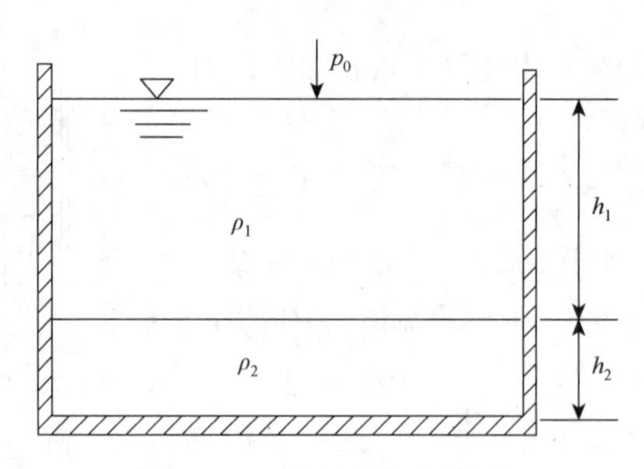

图 2.2.4　两分层液体压强计算

2.2.4　帕斯卡原理的应用

帕斯卡在 1653 年提出著名的帕斯卡定律，并利用这一原理制成水压机。

水压机的工作原理可以简化为如图 2.2.5 所示。在一个充满液体（比如液压油）的连通容器，两端截面面积不同，用活塞封住。大截面面积为 S，小截面面积为 s，$S>s$。在小截面活塞上施加力 f，则小截面处压强增量为

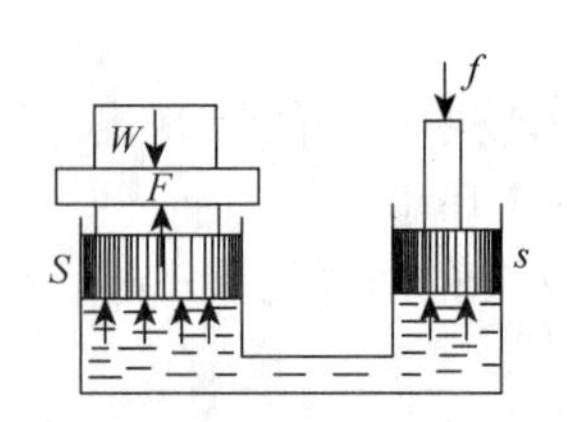

图 2.2.5　水压机的工作原理示意图

$$\mathrm{d}p = \frac{f}{s} \tag{2.2.15}$$

根据帕斯卡定律，此压强增量立刻传至液体内各点，大活塞表面压强也增加 $\mathrm{d}p$。于是大活塞受到液体的推力为

$$F = \mathrm{d}p \cdot S = f / s \cdot S = S / s \cdot f \tag{2.2.16}$$

可见，大活塞受到的推力 F 是小活塞上施加的力 f 的 S/s 倍。截面面积比 S/s 越大，大活塞推力放大的倍数越大。从而，在小活塞上施加一个较小的力 f，在大活塞上可产生一个较大的力 F，将重物 W 顶起。

比如千斤顶，人们就可以利用它将汽车顶起。如果人使出的力是 20 kgf，假使抬起 2 t 汽车的 1/4（0.5 t），那么力被放大了 25 倍。放大倍数 S/s 是面积比，与杠杆放大倍数是长度比相比较，不仅效率高，还具有节省空间体积减轻重量和降噪等优势。

根据此原理，可制造水压机，用于压力加工；可制造液压制动闸，用于刹车；可制造襟翼控制装置，用于增加机翼升力，等等。

2.3　流体压强的测量和计算

压强是沿法线方向的压应力，是单位面积上的压力。在国际单位制中，压强的单位为 $\mathrm{N/m^2}$ 或 Pa，量纲为 $\mathrm{ML^{-1}T^{-2}}$。工程上，还常用液柱高度表达压强；经常用到的 1 个标准大气压也是压强单位，计作 1 atm。

早在 1643 年意大利科学家托里拆利（Torricelli）在实验测定：

$$1\ \mathrm{atm} = 1.013\,25 \times 10^5\ \mathrm{Pa} = 760\ \mathrm{mm}\ 汞柱 = 10.336\ \mathrm{m}\ 水柱$$

通常，在计算中取 1 atm = 0.1 MPa = 100 kPa。

2.3.1　压强的三种表示方法

流体静压强根据计量基准不同，有三种表示方法：绝对压强、表压强和真空度。

（1）绝对压强（absolute pressure）：以绝对真空为基准计量的压强，用 p_{abs} 表示。

（2）表压力（gauge pressure）（相对压强）：$p_g = p_{abs} - p_a$，其中，p_a 为当地大气压（local atmospheric pressure）。表压力以当地大气压 p_a 为基准计量，适用于 $p_{abs} \geqslant p_a$。当表压力 p_g 为负时，往往用真空度来表示。

（3）真空度（vacuum degree）（真空压强）p_{vac}：$p_{vac} = p_a - p_{abs}$。真空度同样以当地大气压 p_a 为基准计量，但适用于 $p_{abs} < p_a$。真空度越大，绝对压强越小。

绝对压强、表压力和真空度之间的关系如图 2.3.1 所示。

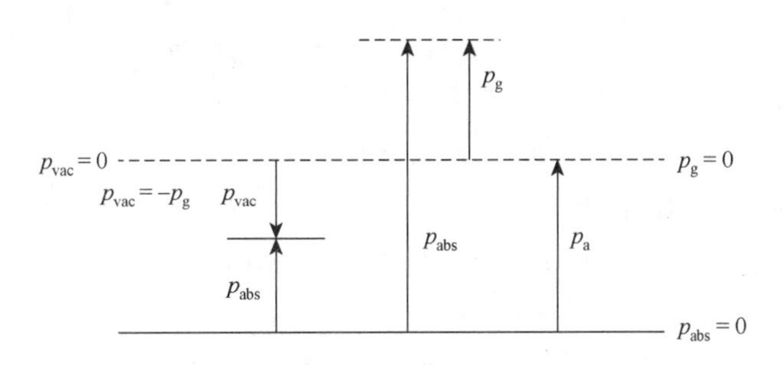

图 2.3.1　绝对压强、表压力和真空度之间的关系

2.3.2　压强的测量和计算

流场中的压强或两点的压强差可用仪器测量。测压仪器大致可分为：液柱式、金属式和电测式。在此介绍以静压分布规律为原理设计的液柱式测压计。

1. 测压管

测压管是一根带有刻度的直玻璃管，内径一般大于 5 mm。测量时，一端与待测液体相连，另一端与大气相连。常用于测量大于大气压强的表压力。

如图 2.3.2 所示，设密度为 ρ 的待测液体，在测压管中上升了 h 的高度，则液体中测点 M 的表压力为

$$p_g = \rho g h \tag{2.3.1}$$

2. U 形管测压计

U 形管测压计的测压管呈 U 形，管内一般预装水银，密度为 ρ_{Hg}。未测量时，U 形管两侧的水银面等高；测量时，一端与待测流体相连，另一端与大气相连。

如图 2.3.3 所示，待测流体的密度为 ρ，进入 U 形管的高度为 h_1；U 形管两侧的水银面高度差为 h。设待测流体中测点 M 的绝对压强为 p_{abs}。U 形管测压计中的 1、2 点既是等高面又是等压面，即

$$p_1 = p_2$$

又

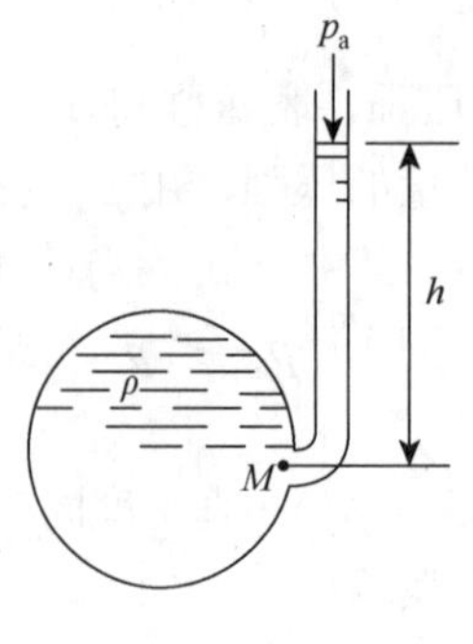

图 2.3.2　测压管

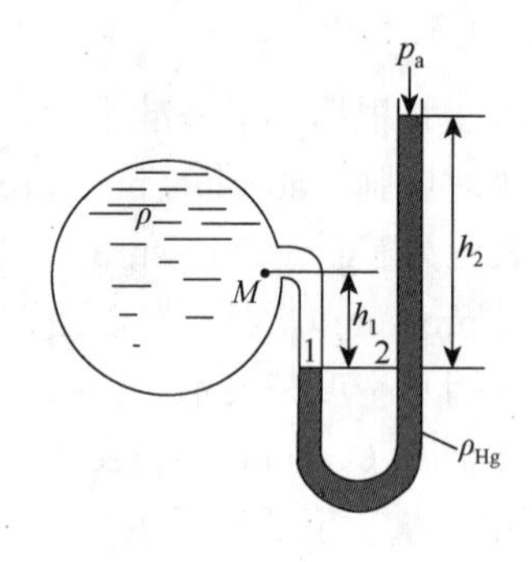

图 2.3.3　U 形管测压计

$$p_1 = p_{abs} + \rho g h_1,\quad p_2 = p_a + \rho_{Hg} g h$$

则

$$p_{abs} + \rho g h_1 = p_a + \rho_{Hg} g h$$

所以，待测压强的绝对压强为

$$p_{abs} = p_a + g(\rho_{Hg} h - \rho h_1) \tag{2.3.2}$$

其表压力为

$$p_g = g(\rho_{Hg} h - \rho h_1) \tag{2.3.3}$$

图 2.3.3 中显示的被测压强是大于大气压强的情况。同样的原理，可推导出待测压强小于大气压强的情况。将待测点分别与 U 形管测压计的两开口相连，也可用于测量压强差。测压原理相同，主要是通过等压面建立等式，并求出待测压强这个未知数。

3. 倾斜式微压计

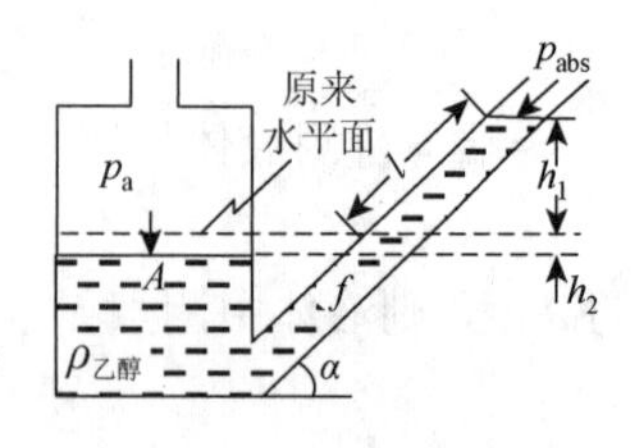

图 2.3.4　倾斜式微压计

倾斜式微压计如图 2.3.4 所示。在截面为 A 的大容器的底部开一小孔，延伸出一根截面为 a 细玻璃管，玻璃管倾斜度 α 可调。微压计内一般预装的液体是乙醇。

未测量前，细管内液面高度与大容器一样。

以测量气体压强为例，当 $p_{abs} < p_a$ 时，则将待测压强 p_{abs} 作用于细管。大容器液面下降，细管液面上升。上升的长度 l 可由其上面的刻度读出。

图 2.3.4 中存在几何关系：$h_1 = l\sin\alpha$，$A \cdot h_2 = a \cdot l$。等压面上：

$$p_a = p_{abs} + \rho_{乙醇} g(h_1 + h_2) = p_{abs} + \rho_{乙醇} g\left(l\sin\alpha + l\frac{a}{A}\right) = p_{abs} + \rho_{乙醇} gl\left(\sin\alpha + \frac{a}{A}\right)$$

所以，待测压强的绝对压强为

$$p_{abs} = p_a - \rho_{乙醇} gl\left(\sin\alpha + \frac{a}{A}\right) \tag{2.3.4}$$

其真空度为

$$p_{vac} = p_a - p_{abs} = \rho_{乙醇} gl\sin\alpha\left(1 + \frac{a}{A\sin\alpha}\right) \tag{2.3.5}$$

令$k=1+\dfrac{a}{A\sin\alpha}$。$k$为倾斜式微压计的校准系数，该值通常不是根据面积$A$和$a$及角度$\alpha$计算出来，而是根据实验来确定。测量压强的真空度为

$$p_{\text{vac}}=\rho_{\text{乙醇}}gkl\sin\alpha \tag{2.3.6}$$

在测量测压计液面的高度差时，不测量垂直距离h_1，而是测量细管中的长度l。这是因为$l>h_1$，所以可得到更准确的数据。在相同h_1的情况下（即待测压强相同），细管倾斜度α越小，则l越大。通常，当$\alpha=30°$时，$l=2h_1$。α最小可达 11°，这时$l=5h_1$。

倾斜式微压计也可用于测量压强差值，并总是将压强小的作用于细管，以使液柱在细管中上升。

4. 比压计

比压计测量两点压强差的原理，如图 2.3.5 所示。水流稳定地流过水平放置的等径直管道，利用比压计可求A、B两点的压强差。

1 和 2 点在等压面上，它们的压强相等：

$$p_1=p_2$$

$$p_A+\gamma(b+h)=p_B+\gamma b+\gamma' h$$

解得

$$p_A-p_B=(\gamma'-\gamma)h$$

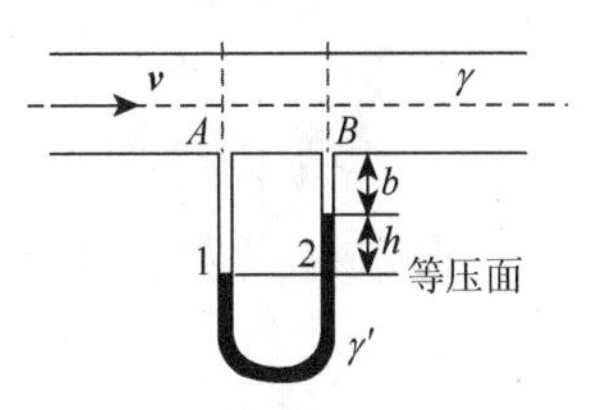

图 2.3.5　比压计测量原理

或写成液柱高度

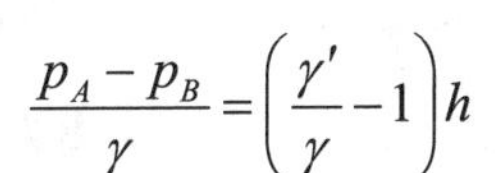

$$\frac{p_A-p_B}{\gamma}=\left(\frac{\gamma'}{\gamma}-1\right)h$$

即上游A点压强高于B点压强，两点的压强差为$(\gamma'-\gamma)h$ Pa 或$\left(\dfrac{\gamma'}{\gamma}-1\right)h$液柱高度。

这个压强差正是推动管道流动的动力，用于克服流体黏性造成的能量损失。

2.4　静止流体作用于平壁面上的合力

工程上常需要计算油箱、水箱、锅炉、液压油缸、活塞等密闭容器，水池、大坝及闸门，管道及阀门，以及潜浮物体的静压强的合力，用于分析结构物的强度、安全性能等问题。

如“海斗一号”全海深自主遥控潜水器最大下潜深度 10 907 m，中国深海载人潜水器蛟龙号最大下潜深度达 7 020 m。潜水器的耐压外壳必须保证足够的强度用于承载深水高压的作用力。虽然潜水器运动时，外壳周围的压强分布与静压强相比会有变化，但主要还是在深水液柱作用下产生的静压强。

结构物壁面形状有二维平面、柱面和三维曲面等。平面和柱面可以看成曲面的特例，应用最广。虽然壁面形状有异，但计算静压强合力的基本理论和方法是一致的。

对于气体，由于密度小及忽略压强的空间位置变化，认为各点压强相等，合力等于压强与受压面积的乘积。对于液体，计算合力必须考虑压强的分布变化，是一个求分布力的合力问题。

本节以平壁面为对象，计算重力场中静止液体作用于平壁单面的静压强的合力，包括合力的大小、方向和作用点位置。

2.4.1　静压强合力的大小和方向

任意形状的平壁面、任意地浸没在液体中。平壁面与液面夹角为 θ，平壁面面积为 A。液面压强为 p_0，液体重度为 γ，求作用在平壁面上的总压力 $\boldsymbol{F}$。

建立平面坐标系 $O\text{-}xy$，原点 O 取在平壁面与液面交线上，x 轴与交线重合，y 轴取在平壁面上，如图 2.4.1 所示。

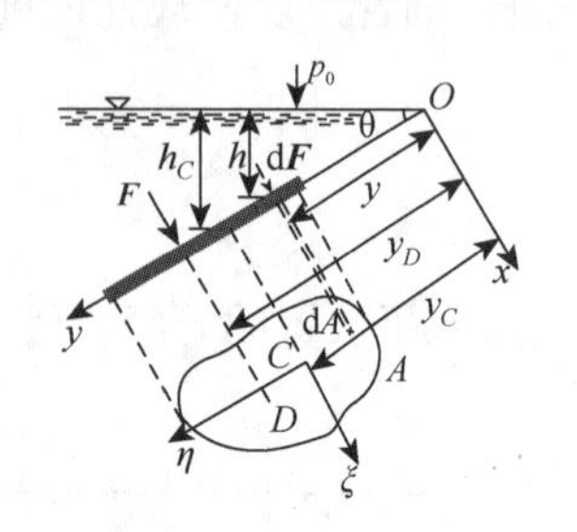

图 2.4.1　任意平壁面静水总压力计算

在平壁面上取微面积元 dA，对应的浸深为 h，其 y 坐标与 h 的关系为 $h = y\sin\theta$。作用在微面积元 dA 上的静水压力 d$\boldsymbol{F}$ 的大小为

$$\mathrm{d}F = (p_0 + \gamma h)\mathrm{d}A = (p_0 + \gamma y\sin\theta)\mathrm{d}A \tag{2.4.1}$$

方向垂直指向平壁面。

平壁面上每个微面元所受到的静水压力均垂直于平壁面，为一组平行力系，则其总压力可以代数求和，由于连续分布可积分求和，且总压力的方向仍垂直于平壁面。

将 dF 在平壁面上积分，得出作用在平壁面上的总压力为

$$F = \iint_A \mathrm{d}\boldsymbol{F} = \iint_A (p_0 + \gamma y\sin\theta)\mathrm{d}A = p_0 A + \gamma\sin\theta\iint_A y\mathrm{d}A \tag{2.4.2}$$

式中：$y\mathrm{d}A$ 是面积 dA 对 x 轴的静矩；面积积分 $\iint_A y\mathrm{d}A$ 为面积 A 对 x 轴的静矩。

设面积 A 的形心为 $C(x_C, y_C)$ 点。C 点距 x 轴的距离为 y_C，且浸深 $h_C = y_C\sin\theta$。由理论力学可知，则下式成立：

$$\iint_A y\mathrm{d}A = y_C A \tag{2.4.3}$$

从而式（2.4.2）中 F 的计算式变形为

$$F = p_0 A + \gamma\sin\theta \cdot y_C A = (p_0 + \gamma h_C)A = p_C A \tag{2.4.4}$$

式中：p_C 为面 A 的形心 C 处的压强。上式表明，静止流体对平壁面的总压力 $\boldsymbol{F}$ 等于平壁面形心压强 p_C 与面积 A 的乘积，方向垂直指向平壁面。

讨论：(1) 从式（2.4.4）可知，在静止流体中，将平壁面绕其面积形心 C 转动，总压力 $\boldsymbol{F}$ 的大小不变。

(2) 我们生活在空气包围中，而空气由于受到重力产生的压强叫大气压强。例如，计算作用在深潜器外壳上的海水总压力时，因舱内充满大气压强，海面上大气压强的作用被抵消，故关心的是作用于外壳上的相对压强即海水液柱产生的这部分压强的作用力。

一般情况下，重点关注的往往是相对压强对平壁面的静压合力，则式（2.4.4）可变为

$$F = \gamma y_C \sin\theta = \gamma h_C A = p_C A \tag{2.4.5}$$

式中：p_C 为面积 A 的形心 C 处的相对压强。

2.4.2　静压强合力的作用点

设静压强的合力作用点位于面积 A 上的 $D(x_D, y_D)$ 点，且浸深 $h_D = y_D\sin\theta$。

根据合力矩定理，则

$$F \cdot y_D = \iint_A y \cdot \mathrm{d}F = \iint_A y \cdot \gamma y \sin\theta \mathrm{d}A = \gamma\sin\theta \iint_A y^2 \mathrm{d}A \tag{2.4.6}$$

式中：$\iint_A y^2\mathrm{d}A$ 为面积 A 对 x 轴的惯性矩，$I_x = \iint_A y^2\mathrm{d}A$。

将式（2.4.5）代入式（2.4.6），整理得到

$$y_D = \frac{I_x}{y_C A} \tag{2.4.7}$$

再将惯性矩的平行移轴定理 $I_x = I_C + y_C^2 A$ 代入式（2.4.7），可得

$$y_D = y_C + \frac{I_C}{y_C A} \tag{2.4.8}$$

从式（2.4.8）可知，当 $\frac{I_C}{y_C A} > 0$ 时，则 $y_D > y_C$。即静压强合力的作用点 D 一般在面积形心 C 的下方。而当平壁面水平时，作用点 D 和形心 C 在同一个水平面上。

关于作用点 D 的 x 坐标 x_D 用同样的方法、对 y 轴取力矩推导出来。实际工程中，大多数平壁面形状是规则（对称）的，作用点 D 将在 y 方向的对称轴上，则 $x_D = x_C$。

表 2.4.1 给出了工程上常用的规则几何平面图形的惯性矩 I_C、形心坐标 y_C 和图形面积 A 的计算式。

表 2.4.1　常用的规则几何平面图形的几何量

几何图形		面积 A	形心坐标 y_C	对通过形心轴的惯性矩 I_C
矩形	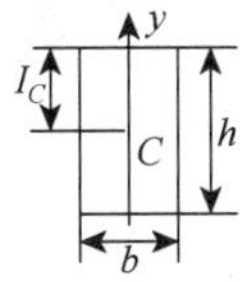 图中标注：y，I_C，C，h，b	bh	$\frac{1}{2}h$	$\frac{1}{12}bh^3$
三角形	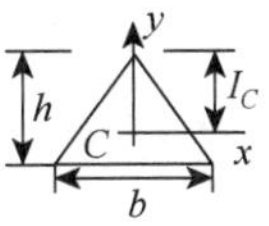 图中标注：y，h，I_C，C，x，b	$\frac{1}{2}bh$	$\frac{2}{3}h$	$\frac{1}{36}bh^3$
半圆	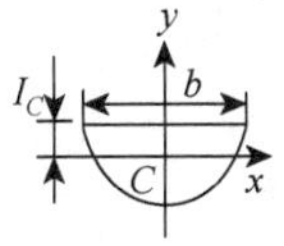 图中标注：y，I_C，b，C，x	$\frac{\pi d^2}{8}$	$\frac{4r}{3\pi}$	$\frac{9\pi^2-64}{72\pi}$
梯形	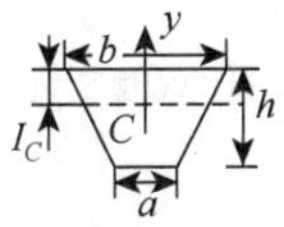 图中标注：b，y，h，I_C，C，a	$\frac{h}{2}(a+b)$	$\frac{h}{3}\frac{a+2b}{a+b}$	$\frac{h^2}{36}\frac{a^2+4ab+b^2}{a+b}$

续表

几何图形	面积 A	形心坐标 y_C	对通过形心轴的惯性矩 I_C
圆	$\frac{\pi}{4}d^2$	$\frac{d}{2}$	$\frac{\pi d^4}{64}$
椭圆	$\frac{\pi bh}{4}$	$\frac{h}{2}$	$\frac{\pi bh^3}{64}$

2.5　静止流体作用于曲壁面上的合力

本节计算重力场中静止液体作用于二维柱面的相对压强的合力，结论可以推广应用于三维任意曲面。

2.5.1　曲壁面上静压强的合力大小和方向

如图 2.5.1 所示，取一段二维柱面 BC，其面积为 A，柱面母线与液面平行，将其浸没在液体中。建立直角坐标系 $O-xyz$，坐标系原点 O 位于液面上，x 轴位于水平液面上，y 轴与柱面 BC 的母线平行，z 轴竖直向上。设柱面 BC 在水平 x 方向的投影面积为 A_x，投影面在竖直面上；在竖直 z 方向的投影面积为 A_z，投影面在水平面上。

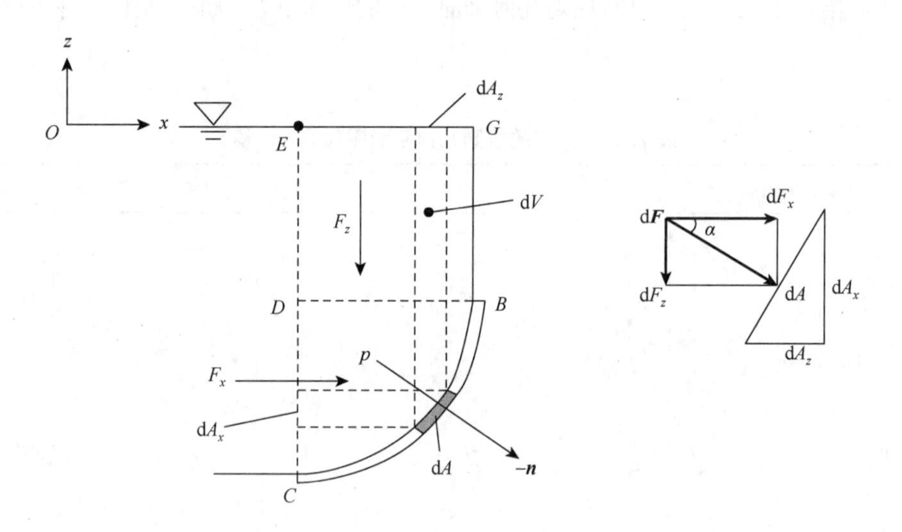

图 2.5.1　柱面的液体总压力计算示意图

设液面上为大气压强，则作用在柱面上的表压力为 $p=\gamma h=-\gamma z$，其中 $h=-z$，方向与内法向 $-\boldsymbol{n}$ 一致。求作用在柱面 BC 上表压力的合力 $\boldsymbol{F}$。

在柱面上取一微面积元 $\mathrm{d}A$，所受的液体静压作用力 $\mathrm{d}\boldsymbol{F}$ 在 xOz 平面内：

$$\mathrm{d}\boldsymbol{F}=p\mathrm{d}A=-\gamma z\mathrm{d}A \tag{2.5.1}$$

其方向沿面元内法线方向 $-\boldsymbol{n}$ 垂直指向 $\mathrm{d}A$。

柱面 BC 上任意面元所受液体静压作用力的方向，因垂直指向面元而是空间变化的，故对于作用在柱面 BC 上的静压强的合力则不能直接代数相加，而是矢量相加。一般是将微面元的力 $\mathrm{d}\boldsymbol{F}$ 分解为 x 方向的分力 $\mathrm{d}F_x$ 和 z 方向的分力 $\mathrm{d}F_z$，则各分力可以代数相加，得到合力的分力 F_x 和 F_z，从而合力 $\boldsymbol{F}$ 得解。

将 $\mathrm{d}\boldsymbol{F}$ 分解为 $\mathrm{d}F_x$ 和 $\mathrm{d}F_z$，即

$$\mathrm{d}F_x = -\gamma z\mathrm{d}A\cos\alpha = -\gamma z\mathrm{d}A_x \tag{2.5.2}$$

$$\mathrm{d}F_z = -\gamma z\mathrm{d}A\sin\alpha = -\gamma z\mathrm{d}A_z \tag{2.5.3}$$

上两式中：α 为 $\mathrm{d}\boldsymbol{F}$ 与 x 轴的夹角；$\mathrm{d}A_x$ 和 $\mathrm{d}A_z$ 分别为 $\mathrm{d}A$ 在 x 方向的投影面积和 z 方向的投影面积。

1. 合力的水平分力

将 $\mathrm{d}F_x$ 沿柱面 BC 积分：

$$F_x = \iint_A \mathrm{d}F_x = -\gamma\iint_{A_x} z\mathrm{d}A_x = \gamma\iint_{A_x} h\mathrm{d}A_x \tag{2.5.4}$$

式中：$h\mathrm{d}A_x$ 是竖直面上的投影面积 $\mathrm{d}A_x$ 对 y 轴的静矩；面积积分 $\iint_{A_x} h\mathrm{d}A_x$ 为柱面 BC 的投影面积 A_x 对 y 轴的静矩。设投影面 A_x 的形心 C 点距 y 轴的距离为 h_{xC}，浸深 $h_{xC} = -z_{xC}$。则静矩为

$$\iint_{A_x} h\mathrm{d}A_x = h_{xC}A_x \tag{2.5.5}$$

将式（2.5.5）代入式（2.5.4），即得出合力的水平分力 F_x 的计算式为

$$F_x = \gamma h_{xC}A_x = p_{xC}A_x \tag{2.5.6}$$

式中：p_{xC} 为投影面 A_x 形心 C 点的压强。可见，水平分力大小按平壁面作用力计算。F_x 的方向水平指向柱面 BC，从液体内部指向固体壁面。

当 x 方向投影面有重叠部分时，出现大小相等、方向相反的水平分力，使该部分的合力为零。如图 2.5.2 中，有

$$F_x\big|_{bd} = -F_x\big|_{cd} \tag{2.5.7}$$

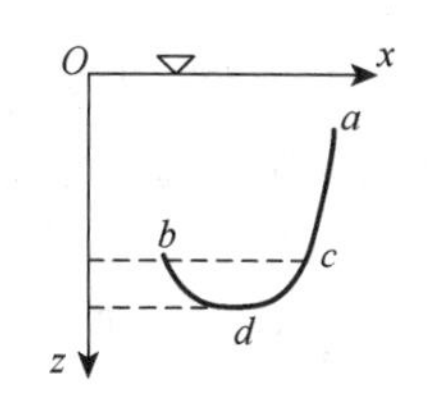

图 2.5.2　曲面在 x 方向投影面有重叠

2. 合力的竖直分力

将 $\mathrm{d}F_z$ 沿柱面 BC 积分：

$$F_z = \iint_A \mathrm{d}F_z = -\gamma\iint_{A_z} z\mathrm{d}A_z = \gamma\iint_{A_z} h\mathrm{d}A_z \tag{2.5.8}$$

式中：$h\mathrm{d}A_z$ 是一个微体积 $\mathrm{d}V = h\mathrm{d}A_z$。其中，水平面上的投影面积 $\mathrm{d}A_z$ 为底面积，与 x 轴（或 xOy 平面、液面或者液面的延长面）的距离 h 相当于是深度。那么，面积积分 $\iint_{A_z} h\mathrm{d}A_z$ 为柱面 BC 与 x 轴（或 xOy 平面）所围成的体积，令

$$V_p = \iint_{A_z} h\mathrm{d}A_z$$

称其为压力体。则合力的竖直分力 F_z 的计算式写为

$$F_z = \gamma V_p \tag{2.5.9}$$

式中：F_z 的方向竖直指向柱面 BC，同样地，从液体内部指向固体壁面。

3. 合力的大小和方向

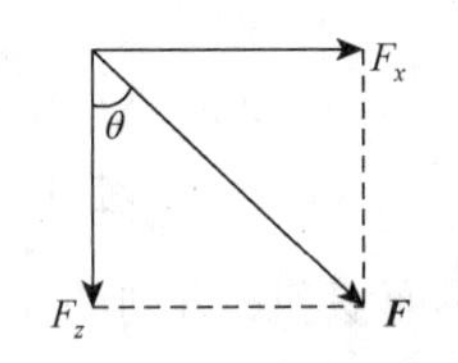

图 2.5.3　合力的大小与方向

根据矢量求和的四边形法则，合力的大小为

$$F = \sqrt{F_x^2 + F_z^2} \tag{2.5.10}$$

合力与竖直方向的夹角 θ 为

$$\theta = \arctan \frac{F_x}{F_z} \tag{2.5.11}$$

合力的大小与方向如图 2.5.3 所示。

2.5.2　静压强合力的作用点

竖直分力 F_z 作用线通过压力体 V_p 的重心并指向受力面，水平分力 F_x 通过 A_x 平面的压力中心指向受力面，则合力 $\boldsymbol{F}$ 的作用线必通过此二线交点，与竖直方向夹角为 θ，并指向作用面。此合力 $\boldsymbol{F}$ 的作用线与曲面的交点即为合力的作用点。

以上对柱面得出的合力计算，只需要增加与 x 方向类似的另外一个 y 方向的水平分力 F_y，就可推广到任意三维曲面的合力计算。

2.5.3　压力体

在计算竖直方向的分力 F_z 时，定义压力体 $V_p = \iint_{A_z} h \mathrm{d}A_z$ 是一个几何体积，是以曲面为底向上做垂线，与液面或液面延长面所包围。对规则曲面，可用体积公式即能计算。压力体的方向与竖直分力的方向一致。

体积计算虽然简单，但是在实际压力体的计算时会有两点疑虑：压力体内是否一定有液体；曲面在水平面上的投影有部分重合时，压力体如何计算。下面分三种情况进行讨论，分别为实压力体、虚压力体和压力体叠加。

（1）实压力体。当压力体内有液体时称为实压力体。如图 2.5.4（a）所示，压力体和液体在曲面 BC 同侧，压力体内有液体。压力体方向和竖直分力均向下，指向曲面 BC。

（2）虚压力体。当压力体内无液体时称为虚压力体。如图 2.5.4（b）所示，压力体和液体在曲面 BC 异侧，压力体内没有液体。压力体方向和竖直分力均向上，指向曲面 BC。

（3）压力体叠加。当曲面在 z 方向上（水平面）的投影有重叠时，通过分段曲面压力体的叠加获得总曲面的压力体。如图 2.5.4（c）所示，曲面 BC 的下面部分为 BD，上面部分为 DC，两部分在 z 方向上的投影完全重叠。曲面 BC 包围的竖向体积设为 V。

CD 段的压力体内，没有液体，压力体大小设为 V_1，方向竖直向上。DB 段的压力体内，部分有液体，部分没有液体，压力体大小设为 V_2，方向竖直向下。则曲面 BC 的压力体 V_p 为 $V_p = V_2 - V_1 = V$，方向竖直向下。

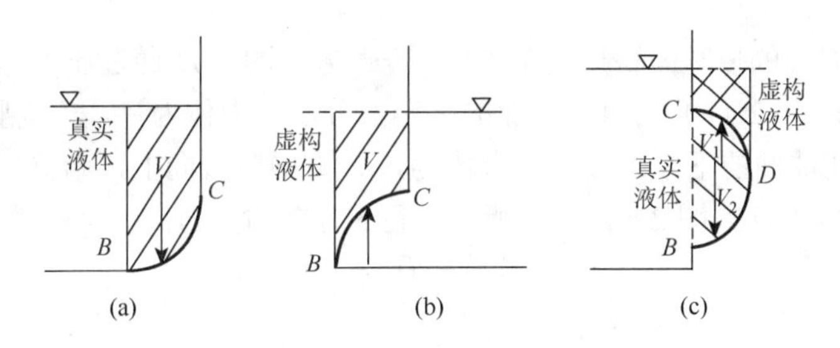

图 2.5.4　压力体的三种界定

（a）为实压力体；（b）为虚压力体；（c）为压力体叠加

2.6　浮力和浮体稳定性

2.6.1　阿基米德浮力定律

除静压强合力计算对结构物壁面强度设计重要之外，静压强的合力还是与结构物的重力相互抵消的浮力，可使物体在液体中保持平衡而不下沉。例如，船舶运载货物、潜艇潜水航行、海洋深潜器的下潜与上浮。

物体漂浮在液面上，或者完整浸入液体中，液体对物体的静压强合力计算方法与 2.5 节曲壁面静压强合力的计算方法完全相同。

下面以浸没物体为例，分析浮力的大小、方向和作用点。

如图 2.6.1 所示的完全浸没在液体中物体，其表面是封闭曲面，物体的体积为V。直角坐标系的 xOy 平面在液面上，z 轴竖直向下。

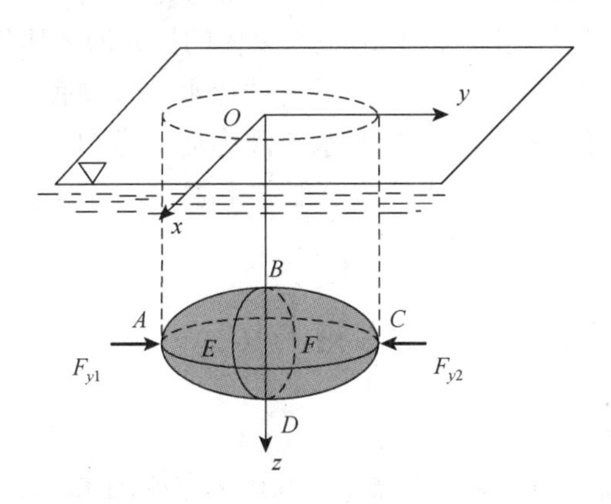

图 2.6.1　浸没物体的浮力计算

从图 2.6.1 中可见，封闭曲面在 y 方向的投影面积完全重叠，y 方向的力F_{y1}与F_{y2}大小相等、方向相反，和为 0，即物体在 y 方向（水平方向）的分力为

$$F_y = F_{y1} - F_{y2} = 0 \tag{2.6.1}$$

同理可得，x 方向的分力为

$$F_x = 0 \tag{2.6.2}$$

式（2.6.1）和式（2.6.2）表明，浸没物体在水平方向的静压强作用力为 0。这与漂浮在液面上物体的水平方向的静压强作用力一样为 0。

封闭曲面在 z 方向的投影面积也完全重叠，竖直方向的力 F_z 通过压力体的代数叠加计算。如图 2.6.2 所示，图 2.6.2（a）为封闭曲面的上半部分，压力体为V_1，方向竖直向下，为正；图 2.6.2（b）为封闭曲面的下半部分，压力体为V_2，方向竖直向上，为负。

将两个压力体叠加，如图 2.6.2（c）所示，得 z 方向的分力：

$$F_z = F_1 - F_2 = -\gamma(V_2 - V_1) = -\gamma V \tag{2.6.3}$$

为负，说明其方向竖直向上，为浮力。

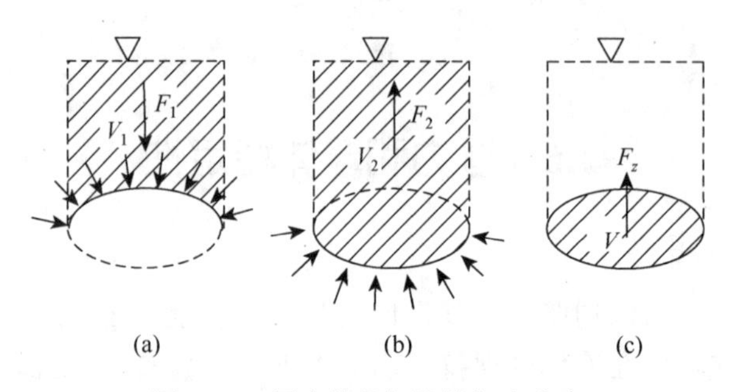

图 2.6.2　压力体叠加计算竖直分力

式（2.6.3）表明，浸没物体在竖直方向的静压强合力大小等于物体排开液体的重量，方向竖直向上，为浮力。这是古希腊科学家阿基米德（Archimedes）最早发现的流体静力学规律，即著名的阿基米德浮力定律。

浮力的作用点称为浮心。浮心与浸没物体的形心重合，与排开液体体积的形心重合。

类似地，当物体漂浮在液面时，水平方向的静压力为 0 时，竖直方向的浮力大小等于物体排开液体的重量，方向竖直向上，浮心也是与物体的排开液体体积的形心重合。

例如，当脚陷入淤泥中不能拔出时，可以尝试让水进入脚底。这样，脚背和脚底均受到大小接近而方向相反的水压作用，当脚受到水的浮力而不是向下的压力时，就较容易拔出。同理，当打捞沉于泥底的船舶时，将水导入沉船的下表面，可减小打捞起吊的难度。

2.6.2　浮体稳定性

对浸没物体和漂浮物体的稳定性分开讨论。

1. 浸没物体的稳定性

图 2.6.3 给出了浸没物体的三种平衡状态，其中 G 为物体重心，C 为浮心。对于浸没在液体中的物体浮心 C 和重心 G 的位置是不变的。浮心 C 和重心 G 的相对位置有下面三种情况。

（1）稳定平衡：如图 2.6.3（a）所示，若沉没物体的浮心在重心 G 之上，则该物体受扰动倾斜后，浮力和重力能产生恢复力矩，使物体恢复到原状，便称该物体在液体中是稳定的。

（2）不稳定平衡：如图 2.6.3（b）所示，若沉没物体的浮心在重心之下，则物体受扰动倾斜后，浮力和重力产生的倾覆力矩将使得物体进一步倾覆，不能恢复到原先的状态，则称该物体在液体中是不稳定的。

（3）中性平衡：如图 2.6.3（c）所示情况，若沉没物体的浮心和重心重合，则物体受扰动后，浮力和重力既不构成倾覆力矩，也不产生恢复力矩，它在扰动后仍可在新的位置保持静态平衡，称该物体的稳定性是中性的。

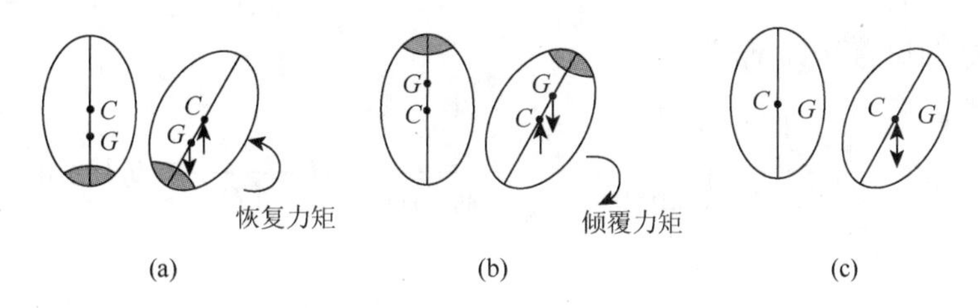

图 2.6.3　浸没物体的稳定性示意图

（a）为稳定平衡；（b）为不稳定平衡；（c）为中性平衡

2. 漂浮物体的稳定性

对飘浮于液面的物体，虽然重心 G 的位置不变，但是在倾斜时浮心 C 的位置可以改变。故漂浮物体的稳定性特点与浸没物体的稳定性有所不同。浮体的重心在浮心之上时，仍有可能是稳定的。

现以船舶为例。

（1）稳定平衡：如图 2.6.4（a）所示浮在水面上的船体，其重心 G 若在浮心之上，当它受外力扰动向一侧横倾时［图 2.6.4（b）］，其重心位置 G 不变，而浮心的位置可向倾斜一侧横移。如果这一横移能越过重力垂线则仍可使浮力和重力产生恢复力矩，从而保持船舶的稳定性。这种平衡是稳定平衡。

（2）不稳定平衡：如果浮心不能越过重力铅垂线，则浮力和重力将产生倾覆力矩使船舶继续倾斜，直至倾覆。这种平衡是不稳定平衡。

（3）中性平衡：如果浮心在重力铅锤线上，外力消失后，船不会恢复到原来的平衡位置，也不会继续倾斜。这种平衡是中性平衡。

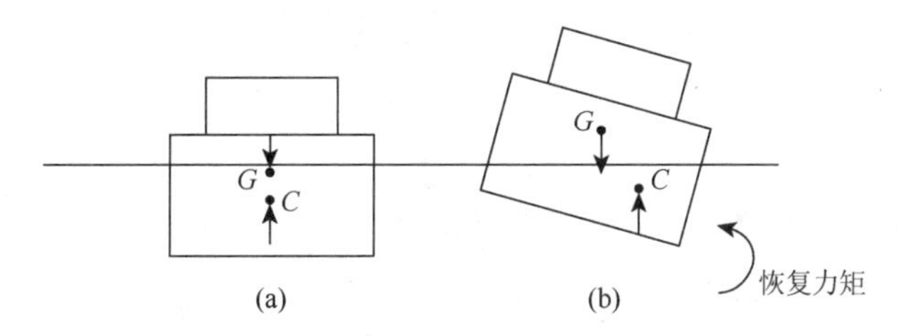

图 2.6.4　漂浮物体的稳定性示意图

注意，船舶的稳性与稳性高度相关，这方面知识在专业课程中有详细的讲解。

2.7　例 题 选 讲

例 2.7.1　如图 2.7.1 所示，矩形斜面铰接于 A 点，倾角为 $\alpha=30°$，面宽 $B=5\ \text{m}$，长 $L=4\ \text{m}$，求作用在斜面上的合力 $\boldsymbol{F}$ 及作用点的位置。A 点深度为 $d=2\ \text{m}$。

解　这是平壁面受力问题，合力 $\boldsymbol{F}$ 的大小为

$$F=\gamma h_C A=\gamma\left(d+\frac{L}{2}\sin 30°\right)\cdot B\cdot L=1\,000\times 9.8\times\left(2+\frac{4}{2}\sin 30°\right)\times 5\times 4=588.0\ (\text{kN})$$

方向垂直指向作用面。

$\boldsymbol{F}$ 作用点 D 的位置坐标 y_D 为

$$y_D = y_C + \frac{I_C}{y_C A} = \left(\frac{d}{\sin 30°} + \frac{L}{2}\right) + \frac{\frac{1}{12} B \cdot L^3}{y_C \cdot B \cdot L} = 6 + \frac{4 \times 4}{12 \times 6} = 6.22\ (\text{m})$$

其中

$$y_C = \frac{d}{\sin 30°} + \frac{L}{2} = \frac{2}{\sin 30°} + \frac{4}{2} = 6\ (\text{m}),\quad I_C = \frac{1}{12} B \cdot L^3 = \frac{1}{12} \times 5 \times 4^3 = 26.67\ (\text{m}^4)$$

例 2.7.2　如图 2.7.2 所示的一储水容器，其壁面上有三个半球形的盖。设半球形的盖直径 $d = 0.5$ m，容器尺寸 $h = 1.5$ m，水深尺寸 $H = 2.5$ m，试求作用在每个盖上的静水总压力。

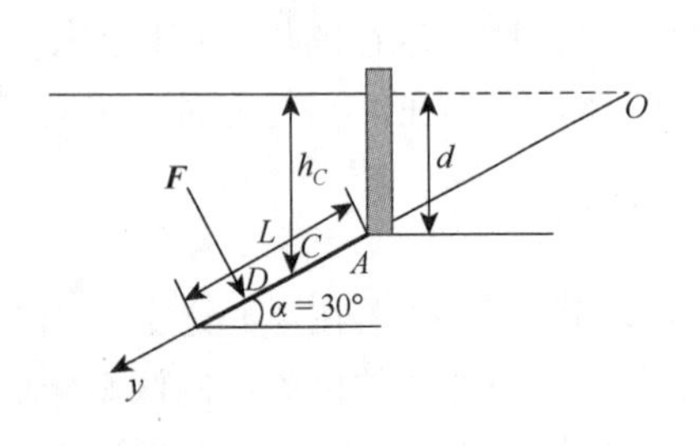

图 2.7.1　矩形平面受力

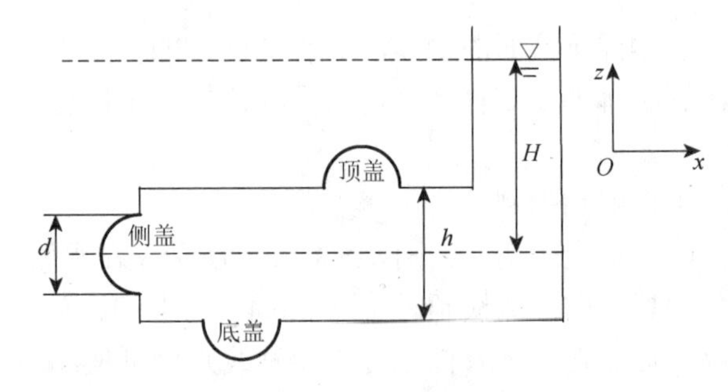

图 2.7.2　储水容器

解　底盖：因作用在底盖左半部和右半部上的水平方向压力大小相等，而方向相反，故总水平压力为零：$F_x = 0$，$F_y = 0$。

底盖上总压力等于总的竖直方向压力 F_z，即

$$F_z = \gamma V_p = \gamma \left[\frac{\pi d^2}{4}\left(H + \frac{h}{2}\right) + \frac{\pi d^3}{12}\right] = 1\,000 \times 9.8 \times \left[\frac{\pi \times 0.5^2}{4}\left(2.5 + \frac{1.5}{2}\right) + \frac{\pi \times 0.5^3}{12}\right] = 6\,571.1\ (\text{N})$$

方向竖直向下。

顶盖：与底盖相同，其水平总压力也为零：$F_x = 0$，$F_y = 0$。

顶盖上的总压力只有竖直方向的压力 F_z，即

$$F_z = \gamma V_p = \gamma \left[\frac{\pi d^2}{4}\left(H - \frac{h}{2}\right) - \frac{\pi d^3}{12}\right] = 1\,000 \times 9.8 \times \left[\frac{\pi \times 0.5^2}{4}\left(2.5 - \frac{1.5}{2}\right) - \frac{\pi \times 0.5^3}{12}\right] = 3\,040.2\ (\text{N})$$

方向竖直向上。

侧盖：其前后部分的水平方向压力大小相等，方向相反，合力为零，即 $F_y = 0$。

侧盖在 x 方向的水平力 F_x 按曲壁面受力计算：

$$F_x = \gamma h_{xC} A_x = \gamma \cdot H \cdot \frac{\pi d^2}{4} = 1\,000 \times 2.5 \times \frac{\pi \times 0.5^2}{4} = 4\,805.4\ (\text{N})$$

方向水平向左。

侧盖的上半部与下半部在竖直方向的投影重叠，竖直方向的压力通过压力体叠加求解。叠加后的压力体为半球形的体积，方向竖直向下，所以竖直方向的力 F_z 为

$$F_z = \gamma V_p = \gamma \cdot \frac{1}{2} \cdot \frac{\pi d^3}{6} = 1\,000 \times 9.8 \times \frac{1}{2} \times \frac{\pi \times 0.5^3}{6} = 323.6\,(\mathrm{N})$$

方向竖直向下。

侧盖的总压力 F 的大小为

$$F = \sqrt{F_x^2 + F_z^2} = \sqrt{4\,805.4^2 + 323.6^2} = 4\,815.2\,(\mathrm{N})$$

侧盖的总压力 F 的作用线与 z 轴负方向之间夹角侧盖的总压力 θ 为

$$\theta = \tan^{-1}\frac{F_x}{F_z} = \tan^{-1}\frac{4\,805.4}{323.6} = 86°$$

所以侧盖总压力大小为 4 815.2 N，与竖直方向的夹角为 86°，方向如图 2.7.3 所示。

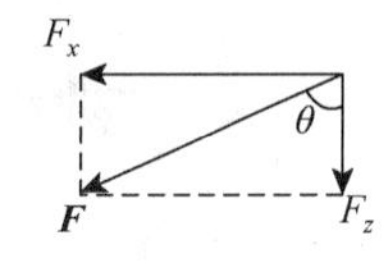

图 2.7.3　侧盖方向

测 试 题 2

1. 流体静止是指（　）。
   A. 流体相对于地球没有相对运动　　B. 相邻流体质点间没有相对运动
2. 静止流体中，任一点处流体的压强来自各个方向，并（　）。
   A. 相等　　B. 不相等
3. 真空度是（　）。
   A. 绝对真空　　B. 低于当地大气压的那部分压强
4. 对高于当地大气压的那部分压强用（　）计量。
   A. 表压力　　B. 真空度
5. 一般情况下，自由液面（或自由面）肯定是（　）。
   A. 等压面　　B. 等高面
6. 静止流体中，任一点处流体的压强增加（　）传递。
   A. 可以等值　　B. 一定等值
7. 平壁面静水压力的合力作用点在（　）。
   A. 面积形心　　B. 压力中心
8. 一般情况下，平板静压合力的压力中心在面积形心（　）。
   A. 之上　　B. 之下
9. 计算静压合力的数值分力时，压力体的体积一般在受力壁面的（ ）。
   A. 上方　　B. 下方
10. 计算静压合力的竖直分力时，压力体内（　）有流体。
   A. 一定　　B. 不一定

习 题 2

1. 如题图 2.1 所示，试由多管压力计中水银面高度的读数（所有读数均从地面算起，其单位为 m）确定压力水箱中 A 点的相对压强。

2. 装有空气、油（$\rho = 801\,\mathrm{kg/m^3}$）及水的压力容器。油面及 U 形管测压计的水银柱的高度如题图 2.2 所示，求容器中空气的压强。

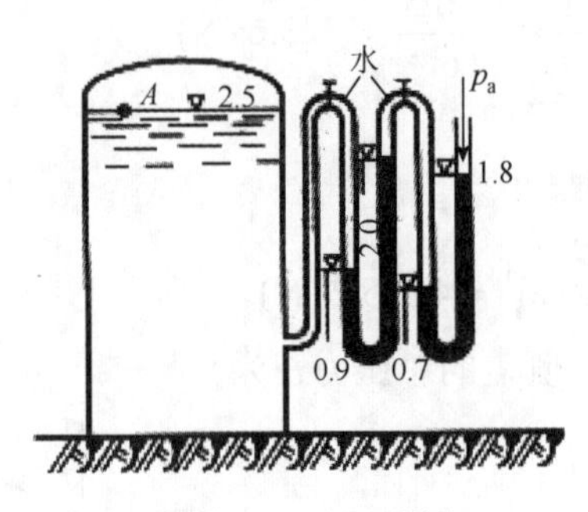

题图 2.1　题 1 附图

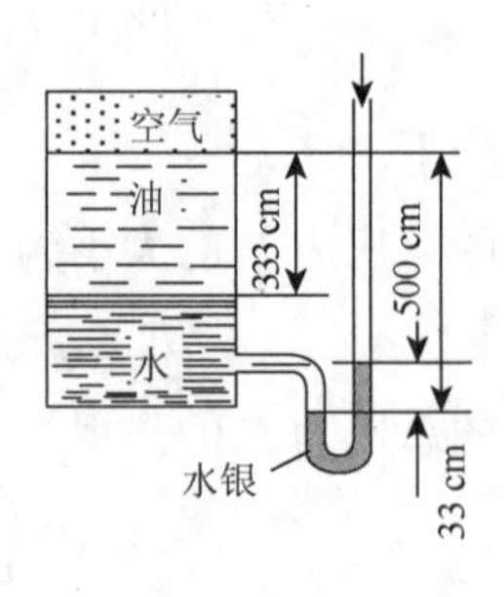

题图 2.2　题 2 附图

3. 有一挡水墙，如题图 2.3 所示，一侧水深 1 m，泥浆深 3 m，假定泥浆密度 $\rho = 2\,200\ \text{kg}/\text{m}^3$，它同流体一样有作用力在挡水墙上。试求水和泥浆作用于每 1 m 长的挡水墙上的力的大小和位置。

4. 挡水弧形闸门，如题图 2.4 所示。闸前水深 $H = 18$ m，半径 $R = 8.5$ m，圆心角 $\theta = 45°$，门宽 $B = 5$ m。求作用在弧形门上总压力的大小和方向。

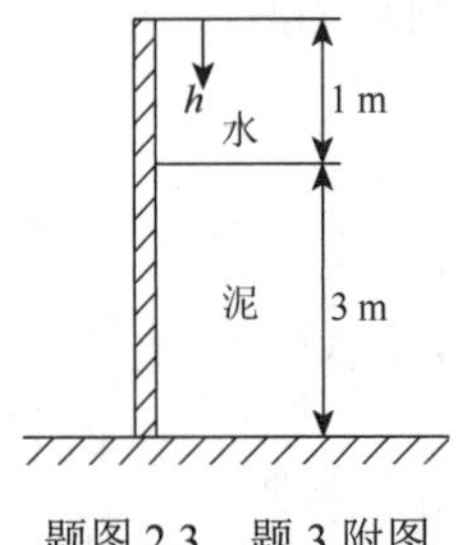

题图 2.3　题 3 附图

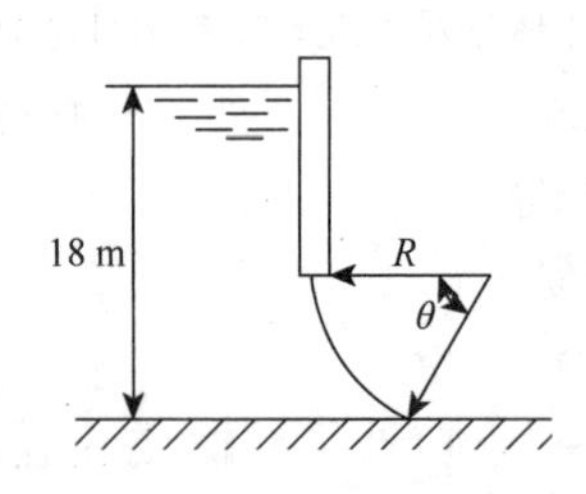

题图 2.4　题 4 附图

5. 如题图 2.5 所示的圆柱体，直径 $d = 2$ m，左侧水深 $H_1 = 2$ m，右侧水深 $H_2 = 1$ m。求该圆柱体单位长度上所受到的静水压力的水平分力和竖直分力。

6. 如题图 2.6 所示，容器底部有一直径为 d 的圆孔，用一个直径为 D（$D = 2r$）、重量为 G 的圆球堵塞。当容器内水深 $H = 4r$ 时，欲将此球向上升起以便排水，问所需竖直向上的力 F 为多少。（已知：$d = \sqrt{3}\gamma$，水的重度为 γ）

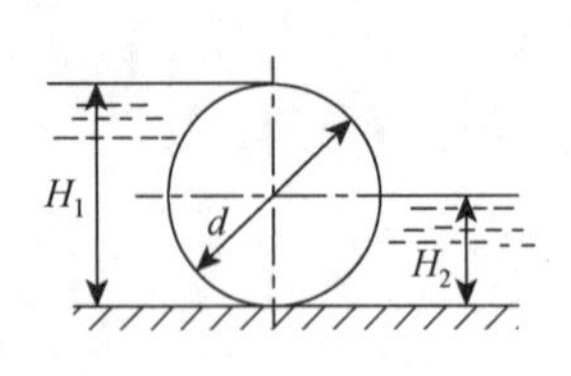

题图 2.5　题 5 附图

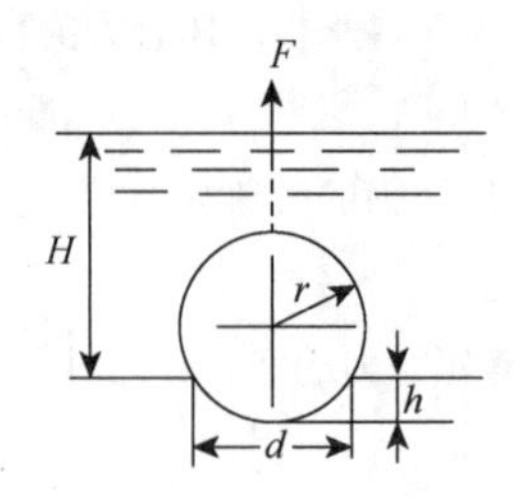

题图 2.6　题 6 附图

拓 展 题 2

1. 应用帕斯卡原理的新型液压机械有哪些。

2. 深海载人潜水器、潜艇和水下机器人等如何克服深水高压？

第 3 章　流体运动学

运动是物体的存在形式，是物体的本质特征。自然界中流体的运动无时不在，涓涓细流汇成大海，海风掀起层层波浪。在很多工程领域需要对流体运动规律进行分析和研究。

描述固体运动的物理量，如位移、速度、加速度，对流体运动同样适用，此外，流体运动学中还包括密度、温度、压强等物理量，统称为流动参数。

流体运动学是从几何的角度研究和描述流体运动参数在空间和时间上变化的一般规律的科学。从几何的角度是指不涉及引起流体运动的力和惯性。

本章主要介绍流动的数学和几何描述方法、流体微团运动分析、流动按时空变化特点的分类、流体运动必须满足的连续性方程。

3.1　流体运动分类

一般情况下，流场中流体运动受各种因素的影响，如流体的物性、流场空间复杂的形状、流动随时间的瞬息变化等，使流体运动相当复杂。然而，在某些特定情况下，流体运动问题可以得到某种简化，或者流体运动表现出某种特性。根据这些简化或特性，对流体运动进行分类，有利于理解和分析流体运动的一些基本规律。

根据流体属性特点，流体运动可分为匀质流体与非匀质流体、不可压缩流体与可压缩流体、牛顿流体与非牛顿流体、黏性流体与理想流体。根据流动是否随时间变化，流体运动分为定常流动与非定常流动。根据流动在流场空间上的分布是否变化，流体运动分为均匀流动与非均匀流动。

3.1.1　定常流动与非定常流动

在欧拉法下，流动参数是空间和时间的函数。当所有空间点的流动参数均不随时间发生变化时，为定常流动，否则称为非定常流动。

自然界的流动现象瞬息万变，定常流动与静止流体相似，是一种近似模型。

比如，大容器小孔口出流，在短时间内，大容器液面几乎没有下降，小孔口出流可近似看成是稳定没有变化的，可认为是定常流动。再如，稳定的管道流动，在没有外界干扰时，是定常流动。

定常流动也与坐标系的选取有关。比如，船舶在静止的水中做匀速直线运动时，周围水的流动在不同坐标系下观察是不同的。在岸边观察，即在大地坐标系下，船经过之处，水从静止到被船舶扰动兴起波浪，船走远后又恢复平静，流动随时间发生了变化，是非定常流动。但是，当站在船上观察，在随船的惯性坐标系下，相对于船舶不变的空间点上，如果水是静止的就一直静止，如果被船舶扰动兴起波浪就一直保持不变的波面高度，说明流动随时间没有变化，是定常流动。

因定常流动中流动参数少了时间变量，流动分析比非定常流动简单，并且在惯性坐标系下物体相互作用的动力学关系不变。故通常通过坐标系（惯性坐标系）的转换，将非定常流动转化为定常流动。

对于定常流动，所有的流动参数不随时间变化，可表示为

$$\frac{\partial B}{\partial t}=0 \tag{3.1.1}$$

式中：B 代表所有的流动参数。

3.1.2 无限流场、半无限流场和有限流场

飞机在高空中飞行，潜艇在深海潜水航行，周围流场空间与飞机、潜艇尺度相比无限大，或者流场外边界无限远，这样的流场称为无限流场。

比如，火车、汽车在地面上行驶、船舶在水面上航行时，流场边界除受地面或水面限制之外，其他边界无限远，这相当于将无限流场分割了一半，这样的流场称为半无限流场。

当火车、汽车穿越隧道时，流场外边界是隧道壁面，且外边界对火车、汽车周围流动影响明显；当船舶在浅窄航道行驶时，不仅存在水面边界，而且岸壁、水底外边界都限制水的流动。这种流场外边界有限远，且对流动有明显影响的流场称为有限流场。

3.1.3 内流与外流

按流场是否被固体边界包围，流动形式可分为内流与外流。

被限制在固体壁面之内的流动称为内流。例如，流体充满管道内部且无自由面的管流流动。管流中推动流体运动的主要驱动力是压强梯度，上游压强高于下游压强，提供克服流体黏性消耗的能量，所以是有压流动。如自来水供应管道流动、油气输运管道流动等。当管内没有充满液体，存在自由面时，这种内流称为明渠流，例如河道、渠道、下水道的流动等。其中，明渠流中，推动流体运动的驱动力是重力。

外流通常是指流体在固体外部的绕流流动。外流的主要特点是固体对流动的影响发生在固体周围的有限范围。而流场可以是无界的，如绕高空飞行的飞机的空气绕流、绕潜水航行的潜水艇的流动；也可以是有地面或自由面限制的半无限流场，如绕地面行驶的高铁和汽车的空气流动，绕位于水面的船舶和海洋平台的水流动；也可以是有限流场，如船舶和沉管管节在浅水航道的运行。

3.1.4 一维流、二维流和三维流

在直角坐标系下，流动参数如速度、压力、密度等，如果所有流动参数只是同一个坐标的函数，则称为一维流。若存在流动参数是 x、y、z 三个坐标的函数，或不同流动参数分别是 x、y 或 z 的函数，则称为三维流；类似可得出二维流的定义。

当维数越小时，问题越简单。工程上，在保证一定精度的条件下，将三维流化为二维流，将二维流化为一维流来近似求解。

如图 3.1.1（a）所示的扩散管（带锥度）内的黏性流体流动。在同一横截面上流动速度分布不仅沿径向 r 发生变化，而且沿管道轴线 x 方向发生变化，即管内速度 v 是 r 和 x 的函数，$v=f(r,x)$，则该流动为二维流。

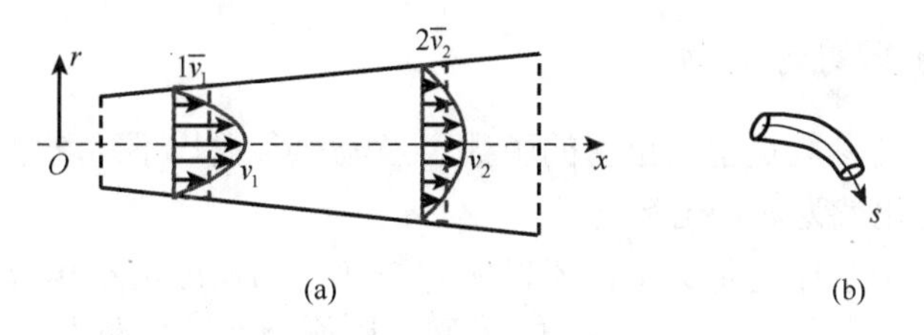

图 3.1.1　扩散管内的黏性流体流动

工程上，当管道锥度比较小时，常取横截面的平均速度 $\bar{v}$ 代替截面上各点实际速度 v 。平均速度 $\bar{v}$ 在横截面上是不变的，为一个常数。则平均速度 $\bar{v}$ 仅沿 x 轴发生变化，即 $\bar{v} = f(x)$，流动转化为一维管流问题。

管道流动通常取管道截面平均值将其转化为一维流，流动参数仅沿管轴线 s 变化，如图 3.1.1（b）所示。一般情况下，一维流往往指的是管道流动。

需要说明，黏性管流采用平均速度代表截面速度时，可保证体积流量相等，但动能和动量并不相等。

均匀流动在流场中任一点处速度大小和方向都相同，也是一种一维流。

二维平面流动较三维空间流动少一个自变量，并有更多的数学工具可被应用，在经典理论流体力学中已有充分的发展。

对于足够长的柱体绕流问题，如无限长圆柱绕流、无限长机翼绕流或如图 3.1.2 所示的在柱体两端安装有挡板的绕流，可近似地认为是二维流。

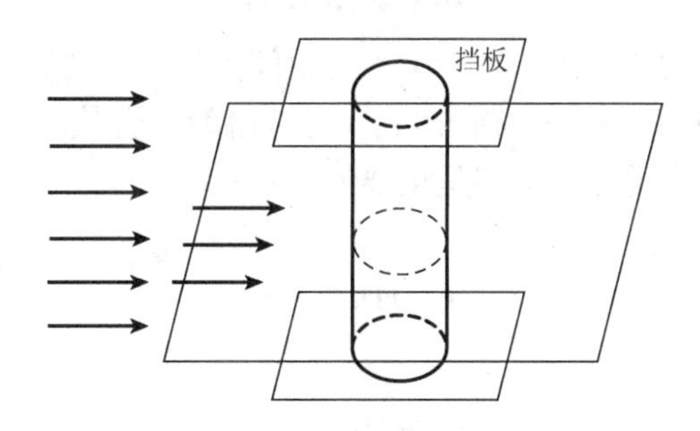

图 3.1.2　绕圆柱体的平面流动

还有一种特殊的二维流是轴对称流动，如图 3.1.3 所示。其流场只需要在通过对称轴线的任一子平面所在平面上的流场进行求解，如炮弹、鱼雷、潜艇等轴对称外形的流体绕流流动，可按二维轴对称流动做设计早期的初步计算。

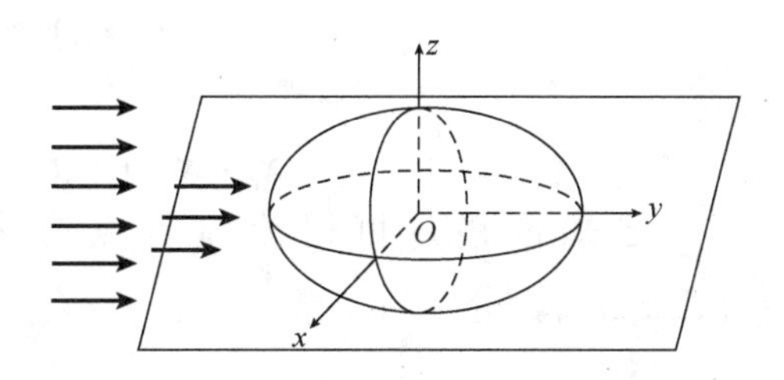

图 3.1.3　绕轴对称物体的二维流动

3.1.5　均匀流动与非均匀流动

在欧拉法下，流动参数是空间位置的函数。当流动参数均不随着空间位置发生变化时，为均匀流动；发生变化就为非均匀流动。

对于均匀流动，由于速度是矢量，所以所有空间点的速度大小相等、方向相同，流体做匀速直线运动。设速度大小为v_0，方向为x方向，则流场速度分布为

$$v_x = v_0 \tag{3.1.2}$$

均匀流动与静止流体一样是一种理论模型。例如，在静水中船舶作等速直线航行时，将坐标系取在船上，则相当于船舶不动，而船的前方有均匀来流（与船舶前进方向相反）向船体流来，这就是相对运动产生的均匀流动，它存在于船的远前方和远后方，以及远远的侧边等远离船体的区域。

3.2　描述流体运动的两种方法

3.2.1　拉格朗日法

拉格朗日法（Lagrangian method）是一种质点跟踪法，又称随体法。它跟随流体质点，通过描述各质点的流动参数随所到位置和时间的变化规律来描述整个流场的流动情况。

在直角坐标系 $O\text{-}xyz$ 中，流体质点的物理量B（如速度、压强、密度等）随时间的变化可表示为

$$B = B(a,b,c,t) \tag{3.2.1}$$

式中：(a,b,c)为流体质点初始时刻（如$t = t_0$）的空间坐标，不同的流体质点的初始位置不同，称为拉格朗日坐标；t为时间。通常称(a,b,c,t)为拉格朗日变数。

在拉格朗日法中，流体质点的位移是重要的物理量。

位移矢量$\boldsymbol{r}$表示为

$$\boldsymbol{r} = \boldsymbol{r}(a,b,c,t) \tag{3.2.2}$$

还可表示为分量形式

$$\begin{cases} x = x(a,b,c,t) \\ y = y(a,b,c,t) \\ z = z(a,b,c,t) \end{cases} \tag{3.2.3}$$

以及张量形式

$$\boldsymbol{x}_i = \boldsymbol{x}_i(a,b,c,t) \quad (i = 1, 2, 3) \tag{3.2.4}$$

如图 3.2.1 所示，对于确定的流体质点P，其在空间运动的位移方程（或称为迹线方程）为

$$\boldsymbol{r} = \boldsymbol{r}(t) \tag{3.2.5}$$

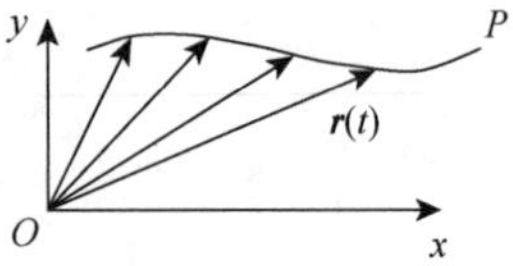

或

$$\boldsymbol{x}_i = \boldsymbol{x}_i(t) \quad (i = 1, 2, 3) \tag{3.2.6}$$

图 3.2.1　流体质点 P 的位移

已知位移，可得流体质点的速度(v_x, v_y, v_z)和加速度(a_x, a_y, a_z)，分别为

$$\begin{cases} v_x = \dfrac{\mathrm{d}x}{\mathrm{d}t} \\ v_y = \dfrac{\mathrm{d}y}{\mathrm{d}t} \\ v_z = \dfrac{\mathrm{d}z}{\mathrm{d}t} \end{cases} \tag{3.2.7}$$

$$\begin{cases} a_x = \dfrac{\mathrm{d}^2 x}{\mathrm{d}t^2} \\ a_y = \dfrac{\mathrm{d}^2 y}{\mathrm{d}t^2} \\ a_z = \dfrac{\mathrm{d}^2 z}{\mathrm{d}t^2} \end{cases} \tag{3.2.8}$$

拉格朗日法对流体质点描述流体运动，是物理学和理论力学中所用的对质点和质点系（或系统）的考察方法。

对于刚体，可用一个质点或几个代表性的质点的运动区分刚体运动。而对于流体，各组成流体的质点系在运动过程中相互之间的相对位置会发生复杂的变化（即发生流动）。

拉格朗日法较为直观，但难于计算，除特别情形，目前很少被采用。目前较为先进的实验室测量流动速度的粒子图像测速（particle image velocimetry，PIV）技术也是基于拉格朗日法。

3.2.2　欧拉法

1. 欧拉法的概念

欧拉法是一种空间点方法，又称当地法。它在固定的空间点处观察、记录流体质点通过空间点的流动参数，把流动参数表示为空间位置和时间的函数。它通过流动参数在不同时刻的空间分布来描述整个流场的流动情况。

在直角坐标系 $O\text{-}xyz$ 下，流体物理量 B 的空间分布可表示为

$$B = B(x, y, z, t) \tag{3.2.9}$$

式中：(x, y, z) 为空间点坐标，不同的 (x, y, z) 代表不同的空间点，t 是时间。通常称 (x, y, z, t) 为欧拉变数。

在欧拉法中，运动参数中速度的空间分布是重要的物理量。速度矢量 $\boldsymbol{v}$ 表示为

$$\boldsymbol{v} = \boldsymbol{v}(x, y, z, t) \tag{3.2.10}$$

分量形式为

$$\begin{cases} v_x = v_x(x, y, z, t) \\ v_y = v_y(x, y, z, t) \\ v_z = v_z(x, y, z, t) \end{cases} \tag{3.2.11}$$

张量形式为

$$\boldsymbol{v}_i = \boldsymbol{v}_i(x, y, z, t) \quad (i = 1, 2, 3) \tag{3.2.12}$$

还有压强 p 、密度 ρ 分布表示为

$$p = p(x, y, z, t) \tag{3.2.13}$$

$$\rho = \rho(x, y, z, t) \tag{3.2.14}$$

在实际生活和工程中常用欧拉法，如天气预报主要是预报城市天气的变化；水质监测则是提取排污口处的水样；风能发电关注风机处的风速；跨海大桥关注桥墩处的流速和波浪；海上平台关注工作水域的风浪流条件等，均是立足于空间位置描述流体的流动参数。

应用欧拉法研究流体运动时，有微分法和积分法两种处理方法。

微分法是在流场空间取一个微元体（如微平行六面体），分析流体通过该空间微元体时流体微团的运动规律，如质量守恒定律、动量守恒定律、能量守恒定律、牛顿三大定律等流体质点系（即系统）的基本物理定律或者定理，建立在空间微元体上成立的各种微分方程式，也称为微元体法。

积分法是在流场空间中取一个有限（宏观）的任意形状的固定空间体积，称为控制体（控制体的边界是封闭的，边界曲面称为控制面），分析流体通过该控制体时的运动规律，建立在控制体（或控制面）上成立的各种整体关系式（即积分方程式）。

2. 流体质点加速度

在拉格朗日法中，运动参数和位移是流体质点在不同时刻的轨迹。位移的时间导数即是流体质点的速度，见式（3.2.7）。速度的时间导数即是流体质点的加速度，见式（3.2.8）。

在欧拉法中，流动参数是空间点上分布的。虽然速度是空间点上的，但是仍然是流体质点在不同时刻位于不同空间点的速度。

在直角坐标系 $O\text{-}xyz$ 中，假设某一流体质点在 t_0 时刻位于 $1\,(x_0, y_0, z_0)$ 点，速度为 $\boldsymbol{v}(x_0, y_0, z_0, t_0)$ ；经过时间 $\mathrm{d}t$ 后运动到 $2(x_0 + \mathrm{d}x, y_0 + \mathrm{d}y, z_0 + \mathrm{d}z)$ 点，速度为 $\boldsymbol{v}'(x_0 + \mathrm{d}x, y_0 + \mathrm{d}y, z_0 + \mathrm{d}z, t_0 + \mathrm{d}t)$，如图 3.2.2 所示。

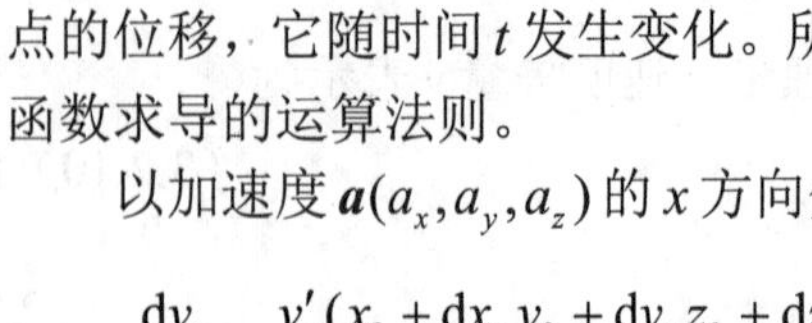

$2(x_0 + \mathrm{d}x, y_0 + \mathrm{d}y, z_0 + \mathrm{d}z)$
$\boldsymbol{v}'(x_0 + \mathrm{d}x, y_0 + \mathrm{d}y, z_0 + \mathrm{d}z, t_0 + \mathrm{d}t)$
$1(x_0, y_0, z_0)$
$\boldsymbol{v}(x_0, y_0, z_0, t_0)$

图 3.2.2　流体质点加速度计算

对流体质点的速度求导，可得流体质点在 t_0 时刻的加速度 $\boldsymbol{a}$ ，即

$$\boldsymbol{a} = \frac{\mathrm{d}\boldsymbol{v}}{\mathrm{d}t} = \frac{\boldsymbol{v}'(x_0 + \mathrm{d}x, y_0 + \mathrm{d}y, z_0 + \mathrm{d}z, t_0 + \mathrm{d}t) - \boldsymbol{v}(x_0, y_0, z_0, t_0)}{\mathrm{d}t} \tag{3.2.15}$$

注意欧拉变量 (x, y, z) 在式（3.2.15）中代表流体质点的位移，它随时间 t 发生变化。所以式（3.2.15）因变量 v 对自变量 t 的求导运算应采取复合函数求导的运算法则。

以加速度 $\boldsymbol{a}(a_x, a_y, a_z)$ 的 x 方向分量 a_x 的求导为例：

$$a_x = \frac{\mathrm{d}v_x}{\mathrm{d}t} = \frac{v_x'(x_0 + \mathrm{d}x, y_0 + \mathrm{d}y, z_0 + \mathrm{d}z, t_0 + \mathrm{d}t) - v_x(x_0, y_0, z_0, t_0)}{\mathrm{d}t} = \frac{\partial v_x}{\partial t} + \frac{\partial v_x}{\partial x}\frac{\mathrm{d}x}{\mathrm{d}t} + \frac{\partial v_x}{\partial y}\frac{\mathrm{d}y}{\mathrm{d}t} + \frac{\partial v_x}{\partial z}\frac{\mathrm{d}z}{\mathrm{d}t}$$

$$= \frac{\partial v_x}{\partial t} + v_x\frac{\partial v_x}{\partial x} + v_y\frac{\partial v_x}{\partial y} + v_z\frac{\partial v_x}{\partial z}$$

上式中代入流体质点速度与位移的关系式：

$$\begin{cases} v_x = \dfrac{\mathrm{d}x}{\mathrm{d}t} \\ v_y = \dfrac{\mathrm{d}y}{\mathrm{d}t} \\ v_z = \dfrac{\mathrm{d}z}{\mathrm{d}t} \end{cases}$$

即可求得 x 方向分量 a_x。同理可得另外两个分量 a_y 和 a_z。

这样，在欧拉法下，流体质点的加速度 (a_x, a_y, a_z) 为

$$\begin{cases} a_x = \dfrac{\partial v_x}{\partial t} + v_x \dfrac{\partial v_x}{\partial x} + v_y \dfrac{\partial v_x}{\partial y} + v_z \dfrac{\partial v_x}{\partial z} \\ a_y = \dfrac{\partial v_y}{\partial t} + v_x \dfrac{\partial v_y}{\partial x} + v_y \dfrac{\partial v_y}{\partial y} + v_z \dfrac{\partial v_y}{\partial z} \\ a_z = \dfrac{\partial v_z}{\partial t} + v_x \dfrac{\partial v_z}{\partial x} + v_y \dfrac{\partial v_z}{\partial y} + v_z \dfrac{\partial v_z}{\partial z} \end{cases} \tag{3.2.16}$$

写成矢量形式，则有

$$\boldsymbol{a} = \frac{\partial \boldsymbol{v}}{\partial t} + v_x \frac{\partial \boldsymbol{v}}{\partial x} + v_y \frac{\partial \boldsymbol{v}}{\partial y} + v_z \frac{\partial \boldsymbol{v}}{\partial z} \tag{3.2.17}$$

或

$$\boldsymbol{a} = \frac{\partial \boldsymbol{v}}{\partial t} + (\boldsymbol{v} \cdot \nabla)\boldsymbol{v} \tag{3.2.18}$$

式中：$\nabla = \dfrac{\partial}{\partial x}\boldsymbol{i} + \dfrac{\partial}{\partial y}\boldsymbol{j} + \dfrac{\partial}{\partial z}\boldsymbol{k}$ 是哈密顿算符。在运算中，它既有微分又有矢量的双重运算性质。

需要注意：$\boldsymbol{v} \cdot \nabla \neq \nabla \cdot \boldsymbol{v}$。这是因为 $\boldsymbol{v} \cdot \nabla = v_x \dfrac{\partial}{\partial x} + v_y \dfrac{\partial}{\partial y} + v_z \dfrac{\partial}{\partial z}$，而 $\nabla \cdot \boldsymbol{v} = \dfrac{\partial v_x}{\partial x} + \dfrac{\partial v_y}{\partial y} + \dfrac{\partial v_z}{\partial z}$。

由式（3.2.17）可知，欧拉法的流体质点加速度可分为下面两部分。

（1）局部加速度（或称当地加速度）：第一项 $\dfrac{\partial \boldsymbol{v}}{\partial t}$，是由于空间点处的速度随时间发生变化而引起的。反映流场的不定常性，对定常流动，局部加速度为 0。

（2）迁移加速度（或称对流加速度）：后三项 $v_x \dfrac{\partial \boldsymbol{v}}{\partial x} + v_y \dfrac{\partial \boldsymbol{v}}{\partial y} + v_z \dfrac{\partial \boldsymbol{v}}{\partial z}$，是由于速度场空间分布不均匀引起的。流体质点的空间位置发生变化时，将引起速度变化产生加速度。反映了流场的不均匀性，对均匀流动，迁移加速度为 0。

在柱坐标系 (r, θ, z) 下，流体质点的加速度为

$$\begin{cases} a_r = \dfrac{\partial v_r}{\partial t} + v_r \dfrac{\partial v_r}{\partial r} + \dfrac{v_\theta}{r} \dfrac{\partial v_r}{\partial \theta} + v_z \dfrac{\partial v_r}{\partial z} - \dfrac{v_\theta^2}{r} \\ a_\theta = \dfrac{\partial v_\theta}{\partial t} + v_r \dfrac{\partial v_\theta}{\partial r} + \dfrac{v_\theta}{r} \dfrac{\partial v_\theta}{\partial \theta} + v_z \dfrac{\partial v_\theta}{\partial z} + \dfrac{v_r v_\theta}{r} \\ a_z = \dfrac{\partial v_z}{\partial t} + v_r \dfrac{\partial v_z}{\partial r} + \dfrac{v_\theta}{r} \dfrac{\partial v_z}{\partial \theta} + v_z \dfrac{\partial v_z}{\partial z} \end{cases} \tag{3.2.19}$$

在球坐标系 (r, θ, φ) 下，流体质点的加速度为

$$\begin{cases} a_r = \dfrac{\mathrm{D}v_r}{\mathrm{D}t} - \dfrac{v_\theta^2}{r} - \dfrac{v_\varphi^2}{r} \\ a_\theta = \dfrac{\mathrm{D}v_\theta}{\mathrm{D}t} + \dfrac{v_r v_\theta}{r} - \dfrac{v_\varphi^2}{r}\cot\theta \\ a_\varphi = \dfrac{\mathrm{D}v_\varphi}{\mathrm{D}t} + \dfrac{v_r v_\varphi}{r} + \dfrac{v_\theta v_\varphi}{r}\cot\theta \end{cases} \tag{3.2.20}$$

式中：$\dfrac{\mathrm{D}}{\mathrm{D}t} = \dfrac{\partial}{\partial t} + v_r\dfrac{\partial}{\partial r} + \dfrac{v_\theta}{r}\dfrac{\partial}{\partial\theta} + \dfrac{v_\varphi}{r\sin\theta}\dfrac{\partial}{\partial\varphi}$。

3. 随体导数

在欧拉法中，求流体质点的任意物理量 B 随时间的变化率一般式为

$$\frac{\mathrm{d}B}{\mathrm{d}t} = \frac{\partial B}{\partial t} + (\boldsymbol{v}\cdot\nabla)\boldsymbol{B}$$

习惯上写为

$$\frac{\mathrm{D}B}{\mathrm{D}t} = \frac{\partial B}{\partial t} + (\boldsymbol{v}\cdot\nabla)\boldsymbol{B} \tag{3.2.21}$$

式中：$\dfrac{\mathrm{D}}{\mathrm{D}t}$ 为随体导数或物质导数；$\dfrac{\partial}{\partial t}$ 为局部导数或当地导数；$(\boldsymbol{v}\cdot\nabla)$ 为迁移导数或对流导数。

欧拉法中，随体导数算子为

$$\frac{\mathrm{D}}{\mathrm{D}t} = \frac{\partial}{\partial t} + (\boldsymbol{v}\cdot\nabla) \tag{3.2.22}$$

如密度 ρ 、压强 p 的随体导数分别为

$$\frac{\mathrm{D}\rho}{\mathrm{D}t} = \frac{\partial\rho}{\partial t} + (\boldsymbol{v}\cdot\nabla)\rho \tag{3.2.23}$$

$$\frac{\mathrm{D}p}{\mathrm{D}t} = \frac{\partial p}{\partial t} + (\boldsymbol{v}\cdot\nabla)p \tag{3.2.24}$$

3.2.3　拉格朗日法和欧拉法的转换

同一个流动既可以采用拉格朗日法描述，也可以采用欧拉法描述。它们从不同的角度来表达流体的运动，相互之间可以转换。

转换主要通过速度作为桥梁实现。以在直角坐标系 $O\text{-}xyz$ 下的流动为例：

$$\boldsymbol{v} = \boldsymbol{v}(a,b,c,t) \Leftrightarrow \boldsymbol{v} = \boldsymbol{v}(x,y,z,t) \tag{3.2.25}$$

1. 拉格朗日法向欧拉法的转换

在直角坐标系下，如果已知拉格朗日法流体质点的位移表达式，如式（3.2.3），即

$$\begin{cases} x = x(a,b,c,t) \\ y = y(a,b,c,t) \\ z = z(a,b,c,t) \end{cases}$$

通过此式可以解出

$$\begin{cases} a = x(x, y, z, t) \\ b = y(x, y, z, t) \\ c = z(x, y, z, t) \end{cases} \tag{3.2.26}$$

同时，流体质点的位移的时间变化率得到流体质点的速度，可表示为

$$\begin{cases} v_x = v_x(a, b, c, t) \\ v_y = v_y(a, b, c, t) \\ v_z = v_z(a, b, c, t) \end{cases} \tag{3.2.27}$$

将式（3.2.26）代入式（3.2.27），得到欧拉法变量表达的流场速度为

$$\begin{cases} v_x = v_x(x, y, z, t) \\ v_y = v_y(x, y, z, t) \\ v_z = v_z(x, y, z, t) \end{cases}$$

即为式（3.2.11）。

简之，转换过程是根据流体质点的位移方程 (x, y, z) 推导出拉格朗日变量 (a, b, c) 的表达式，代入流体质点的速度方程，转变为用欧拉变量 (x, y, z) 表示的流场速度方程 (v_x, v_y, v_z)。

2. 欧拉法向拉格朗日法的转换

在直角坐标系下，如果已知欧拉法的流场速度分布表达式，如式（3.2.11），即

$$\begin{cases} v_x = v_x(x, y, z, t) \\ v_y = v_y(x, y, z, t) \\ v_z = v_z(x, y, z, t) \end{cases}$$

流体质点位移与流场速度分布之间存在关系式，如式（3.2.7），即

$$\begin{cases} v_x = \dfrac{\mathrm{d}x}{\mathrm{d}t} = v_x(x, y, z, t) \\ v_y = \dfrac{\mathrm{d}y}{\mathrm{d}t} = v_y(x, y, z, t) \\ v_z = \dfrac{\mathrm{d}z}{\mathrm{d}t} = v_z(x, y, z, t) \end{cases}$$

对以上三个微分方程积分求解，得到流体质点的位移方程的通解为

$$\begin{cases} x = x(t, C_1, C_2, C_3) \\ y = y(t, C_1, C_2, C_3) \\ z = z(t, C_1, C_2, C_3) \end{cases} \tag{3.2.28}$$

式中：C_1, C_2, C_3 为积分常数。由流体质点 $t = 0$ 确定初始位置 (a, b, c)：

$$\begin{cases} a = a(0, C_1, C_2, C_3) \\ b = b(0, C_1, C_2, C_3) \\ c = c(0, C_1, C_2, C_3) \end{cases} \tag{3.2.29}$$

解出积分常数为

$$\begin{cases} C_1 = C_1(a,b,c) \\ C_2 = C_2(a,b,c) \\ C_3 = C_3(a,b,c) \end{cases} \tag{3.2.30}$$

将式（3.2.30）积分常数表达式代入已知流场速度分布表达式（3.2.11）得到拉格朗日变量表达的位移方程为

$$\begin{cases} x = x(a,b,c,t) \\ y = y(a,b,c,t) \\ z = z(a,b,c,t) \end{cases}$$

这与式（3.2.3）形式一致。

将式（3.2.30）积分常数表达式代入位移方程的通解，得到拉格朗日变量表达的位移方程为

$$\begin{cases} v_x = v_x(a,b,c,t) \\ v_y = v_y(a,b,c,t) \\ v_z = v_z(a,b,c,t) \end{cases}$$

这与式（3.2.27）形式一致。

3.3　描述流场的几个概念

流场的流动参数随空间、时间变化，这些数据不论是通过计算的方法还是实验的方法获得，都需要对大量的数据进行定量和定性的分析，并给予直观的呈现。

流场流动细节分析常采用云图（或等值线、等值面）的方法显示流动参数的空间分布，如温度云图、压强云图、速度云图等，从云图中可以直观了解物理量最大值、最小值，物理量所在区间及变化趋势。对矢量，还可以制作矢量图，如速度矢量图，不仅给出速度的大小，而且还有方向。

流体力学中除云图、矢量图外，还常引用迹线、流线和脉线等概念，将流动可视化。

3.3.1　迹线

流体质点在空间中运动的轨迹称为迹线。迹线是与拉格朗日观点相对应的概念。

不同的流体质点有不同的迹线 [图 3.3.1（a）]，不同时刻经过同一空间点的质点具有不同的轨迹 [图 3.3.1（b）]。

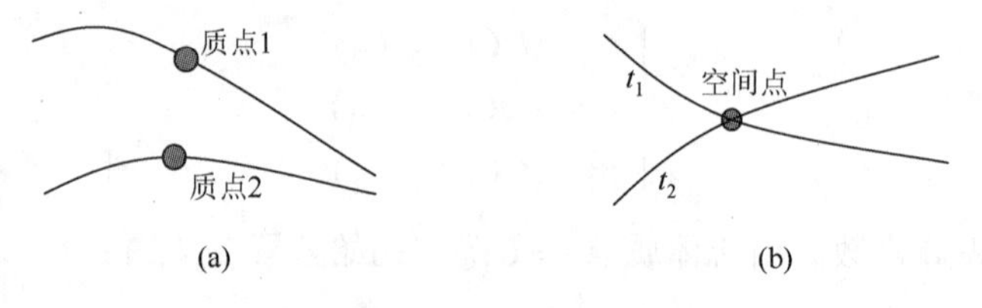

图 3.3.1　流体质点的迹线

（a）为不同的流体质点的不同迹线；（b）为不同时刻经过同一空间点的质点的不同轨迹

对定常流动，通过同一空间点的流体质点具有相同的迹线。因为定常流动同一空间点处的速度大小和方向不变，到达相同空间点的流体质点的速度大小和方向一样，必将沿着相同

的路径运动，则留下相同的迹线。

在直角坐标系 $O\text{-}xyz$ 下，拉格朗日法下的迹线方程为

$$\boldsymbol{r}=\boldsymbol{r}(a,b,c,t)$$

在欧拉法下，流体质点的位移 (x,y,z) 与速度 (v_x,v_y,v_z) 之间存在关系式（3.2.7），即

$$\begin{cases} v_x=\dfrac{\mathrm{d}x}{\mathrm{d}t} \\ v_y=\dfrac{\mathrm{d}y}{\mathrm{d}t} \\ v_z=\dfrac{\mathrm{d}z}{\mathrm{d}t} \end{cases}$$

将上式形变，得到欧拉法下迹线的微分方程为

$$\frac{\mathrm{d}x}{v_x}=\frac{\mathrm{d}y}{v_y}=\frac{\mathrm{d}z}{v_z}=\mathrm{d}t \tag{3.3.1}$$

式（3.3.1）代表三个微分方程，其中 t 是自变量，x、y、z 是 t 的函数。

3.3.2　流线

在日常生活中，池塘水面上经常会看见柳絮或落叶落下水面连成的流线，这些几何上的线能直观反映风停止后水面的流动趋势。

图 3.3.2 显示绕机翼剖面低速气体流动的流线图。在气流上游注入众多的有色烟丝，烟丝随气流绕过机翼。用高速相机拍照，得到烟丝流动的瞬时图像。这些烟丝反映出瞬时气流的流动方向。烟丝曲线显示出气流的流线。

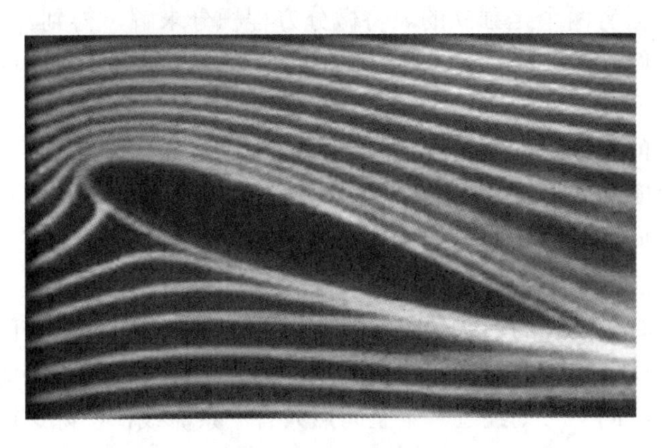

图 3.3.2　绕机翼剖面低速气体流动的流线

下面给出流线的数学描述和方程。

流线是一条假想的曲线。某一瞬时，在流场中作一条曲线：曲线上每一空间点的切线方向与该空间点的速度方向一致，如图 3.3.3（a）所示。

流线适应欧拉法的特点。欧拉法下，流线方程可根据其定义导出。

在直角坐标系 $O\text{-}xyz$ 下，设 $\mathrm{d}\boldsymbol{s}$ 为流线 S 上的单位线元，$\mathrm{d}\boldsymbol{s}=\mathrm{d}x\boldsymbol{i}+\mathrm{d}y\boldsymbol{j}+\mathrm{d}z\boldsymbol{k}$；$\boldsymbol{v}$ 为流线 S 上的 $\mathrm{d}\boldsymbol{s}$ 处的速度，$\boldsymbol{v}=v_x\boldsymbol{i}+v_y\boldsymbol{j}+v_z\boldsymbol{k}$，如图 3.3.3（b）所示。

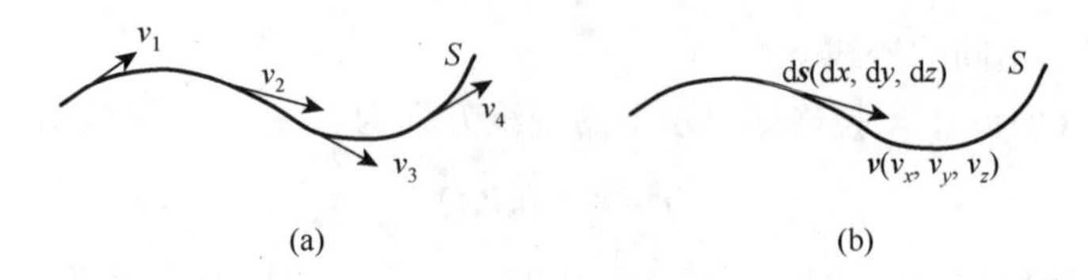

图 3.3.3 流线 S

根据流线的定义，可知

$$\boldsymbol{v}\cdot\mathrm{d}\boldsymbol{s}=0 \tag{3.3.2}$$

即

$$\begin{vmatrix} \boldsymbol{i} & \boldsymbol{j} & \boldsymbol{k} \\ v_x & v_y & v_z \\ \mathrm{d}x & \mathrm{d}y & \mathrm{d}z \end{vmatrix}=0$$

从而得到

$$\begin{cases} v_y\mathrm{d}z=v_z\mathrm{d}y \\ v_x\mathrm{d}z=v_z\mathrm{d}x \\ v_x\mathrm{d}y=v_y\mathrm{d}x \end{cases} \tag{3.3.3}$$

整理成习惯写法：

$$\frac{\mathrm{d}x}{v_x}=\frac{\mathrm{d}y}{v_y}=\frac{\mathrm{d}z}{v_z} \tag{3.3.4a}$$

$$\frac{\mathrm{d}x}{v_x(x,y,z,t_0)}=\frac{\mathrm{d}y}{v_y(x,y,z,t_0)}=\frac{\mathrm{d}z}{v_z(x,y,z,t_0)} \tag{3.3.4b}$$

上式为流线的微分方程。其中，t_0 为常参数，表示 t_0 瞬时的流线。式（3.3.4a）和式（3.3.4b）的三个微分方程中，只有两个是独立的。将微分方程积分求解，得到 t_0 时刻流场的流线簇方程。如果给出已知条件，t_0 时刻流线经过的某空间点坐标，得到流场中的一条流线。

流场流线具有以下几点性质。

（1）在运动流体的整个空间，可绘出一系列的流线，称为流线簇。流线簇的疏密程度反映了该时刻流场中速度的大小。

（2）流线是有走向的几何线，流线的走向由速度场给出。通常在流线上任取一点，用改点的速度方向标明流线的走向。

（3）非定常流动时，流线的形状随时间改变；不同时刻，过相同空间点的流线不同。

（4）对于定常流动，流线的形状和位置不随时间变化；且流线与迹线重合。

（5）一般情况下，同一时刻经过一个空间点只有一条流线，即除速度为 0 或无穷大（理论模型）的空间点之外，流线不能相交；流线不能折转，只能是一条光滑曲线。

流线与迹线的差别有下面几种。

（1）迹线描述的是同一个质点；而流线是由不同质点组成的线。

（2）迹线显示质点的运动轨迹；流线显示流场的瞬时流动走向。

3.3.3 脉线

将不同时刻通过同一空间点的所有流体质点在同一时刻的连线称为脉线，又称染色线、烟线或色线，常用于分析流动扩散的范围和状态。

在流场固定点连续施放染色剂（水中）或烟（空气中），用照相机拍下某一瞬时的流场，染色剂或烟显示的线就是脉线。图 3.3.4 是实验室从固定点喷出烟线，显示流体绕过圆柱体后整齐排列的卡门涡街现象。

图 3.3.4　圆柱绕流的脉线

在定常流动中，脉线的形状不变，与流线、迹线重合。脉线容易在实验室中实现，常通过脉线与流线重合，以观察流动现象。非定常流动中，流线、迹线和脉线不重合。

类似于脉线的原理，在人们活动中也常有所体现。例如，为了控制某地暴发的传染病的传播途径，统计在一定时间段内去过该市场的人员去向，对人员辐射到的区域有重点地采取高效的隔离措施，避免更大范围的传播等。

3.3.4　流管、流量与总流

某一瞬时，在流场空间画一任意封闭曲线，但不是流线，过此曲线上每一点做出该瞬时的流线，这些流线组成一个管状的表面，即称流管，如图 3.3.5 所示。

流管具有以下几个特点。

（1）流体不能穿过流管流出流入，因为流管由流线组成，流线上流体质点速度与流线相切，没有法线方向的分速度。

（2）流管内流体流动与真实管子一样。换句话说，真实的管道流动可用流管来代替。

（3）定常流动，流管的形状及位置不发生变化。

流管内部的流体称作流束。

截面积无限小的流管称为微元流管，其极限为流线；截面积无限小的流束称为微元流束。

某一截面，若其上各点流速均垂直于截面，或近似垂直截面，则称有效截面，如图 3.3.6 所示。可见有效截面可能是曲面。

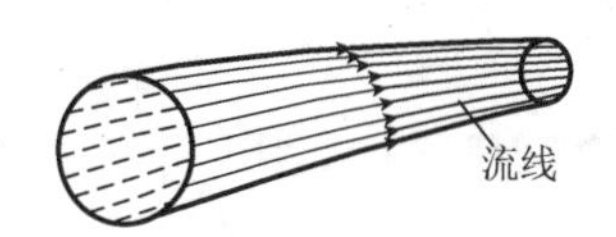

图 3.3.5　流管

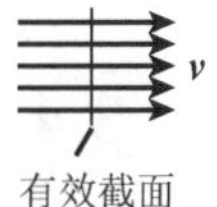

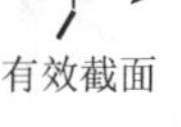

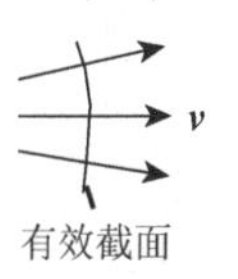

图 3.3.6　有效截面

单位时间内流过某一截面的流体量称为流量（flow rate）。当用体积计量时，单位时间内流过某一截面的流体重量（或质量）称为重量（或质量）流量。

单位时间内流过某一截面的流体体积，称为体积流量（volume flux）。常用符号Q表示，单位为m^3/s，量纲为L^3T^{-1}。

图 3.3.7（a）中取一个流管的流入有效截面，截面面积为A，速度分布为$\boldsymbol{v}$，则该流入截面的体积流量为

$$Q=\iint_A v\mathrm{d}A=-\iint_A(\boldsymbol{v}\cdot\boldsymbol{n})\mathrm{d}A \tag{3.3.5}$$

式中：$\boldsymbol{v}$为有效截面上的速度分布，方向处处与截面垂直；$\boldsymbol{n}$为有效截面的外法线，在流入截面上，外法线方向$\boldsymbol{n}$与速度方向$\boldsymbol{v}$的夹角为钝角 180°，$\boldsymbol{v}\cdot\boldsymbol{n}=-v$。

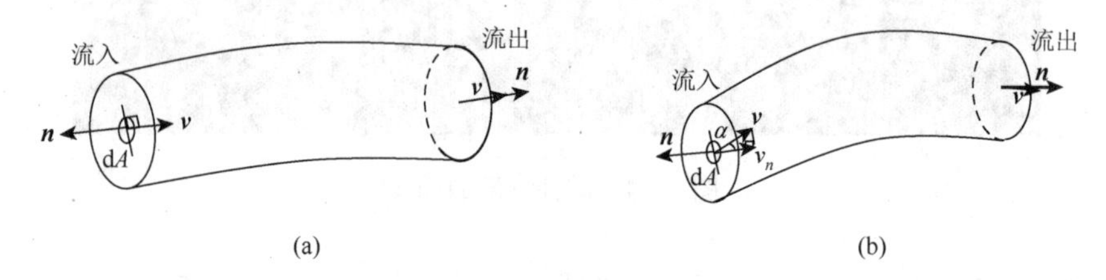

图 3.3.7　截面的体积流量

（a）为一个流管的流入截面；（b）为流体通过流管任意斜截面

如果流体通过流管任意斜截面（流入面），如图 3.3.7（b）所示，那么截面上的体积流量为

$$Q=\iint_A v_n\mathrm{d}A=\iint_A v\cos\alpha\mathrm{d}A=-\iint_A(\boldsymbol{v}\cdot\boldsymbol{n})\mathrm{d}A \tag{3.3.6}$$

式中：v_n为速度$\boldsymbol{v}$在截面法线上的分速度；α为速度与截面法线之间的夹角；$\boldsymbol{n}$为截面的外法线方向。

由式（3.3.5）和式（3.3.6）可知，可以将任意流入截面的体积流量统一写为

$$Q=-\iint_A(\boldsymbol{v}\cdot\boldsymbol{n})\mathrm{d}A \tag{3.3.7}$$

同理，可将任意流出截面的体积流量统一写为

$$Q=\iint_A(\boldsymbol{v}\cdot\boldsymbol{n})\mathrm{d}A \tag{3.3.8}$$

流管有效截面的体积流量与有效截面面积之比为流管有效截面的平均速度，即

$$\overline{v}=\frac{Q}{A} \tag{3.3.9}$$

对管道或渠道内流动，将其中的流体作为总的流束，称为总流。若流体量用重量（或质量）计量，则称为重量（或质量）流量。

3.4　流体微团的运动分析

在一般情况下，刚体的运动是由平移运动和旋转运动所组成。运动物体上任意两点所连成的直线，在整个运动过程中，始终保持平行，称为平移运动。物体的每一质点在运动过程

中都绕过同一轴线作轨迹为圆周或圆弧的运动，称为旋转运动。

流体具有易流动、易形变的特性，比刚体的运动复杂。流体微团是流体质点的集合，除平移运动、旋转运动之外，还有形变运动。形变运动包括剪切角形变运动和伸缩线形变运动。

（1）平移运动：流体质点有相同的速度。只能在没有速度梯度的流场中出现。

（2）旋转运动：流体微团绕自身的某一方向的轴线做圆周运动。

（3）剪切角形变运动：流体微团出现角形变速度，流体质点之间发生相对角位移。

（4）伸缩线形变运动：流体微团中出现收缩或膨胀的线形变速度，使流体质点之间也发生相对线位移。

下面介绍以上4种流体运动速度的表达式及其物理意义。

3.4.1 亥姆霍兹速度分解定理

在直角坐标系 $O\text{-}xyz$ 下，某一瞬时在流场中取一个微平行六面体，其顶点为 M，边长分别为 $\mathrm{d}x$ 、 $\mathrm{d}y$ 、 $\mathrm{d}z$ 。顶点 M 的坐标为 (x,y,z) ，速度为 $\boldsymbol{v}(v_x,v_y,v_z)$ ；对角顶点为 M_1 ，坐标为 $(x+\mathrm{d}x,y+\mathrm{d}y,z+\mathrm{d}z)$ ，速度为 $\boldsymbol{v}_1(v_{x1},v_{y1},v_{z1})$ ，如图3.4.1所示。

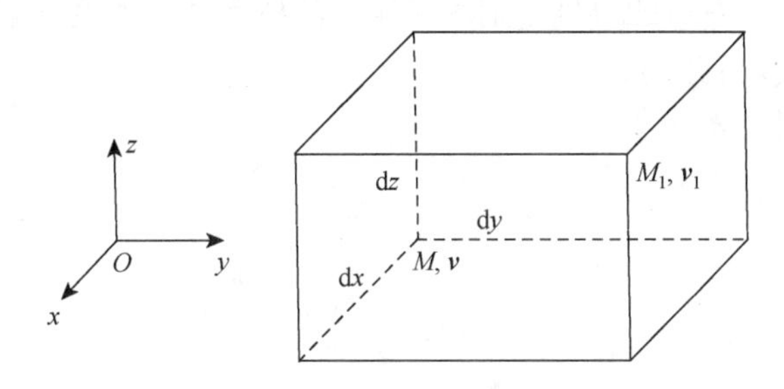

图3.4.1 流体微团的速度分解

根据泰勒（Taylor）级数展开，对角顶点 M_1 的速度 $\boldsymbol{v}_1$ 可用紧邻 M 点的速度 $\boldsymbol{v}$ 表示，即

$$\boldsymbol{v}_1=\boldsymbol{v}+\frac{\partial \boldsymbol{v}}{\partial x}\mathrm{d}x+\frac{\partial \boldsymbol{v}}{\partial y}\mathrm{d}y+\frac{\partial \boldsymbol{v}}{\partial z}\mathrm{d}z \tag{3.4.1}$$

写成分量的形式为

$$\begin{cases} v_{x1}=v_x+\dfrac{\partial v_x}{\partial x}\mathrm{d}x+\dfrac{\partial v_x}{\partial y}\mathrm{d}y+\dfrac{\partial v_x}{\partial z}\mathrm{d}z \\ v_{y1}=v_y+\dfrac{\partial v_y}{\partial x}\mathrm{d}x+\dfrac{\partial v_y}{\partial y}\mathrm{d}y+\dfrac{\partial v_y}{\partial z}\mathrm{d}z \\ v_{z1}=v_z+\dfrac{\partial v_z}{\partial x}\mathrm{d}x+\dfrac{\partial v_z}{\partial y}\mathrm{d}y+\dfrac{\partial v_z}{\partial z}\mathrm{d}z \end{cases} \tag{3.4.2}$$

以 x 方向为例，将 M_1 点的速度进行如下形式的变换：

$$v_{x1}=v_x+\frac{\partial v_x}{\partial x}\mathrm{d}x+\frac{\partial v_x}{\partial y}\mathrm{d}y+\frac{\partial v_x}{\partial z}\mathrm{d}z\pm\frac{1}{2}\left(\frac{\partial v_y}{\partial x}\mathrm{d}y\pm\frac{\partial v_z}{\partial x}\mathrm{d}z\right) \tag{3.4.3}$$

对上式按照柯西（Cauchy）和亥姆霍兹（Helmholtz）提出的方法重新组合为

$$v_{x1}=v_x+\frac{\partial v_x}{\partial x}\mathrm{d}x+\frac{1}{2}\left(\frac{\partial v_x}{\partial z}+\frac{\partial v_z}{\partial x}\right)\mathrm{d}z+\frac{1}{2}\left(\frac{\partial v_y}{\partial x}+\frac{\partial v_x}{\partial y}\right)\mathrm{d}y+\frac{1}{2}\left(\frac{\partial v_x}{\partial z}-\frac{\partial v_z}{\partial x}\right)\mathrm{d}z-\frac{1}{2}\left(\frac{\partial v_y}{\partial x}-\frac{\partial v_x}{\partial y}\right)\mathrm{d}y$$

将 M_1 点的 y 方向分速度 v_{y1} 和 z 方向分速度 v_{z1} 做同样的组合形变，写在一起为

$$\begin{cases}v_{x1}=v_x+\dfrac{\partial v_x}{\partial x}\mathrm{d}x+\dfrac{1}{2}\left(\dfrac{\partial v_x}{\partial z}+\dfrac{\partial v_z}{\partial x}\right)\mathrm{d}z+\dfrac{1}{2}\left(\dfrac{\partial v_y}{\partial x}+\dfrac{\partial v_x}{\partial y}\right)\mathrm{d}y+\dfrac{1}{2}\left(\dfrac{\partial v_x}{\partial z}-\dfrac{\partial v_z}{\partial x}\right)\mathrm{d}z-\dfrac{1}{2}\left(\dfrac{\partial v_y}{\partial x}-\dfrac{\partial v_x}{\partial y}\right)\mathrm{d}y\\ v_{y1}=v_y+\dfrac{\partial v_y}{\partial y}\mathrm{d}y+\dfrac{1}{2}\left(\dfrac{\partial v_y}{\partial x}+\dfrac{\partial v_x}{\partial y}\right)\mathrm{d}x+\dfrac{1}{2}\left(\dfrac{\partial v_z}{\partial y}+\dfrac{\partial v_y}{\partial z}\right)\mathrm{d}z+\dfrac{1}{2}\left(\dfrac{\partial v_y}{\partial x}-\dfrac{\partial v_x}{\partial y}\right)\mathrm{d}x-\dfrac{1}{2}\left(\dfrac{\partial v_z}{\partial y}-\dfrac{\partial v_y}{\partial z}\right)\mathrm{d}z\\ v_{z1}=v_z+\dfrac{\partial v_z}{\partial z}\mathrm{d}z+\dfrac{1}{2}\left(\dfrac{\partial v_z}{\partial y}+\dfrac{\partial v_y}{\partial z}\right)\mathrm{d}y+\dfrac{1}{2}\left(\dfrac{\partial v_x}{\partial z}+\dfrac{\partial v_z}{\partial x}\right)\mathrm{d}x+\dfrac{1}{2}\left(\dfrac{\partial v_z}{\partial y}-\dfrac{\partial v_y}{\partial z}\right)\mathrm{d}y-\dfrac{1}{2}\left(\dfrac{\partial v_x}{\partial z}-\dfrac{\partial v_z}{\partial x}\right)\mathrm{d}x\end{cases}$$

继续改写为

$$\begin{cases}v_{x1}=v_x+\varepsilon_x\mathrm{d}x+\gamma_y\mathrm{d}z+\gamma_z\mathrm{d}y+\omega_y\mathrm{d}z-\omega_z\mathrm{d}y\\ v_{y1}=v_y+\varepsilon_y\mathrm{d}y+\gamma_z\mathrm{d}x+\gamma_x\mathrm{d}z+\omega_z\mathrm{d}x-\omega_x\mathrm{d}z\\ v_{z1}=v_z+\varepsilon_z\mathrm{d}z+\gamma_x\mathrm{d}y+\gamma_y\mathrm{d}x+\omega_x\mathrm{d}y-\omega_y\mathrm{d}x\end{cases}\tag{3.4.4}$$

上式即为亥姆霍兹速度分解定理。

式（3.4.4）中，等号右边的符号分别对应 4 种流体运动的速度分量。

（1）平移速度：$\boldsymbol{v}(v_x,v_y,v_z)$。

（2）线形变率：$\boldsymbol{\varepsilon}(\varepsilon_x,\varepsilon_y,\varepsilon_z)$。

$$\begin{cases}\varepsilon_x=\dfrac{\partial v_x}{\partial x}\\ \varepsilon_y=\dfrac{\partial v_y}{\partial y}\\ \varepsilon_z=\dfrac{\partial v_z}{\partial z}\end{cases}\tag{3.4.5}$$

（3）角形变率：$\boldsymbol{\gamma}(\gamma_x,\gamma_y,\gamma_z)$。

$$\begin{cases}\gamma_x=\dfrac{1}{2}\left(\dfrac{\partial v_z}{\partial y}+\dfrac{\partial v_y}{\partial z}\right)\\ \gamma_y=\dfrac{1}{2}\left(\dfrac{\partial v_x}{\partial z}+\dfrac{\partial v_z}{\partial x}\right)\\ \gamma_z=\dfrac{1}{2}\left(\dfrac{\partial v_y}{\partial x}+\dfrac{\partial v_x}{\partial y}\right)\end{cases}\tag{3.4.6}$$

（4）旋转角速度：$\boldsymbol{\omega}(\omega_x,\omega_y,\omega_z)$。

$$\begin{cases}\omega_x=\dfrac{1}{2}\left(\dfrac{\partial v_z}{\partial y}-\dfrac{\partial v_y}{\partial z}\right)\\ \omega_y=\dfrac{1}{2}\left(\dfrac{\partial v_x}{\partial z}-\dfrac{\partial v_z}{\partial x}\right)\\ \omega_z=\dfrac{1}{2}\left(\dfrac{\partial v_y}{\partial x}-\dfrac{\partial v_x}{\partial y}\right)\end{cases}\tag{3.4.7}$$

综上所述，流体微团的运动由下面 4 部分组成。

（1）以速度 $\boldsymbol{v}(v_x, v_y, v_z)$ 作平移运动。

（2）以线形变率 $\boldsymbol{\varepsilon}(\varepsilon_x, \varepsilon_y, \varepsilon_z)$ 作线形变运动。

（3）以角形变率 $\boldsymbol{\gamma}(\gamma_x, \gamma_y, \gamma_z)$ 作剪切角形变运动。

（4）以旋转角速度 $\boldsymbol{\omega}(\omega_x, \omega_y, \omega_z)$ 绕过微团自身轴（或点）做旋转运动。旋转角速度以逆时针转动为正。

3.4.2　各速度的物理意义

1. 平移速度

平移速度是流体流动的最基本速度，在直角坐标系下，常用符号 $\boldsymbol{v}(v_x, v_y, v_z)$，单位为 m/s，量纲为 LT^{-1}。

如图 3.4.2 所示的一个二维平面流体微团。当流场中速度 $\boldsymbol{v}$ 处处相同时，流场中不存在速度梯度。这样，流体微团的所有流体质点的速度在运动过程中一直保持相同，流体微团做平移运动。只有当所有流体质点的平移速度均相同，流体微团才会发生单一的平移运动。

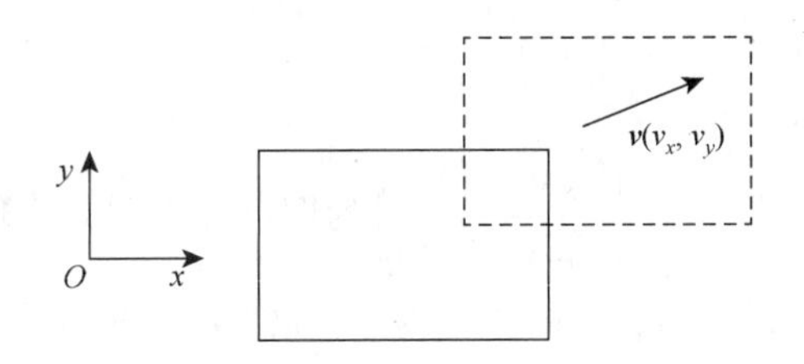

图 3.4.2　平移速度与平移运动

如果流场中存在速度梯度，流体微团将发生其他形式的运动。

2. 线形变率

下面以 x 方向的伸缩线形变率 $\varepsilon_x = \dfrac{\partial v_x}{\partial x}$ 为例，并说明其物理意义。

取一微线元 MB，假设线元 MB 只有 x 方向地流动。如图 3.4.3 所示。

在某一瞬时 t，MB 的长度为 $\mathrm{d}x$，端点 M 的速度为 v_x，则端点 B 的速度为 $v_x + \dfrac{\partial v_x}{\partial x}\mathrm{d}x$。经过 $\mathrm{d}t$ 后，MB 移动并发生了线形变，在 $t+\mathrm{d}t$ 瞬时变为 $M'B'$。

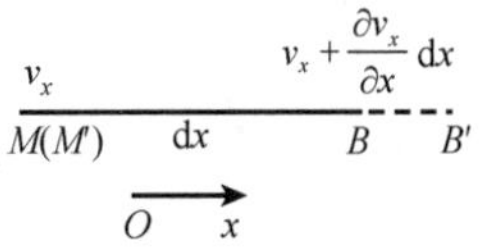

图 3.4.3　线形变率

将点 M' 移至点 M 重合，见图 3.4.3 所示，则 $M'B'$ 的长度比 MB 的拉伸了 BB'：

$$BB' = \left(v_x + \frac{\partial v_x}{\partial x}\mathrm{d}x\right)\mathrm{d}t - v_x\mathrm{d}t = \frac{\partial v_x}{\partial x}\mathrm{d}x\mathrm{d}t$$

可见，x 方向的伸缩线形变率

$$\varepsilon_x = \frac{\dfrac{\partial v_x}{\partial x}\mathrm{d}x\mathrm{d}t}{\mathrm{d}x \cdot \mathrm{d}t} = \frac{\partial v_x}{\partial x} \tag{3.4.8}$$

为单位时间、单位长度的伸缩线形变量，或者为单位长度的伸缩线形变率。

类似地，可推导出 y、z 方向的伸缩线形变率 ε_y、ε_z。

从推导过程可见，伸缩线形变率表示单位时间、单位长度的伸缩线形变量，简称为线形变率，也称作应变率。单位为 s^{-1}，量纲为 T^{-1}。

将三个方向的应变率相加，得到流体微团单位体积总的体积膨胀率：

$$\varepsilon = \varepsilon_x + \varepsilon_y + \varepsilon_z = \frac{\partial v_x}{\partial x} + \frac{\partial v_y}{\partial y} + \frac{\partial v_z}{\partial z} = \nabla \cdot \boldsymbol{v} \tag{3.4.9}$$

式中：$\nabla \cdot \boldsymbol{v}$ 为速度的散度，可写为

$$\mathrm{div}\boldsymbol{v} = \nabla \cdot \boldsymbol{v} \tag{3.4.10}$$

速度散度的物理意义表示流体微团单位体积总的膨胀率。

对不可压缩流体，流体微团质量不变，密度为常数，则体积也不变，体积膨胀率为 0，即

$$\nabla \cdot \boldsymbol{v} = \frac{\partial v_x}{\partial x} + \frac{\partial v_y}{\partial y} + \frac{\partial v_z}{\partial z} = 0 \tag{3.4.11}$$

3. 角形变率

下面以 z 方向的角形变率 $\gamma_z = \dfrac{1}{2}\left(\dfrac{\partial v_y}{\partial x} + \dfrac{\partial v_x}{\partial y}\right)$ 为例，并说明其物理意义。

以 xOy 平面内的一个微矩形面元 $MBCD$ 为例。微矩形边长分别为 $\mathrm{d}x$、$\mathrm{d}y$。假设只有 xOy 平面内的流动，并且没有线形变。如图 3.4.4 所示。

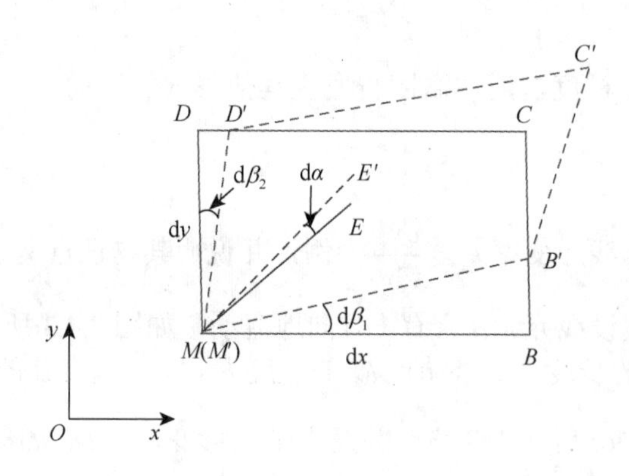

图 3.4.4　角形变率

在某一瞬时 t，矩形 $MBCD$ 顶点 M 的速度为 (v_x, v_y)，则点 B 的速度为 $\left(v_x, v_y + \dfrac{\partial v_y}{\partial x}\mathrm{d}x\right)$，点 D 的速度为 $\left(v_x + \dfrac{\partial v_x}{\partial y}\mathrm{d}y, v_y\right)$。经过 $\mathrm{d}t$ 后，矩形 $MBCD$ 移动并发生剪切形变，在 $t + \mathrm{d}t$ 瞬时变为 $M'B'C'D'$。

将点 M' 移至点 M 重合，如图 3.4.4 所示。从图中可见：

$$BB' = \frac{\partial v_y}{\partial x}\mathrm{d}x\mathrm{d}t, \quad DD' = \frac{\partial v_x}{\partial y}\mathrm{d}y\mathrm{d}t$$

微小角形变分别为

$$\mathrm{d}\beta_1 = \frac{\frac{\partial v_y}{\partial x}\mathrm{d}x\mathrm{d}t}{\mathrm{d}x} = \frac{\partial v_y}{\partial x}\mathrm{d}t, \quad \mathrm{d}\beta_2 = \frac{\frac{\partial v_x}{\partial y}\mathrm{d}y\mathrm{d}t}{\mathrm{d}y} = \frac{\partial v_x}{\partial y}\mathrm{d}t$$

则可推出，z 方向的形变率 γ_z 与微小角形变 $\mathrm{d}\beta_1$ 和 $\mathrm{d}\beta_2$ 之间的关系为

$$\gamma_z = \frac{1}{2}\left(\frac{\mathrm{d}\beta_1 + \mathrm{d}\beta_2}{\mathrm{d}t}\right) = \frac{1}{2}\left(\frac{\partial v_y}{\partial x} + \frac{\partial v_x}{\partial y}\right) \tag{3.4.12}$$

可见，γ_z 为流体微团单位时间角形变的平均角形变量，或为在 xOy 平面内平均形变率。

同理可得另外两个角形变率 γ_x 和 γ_y。

那么，角形变率表示单位时间的平均剪切角形变量，简称为角形变率。单位为 s^{-1}，量纲为 T^{-1}。

伸缩线形变率 $\boldsymbol{\varepsilon}(\varepsilon_x, \varepsilon_y, \varepsilon_z)$ 和剪切角形变率 $\boldsymbol{\gamma}(\gamma_x, \gamma_y, \gamma_z)$ 可以统一用二阶张量 ε_{ij}（$i, j = 1,2,3$）表示。即形变率张量为

$$\begin{bmatrix} \varepsilon_x & \gamma_z & \gamma_y \\ \gamma_z & \varepsilon_y & \gamma_x \\ \gamma_y & \gamma_x & \varepsilon_z \end{bmatrix} = \begin{bmatrix} \varepsilon_{xx} & \varepsilon_{xy} & \varepsilon_{xz} \\ \varepsilon_{yx} & \varepsilon_{yy} & \varepsilon_{yz} \\ \varepsilon_{zx} & \varepsilon_{zy} & \varepsilon_{zz} \end{bmatrix} = \begin{bmatrix} \varepsilon_{11} & \varepsilon_{12} & \varepsilon_{13} \\ \varepsilon_{21} & \varepsilon_{22} & \varepsilon_{23} \\ \varepsilon_{31} & \varepsilon_{32} & \varepsilon_{33} \end{bmatrix} \tag{3.4.13}$$

形变率张量具有对称性为

$$\begin{cases} \varepsilon_{xy} = \varepsilon_{yx} (= \gamma_z) \\ \varepsilon_{xz} = \varepsilon_{zx} (= \gamma_y) \\ \varepsilon_{yz} = \varepsilon_{zy} (= \gamma_x) \end{cases} \tag{3.4.14a}$$

$$\begin{cases} \varepsilon_{12} = \varepsilon_{21} \\ \varepsilon_{13} = \varepsilon_{31} \\ \varepsilon_{23} = \varepsilon_{32} \end{cases} \tag{3.4.14b}$$

4. 旋转角速度

下面以 z 方向的旋转角速度 $\omega_z = \frac{1}{2}\left(\frac{\partial v_y}{\partial x} - \frac{\partial v_x}{\partial y}\right)$ 为例，并说明其物理意义。

仍然以 xOy 平面内的一个微矩形面元 $MBCD$ 为例，如图 3.4.4 所示。对角线 ME 经过 $\mathrm{d}t$ 后发生了逆时针的转动，在 $t + \mathrm{d}t$ 瞬时转动到 $M'E'$，旋转角度为 $\mathrm{d}\alpha$。

从图 3.4.4 中可知

$$\mathrm{d}\alpha = \mathrm{d}\beta_1 + \frac{90° - (\mathrm{d}\beta_1 + \mathrm{d}\beta_2)}{2} - 45° = \frac{1}{2}(\mathrm{d}\beta_1 + (-\mathrm{d}\beta_2)) = \frac{1}{2}\left(\frac{\partial v_y}{\partial x} - \frac{\partial v_x}{\partial y}\right)\mathrm{d}t$$

旋转角速度 ω_z 与旋转角度 $\mathrm{d}\alpha$ 的关系为

$$\omega_z = \frac{\mathrm{d}\alpha}{\mathrm{d}t} = \frac{1}{2}\left(\frac{\partial v_y}{\partial x} - \frac{\partial v_x}{\partial y}\right) \tag{3.4.15}$$

可见，ω_z 为 xOy 平面的流体微团的对角线在单位时间内的旋转角度或平均旋转角度，或为 xOy 平面的流体微团绕自身平行于 z 轴的旋转角速度。

同理可得另外两个旋转角速度 ω_x 和 ω_y。

旋转速度矢量 $\boldsymbol{\omega}$ 与速度 $\boldsymbol{v}$ 之间的关系，写作矢量形式为

$$\boldsymbol{\omega} = \frac{1}{2}(\nabla \times \boldsymbol{v}) = \frac{1}{2}\mathrm{rot}\,\boldsymbol{v} \tag{3.4.16}$$

此式表明，旋转速度矢量 $\boldsymbol{\omega}$ 是速度旋度的二分之一。那么，旋转角速度表示单位时间的流体微团绕自身轴旋转的角度，以逆时针旋转为正。单位为 s^{-1}，量纲为 T^{-1}。

以上角形变速度和旋转角速度是以平面面元的顶点为基准点推导的，采用面元中心作为基准点也可以推导出同样的结论。

可以通过比较刚体的旋转运动与圆周运动，来看二者之间的区别。

例如游乐场的摩天轮是一个竖直平面里旋转的大转盘。人坐在座舱里面，随着摩天轮转一圈，人的轨迹是圆周曲线，说明人做了圆周运动。而人体的姿态一直保持头朝上脚朝下，没有旋转。所以，古人只有与转盘角速度相等的圆周运动，而没有旋转运动。

再如地球的运动。地球绕太阳做公转，为圆周运动。同时，地球还在绕自身轴做自转，即旋转运动。

可见，刚体做圆周运动时，旋转轴（或中心）不一定穿过刚体，而旋转运动的轴（或中心）则会穿过刚体。对于刚体如此，对于流体亦是如此。这是旋转运动与圆周运动的区别。

需要说明的是，刚体旋转时，刚体上各点的旋转角速度相同，而流体的旋转运动，由于易形变的特性，组成流体微团的各流体质点的旋转角速度并不相同，微团的旋转角速度是一个平均值。在图 3.4.4 中，流体微团的流体线 MB 与 MD 绕过 M 轴的旋转角速度是不相等的，故采用对角线 ME 的旋转角速度定义为微团的旋转角速度，是一个取平均值的概念。

3.4.3　无旋流动与速度势

如果流场速度分布不均匀，那么流体微团除了平移运动之外还会发生其他形式的运动。流体微团是否发生旋转运动，与旋转角速度是否为 0 相关。

当旋转角速度不为 0 时为有旋流动，即

$$\boldsymbol{\omega} \neq 0 \tag{3.4.17}$$

当旋转角速度等于 0 时为无旋流动，即

$$\boldsymbol{\omega} = 0 \tag{3.4.18}$$

或

$$\boldsymbol{\Omega} = \nabla \times \boldsymbol{v} = 2\boldsymbol{\omega} = 0 \tag{3.4.19}$$

式中：$\boldsymbol{\Omega}$ 为涡量，可见涡量等于旋转角速度的 2 倍。

对于无旋流动成立：$\nabla \times \boldsymbol{v} = 0$，即

$$\begin{cases} \dfrac{\partial v_z}{\partial y} = \dfrac{\partial v_y}{\partial z} \\ \dfrac{\partial v_x}{\partial z} = \dfrac{\partial v_z}{\partial x} \\ \dfrac{\partial v_y}{\partial x} = \dfrac{\partial v_x}{\partial y} \end{cases} \tag{3.4.20}$$

这说明速度 $\boldsymbol{v}$ 有势，即存在目标函数 φ，与速度 $\boldsymbol{v}$ 之间的关系为

$$\begin{cases} v_x = \dfrac{\partial \varphi}{\partial x} \\ v_y = \dfrac{\partial \varphi}{\partial y} \\ v_z = \dfrac{\partial \varphi}{\partial z} \end{cases} \tag{3.4.21}$$

或

$$\boldsymbol{v} = \nabla \varphi \tag{3.4.22}$$

称 φ 为速度势函数，简称速度势。

注意，本书将在第 5 章涡旋理论重点介绍有旋流动的基本知识，在第 6 章势流理论介绍无旋流动。

3.4.4　本构方程

在固体力学中，通常把应力和应变率，或应力张量与应变张量之间的函数关系称为本构方程，如胡克定律。一般地，本构方程反映物质的受力与力学响应之间的关系。流体微团的应力状态和微团形变运动状态之间的物性关系式称为流体本构方程。本构方程与流体微团运动方程的关系，将在第 4 章推导 N-S 方程时讲解，此处先给出本构方程的表达式。

流体的应力分量可以简单地分为剪切应力和法向应力。

1. 剪切应力与剪切角形变率之间的关系

在第 1 章已经知道一维黏性流的牛顿内摩擦定律给出了牛顿流体切向应力 τ 与速度梯度之间的关系：

$$\tau = \mu \frac{\mathrm{d}u}{\mathrm{d}y}$$

式中：速度梯度 $\dfrac{\mathrm{d}u}{\mathrm{d}y}$ 也是三维剪切角形变率表达式（3.4.6）的一维流表达式的 2 倍。那么，它给出黏性流动切向应力与剪切角形变率之间的关系，是一维黏性流的本构方程。

据此推广，在三维流动中，将剪切角形变率表达式（3.4.6）乘以 2μ（μ 为流体动力黏性系数），便是相邻两层流体之间的黏性切应力，即

$$\begin{cases}\tau_{zy}=\tau_{yz}=2\mu\varepsilon_{zy}=2\mu\varepsilon_{yz}=\mu\left(\dfrac{\partial v_z}{\partial y}+\dfrac{\partial v_y}{\partial z}\right)\\ \tau_{zx}=\tau_{xz}=2\mu\varepsilon_{zx}=2\mu\varepsilon_{xz}=\mu\left(\dfrac{\partial v_x}{\partial z}+\dfrac{\partial v_z}{\partial x}\right)\\ \tau_{yx}=\tau_{xy}=2\mu\varepsilon_{yx}=2\mu\varepsilon_{xy}=\mu\left(\dfrac{\partial v_y}{\partial x}+\dfrac{\partial v_x}{\partial y}\right)\end{cases} \tag{3.4.23}$$

上式表示剪切应力与剪切应变率之间的关系，即牛顿流体剪切应力本构方程。其中，τ_{zy} 和 τ_{yz}、τ_{zx} 和 τ_{xz}、τ_{yx} 和 τ_{xy} 是剪切应力分量，详细介绍请见第 4 章中黏性流体的表面应力部分。

2. 法向应力与线形变率之间的关系

一方面，对于黏性流体，法向应力已不再像理想流体和静止流体是各向同性的。由于黏性的阻碍作用，使同一点上不同方向的法向应力存在黏性影响值而不再相等。另一方面，黏性流体的法向应力在理想流体和静止流体中退化为各向同性的压强 p。因此，黏性流体的法向应力可以在理想流体和静止流体的压强 p 的基础上添加黏性影响项。

关于黏性流体的法向应力，斯托克斯给出如下假设。

（1）在静止流体或无黏性流体中退化为静压力 $-p$（负号表示与正向应力的方向相反，见第 4 章关于黏性流体的表面应力中的方向约定）。

（2）该黏性效应一部分通过线形变率 $\varepsilon_{xx}, \varepsilon_{yy}, \varepsilon_{zz}$ 乘以 2μ 反映出来。

（3）该黏性效应通过与体积膨胀率 ε 成比例反映出来。这个比例系数用 λ 表示，称为第二黏性系数，并且 $\lambda=-2/3\mu$。

黏性流体的法向应力与线形变率的关系，可表示为

$$\begin{cases}\tau_{xx}=-p+2\mu\varepsilon_{xx}+\lambda\varepsilon=-p+2\mu\dfrac{\partial v_x}{\partial x}-\lambda(\nabla\cdot\boldsymbol{v})\\ \tau_{yy}=-p+2\mu\varepsilon_{yy}+\lambda\varepsilon=-p+2\mu\dfrac{\partial v_y}{\partial y}-\lambda(\nabla\cdot\boldsymbol{v})\\ \tau_{zz}=-p+2\mu\varepsilon_{zz}+\lambda\varepsilon=-p+2\mu\dfrac{\partial v_z}{\partial z}-\lambda(\nabla\cdot\boldsymbol{v})\end{cases} \tag{3.4.24}$$

对不可压缩流体，体积膨胀率 $\varepsilon=0$，式（3.4.24）可变为

$$\begin{cases}\tau_{xx}=-p+2\mu\varepsilon_{xx}=-p+2\mu\dfrac{\partial v_x}{\partial x}\\ \tau_{yy}=-p+2\mu\varepsilon_{yy}=-p+2\mu\dfrac{\partial v_y}{\partial y}\\ \tau_{zz}=-p+2\mu\varepsilon_{zz}=-p+2\mu\dfrac{\partial v_z}{\partial z}\end{cases} \tag{3.4.25}$$

将式（3.4.21）和式（3.4.23）统一用矩阵表示为

$$\begin{bmatrix}\tau_{xx}&\tau_{xy}&\tau_{xz}\\ \tau_{yx}&\tau_{yy}&\tau_{yz}\\ \tau_{zx}&\tau_{zy}&\tau_{zz}\end{bmatrix}=\begin{bmatrix}-p&0&0\\0&-p&0\\0&0&-p\end{bmatrix}+2\mu\begin{bmatrix}\varepsilon_{xx}&\varepsilon_{xy}&\varepsilon_{xz}\\ \varepsilon_{yx}&\varepsilon_{yy}&\varepsilon_{yz}\\ \varepsilon_{zx}&\varepsilon_{zy}&\varepsilon_{zz}\end{bmatrix} \tag{3.4.26}$$

这就是不可压缩牛顿流体的广义牛顿内摩擦定律，它反映牛顿流线表面应力与形变率之

间的关系式，这种方程称为本构方程。

式（3.4.26）反映出黏性流体的剪切应力与剪切角形变率有关，而不是与应变量有关，这与固体的胡克定律有着本质的区别。

对不可压缩流体，将式（3.4.25）三个方向的法向应力相加并平均，可得

$$\frac{1}{3}(\tau_{xx}+\tau_{yy}+\tau_{zz})=\frac{1}{3}(-3p+2\mu\nabla\cdot\boldsymbol{v})=-p \tag{3.4.27}$$

式中：负号“–”代表应力的方向。此式说明，不可压缩黏性流体三个不相等的法向应力的算术平均值等于理想流体各向相等的压强值。因此，工程计算时，可以用流场各向同性的压强值来推算各向异性的法向应力。

3.5　流体运动连续性方程

流体运动遵循质量守恒定律。物理学三大守恒定律之一的质量守恒定律可简单叙述为：系统的质量既不能无缘无故地产生，也不能无缘无故地消失。这是基于质点系给出的定律，属于拉格朗日法的范畴。

本节的主要内容是利用欧拉法推导出流场空间的质量变化规律，即流体运动的连续性方程，其是质量守恒定律在欧拉法下的表现形式。

3.5.1　积分形式连续性方程

1. 一维定常流动积分形式的连续性方程

在一维定常流动的流场中取一个流管，控制体由流管的两个有效截面及两截面之间的流管表面所围的管状体组成，如图 3.5.1 所示。下面分析该控制体内流体质量的变化规律。

流体从有效截面 1 流入，有效截面 2 流出，流管表面没有流体流入流出。设截面 1 的面积为 A_1，截面 2 的面积为 A_2。

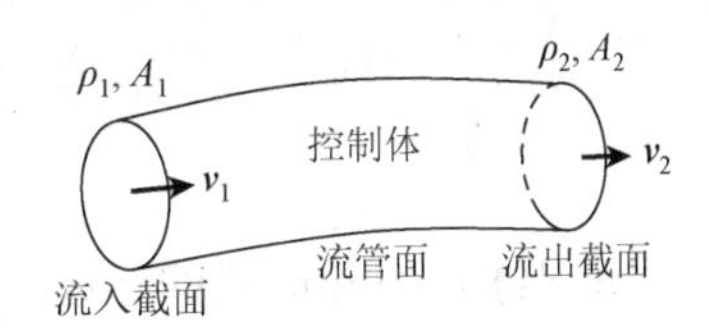

图 3.5.1　一维定常流动控制体质量变化规律

对于一维流动，截面 1 上的密度 ρ_1 和速度 v_1，以及截面 2 上的密度 ρ_2 和速度 v_2 均为常数。而且对于定常流动，控制体内不同空间点上所有物理量均不随时间发生变化，这说明控制体内流体的质量也不发生变化。但是控制体内质点系是变化的，流体质点通过两个有效截面流入、流出。可以推出，只有流入控制体的质量等于流出的质量，才能保持控制体内质量不变。也就是，从有效截面 1 流入控制体的质量应该等于从有效截面 2 流出的质量，即

$$\rho_1 v_1 A_1=\rho_2 v_2 A_2 \tag{3.5.1}$$

或写成

$$\rho v A=c \tag{3.5.2}$$

这表明对一维定常流动，流过流管内任意有效截面的质量流量相等。

如果有多个出入口，则流入的质量流量之和等于流出的质量流量之和：

$$\sum(\rho v A)_{\text{in}}=\sum(\rho v A)_{\text{out}} \tag{3.5.3}$$

2. 一维不可压缩流动积分形式的连续性方程

与图3.5.1所示相同，取流管两个有效截面及两截面之间的流管表面所围的空间为控制体，对不可压缩流动分析该控制体内质量的变化。

对不可压缩流动，流体密度为常数，$\rho = C$。那么，流入有效截面1的密度ρ_1与流出有效截面2的密度ρ_2相等：$\rho_1 = \rho_2 = \rho$。

控制体积不变，密度也不变，则控制体内质量不变。那么

$$\rho v_1 A_1 = \rho v_2 A_2$$

即

$$v_1 A_1 = v_2 A_2 \tag{3.5.4}$$

或

$$vA = C \tag{3.5.5}$$

这表明，对一维不可压缩流动，流过流管内任意一个有效截面上的体积流量相等。

如果有多个出入口，则流入的体积流量之和等于流出的体积流量之和：

$$\sum (vA)_{\text{in}} = \sum (vA)_{\text{out}} \tag{3.5.6}$$

从式（3.5.5）可见，对一维不可压缩流动，穿过流管有效截面的平均速度与截面面积成反比，方程给出了流管内不同有效截面速度之间的关系。

对管道流动，管径越大，流速越小；管径越细，流速越大。可采用减小截面面积提速。例如，河流狭窄处水流湍急，宽敞处水流缓慢。16世纪初，意大利科学家达·芬奇首次科学地研究了流体的连续性，得出一维定常流动的流量守恒原理，指出河水的流速与河道的横截面积成反比。而在城市交通流方面，在狭窄的道路上车速应高于宽敞地段的，否则，可能引起交通堵塞。这对设置道路限速或者司机调整车速具有指导意义。还有，在观看大型演唱会或者体育比赛之后退场时，在楼道等狭窄地段，切忌滞留和推搡，而是快速离开，避免踩踏事故的发生。

3. 有限体积积分形式的连续性方程

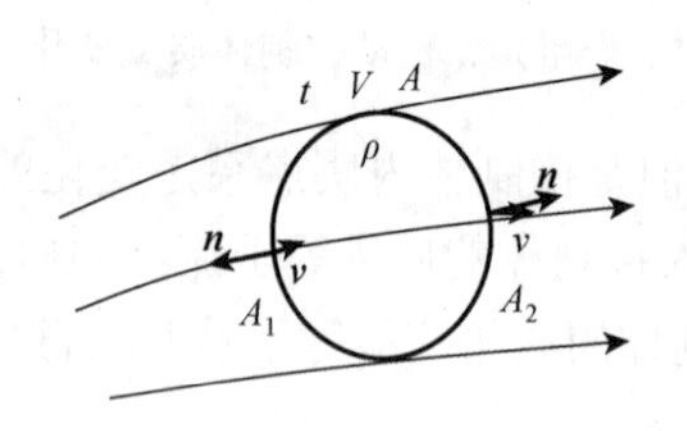

图3.5.2　有限体积控制体的质量变化规律

在某一瞬时t，取流场中任意一个有限体积作为控制体V，其控制面为A，流体密度为ρ，如图3.5.2所示。流体通过控制面A流入流出控制体V，分析控制体V内流体质量的变化规律。

设t时刻控制体V的质量为$m(t)$，经过$\mathrm{d}t$时间段后，在$t+\mathrm{d}t$时刻控制体V的质量变为$m(t+\mathrm{d}t)$。不失一般性，假设流入的质量大于流出的质量，则控制体内的质量是增加的，增加量为$m(t+\mathrm{d}t)-m(t)$。

根据质量守恒定律，控制体内质量的增加量等于流入控制体的质量减去流出的质量。

从控制面A的流入面A_1流入的质量为$-\iint_{A_1} \rho(\boldsymbol{v}\cdot\boldsymbol{n})\mathrm{d}A\mathrm{d}t$。其中，$\boldsymbol{n}$为流入面的外法线，负号表示此处外法线$\boldsymbol{n}$方向与速度$\boldsymbol{v}$方向之间的夹角为钝角。从控制面$A$的流出面$A_2$流出的质量为$\iint_{A_2} \rho(\boldsymbol{v}\cdot\boldsymbol{n})\mathrm{d}A\mathrm{d}t$。

可得控制体内质量的增加量为

$$m(t+\mathrm{d}t)-m(t)=-\iint_{A_1}\rho(\boldsymbol{v}\cdot\boldsymbol{n})\mathrm{d}A\mathrm{d}t-\iint_{A_2}\rho(\boldsymbol{v}\cdot\boldsymbol{n})\mathrm{d}A\mathrm{d}t=-\iint_{A}\rho(\boldsymbol{v}\cdot\boldsymbol{n})\mathrm{d}A\mathrm{d}t \tag{3.5.7}$$

另一方面，因体积不变，控制体 V 的质量增加是密度增大引起的，故有

$$m(t+\mathrm{d}t)-m(t)=\iiint_V\left(\rho+\frac{\partial\rho}{\partial t}\mathrm{d}t\right)\mathrm{d}V-\iiint_V\rho\mathrm{d}V=\iiint_V\frac{\partial\rho}{\partial t}\mathrm{d}V\mathrm{d}t \tag{3.5.8}$$

综合式（3.5.7）和式（3.5.8），可得

$$\iiint_V\frac{\partial\rho}{\partial t}\mathrm{d}V\mathrm{d}t=-\iint_A\rho(\boldsymbol{v}\cdot\boldsymbol{n})\mathrm{d}A\mathrm{d}t$$

整理为

$$\frac{\partial}{\partial t}\iiint_V\rho\mathrm{d}V+\iint_A\rho(\boldsymbol{v}\cdot\boldsymbol{n})\mathrm{d}A=0 \tag{3.5.9}$$

式（3.5.9）即为欧拉法下积分形式的流体运动连续性方程。第一项为控制体内流体质量在单位时间的变化量（或变化率），第二项为通过控制面的质量净流量。

对定常流动：

$$\iint_A\rho(\boldsymbol{v}\cdot\boldsymbol{n})\mathrm{d}A=0 \tag{3.5.10}$$

对不可压缩流动：

$$\iint_A(\boldsymbol{v}\cdot\boldsymbol{n})\mathrm{d}A=0 \tag{3.5.11}$$

3.5.2　微分形式连续性方程

在直角坐标系 $O\text{-}xyz$ 下，某一瞬时在流场中取一个微平行六面体作为研究对象，分析该微元体内流体质量的变化规律。

微平行六面体的顶点为 A，边长分别为 $\mathrm{d}x$、$\mathrm{d}y$、$\mathrm{d}z$，密度为 ρ。顶点 A 的坐标为 (x_A,y_A,z_A)，速度为 $\boldsymbol{v}(v_x,v_y,v_z)$，如图 3.5.3 所示。

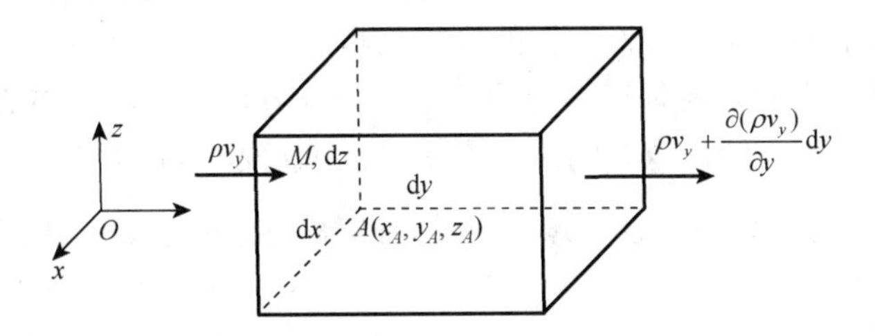

图 3.5.3　微平行六面体质量变化规律

该微元体虽然体积不变，但是微元体内的质量会因流体密度 ρ 的变化而变化。当从控制面流入的流体质量大于流出的流体质量时，微元体质量增加，即密度增大；反之也成立。并且微元体内增加的质量等于流入质量减去流出质量，据此建立等式，推导出微分形式的连续性方程。

假设六面体的其中三个面：$x = x_A$，$y = y_A$，$z = z_A$为质量流入面，另外三个面：$x = x_A + \mathrm{d}x$，$y = y_A + \mathrm{d}y$，$z = z_A + \mathrm{d}z$为质量流出面。

在时间段$\mathrm{d}t$内，从$y = y_A$面流入的质量为$\rho v_y \mathrm{d}x\mathrm{d}z\mathrm{d}t$；从$y = y_A + \mathrm{d}y$面流出的质量采用泰勒级数展开表示为$\left(\rho v_y + \dfrac{\partial(\rho v_y)}{\partial y}\mathrm{d}y\right)\mathrm{d}x\mathrm{d}z\mathrm{d}t$，则这两个面流入与流出引起的质量净增加量为

$$\rho v_y \mathrm{d}x\mathrm{d}z\mathrm{d}t - \left(\rho v_y + \frac{\partial(\rho v_y)}{\partial y}\mathrm{d}y\right)\mathrm{d}x\mathrm{d}z\mathrm{d}t = -\frac{\partial(\rho v_y)}{\partial y}\mathrm{d}x\mathrm{d}y\mathrm{d}z\mathrm{d}t$$

同理可得，在时间段$\mathrm{d}t$内x方向和y方向的质量净增加量分别为$-\dfrac{\partial(\rho v_x)}{\partial x}\mathrm{d}x\mathrm{d}y\mathrm{d}z\mathrm{d}t$和$-\dfrac{\partial(\rho v_z)}{\partial z}\mathrm{d}x\mathrm{d}y\mathrm{d}z\mathrm{d}t$，那么流入与流出导致微六面体内质量的总净增加量为

$$-\left(\frac{\partial(\rho v_x)}{\partial x} + \frac{\partial(\rho v_y)}{\partial y} + \frac{\partial(\rho v_z)}{\partial z}\right)\mathrm{d}x\mathrm{d}y\mathrm{d}z\mathrm{d}t$$

另一方面，微元体内质量增加表现为密度ρ增大为$\rho + \dfrac{\partial \rho}{\partial t}\mathrm{d}t$，微六面体内质量增加量为

$$\left(\rho + \frac{\partial \rho}{\partial t}\mathrm{d}t\right)\mathrm{d}x\mathrm{d}y\mathrm{d}z - \rho \mathrm{d}x\mathrm{d}y\mathrm{d}z\mathrm{d}t = \frac{\partial \rho}{\partial t}\mathrm{d}x\mathrm{d}y\mathrm{d}z\mathrm{d}t$$

则列出等式：

$$\frac{\partial \rho}{\partial t}\mathrm{d}x\mathrm{d}y\mathrm{d}z\mathrm{d}t = -\left(\frac{\partial(\rho v_x)}{\partial x} + \frac{\partial(\rho v_y)}{\partial y} + \frac{\partial(\rho v_z)}{\partial z}\right)\mathrm{d}x\mathrm{d}y\mathrm{d}z\mathrm{d}t \tag{3.5.12}$$

整理为

$$\frac{\partial \rho}{\partial t} + \frac{\partial(\rho v_x)}{\partial x} + \frac{\partial(\rho v_y)}{\partial y} + \frac{\partial(\rho v_z)}{\partial z} = 0 \tag{3.5.13}$$

这就是三维空间流动微分形式的连续性方程，给出了流场空间点上速度与密度之间的微分关系。可知，流体的速度不是任意的，必须满足连续性方程。

无论对可压缩或不可压缩的流体、黏性或无黏性的流体流动，还是定常或非定常的流动，连续性方程（3.5.13）均可适用，除要求必须是同种流体外，适用范围没有限制。对于多个密度流体的流动，均属于多相流连续性方程的研究范畴。

微分形式的连续性方程是流体运动遵守的基本微分方程之一，它与流体动力学中流体运动基本微分方程联立求解，解决众多的流体流动问题和流体与固体相互作用力问题。

利用散度公式：$\nabla \cdot (\rho \boldsymbol{v}) = \boldsymbol{v} \cdot \nabla \rho + \rho \nabla \cdot \boldsymbol{v}$，结合随体导数表达式（3.2.22）$\dfrac{\mathrm{D}}{\mathrm{D}t} = \dfrac{\partial}{\partial t} + (\boldsymbol{v} \cdot \nabla)$，式（3.5.13）可改写为

$$\frac{\mathrm{D}\rho}{\mathrm{D}t} + \rho \nabla \cdot \boldsymbol{v} = 0 \tag{3.5.14}$$

或

$$\nabla \cdot \boldsymbol{v} = -\frac{1}{\rho}\frac{\mathrm{D}\rho}{\mathrm{D}t} \tag{3.5.15}$$

此式左边是速度的散度，代表一点邻域内流体体积的相对膨胀率，所以式（3.5.15）表示流场

中任一点邻域内流体体积的相对膨胀率等于流体密度的相对减少率。

对定常流动，简化的微分形式的连续性方程为

$$\frac{\partial(\rho v_x)}{\partial x}+\frac{\partial(\rho v_y)}{\partial y}+\frac{\partial(\rho v_z)}{\partial z}=0 \tag{3.5.16}$$

对不可压缩流动，简化的微分形式的连续性方程为

$$\frac{\partial v_x}{\partial x}+\frac{\partial v_y}{\partial y}+\frac{\partial v_z}{\partial z}=0 \tag{3.5.17}$$

$$\mathrm{div}\boldsymbol{v}=0 \tag{3.5.18}$$

不可压缩流动的微分形式连续性方程的意义在于直接给出了三个速度分量之间的约束关系。

式（3.5.13）为直角坐标系下的微分形式的连续性方程。在柱坐标系(r,θ,z)下，微分形式的连续性方程为

$$\frac{\partial\rho}{\partial t}+\frac{\partial(\rho v_r r)}{\partial r}+\frac{1}{r}\frac{\partial(\rho v_\theta)}{\partial\theta}+\frac{\partial(\rho v_z)}{\partial z}=0 \tag{3.5.19}$$

$$\frac{\partial\rho}{\partial t}+\frac{\partial(\rho v_r)}{\partial r}+\frac{1}{r}\frac{\partial(\rho v_\theta)}{\partial\theta}+\frac{\partial(\rho v_z)}{\partial z}+\frac{\rho v_r}{r}=0 \tag{3.5.20}$$

在球坐标系(r,θ,φ)下，微分形式的连续性方程为

$$\frac{\partial\rho}{\partial t}+\frac{\partial(\rho v_r)}{\partial r}+\frac{1}{r}\frac{\partial(\rho v_\theta)}{\partial\theta}+\frac{1}{r\sin\theta}\frac{\partial(\rho v_\varphi)}{\partial\varphi}=0 \tag{3.5.21}$$

3.6 例题选讲

例 3.6.1　已知拉格朗日变量(a,b)表达的流体质点速度为$\begin{cases}v_x=(a+1)\mathrm{e}^t-1,\\ v_y=(b+1)\mathrm{e}^t-1。\end{cases}$当$t=0$时，$x=a$，$y=b$。求欧拉变量$(x,y)$表示的速度场。

解　首先，由流体质点的速度表达式得到流体质点的位移表达式。两者之间存在关系式（3.2.7），即

$$\begin{cases}v_x=\dfrac{\mathrm{d}x}{\mathrm{d}t}=(a+1)\mathrm{e}^t-1\\ v_y=\dfrac{\mathrm{d}y}{\mathrm{d}t}=(b+1)\mathrm{e}^t-1\end{cases}$$

积分，得到流体质点位移方程的通解为

$$\begin{cases}x=(a+1)\mathrm{e}^t-t+C_1\\ y=(b+1)\mathrm{e}^t-t+C_2\end{cases}$$

把$t=0$，$x=a$，$y=b$代入，即得

$$C_1=C_2=-1$$

代入积分常数，即得流体质点的位移参数方程为

$$\begin{cases}x=(a+1)\mathrm{e}^t-t-1\\ y=(b+1)\mathrm{e}^t-t-1\end{cases}$$

从位移方程解出拉格朗日变量 (a,b) 的表达式为

$$\begin{cases} a = (x+t+1)\mathrm{e}^{-t} - 1 \\ b = (y+t+1)\mathrm{e}^{-t} - 1 \end{cases}$$

再将以上拉格朗日变量 (a,b) 的表达式代入已知的流体质点速度表达式，得到

$$\begin{cases} v_x = (a+1)\mathrm{e}^{t} - 1 = x+t \\ v_y = (b+1)\mathrm{e}^{t} - 1 = y+t \end{cases}$$

即在欧拉法下的速度场为

$$\begin{cases} v_x = x+t \\ v_y = y+t \end{cases}$$

实现了拉格朗日法向欧拉法的转换。

例 3.6.2　已知在欧拉法下，速度分布为 $\begin{cases} v_x = x+t, \\ v_y = y+t。\end{cases}$ 求流体质点的位移和速度的拉格朗日变量表达式。

解　由欧拉速度分布得到流体质点的位移表达式。两者之间存在关系式（3.2.7），即

$$\begin{cases} v_x = \dfrac{\mathrm{d}x}{\mathrm{d}t} = x+t \\ v_y = \dfrac{\mathrm{d}y}{\mathrm{d}t} = y+t \end{cases}$$

则流体质点位移的微分方程为

$$\begin{cases} \dfrac{\mathrm{d}x}{\mathrm{d}t} = x+t \\ \dfrac{\mathrm{d}y}{\mathrm{d}t} = y+t \end{cases}$$

此非齐次常系数线性微分方程组的通解为

$$\begin{cases} x = C_1\mathrm{e}^{t} - t - 1 \\ y = C_2\mathrm{e}^{t} - t - 1 \end{cases}$$

将已知流体质点初始位置：$t=0$，$x=a$，$y=b$ 代入以上通解，解出

$$\begin{cases} C_1 = a+1 \\ C_2 = b+1 \end{cases}$$

所以，拉格朗日变量表达流体质点位移方程为

$$\begin{cases} x = (a+1)\mathrm{e}^{t} - t - 1 \\ y = (b+1)\mathrm{e}^{t} - t - 1 \end{cases}$$

将此流体质点位移方程代入已知的欧拉速度分布，得到拉格朗日变量表达流体质点速度表达式为

$$\begin{cases} v_x = (a+1)\mathrm{e}^{t} - 1 \\ v_y = (b+1)\mathrm{e}^{t} - 1 \end{cases}$$

实现了欧拉法向拉格朗日法的转换。

例 3.6.3　已知流场的速度分布为$\begin{cases} v_x = x + t, \\ v_y = -y + t。\end{cases}$试求：

（1）$t = 0$时刻，位于$(-1, -1)$流体质点的迹线；

（2）$t = 0$时刻，位于$(1, 2)$流体质点的迹线；

（3）$t = 0$时刻，过空间点$(-1, -1)$的流线；

（4）$t = 1$时刻，过点$(1, 2)$流体质点的加速度。

解　（1）迹线的微分方程为

$$\frac{\mathrm{d}x}{v_x} = \frac{\mathrm{d}y}{v_y} = \mathrm{d}t$$

将流场速度代入，得到迹线的微分方程组：

$$\begin{cases} \dfrac{\mathrm{d}x}{\mathrm{d}t} = x + t \\ \dfrac{\mathrm{d}y}{\mathrm{d}t} = -y + t \end{cases}$$

此非齐次常系数线性微分方程组的通解为

$$\begin{cases} x = C_1 \mathrm{e}^t - t - 1 \\ y = C_2 \mathrm{e}^{-t} + t - 1 \end{cases}$$

将已知条件：$t = 0$，$x = -1$，$y = -1$代入以上通解，解出

$$\begin{cases} C_1 = 0 \\ C_2 = 0 \end{cases}$$

所以，待求的迹线方程为

$$\begin{cases} x = -t - 1 \\ y = t - 1 \end{cases}$$

消去t，得质点的迹线方程为

$$x + y = -2$$

是一条过空间点$(-1, -1)$的直线，如图 3.6.1 所示。

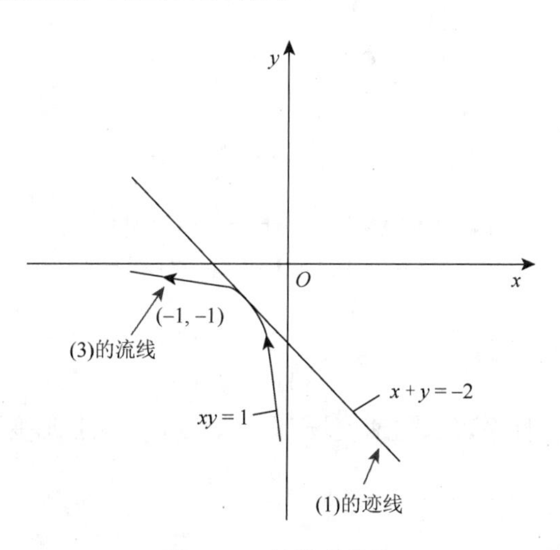

图 3.6.1　迹线和流线

（2）将已知条件：$t=0$，$x=1$，$y=2$ 代入以上迹线方程通解，解出

$$\begin{cases} C_1 = 2 \\ C_2 = 3 \end{cases}$$

所以，待求的迹线方程为$\begin{cases} x = 2e^t - t - 1, \\ y = 3e^{-t} + t - 1。\end{cases}$

（3）流线的微分方程为$\dfrac{dx}{v_x} = \dfrac{dy}{v_y}$。将流场速度代入，得到流线的微分方程组

$$\frac{dx}{x+t} = \frac{dy}{-y+t}$$

其中 t 不是变量。上式为分离变量的微分方程，等号两边分别积分，得

$$\ln(x+t) = -\ln(-y+t) + C$$

式中：C 为积分常数。

整理后得

$$(x+t)(-y+t) = C$$

式中：C 仍为常数。

将已知条件：$t=0$，$x=-1$，$y=-1$ 代入以上等式，解出

$$C = -1$$

所以，待求的流线方程为

$$xy = 1$$

是一条过空间点$(-1, -1)$的双曲线分支，如图 3.6.1 所示。

（4）在欧拉法下，流体质点加速度的表达式为

$$\begin{cases} a_x = \dfrac{\partial v_x}{\partial t} + v_x \dfrac{\partial v_x}{\partial x} + v_y \dfrac{\partial v_x}{\partial y} \\ a_y = \dfrac{\partial v_y}{\partial t} + v_x \dfrac{\partial v_y}{\partial x} + v_y \dfrac{\partial v_y}{\partial y} \end{cases}$$

将速度分布代入，求导。将 $t=1$，$x=1$，$y=2$ 代入，得

$$\begin{cases} a_x = 1 + (x+t) \times 1 + (-y+t) \times 0 = 3 \\ a_y = 1 + (x+t) \times 0 + (-y+t) \times 1 = 4 \end{cases}$$

所以，流体质点的加速度为$(3, 4)$。

例 3.6.4　给定直角坐标系表示的速度场$\begin{cases} v_x = x^2 y + y^2, \\ v_y = x^2 - xy^2, \\ v_z = 0。\end{cases}$求各形变速度张量的分量，并判断流动是否为不可压缩。

解　形变速度张量的分量分别为以下几种。

线形变率为 $\begin{cases}\varepsilon_x = \dfrac{\partial v_x}{\partial x} = 2xy,\\ \varepsilon_y = \dfrac{\partial v_y}{\partial y} = -2xy,\\ \varepsilon_z = \dfrac{\partial v_z}{\partial z} = 0。\end{cases}$ 角形变率为 $\begin{cases}\gamma_x = \dfrac{1}{2}\left(\dfrac{\partial v_z}{\partial y} + \dfrac{\partial v_y}{\partial z}\right) = \dfrac{x^2 - y^2}{2} + x + y,\\ \gamma_y = \dfrac{1}{2}\left(\dfrac{\partial v_x}{\partial z} + \dfrac{\partial v_z}{\partial x}\right) = 0,\\ \gamma_z = \dfrac{1}{2}\left(\dfrac{\partial v_y}{\partial x} + \dfrac{\partial v_x}{\partial y}\right) = 0。\end{cases}$

ε 为体积膨胀率 $\varepsilon = \varepsilon_x + \varepsilon_y + \varepsilon_z = 2xy - 2xy = 0$，所以流动不可压缩。

例 3.6.5　求以下两个速度场的流体质点的迹线和流场旋转角速度。

（1）$\begin{cases}v_x = -y,\\ v_y = x\end{cases}$；（2）$\begin{cases}v_x = \dfrac{-y}{x^2 + y^2},\\ v_y = \dfrac{x}{x^2 + y^2}。\end{cases}$

解　两个速度场均是平面定常流动，流线与迹线重合，且是平面内的曲线。应用流线方程求迹线。

流线微分方程为 $\dfrac{\mathrm{d}x}{v_x} = \dfrac{\mathrm{d}y}{v_y}$，将两个速度场的速度表达式代入，得到相同的微分方程：

$$\frac{\mathrm{d}x}{-y} = \frac{\mathrm{d}y}{x}$$

即 $x\mathrm{d}x = -y\mathrm{d}y$ 积分，整理为

$$x^2 + y^2 = C$$

式中：C 为积分常数。不同的 C，得到不同的流线和迹线。此式是圆周线的方程，说明流体质点的迹线是圆周线，圆心在坐标原点。两个流场的流体质点均做圆周运动。

（1）旋转角速度为

$$\begin{cases}\omega_x = \dfrac{1}{2}\left(\dfrac{\partial v_z}{\partial y} - \dfrac{\partial v_y}{\partial z}\right) = 0\\ \omega_y = \dfrac{1}{2}\left(\dfrac{\partial v_x}{\partial z} - \dfrac{\partial v_z}{\partial x}\right) = 0\\ \omega_z = \dfrac{1}{2}\left(\dfrac{\partial v_y}{\partial x} - \dfrac{\partial v_x}{\partial y}\right) = \dfrac{1}{2}(1+1) = 1\end{cases}$$

旋转角度速度为 $\boldsymbol{\omega} = (0,0,1) \neq 0$。

（2）旋转角速度为

$$\begin{cases} \omega_x = \dfrac{1}{2}\left(\dfrac{\partial v_z}{\partial y} - \dfrac{\partial v_y}{\partial z}\right) = 0 \\ \omega_y = \dfrac{1}{2}\left(\dfrac{\partial v_x}{\partial z} - \dfrac{\partial v_z}{\partial x}\right) = 0 \\ \omega_z = \dfrac{1}{2}\left(\dfrac{\partial v_y}{\partial x} - \dfrac{\partial v_x}{\partial y}\right) = \dfrac{1}{2}\left[\dfrac{1\times(x^2+y^2) - x\times 2x}{(x^2+y^2)^2} - \dfrac{1\times(x^2+y^2) - y\times 2y}{(x^2+y^2)^2}\right] = 0 \end{cases}$$

流动的旋转角度速度为$\boldsymbol{\omega} = (0,0,0) = 0$。

结果表明，两个速度场的流体质点均做圆周运动，并且（1）的流体旋转角速度不为 0，说明流体微团除了圆周运动还有旋转运动（或自转），如图 3.6.2（a）所示，流体微团黑色标记随着微团转动；而（2）的流体旋转角速度为 0，说明流体微团仅做圆周运动没有旋转运动。如图 3.6.2（b）所示，流体微团黑色标记没有转动。

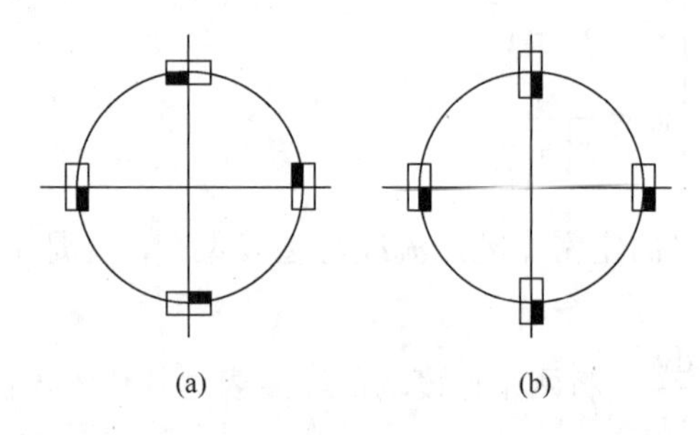

图 3.6.2 流体微团的旋转运动与圆周运动

例 3.6.6 有一油压管路腔室，腔室直径为D，腔室壁面的进油管和出油管的开口处的尺度轮廓在图 3.6.3 中标出的尺度也为D。进油管与腔室轴线垂直，出油管与腔室轴线的夹角为θ，进油速度为v，若要使出油速度等于kv（k为常数），腔室内活塞的移动速度u应为多大？

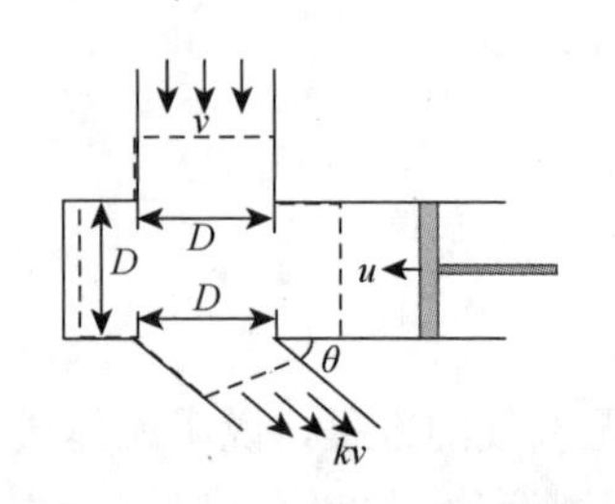

图 3.6.3 油压管路腔室示意图

解 不可压缩流动，有多个出入口，列连续性方程

$$\sum(vA)_{\text{in}} = \sum(vA)_{\text{out}}$$

假设活塞的移动速度u为流入，则

$$\frac{\pi D^2}{4}(v+u) = \frac{\pi(D\sin\theta)^2}{4}kv$$

解出活塞的移动速度u为

$$u = v(k\sin^2\theta - 1)$$

可见，当$k\sin^2\theta \geqslant 1$时，活塞向左移动，则为流入；当$k\sin^2\theta < 1$时，活塞向右移动，则为流出。

例 3.6.7 已知一不可压缩平面流动在x方向的速度分量为$v_x = \dfrac{-y}{x^2+y^2}$，并且坐标原点的速度为 0。求：（1）流动的$y$方向的速度分量$v_y$；（2）流体的旋转角速度；（3）流体的角形变率。

解 (1)流动为不可压缩平面流动，满足微分形式的连续性方程

$$\frac{\partial v_x}{\partial x}+\frac{\partial v_y}{\partial y}=0$$

可得关于 v_y 的微分方程

$$\frac{\partial v_y}{\partial y}=-\frac{\partial v_x}{\partial x}=\frac{-2xy}{(x^2+y^2)^2}$$

对 y 积分，得

$$v_y=\int\frac{-2xy}{(x^2+y^2)^2}\mathrm{d}y+f(x)=\frac{x}{x^2+y^2}+f(x)$$

其中 $f(x)$ 可能是常数，也可能是自变量 x 的函数，由已知条件坐标原点的速度为0确定。

坐标原点 $x=0$， $y=0$，其速度 $v_x=0$， $v_y=0$ 是速度场的一个奇点。

由 $\frac{0}{x^2+y^2}+f(x)=0$ 可知， $f(x)=0$ 。所以，流动的 y 方向的速度分量为

$$v_y=\frac{x}{x^2+y^2}$$

流场速度为

$$\begin{cases}v_x=\dfrac{-y}{x^2+y^2}\\[2ex] v_y=\dfrac{x}{x^2+y^2}\end{cases}$$

(2)旋转角度计算式为

$$\begin{cases}\omega_x=\dfrac{1}{2}\left(\dfrac{\partial v_z}{\partial y}-\dfrac{\partial v_y}{\partial z}\right)\\[2ex] \omega_y=\dfrac{1}{2}\left(\dfrac{\partial v_x}{\partial z}-\dfrac{\partial v_z}{\partial x}\right)\\[2ex] \omega_z=\dfrac{1}{2}\left(\dfrac{\partial v_y}{\partial x}-\dfrac{\partial v_x}{\partial y}\right)\end{cases}$$

将速度分布代入，求导得出

$$\omega_x=0,\quad \omega_y=0$$

$$\omega_z=\frac{1}{2}\left(\frac{1\times(x^2+y^2)-x\times2x}{(x^2+y^2)^2}-\frac{1\times(x^2+y^2)-y\times2y}{(x^2+y^2)^2}\right)=0$$

所以，流体微团的旋转角速度为 $\boldsymbol{\omega}=0$ 。

（3）流体微团的剪切角形变率计算式为

$$\begin{cases}\gamma_x=\dfrac{1}{2}\left(\dfrac{\partial v_z}{\partial y}+\dfrac{\partial v_y}{\partial z}\right)\\ \gamma_y=\dfrac{1}{2}\left(\dfrac{\partial v_x}{\partial z}+\dfrac{\partial v_z}{\partial x}\right)\\ \gamma_z=\dfrac{1}{2}\left(\dfrac{\partial v_y}{\partial x}+\dfrac{\partial v_x}{\partial y}\right)\end{cases}$$

将速度分布代入，求导得出

$$\gamma_x=0,\qquad \gamma_y=0$$

$$\gamma_z=\frac{1}{2}\left(\frac{1\times\left(x^2+y^2\right)-x\times 2x}{\left(x^2+y^2\right)^2}+\frac{1\times\left(x^2+y^2\right)-y\times 2y}{\left(x^2+y^2\right)^2}\right)=-\frac{x^2-y^2}{\left(x^2+y^2\right)^2}$$

所以，流体微团的剪切角变形率为

$$\begin{cases}\gamma_x=0\\ \gamma_y=0\\ \gamma_z=-\dfrac{x^2-y^2}{(x^2+y^2)^2}\end{cases}$$

测 试 题 3

1. 欧拉法（　）描述流体运动。

A. 跟踪流体质点　　B. 在固定空间点

2. 在欧拉法下，流体质点加速度通过流场速度分布的（　）计算。

A. 随体导数　　B. 迁移导数

3. 迁移加速度是由流体质点在移动过程中，（　）不同而速度不同，而产生的加速度。

A. 时间　　B. 位置

4. 流线上，流场速度与该流线（　）。

A. 相切　　B. 垂直

5. 除特别的一些奇点外（速度为 0 处），流线是（　）相交的。

A. 会　　B. 不会

6. 定常流动，流线与迹线（　）。

A. 重合　　B. 不重合

7. 流体做旋转运动时，流体微团绕（　）的轴（或点）转动。

A. 自身　　B. 参考坐标系

8. 定常流动是指所有空间点上的流动参数都不随（　）而变的流动。

A. 空间　　B. 时间

9. 流管表面的流速与表面（　）。

A. 相切　　B. 垂直

10. 一维管流有效截面的平均速度沿管径（　）。

A. 可变化　　B. 不变化

11. 一维管流有效截面的平均速度沿管长（　）。

A. 可变化　　B. 不变化

12. 一维不可压缩管流，面积大的有效截面平均速度比面积小的平均速度（　）。

A. 大　　B. 小

13. 非定常流动通过坐标系转换（　）转化为定常流动。

A. 可以　　B. 不可以

14. 理想流体在固壁表面（　）。

A. 可滑移　　B. 不可滑移

15. 理想流体在静止固壁表面的运动学边界条件为（　）等于 0。

A. 壁面法法向速度　　B. 壁面切向速度

习　题　3

1. 已知流场的速度分布为$\begin{cases} v_x = x + t, \\ v_y = -y + t。\end{cases}$求：（1）在 $t = 1$ 时刻，过空间点(0, 0)的流线；（2）在 $t = 0$ 时刻，位于空间点(0, 0)的流体质点的迹线。

2. 给出速度场 $\boldsymbol{v} = (6 + x^2 y + t^2)\boldsymbol{i} - (xy^2 + 10t)\boldsymbol{j} + 25\boldsymbol{k}$，求：在 $t = 1$ 时刻，位于空间点(3, 0, 2)的流体质点的加速度。

3. 已知圆管有效截面上的速度分布为 $v = v_{\max}\left[1 - \left(\dfrac{r}{R}\right)^2\right]$，$v_{\max}$ 为管轴处的最大速度，R 为圆管半径，r 为以管轴为圆心的圆周线的半径，$r \leqslant R$。试求截面的平均速度 $\bar{v}$。

4. 如题图 3.1 所示的管路，管路 AB 在 B 点分出 BC 和 BD 两支。已知管径 $d_A = 45\ \text{cm}$，$d_B = 30\ \text{cm}$，$d_C = 20\ \text{cm}$，$d_D = 15\ \text{cm}$，管速 $v_A = 2\ \text{m/s}$，$v_C = 4\ \text{m/s}$，求 v_B，v_D。

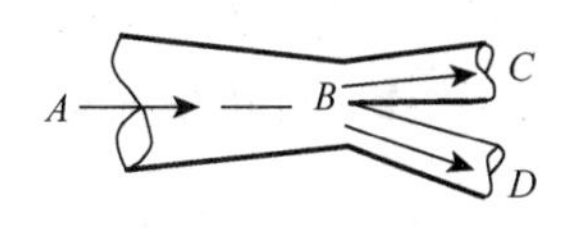

题图 3.1　题 4 附图

5. 验证下面速度表达式中，哪些满足或不满足不可压缩流动的连续性方程？

（1）$\begin{cases} v_x = -ky, \\ v_y = kx; \end{cases}$（2）$\begin{cases} v_x = \dfrac{-ky}{x^2 + y^2}, \\ v_y = \dfrac{kx}{x^2 + y^2}; \end{cases}$（3）$\begin{cases} v_r = \dfrac{k}{r}, \\ v_\theta = 0; \end{cases}$（4）$\begin{cases} v_r = 0, \\ v_\theta = \dfrac{k}{r}。\end{cases}$

其中，k 是不为零的常数。

6. 三维不可压缩流场中，已知速度分量 $v_x = x^2 + z^2 + 5$ 和 $v_y = y^2 + z^2 - 5$，且已知 $z = 0$ 处 $v_z = 0$，试求速度分量 v_z 的表达式，并检验流动是否无旋。

拓 展 题 3

1. 统计节假日车站的客流量与哪种描述流体流动的方法一致？举出更多的类似的实例。

2. 积分形式的连续性方程在日常生活中的指导作用。

第4章　流体动力学

流体流动遵循物理学的基本定律，本章根据动量方程（动量守恒方程）和牛顿第二运动定律（微分形式的动量方程）导出流体动力学的基本方程，它们是研究流体流动问题的基本出发点。

微分形式的动量方程（运动微分方程）包括理想流体的欧拉运动微分方程和黏性流体的N-S方程，本章将推导欧拉方程的积分解拉格朗日积分方程式和伯努利积分方程式。

流体的流动与固体的运动一样是由外力推动。应用流体动力学的基本方程，在已知流场初始条件和边界条件的前提下，可解决流体的流动问题和流体与固体相互作用力的问题。

4.1　理想流体的运动微分方程

流体的流动遵循物理学中的牛顿第二运动定律：

$$\boldsymbol{F} = m\boldsymbol{a} \tag{4.1.1}$$

牛顿第二运动定律的表达式与动量定理的微分形式一致，所以也将流体的运动微分方程称为微分形式的动量方程。它是拉格朗日方法描述的质点系的运动规律。

本节采用微元体法，根据牛顿第二运动定律分析微元体的运动规律，导出欧拉法下理想流体的运动微分方程。

4.1.1　理想流体的运动微分方程推导

建立直角坐标系$O\text{-}xyz$，某一瞬时在流场中取一个微平行六面体作为研究对象。

微平行六面体的顶点为A，边长分别为$\mathrm{d}x$、$\mathrm{d}y$、$\mathrm{d}z$，如图4.1.1所示。顶点A的坐标为$A(x_A, y_A, z_A)$，速度为$\boldsymbol{v}(v_x, v_y, v_z)$，压强为$p$，流体密度为$\rho$。

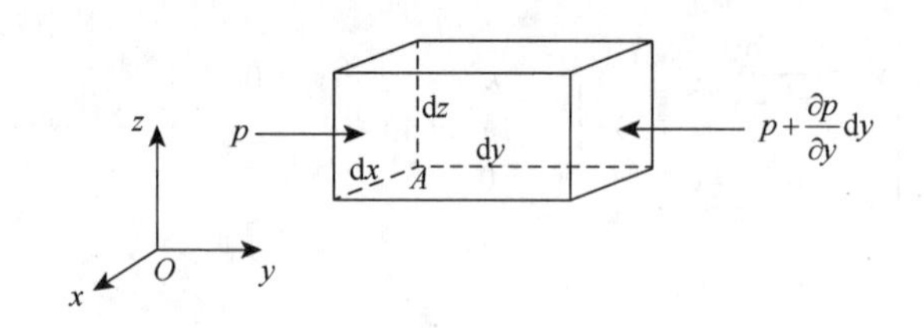

图4.1.1　理想流体微平行六面体

1. 微元体受力分析

作用在六面体上的外力有体积力和表面力。单位质量的体积力往往是已知的，如单位质量的重力。所以可以假设微元体单位质量的体积力为$\boldsymbol{f}(f_x, f_y, f_z)$，方向含在符号中。

理想流体的表面力只有沿表面法线指向微元体的压强。微元体有六个面，其中与顶点A相邻的三个面：$x=x_A$，$y=y_A$，$z=z_A$上，压强大小与 A 点压强相等时为 p，方向分别与 x 轴、y 轴、z 轴的正向相同。

另外三个面：$x=x_A+\mathrm{d}x$，$y=y_A+\mathrm{d}y$，$z=z_A+\mathrm{d}z$ 上，压强的大小采用泰勒级数展开分别为 $p+\dfrac{\partial p}{\partial x}\mathrm{d}x$、$p+\dfrac{\partial p}{\partial y}\mathrm{d}y$、$p+\dfrac{\partial p}{\partial z}\mathrm{d}z$，方向分别与 x 轴、y 轴、z 轴的正向相反。

2. 建立微元体运动方程

将运动方程式（4.1.1）应用于微平行六面体建立运动方程。

y 方向为例建立如下运动方程：

$$\rho\mathrm{d}x\mathrm{d}y\mathrm{d}z\cdot a_y=\rho\mathrm{d}x\mathrm{d}y\mathrm{d}z\cdot f_y+p\mathrm{d}x\mathrm{d}z-\left(p+\frac{\partial p}{\partial y}\mathrm{d}y\right)\mathrm{d}x\mathrm{d}z$$

整理为

$$a_y=f_y-\frac{1}{\rho}\frac{\partial p}{\partial y}$$

同理可得 x 方向和 z 方向运动方程，并可写为

$$\begin{cases}a_x=f_x-\dfrac{1}{\rho}\dfrac{\partial p}{\partial x}\\ a_y=f_y-\dfrac{1}{\rho}\dfrac{\partial p}{\partial y}\\ a_z=f_z-\dfrac{1}{\rho}\dfrac{\partial p}{\partial z}\end{cases}\tag{4.1.2}$$

式中：a_x、a_y、a_z 为欧拉法下流体质点（或流体微团）的加速度。

3. 理想流体的运动微分方程求解

将欧拉方程下流体质点加速度式（3.2.16）代入式（4.1.2），得

$$\begin{cases}\dfrac{\partial v_x}{\partial t}+v_x\dfrac{\partial v_x}{\partial x}+v_y\dfrac{\partial v_x}{\partial y}+v_z\dfrac{\partial v_x}{\partial z}=f_x-\dfrac{1}{\rho}\dfrac{\partial p}{\partial x}\\ \dfrac{\partial v_y}{\partial t}+v_x\dfrac{\partial v_y}{\partial x}+v_y\dfrac{\partial v_y}{\partial y}+v_z\dfrac{\partial v_y}{\partial z}=f_y-\dfrac{1}{\rho}\dfrac{\partial p}{\partial y}\\ \dfrac{\partial v_z}{\partial t}+v_x\dfrac{\partial v_z}{\partial x}+v_y\dfrac{\partial v_z}{\partial y}+v_z\dfrac{\partial v_z}{\partial z}=f_z-\dfrac{1}{\rho}\dfrac{\partial p}{\partial z}\end{cases}\tag{4.1.3}$$

此式即为理想流体的运动微分方程，也称欧拉运动微分方程。此式对可压缩流体和不可压缩流体及定常流和非定常流的理想流体均适用。

式（4.1.3）的矢量形式为

$$\frac{\partial \boldsymbol{v}}{\partial t}+(\boldsymbol{v}\cdot\nabla)\boldsymbol{v}=\boldsymbol{f}-\frac{1}{\rho}\nabla p\tag{4.1.4}$$

或

$$\frac{\mathrm{D}\boldsymbol{v}}{\mathrm{D}t}=\boldsymbol{f}-\frac{1}{\rho}\mathrm{grad}p\tag{4.1.5}$$

式（4.1.4）和式（4.1.5）中：∇p和grad$p$ 表示压强梯度。

如果流体静止，则加速度$\dfrac{D\boldsymbol{v}}{Dt}=0$，式（4.1.5）转化为$\boldsymbol{f}=\dfrac{1}{\rho}\nabla p$，写成分量形式为

$$\begin{cases}\dfrac{\partial p}{\partial x}=\rho f_x\\ \dfrac{\partial p}{\partial y}=\rho f_y\\ \dfrac{\partial p}{\partial z}=\rho f_z\end{cases}$$

即为式（2.2.3），是静止流体的欧拉平衡方程式。

4.1.2　方程组的封闭性

在理想流体的运动微分方程式（4.1.3）中，速度的 3 个分量v_x、v_y、v_z和压强p共 4 个流动参数是未知的，那么式（4.1.3）中 3 个运动方程求 4 个未知数，方程组不封闭，需要添加其他方程联立求解。

流动的流体必须还满足连续性方程。添加微分形式的连续性方程式（3.5.13）：

$$\frac{\partial \rho}{\partial t}+\frac{\partial(\rho v_x)}{\partial x}+\frac{\partial(\rho v_y)}{\partial y}+\frac{\partial(\rho v_z)}{\partial z}=0$$

虽然增加一个方程，但是连续性方程引进新的未知数密度ρ，还需要补充关于密度的状态方程。故分以下两种情况讨论。

（1）不可压缩流体。密度是常数，$\rho=C$。这时，理想流体满足的基本运动方程组为

微分形式的连续性方程：

$$\frac{\partial v_x}{\partial x}+\frac{\partial v_y}{\partial y}+\frac{\partial v_z}{\partial z}=0$$

欧拉运动微分方程：

$$\begin{cases}\dfrac{\partial v_x}{\partial t}+v_x\dfrac{\partial v_x}{\partial x}+v_y\dfrac{\partial v_x}{\partial y}+v_z\dfrac{\partial v_x}{\partial z}=f_x-\dfrac{1}{\rho}\dfrac{\partial p}{\partial x}\\ \dfrac{\partial v_y}{\partial t}+v_x\dfrac{\partial v_y}{\partial x}+v_y\dfrac{\partial v_y}{\partial y}+v_z\dfrac{\partial v_y}{\partial z}=f_y-\dfrac{1}{\rho}\dfrac{\partial p}{\partial y}\\ \dfrac{\partial v_z}{\partial t}+v_x\dfrac{\partial v_z}{\partial x}+v_y\dfrac{\partial v_z}{\partial y}+v_z\dfrac{\partial v_z}{\partial z}=f_z-\dfrac{1}{\rho}\dfrac{\partial p}{\partial z}\end{cases}$$

以上 4 个方程求解 4 个未知数，方程组是封闭的，理论上可以求解。

（2）可压缩流体。密度是未知数，那么除微分形式的连续性方程、欧拉运动微分方程之外，还需要添加更多的方程。

如果是正压流体，需添加热力学状态方程$\rho=\rho(p)$，如热力学中的等温过程$p/\rho=C$、绝热过程$p/\rho^k=C$，方程组就是封闭的。

如果不是正压流体，热力学状态方程为$\rho=\rho(p,T)$的形式，还需要增加微分形式的热力学能量方程，使方程组封闭。

当微分形式的运动方程与连续性方程等联立之后，方程组封闭，理论上可以有唯一解。在实际求解中，需要给定初始条件和边界条件。

但是由于运动方程中迁移加速度项［或迁移惯性力项，$(\boldsymbol{v}\cdot\nabla)\boldsymbol{v}$］是非线性的，一般问题难以求解，仅对少数的简单问题有解析解。

只有在某些特殊情况下，如无旋流动或定常流动，可以将运动微分方程直接积分，得到一些简单的关系式。如拉格朗日方程和伯努利方程是欧拉运动微分方程在特定条件下的积分解。

4.1.3　柱坐标系和球坐标系下的欧拉运动微分方程

柱坐标系 (r,θ,z) 下的欧拉运动微分方程：

$$\begin{cases}\dfrac{\partial v_r}{\partial t}+v_r\dfrac{\partial v_r}{\partial r}+\dfrac{v_\theta}{r}\dfrac{\partial v_r}{\partial \theta}+v_z\dfrac{\partial v_r}{\partial z}-\dfrac{v_\theta^2}{r}=f_r-\dfrac{1}{\rho}\dfrac{\partial p}{\partial r}\\ \dfrac{\partial v_\theta}{\partial t}+v_r\dfrac{\partial v_\theta}{\partial r}+\dfrac{v_\theta}{r}\dfrac{\partial v_\theta}{\partial \theta}+v_z\dfrac{\partial v_\theta}{\partial z}+\dfrac{v_r v_\theta}{r}=f_\theta-\dfrac{1}{\rho}\dfrac{\partial p}{\partial \theta}\\ \dfrac{\partial v_z}{\partial t}+v_r\dfrac{\partial v_z}{\partial r}+\dfrac{v_\theta}{r}\dfrac{\partial v_z}{\partial \theta}+v_z\dfrac{\partial v_z}{\partial z}=f_z-\dfrac{1}{\rho}\dfrac{\partial p}{\partial z}\end{cases}\tag{4.1.6}$$

在球坐标系 (r,θ,φ) 下的欧拉运动微分方程：

$$\begin{cases}\dfrac{\mathrm{D}v_r}{\mathrm{D}t}-\dfrac{v_\theta^2}{r}-\dfrac{v_\varphi^2}{r}=f_r-\dfrac{1}{\rho}\dfrac{\partial p}{\partial r}\\ \dfrac{\mathrm{D}v_\theta}{\mathrm{D}t}+\dfrac{v_r v_\theta}{r}-\dfrac{v_\varphi^2}{r}\cot\theta=f_\theta-\dfrac{1}{\rho r}\dfrac{\partial p}{\partial \theta}\\ \dfrac{\mathrm{D}v_\varphi}{\mathrm{D}t}+\dfrac{v_r v_\varphi}{r}+\dfrac{v_\theta v_\varphi}{r}\cot\theta=f_\varphi-\dfrac{1}{\rho r\sin\theta}\dfrac{\partial p}{\partial \varphi}\end{cases}\tag{4.1.7}$$

式中：$\dfrac{\mathrm{D}}{\mathrm{D}t}=\dfrac{\partial}{\partial t}+v_r\dfrac{\partial}{\partial r}+\dfrac{v_\theta}{r}\dfrac{\partial}{\partial \theta}+\dfrac{v_\varphi}{r\sin\theta}\dfrac{\partial}{\partial \varphi}$。

4.2　理想流体拉格朗日方程

拉格朗日积分方程是欧拉运动微分方程在无旋流动等特殊条件下的一个积分解。

拉格朗日积分方程成立的前提条件包括以下几种。

（1）理想不可压缩流体：ρ 为常数。

（2）重力场中：重力为有势的质量力，$\boldsymbol{f}=\nabla U$ 成立，且 $\boldsymbol{f}=(0,0,-g)$，$U=-gz$。

（3）无旋流动：$\boldsymbol{\omega}=0$，或 $\nabla\times\boldsymbol{v}=0$，存在速度势函数 φ，$\boldsymbol{v}=\nabla\varphi$。

下面将欧拉运动微分方程变形为某个函数的全微分，进而得到积分解。

可将理想流体欧拉运动微分方程式（4.1.4）的每一项进行变形。

左边第一项：将无旋流动的速度与速度势之间的关系 $\boldsymbol{v}=\nabla\varphi$ 代入，得

$$\frac{\partial \boldsymbol{v}}{\partial t}=\frac{\partial(\nabla\varphi)}{\partial t}=\nabla\left(\frac{\partial\varphi}{\partial t}\right)$$

左边第二项：由矢量恒等式进行变换，可得

$$(\boldsymbol{v}\cdot\nabla)\boldsymbol{v}=\frac{1}{2}\nabla(v^2)-\boldsymbol{v}\times(\nabla\times\boldsymbol{v})=\nabla\left(\frac{1}{2}v^2\right)$$

右边第一项：在重力场中，质量力为重力，即 $\boldsymbol{f}=(0, 0, -g)$；重力势函数为 $U=-gz$ 。且重力与重力势函数存在关系式 $\boldsymbol{f}=\nabla U$ 。则该项变形为

$$\boldsymbol{f}=\nabla U=\nabla(-gz)$$

右边第二项：不可压缩流体的密度是常数，移动位置，变为

$$\frac{1}{\rho}\nabla p=\nabla\left(\frac{1}{\rho}p\right)$$

这样，理想流体欧拉运动微分方程式（4.1.4）变形为

$$\nabla\left(\frac{\partial\varphi}{\partial t}\right)+\nabla\left(\frac{1}{2}v^2\right)=\nabla(-gz)-\nabla\left(\frac{1}{\rho}p\right)\tag{4.2.1}$$

整理为

$$\nabla\left(\frac{\partial\varphi}{\partial t}+\frac{v^2}{2}+gz+\frac{p}{\rho}\right)=0$$

积分，得到

$$\frac{\partial\varphi}{\partial t}+\frac{v^2}{2}+gz+\frac{p}{\rho}=C(t)\tag{4.2.2}$$

式中：C 为积分常数。此式表明，在重力场中，对于理想不可压缩流体的无旋流动，流场中任意一点的 $\frac{\partial\varphi}{\partial t}$、$\frac{v^2}{2}$、$gz$ 和 $\frac{p}{\rho}$ 之和相等。此式就是欧拉方程的积分解——拉格朗日方程。

如果流动定常，则有定常流动的拉格朗日方程：

$$\frac{v^2}{2}+gz+\frac{p}{\rho}=C\tag{4.2.3}$$

此式表明，在重力场中，对于理想不可压缩流体的定常无旋流动，流场中任意一点的 $\frac{v^2}{2}$、gz 和 $\frac{p}{\rho}$ 之和相等。

令

$$\varPhi=\varphi-\int_0^t C(t)\mathrm{d}t\tag{4.2.4}$$

则非定常流动拉格朗日积分式（4.2.2）还可改写为

$$\frac{\partial\varPhi}{\partial t}+\frac{v^2}{2}+gz+\frac{p}{\rho}=0\tag{4.2.5}$$

引入Φ的物理含义，对式（4.2.4）求导可知，Φ、φ与速度之间存在一样的关系式：

$$\begin{cases}\dfrac{\partial \Phi}{\partial x}=\dfrac{\partial \varphi}{\partial x}=v_x\\ \dfrac{\partial \Phi}{\partial y}=\dfrac{\partial \varphi}{\partial y}=v_y\\ \dfrac{\partial \Phi}{\partial z}=\dfrac{\partial \varphi}{\partial z}=v_z\end{cases} \tag{4.2.6}$$

可见，Φ和φ实质上是一样的，符合速度势的定义。

注意，在本书中，拉格朗日方程将会在后续分析无旋流动的压强分布规律和建立动力学边界条件中起到重要应用。

4.3　理想流体伯努利方程

伯努利方程是欧拉运动微分方程在定常流动等特殊条件下的一个积分解。它在工程分析流场压强变化规律和流体对固体的作用力等方面有着广泛的应用。

4.3.1　伯努利方程推导

伯努利方程成立的前提条件包括以下几种。

（1）理想不可压缩流体：ρ为常数。

（2）重力场中：重力为有势的质量力，$\boldsymbol{f}=\nabla U$成立，且$\boldsymbol{f}=(0,0,-g)$，$U=-gz$。

（3）定常流动：$\dfrac{\partial}{\partial t}=0$。

（4）将欧拉运动方程沿流线积分：流线方程$\dfrac{\mathrm{d}x}{v_x}=\dfrac{\mathrm{d}y}{v_y}=\dfrac{\mathrm{d}z}{v_z}$成立。

将理想流体欧拉运动微分方程式（4.1.3）沿流线积分，即

$$\begin{cases}\displaystyle\int\left(\frac{\partial v_x}{\partial t}+v_x\frac{\partial v_x}{\partial x}+v_y\frac{\partial v_x}{\partial y}+v_z\frac{\partial v_x}{\partial z}\right)\mathrm{d}x=\int\left(f_x-\frac{1}{\rho}\frac{\partial p}{\partial x}\right)\mathrm{d}x\\ \displaystyle\int\left(\frac{\partial v_y}{\partial t}+v_x\frac{\partial v_y}{\partial x}+v_y\frac{\partial v_y}{\partial y}+v_z\frac{\partial v_y}{\partial z}\right)\mathrm{d}y=\int\left(f_y-\frac{1}{\rho}\frac{\partial p}{\partial y}\right)\mathrm{d}y\\ \displaystyle\int\left(\frac{\partial v_z}{\partial t}+v_x\frac{\partial v_z}{\partial x}+v_y\frac{\partial v_z}{\partial y}+v_z\frac{\partial v_z}{\partial z}\right)\mathrm{d}z=\int\left(f_z-\frac{1}{\rho}\frac{\partial p}{\partial z}\right)\mathrm{d}z\end{cases} \tag{4.3.1}$$

式中：$\mathrm{d}x$、$\mathrm{d}y$、$\mathrm{d}z$为流线上的线元分量。

为得到式（4.3.1）的积分解，将积分号下的项先变形为某个函数的全微分。

下面以式（4.3.1）中z方向的方程为例，将积分号下面的项转换为某个函数的全微分。

将z方向的方程重复写一遍：

$$\int\left(\frac{\partial v_z}{\partial t}+v_x\frac{\partial v_z}{\partial x}+v_y\frac{\partial v_z}{\partial y}+v_z\frac{\partial v_z}{\partial z}\right)\mathrm{d}z=\int\left(f_z-\frac{1}{\rho}\frac{\partial p}{\partial z}\right)\mathrm{d}z \tag{4.3.2}$$

由于是定常流动，所以$\frac{\partial v_z}{\partial t}=0$，且

$$v_x\frac{\partial v_z}{\partial x}\mathrm{d}z+v_y\frac{\partial v_z}{\partial y}\mathrm{d}z+v_z\frac{\partial v_z}{\partial z}\mathrm{d}z=v_z\frac{\partial v_z}{\partial x}\mathrm{d}x+v_z\frac{\partial v_z}{\partial y}\mathrm{d}y+v_z\frac{\partial v_z}{\partial z}\mathrm{d}z=\mathrm{d}\left(\frac{v_z^2}{2}\right)$$

这样，式（4.3.2）等号左边变为一个函数的全微分，右边尚未变形。那么，式（4.3.2）变形为

$$\int\mathrm{d}\left(\frac{v_z^2}{2}\right)=\int\left(f_z\mathrm{d}z-\frac{1}{\rho}\frac{\partial p}{\partial z}\mathrm{d}z\right) \tag{4.3.3}$$

同理，可以分别推导出 x 和 y 方向的变形。将三个变形以后的方程完整写出为

$$\begin{cases}\int\mathrm{d}\left(\frac{v_x^2}{2}\right)=\int\left(f_x\mathrm{d}x-\frac{1}{\rho}\frac{\partial p}{\partial x}\mathrm{d}x\right)\\ \int\mathrm{d}\left(\frac{v_y^2}{2}\right)=\int\left(f_y\mathrm{d}y-\frac{1}{\rho}\frac{\partial p}{\partial y}\mathrm{d}y\right)\\ \int\mathrm{d}\left(\frac{v_z^2}{2}\right)=\int\left(f_z\mathrm{d}z-\frac{1}{\rho}\frac{\partial p}{\partial z}\mathrm{d}z\right)\end{cases} \tag{4.3.4}$$

将式（4.3.4）中三个方程的左边、右边分别相加。那么，左边积分号下面的项相加之后，变为

$$\mathrm{d}\left(\frac{v_x^2}{2}\right)+\mathrm{d}\left(\frac{v_y^2}{2}\right)+\mathrm{d}\left(\frac{v_z^2}{2}\right)=\mathrm{d}\left(\frac{v^2}{2}\right)$$

右边积分号下面有两项。相加之后，第一项引入关系式 $\boldsymbol{f}=\nabla U$ ，变为

$$f_x\mathrm{d}x+f_y\mathrm{d}y+f_z\mathrm{d}z=\frac{\partial U}{\partial x}\mathrm{d}x+\frac{\partial U}{\partial y}\mathrm{d}y+\frac{\partial U}{\partial z}\mathrm{d}z=\mathrm{d}U$$

右边第二项求和之后，变形为

$$-\frac{1}{\rho}\left(\frac{\partial p}{\partial x}\mathrm{d}x+\frac{\partial p}{\partial y}\mathrm{d}y+\frac{\partial p}{\partial z}\mathrm{d}z\right)=-\frac{1}{\rho}\mathrm{d}p$$

这样，式（4.3.4）中三个积分方程的左边、右边分别相加之后，变形为

$$\int\mathrm{d}\left(\frac{v^2}{2}\right)=\int\left(\mathrm{d}U-\frac{1}{\rho}\mathrm{d}p\right) \tag{4.3.5}$$

或

$$\int\mathrm{d}\left(-U+\frac{v^2}{2}+\frac{p}{\rho}\right)=0 \tag{4.3.6}$$

积分，得到

$$-U+\frac{v^2}{2}+\frac{p}{\rho}=C_l \tag{4.3.7}$$

式中：C_l 为积分常数，下标 l 表示是沿流线的常数。

在重力场中，重力势函数$U=-gz$，代入式（4.3.7），又得

$$gz+\frac{v^2}{2}+\frac{p}{\rho}=C_l \tag{4.3.8}$$

式（4.3.8）表明，在重力场中，对于理想不可压缩流体的定常流动，沿同一根流线上任意一点的gz、$\frac{v^2}{2}$和$\frac{p}{\rho}$之和相等。此式是欧拉运动微分方程的积分解——伯努利方程。

较为常用的伯努利方程有

$$z+\frac{p}{\gamma}+\frac{v^2}{2g}=C_l \tag{4.3.9}$$

以及在同一根流线上任取两点 1 和 2，伯努利方程的另一形式为

$$z_1+\frac{p_1}{\gamma}+\frac{v_1^2}{2g}=z_2+\frac{p_2}{\gamma}+\frac{v_2^2}{2g} \tag{4.3.10}$$

4.3.2　伯努利方程的几何意义和物理意义

1. 伯努利方程的几何意义

伯努利方程式（4.3.9）每一项的量纲与长度量纲相同，都表示某一高度。

z：$[z]=\mathrm{L}$，表示研究点相对某一基准面的几何高度，常称为位置水头，简称位头。

$\frac{p}{\gamma}$：$\left[\frac{p}{\gamma}\right]=\left[\frac{\mathrm{N/m^2}}{\mathrm{N/m^3}}\right]=\mathrm{L}$，表示与该点压强相当的液柱高度，称为压强水头，简称压头，有时亦称静压头（虽然这里的压强是指流动中相应于速度v处的压强，但这个压强的测量往往是通过测压管的静压高度测得，故被称为静压）。

$\frac{v^2}{2g}$：$\left[\frac{v^2}{2g}\right]=\left[\frac{\mathrm{m^2/s^2}}{\mathrm{m/s^2}}\right]=\mathrm{L}$，表示研究点处速度大小的高度，称为速度水头，简称为速头，有时亦称动压水头。

位置水头、压强水头和速度水头三项之和称为总水头。

伯努利方程表明：在重力作用下，不可压缩理想流体定常流动过程中，位置水头、压强水头和速度水头三种形式的水头可互相转化，但它们的和为一常数，即总水头不变，总水头线为一条水平线。可用几何图形展示沿流线总水头线为一条水平的线，如图 4.3.1 所示。

2. 伯努利方程的物理意义

从物理上分析伯努利方程式（4.3.9）的每一项，它们都具有能量的意义。

z：表示单位重量流体对某一基准具有的位置势能。$z=\frac{mgz}{mg}$，m代表质量。

$\frac{p}{\gamma}$：表示单位重量流体具有的压强势能。$\frac{p}{\gamma}=\frac{pSl}{\rho gSl}$，如图 4.3.2 所示，考虑力$pS$作用于一活塞上，活塞面积为$S$，活塞作用于流体上的压强为$p$。活塞移动距离$l$后，压强$p$对重量

等于 ρgSl 的流体做功 $pS\cdot l$，表明流体压强具有潜在的做功能力。

$\dfrac{v^2}{2g}$：表示单位重量流体具有的动能。$\dfrac{v^2}{2g}=\dfrac{\frac{1}{2}mv^2}{mg}$。

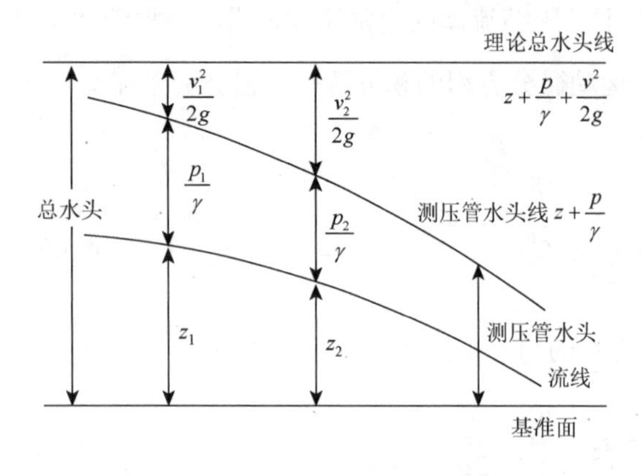

图 4.3.1　伯努利方程的几何意义

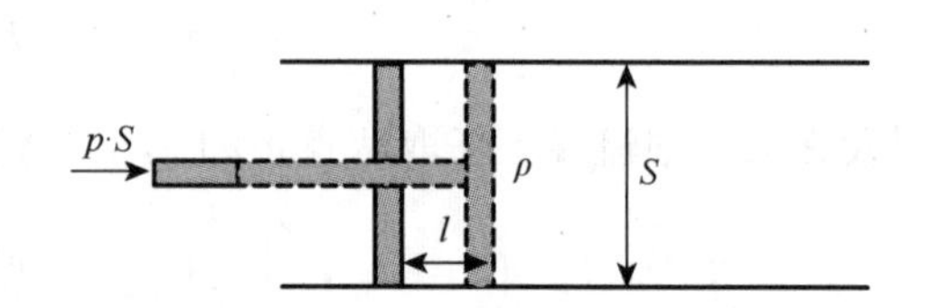

图 4.3.2　压强做功示意图

伯努利方程还表明：在重力作用下，理想不可压缩流体在定常流动过程中，沿流线单位重量流体所具有的位置势能、动能和压强势能可互相转化，但和恒等，即总的机械能保持不变，故伯努利方程有时又称不可压缩无黏性理想流体的能量方程。

3. 静压和动压

当物体在静止的流体中运动时，物体附近的流体被带动，沿物体附近流线上的压强随速度按照伯努利方程的约束变化。可将压强 p 分解为两部分：一部分相当于静止流体的重力产生的压强 p_{H}；另一部分是由于流体运动导致的压强减小的动压强 p_{D}。令

$$p=p_{\mathrm{H}}-p_{\mathrm{D}} \tag{4.3.11}$$

则沿同一条流线上建立运动点 1 和远处静止点 0 的伯努利方程为

$$\left(z+\frac{p_{\mathrm{H}}}{\gamma}-\frac{p_{\mathrm{D}}}{\gamma}+\frac{v^2}{2g}\right)_1=\left(z+\frac{p_{\mathrm{H}}}{\gamma}\right)_0 \tag{4.3.12}$$

式中：静水压强部分 $z+\dfrac{p_{\mathrm{H}}}{\gamma}$ 处处相等，为恒定常数。所以有

$$p_{\mathrm{D}}=\frac{1}{2}\rho v^2 \tag{4.3.13}$$

可见，p_{D} 与流体速度有关，称为动压强，而将 p 常称为静压强。式（4.3.13）是一个很重要的结果，将流动的速度 v 代入式（4.3.13）中计算出动压强 p_{D} 后，与当地的静止压强 p_{H} 一起代入式（4.3.11），即可计算出流体静压强 p，这样做往往更方便。

4.3.3　其他形式的伯努利方程

1. 忽略重力作用的伯努利方程

对空气的低速流动问题，由于重力的影响很小，常可忽略不计；或者流动在同一水平面内，即流线与基准面平行，则伯努利方程式（4.3.8）可简化为

$$p+\frac{1}{2}\rho v^2=\text{const} \tag{4.3.14}$$

速度为零的点（称驻点）上压强最大，记作 p_0，称为驻点压强或总压，则式（4.3.14）又可写为

$$p+\frac{1}{2}\rho v^2=p_0 \tag{4.3.15}$$

上式表明总压 p_0 等于静压 p 与动压 $\frac{1}{2}\rho v^2$ 之和。

式（4.3.14）和式（4.3.15）直接给出沿流线速度与压强之间的变化关系。沿流线，流体流动速度 v 增大则压强 p 减小，反之也成立。基于此，在工程应用中，可以通过降压来提高流速。但值得注意的是，对液体，当压强下降到汽化压强时，液体汽化，产生气泡，液体压强难以继续下降。为了与沸腾现象区别，称其为空泡现象，也称空化。

空化总是发生在流动压强最低的地方。在高速旋转的螺旋桨导边背面、在大流量水管的狭窄或弯曲部位、在水下高速兵器表面的突出部位等，常常由局部高速导致流体压强降至汽化压强而出现空化。空化发生在固体壁面附近时，大量空泡连续溃灭造成的直接打击和溃灭冲击波会引起壁面材料的疲劳损坏，造成材料的剥蚀脱落，此现象称为空蚀。此外，空化引起液体压强脉动，以流噪声向外传播，称为空化噪声；还会导致局部结构振动甚至传递至整体结构振动，并发出宽频带流致振动噪声。由于此类流噪声频率低，常难以控制，所以在设计时应尽量避免空化的发生。

应用伯努利方程式（4.3.14）和式（4.3.15）可以分析众多的物体受力现象。无论是采用解析计算、数值模拟还是实验测量的方法获得流场的速度分布，那么在满足伯努利方程成立的前提条件下，就可计算流场及物面的压强分布。将物面压强沿物面积分，可求出流体对固体的作用力。据此，可解释许多重要的物理现象，如机翼产生升力的原因、船吸现象和浅水吸底现象、足球技巧中“香蕉球”射门等。

2. 一维总流的伯努利方程

以上伯努利方程沿流线成立，但是工程上常需要求解管道或渠道的总流问题。在忽略黏性的情况下，此类流动是一维的，在流动的有效截面上，速度、密度等物理量是常数。如果不考虑重力影响的话，如管道流动、有效截面上的压强也是常数；如果是渠道或航道流动，重力不可忽略，则压强变化与重力有关。

为便于工程应用，常将沿流线成立的伯努利方程推广到有限大的流束（总流）。而这样的一维总流伯努利方程是建立在缓变流动的有效截面上（总流）。

渐变流又称缓变流，此处流动的流线近似平行，或者流线的曲率很小几乎呈直线。否则称为急变流。如图 4.3.3 所示的管道流动，其中第 1、2、4、6 段为渐变流，第 3、5、7 段为急变流。

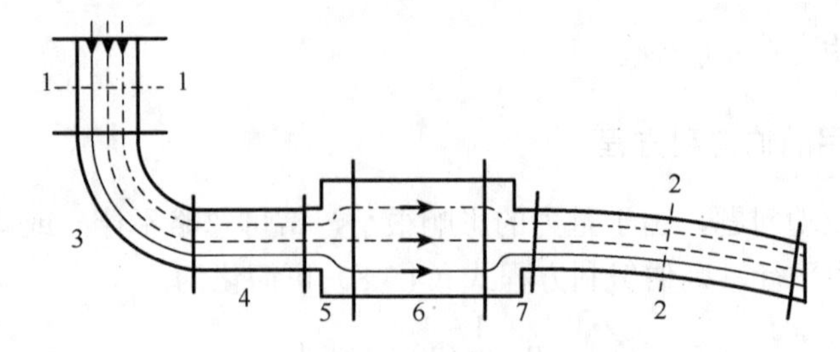

图 4.3.3　渐变流和急变流示意图

在渐变流的有效截面上，流速与截面垂直，截面切向方向上速度分量为零。也就是说，在渐变流有效截面的切向方向上流体是相对静止的，压强分布与静水压力分布相同：

$$z+\frac{p}{\gamma}=\text{const} \tag{4.3.16}$$

则在这样的管流截面上取任一点的 $z+\dfrac{p}{\gamma}$ 均可代表该截面上平均值，为了方便，可取管道轴线或者其他已知点处的值。如果忽略重力，则渐变流有效截面的压强为常数。

在同一根流线上任取两点 1 和 2，则可得到式（4.3.10）。

如果两点 1 和 2 位于一维缓变流的有效截面上：一方面，一维流动有效截面上的速度处处相等；另一方面，渐变流动有效截面压强变化遵从式（4.3.16），则以上伯努利方程等号两侧的三项可以等量替换为 1 和 2 两点所在的有效截面上的任意一点，从而将伯努利方程成功推广应用于缓变流有效截面上，即通常称为总流的伯努利方程。

实际的管道流动是有黏性的，有效截面的速度 v 通常采用平均速度 V。平均速度是由在保证截面体积流量相等前提下计算的，而伯努利方程的每一项是能量的意义。实际截面上各点的速度并不完全相等，为保证动能的相等，常在动能项加上修正系数 α，则伯努利方程变为

$$z_1+\frac{p_1}{\gamma}+\alpha_1\frac{V_1^2}{2g}=z_2+\frac{p_2}{\gamma}+\alpha_2\frac{V_2^2}{2g}+h_{\mathrm{w}} \tag{4.3.17}$$

式中：V_1、V_2 分别为截面 1、2 上的平均速度；h_{w} 表示 1、2 截面之间由于黏性引起的能量损失水头，对它的确定将在本书第 9 章中进行讨论；α 称为动能修正系数，大多数情况下 α 值在 $1.01\sim1.10$，计算时一般可不予考虑，即令 $\alpha_1=\alpha_2=1.0$。这就是真实一维不可压缩流体渐变流的总流伯努利方程，简称为总流伯努利方程，它是流体力学中极为重要的方程，在实际工程中有着广泛的应用。

采用有效截面积 A 上平均速度 V 表示的流体动能部分 $V^2(\rho VA)/2$，与实际截面积 A 上因速度 v 分布不均匀所具有的动能 $\int_A\dfrac{v^2(\rho v)}{2}\mathrm{d}A$，两者不完全相等，即

$$\alpha\cdot\frac{V^2}{2}(\rho VA)=\int_A\rho\frac{v^3}{2}\mathrm{d}A \tag{4.3.18}$$

式中：α 称为动能修正系数，即

$$\alpha=\frac{1}{A}\int_A\left(\frac{v}{V}\right)^3\mathrm{d}A \tag{4.3.19}$$

3. 有能量输入输出的伯努利方程

在实际的管道流动和水利灌溉工程中，一般采用泵为流体提供能量；在水力发电工程中，水轮机将水的能量转换成其他形式的机械能发电，以及实际流体具有黏性，黏性耗能将导致流体机械能的损失。

对实际流体，根据伯努利方程的物理意义，流动中必有黏性引起的能量损失，考虑可能的能量输入，可将它推广写出实际黏性流体中的总流伯努利方程：

$$z_1+\frac{p_1}{\gamma}+\frac{V_1^2}{2g}+h_e=z_2+\frac{p_2}{\gamma}+\frac{V_2^2}{2g}+h_w \tag{4.3.20}$$

式中：V_1、V_2 分别为截面平均速度；h_e、h_w 分别表示 1、2 两渐变流截面之间的能量输入水头和能量损失水头。这个方程亦表明，如果没有能量输入，实际流体总水头高度将沿流动方向下降，总水头线不再保持为水平线。

4.4　伯努利方程的应用

应用伯努利方程，首先应该判断是否满足伯努利方程成立的前提条件，确定基准面，然后选取合适的一根流线上两点或者两个渐变流有效截面，建立伯努利方程，求解未知量。优先选取自由面、无穷远处、已知物理量作为一个点或一个有限截面，以待求物理量为另一点或有限截面，建立伯努利方程。

1. 小孔出流

如图 4.4.1 所示有一大容器内装有液体，在容器底部开一小孔，液体在重力作用下从小孔流入大气。当水箱内水位 $h=\text{const}$ 时，求小孔出流速度和流量。

设孔口面积为 a，大容器液面面积为 A，$A\gg a$。因此，短时间出流期间，液面高度 h 近似认为不变（近似为定常流动）。黏性忽略不计，且此时流体的质量力只有重力，满足伯努利方程的前提条件。

从图中可见，自由面 I-I 处，流线几乎平行为直线，为渐变流有效截面；孔口出流离开孔口一小段距离处，流束有一收缩截面 II-II，此截面上流速相互平行，为渐变流截面。

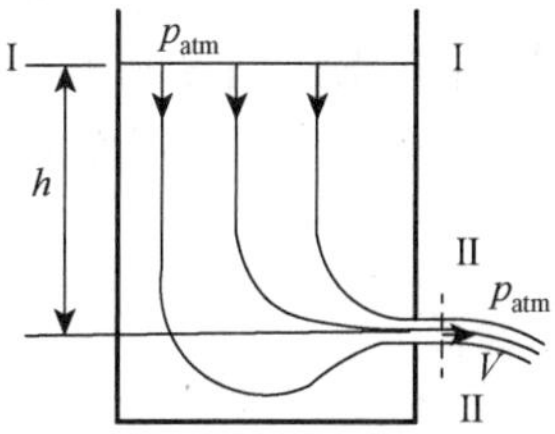

图 4.4.1　小孔出流示意图

以孔口轴线为基准线，列 I 和 II 截面伯努利方程：

$$z_1+\frac{p_1}{\gamma}+\frac{V_1^2}{2g}=z_2+\frac{p_2}{\gamma}+\frac{V_2^2}{2g} \tag{4.4.1}$$

式中：I 截面上，$z_1=h$，$p_1=p_{\mathrm{atm}}$，$V_1\approx 0$；II 截面上，$z_2=0$，$p_2=p_{\mathrm{atm}}$，$V_2=V_e$。

由一维不可压缩积分形式的流体连续性方程可知：

$$V_1A=V_2a \tag{4.4.2}$$

由于 $A\gg a$，所以 $V_1=\dfrac{a}{A}V_2\approx 0$，这也是短时间内可以认为小孔出流为定常流动的原因。这样，解式（4.4.1）得出截面 II 的出流速度 V_e 为

$$V_e = \sqrt{2gh} \tag{4.4.3}$$

从上式可知，出流速度与高度为 h 的自由落体的末速度相同。

实际上，因为黏性耗能的影响，出流速度小于此理想出流速度，一般用一个速度系数 C_V 来修正。则实际的收缩截面 II 的出流速度为

$$V_e = C_V\sqrt{2gh} \tag{4.4.4}$$

根据实验测定，C_V 值一般在 0.96～0.996，很接近于1。所以计算小孔出流速度时，应用理想流体伯努利方程可获得相当近似的结果。

假设收缩截面 II 的面积为 a_e，则孔口出流的体积流量 Q 为

$$Q = V_e a_e = C_V a_e \sqrt{2gh} \tag{4.4.5}$$

收缩截面 II 是由孔口出流的收缩现象引起的。向孔口处汇集的不同方向的流线，因惯性不可能突然都转变为相同的方向，而需要在距离孔口大约孔径一半处才能形成一收缩断面，在收缩断面处所有流线才相互平行。小孔出流收缩断面积 a_e 与孔口面积 a 的比值为收缩系数 C_a，则

$$a_e = C_a a \tag{4.4.6}$$

对薄壁圆形小孔，C_a 的测量值大约为 0.64。

这样，采用孔口面积 a 表示的孔口处的平均出流速度为

$$V = C_a C_V \sqrt{2gh} \tag{4.4.7}$$

孔口实际出流量为

$$Q = Va = C_a C_V a\sqrt{2gh} = C_Q a\sqrt{2gh} \tag{4.4.8}$$

式中：C_Q 通常称为流量系数，则

$$C_Q = C_a C_V \tag{4.4.9}$$

对薄壁圆孔的 C_Q 实验测量值大约为0.6。不同的孔口形状的流量系数 C_Q 值，已有许多实验资料，C_Q 值大约在 0.6～0.9。

如果密闭容器中充满高压气体，通过孔口出流的情况，若出流速度不大，也可用定常不可压缩流体伯努利方程计算其出流速度。设容器中气体的压强为 p_{abs}、密度为 ρ、孔口外为大气压 p_{atm}，利用忽略重力和黏性影响的伯努利方程式（4.3.14），即

$$p_{abs} = p_{atm} + \frac{1}{2}\rho V^2$$

$$V = \sqrt{\frac{2(p_{abs} - p_{atm})}{\rho}} \tag{4.4.10}$$

2. 毕托管

毕托管是一种测量空间点流速的设备，它是弯成直角而两端开口的细管。

如图 4.4.2 所示，测水面平坦河道的流速时，将毕托管一端迎向来流，另一端竖直向上。起初流体从管口进入管内，流体在管内上升，管内压力升高。升至一定高度后，内外压力平衡，流体不再上升而静止。设管内液面高出河道液面 h，求河流流速 v。大气压强为 p_{atm}。

在毕托管前方 A 点，河流沿一根水平流线以速度 v 流向毕托管。接近毕托管开口时，速度逐渐减小，到达开口 B 点时，由于毕托管内流体静止而速度变为 0。

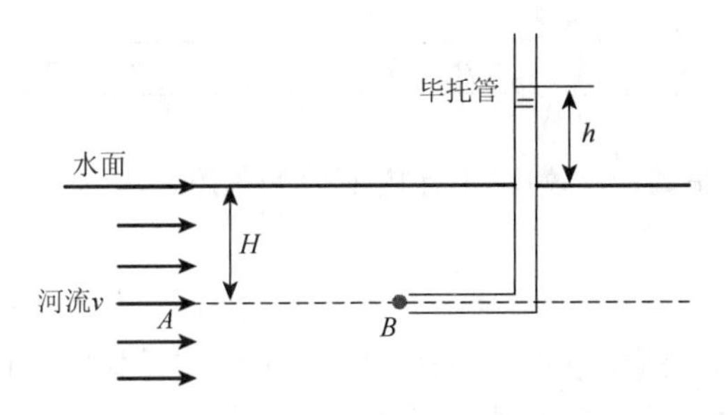

图 4.4.2　毕托管测量河流速度示意图

沿流线列 A、B 两点的伯努利方程：

$$z_A+\frac{p_A}{\gamma}+\frac{v_A^2}{2g}=z_B+\frac{p_B}{\gamma}+\frac{v_B^2}{2g} \tag{4.4.11}$$

式中：$z_A=z_B$；$p_A=p_{\text{atm}}+\gamma H$（渐变流）；$p_B=p_{\text{atm}}+\gamma(H+h)$（总压）；$v_A=v$，$v_B=0$。

代入式（4.4.11），解出河流速度为

$$v=\sqrt{2gh} \tag{4.4.12}$$

由此可知，测得 h（图 4.4.2）便可算出河道流水速 v。管端 B 点处，由于速度为 0，被称为滞止点或驻点，其流体压强称为驻点压力或总压。

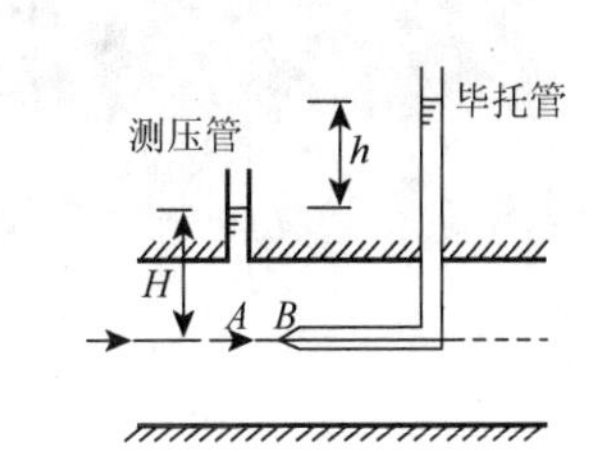

图 4.4.3　毕托管与测压管联合测量管道流速示意图

在实际应用中，如果自由面有波动，或者测管道内的流动，前方 A 的静压强需要用测压管测量。这样，将毕托管联合测压管一起使用，如图 4.4.3 所示，测得的流速计算式仍然为式（4.4.9）。

普朗特将毕托管与测压管组合在一起，设计了一种联合测管，称为普朗特毕托管，被广泛应用，如图 4.4.4 所示。

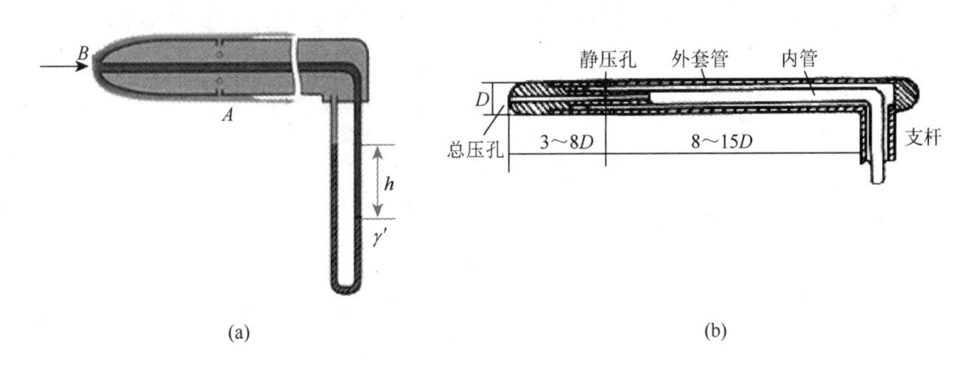

图 4.4.4　普朗特毕托管示意图

（a）为原理图；（b）为结构图

其中，迎流端 B 点测得的压强即为总压 p_B；为使管壁侧壁面的几个静压孔测得的压强等于前方来流速度的静压 p_A，侧壁面上的测孔位置应合理选择。通常管端头部对流动存在干扰使侧壁上流速减小，故存在一合适的测孔位置，在该处所测得的静压相当于前方静压。其测速原理为

$$v = \varphi\sqrt{2g\frac{p_B - p_A}{\gamma}} = \varphi\sqrt{2g\frac{\gamma' - \gamma}{\gamma}h} \tag{4.4.13}$$

式中：φ 为普朗特毕托管系数；γ' 为比压计内液体的重度。

3. 文丘里管

文丘里管是一种常用的测量管道流量的仪器，也称文丘里流量计。它由收缩型和扩张型的两段圆锥管及一段等截面短直管组成，短管的截面积最小，称为文丘里管的喉部。为了测量管道流速或流量，通常将文丘里管直接安装在管道中，如图 4.4.5 所示。

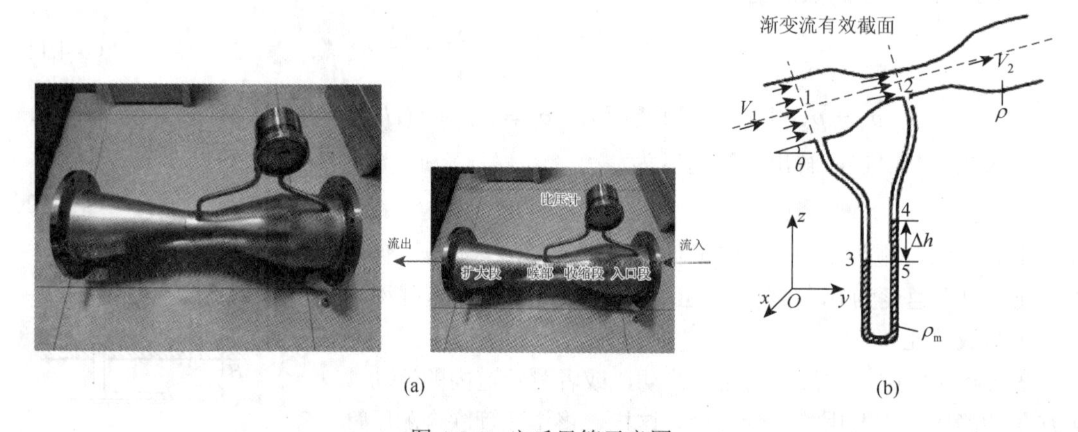

图 4.4.5　文丘里管示意图

（a）为结构图；（b）为原理图

对于不可压缩流体，当流体进入收缩管道后，流速增大从而引起压强下降。通过在入口段的截面 1 和喉部最小截面 2 处采用比压计测出压强的变化，应用伯努利方程便可算出管道内平均流速和通过的流量。

根据一维定常流对图示中1和2两截面列理想流体的伯努利方程：

$$z_1 + \frac{p_1}{\gamma} + \frac{V_1^2}{2g} = z_2 + \frac{p_2}{\gamma} + \frac{V_2^2}{2g} \tag{4.4.14}$$

联合一维流动连续性方程求解：

$$A_1V_1 = A_2V_2 \tag{4.4.15}$$

式中：V_1 和 V_2、A_1 和 A_2 分别为截面1和2的平均速度和面积。由以上两式解出：

$$V_1 = \frac{1}{\sqrt{\left(\frac{A_1}{A_2}\right)^2 - 1}} \cdot \sqrt{2g\left[\left(z_1 + \frac{p_1}{\gamma}\right) - \left(z_2 + \frac{p_2}{\gamma}\right)\right]} \tag{4.4.16}$$

若用水银比压计测压差［见图 4.4.5（b）］，则

$$\left(z_1 + \frac{p_1}{\gamma}\right) - \left(z_2 + \frac{p_2}{\gamma}\right) = \frac{(\rho_m g\Delta h - \rho g\Delta h)}{\rho g} = \left(\frac{\rho_m}{\rho} - 1\right)\Delta h \tag{4.4.17}$$

式中：ρ_m 和 ρ 分别为水银和管道流体的密度。

这样，管道流速为

$$V_1=\sqrt{\frac{2g\left(\dfrac{\rho_m}{\rho}-1\right)\Delta h}{\left(\dfrac{A_1}{A_2}\right)^2-1}}=\mu\sqrt{2g\Delta h} \tag{4.4.18}$$

式中：μ 称为文丘里管的流速系数，即

$$\mu=\sqrt{\frac{\dfrac{\rho_m}{\rho}-1}{\left(\dfrac{A_1}{A_2}\right)^2-1}} \tag{4.4.19}$$

考虑实际流动中黏性影响，实际流量 Q 应乘一修正系数 C_Q，称流量系数。则管道中的流量计算式为

$$Q=C_Q V_1 A_1=C_Q \mu A\sqrt{2g\Delta h} \tag{4.4.20}$$

式中：A 为管道的有效截面面积。由于文丘里管内壁很光滑，实验测定的 C_Q 值很接近于1，一般 C_Q 大约为 0.98。

4. 虹吸管

通过一弯管使其绕过周围较高的障碍物，然后流至低于自由液面的位置，这种用途的管子称为虹吸管，这类现象称为虹吸现象。

图 4.4.6 为连接两个水箱的一段虹吸管。由于中间存在障碍物而管道抬高至 S 点。已知管径 $d=150$ mm，$H_1=3.3$ m，$H_2=1.5$ m，$z=6.8$ m。不计能量损失，求虹吸管中通过的流量及管道最高点 S 处的真空压强值。

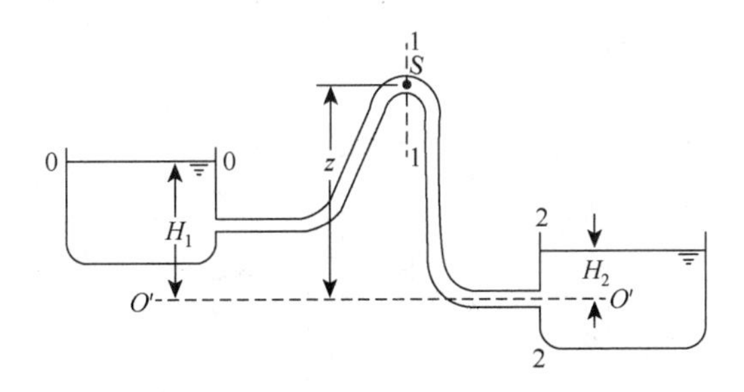

图 4.4.6　虹吸管原理示意图

利用自由面截面 0-0、管道最高点截面 1-1 和管道出口截面 2-2，建立伯努利方程：

$$z_0+\frac{p_0}{\gamma}+\frac{V_0^2}{2g}=z_1+\frac{p_1}{\gamma}+\frac{V_1^2}{2g} \tag{4.4.21}$$

$$z_0+\frac{p_0}{\gamma}+\frac{V_0^2}{2g}=z_2+\frac{p_2}{\gamma}+\frac{V_2^2}{2g} \tag{4.4.22}$$

取管道出口轴线 O'-O'的水平面为基准面，则 $z_0=H_1$，$z_1=z$，$z_2=H_2$；在自由面 0-0 上，已知 $p_0=p_{atm}$，$V_0\approx 0$；最高点 S 处，$p_1=p_S$和$V_1=V_S$ 均未知；管道出口流入水深 H_2

处，此处忽略流动引起的压强变化，可以近似用静压分布规律计算，则 $p_2 = p_{atm} + \gamma H_2$，出口速度 V_2 未知。

因此，由式（4.4.22）解出：

$$V_2 = 5.94\ (\mathrm{m/s})$$

由连续性方程：

$$V_S d^2 = V_2 d^2 \tag{4.4.23}$$

可知 $V_S = V_2$。将其代入式（4.4.21）解得 S 点的真空度为

$$\frac{p_{atm} - p_S}{\gamma} = z - H_1 + \frac{1}{2}\rho V_S^2 = 5.3\ (\text{m水柱})$$

或

$$p_{atm} - p_S = 1\,000 \times 9.8 \times 5.3 = 51.94\ (\mathrm{Pa})$$

正是管道中存在的真空度将上游大容器中的流体绕过障碍物源源不断地吸出来。使用虹吸管时，需首先将液体灌满整根管子，然后将出口端放到较低的位置，在重力作用下使管内出现真空度，将容器内流体吸出。

虹吸管原理在水利灌溉上应用普遍。此外，根据虹吸原理，在工程上设计了较多的应用，如虹吸杯、虹吸瓶、虹吸气压表、虹吸雨量表、钟式虹吸和虹吸式马桶等。

5. 汽化器

汽化器的原理，为先收缩后扩张的管道，如图 4.4.7 所示。气缸内活塞下行运动，产生抽吸外界大气的作用，在汽化器最小截面处流速最高，形成真空度。从油箱引油的吸管出口是汽油油滴地喷出口，恰在汽化器的最狭截面处。在这一真空度的作用下，吸管将汽油从油箱引出。汽油能在该处汽化，并被吸入气缸。

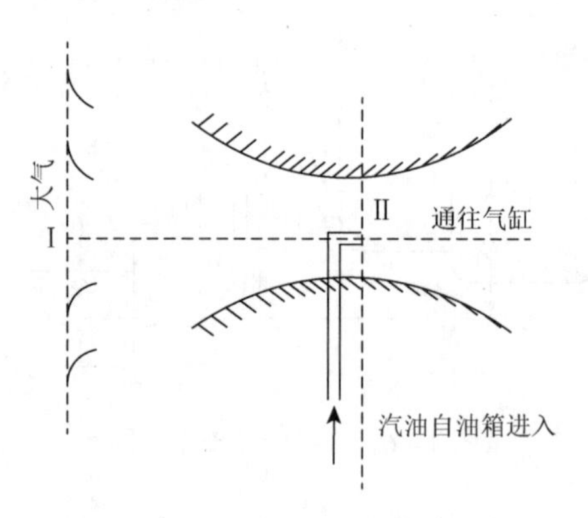

图 4.4.7　汽化器原理示意图

已知汽化器吸气流量为 Q，汽化器的最小截面直径为 D，汽油管外径为 d。利用大气中远前方的已知条件：压强为大气压强，流速几乎为 0，列远前方截面 I 和汽化器最小截面 II 的伯努利方程，计算出最小截面的真空度为

$$p_{avc} = 8\rho Q^2 / \pi^2 (D^2 - d^2)^2 \tag{4.4.24}$$

这个原理可应用于各种汽化器、雾化器、喷洒器。

4.5 黏性流体的运动微分方程

欧拉运动微分方程只对无黏性的理想流体成立，而真实流体均具有黏性，本节将考虑这一点，建立较为普遍的流体运动基本微分方程。

4.5.1 黏性流体的表面应力

1. 黏性流体的表面应力　应力张量

对于静止流体和理想流体，表面应力为沿表面法线指向作用面的压强。实际流体都具有黏性。黏性流体运动时的表面应力既有法向应力也有切向应力。

在直角坐标系 O - xyz 下，某一瞬时在流场中取一个微平行六面体作为研究对象，分析该微元体所受的表面应力分量。

微平行六面体的顶点为 A，边长分别为 dx、dy、dz。顶点 A 的坐标为 (x_A, y_A, z_A)，如图 4.5.1 所示。坐标轴方向与表面法向方向平行，这样微六面体的每个表面的表面应力有一个法向应力和两个切向应力。

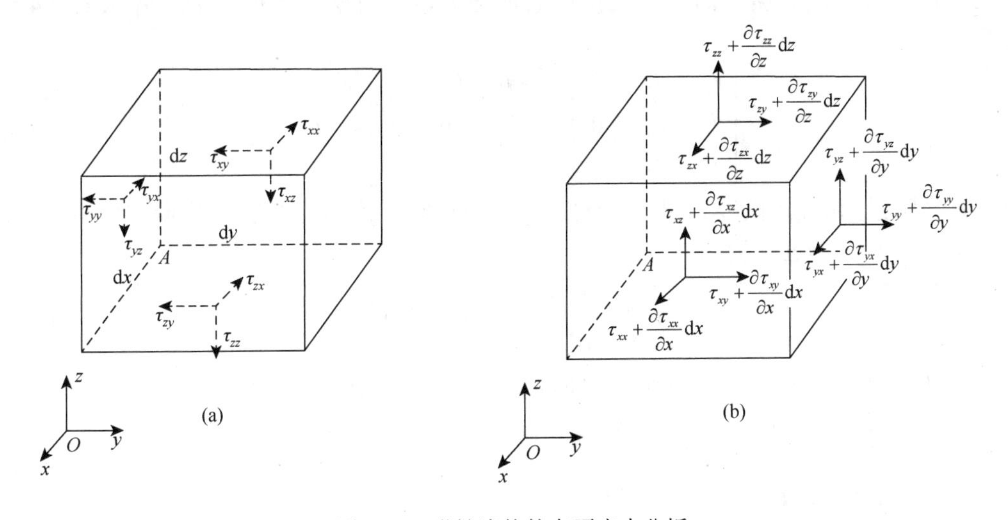

图 4.5.1　黏性流体的表面应力分析

（a）为坐标轴负向的面；（b）为坐标轴正向的面

表面应力采用带下标的符号 τ_{ij} $(i, j = 1,2,3)$ 表示，其中，i 表示表面应力作用面的外法线方向，j 表示应力的方向。例如，τ_{12}代表τ_{xy}，表示表面应力作用在 x 方向的表面上，方向为 y 方向。

那么，与顶点 A 相邻的三个面上，表面应力分量采用符号 τ_{ij} 表示为

$$\tau_{ij} = \begin{bmatrix} \tau_{xx} & \tau_{xy} & \tau_{xz} \\ \tau_{yx} & \tau_{yy} & \tau_{yz} \\ \tau_{zx} & \tau_{zy} & \tau_{zz} \end{bmatrix} \quad (i, j = 1,2,3) \tag{4.5.1}$$

称为黏性流体中某点的应力张量。其中，τ_{xx}、τ_{yy} 和 τ_{zz} 是法向应力，其他为切向应力。

在六个表面中，其中三个面：$x = x_A$，$y = y_A$，$z = z_A$ 的外法线方向与坐标轴正向相反，另外三个面：$x = x_A + \mathrm{d}x$，$y = y_A + \mathrm{d}y$，$z = z_A + \mathrm{d}z$ 的外法线方向与坐标轴正向相同。

不失一般性，假设在外法线方向与坐标轴正向相反的面上，表面应力的方向与坐标轴正向相反，如图 4.5.1（a）所示；而在外法线方向与坐标轴正向相同的面上，表面应力的方向与坐标轴正向相同，如图 4.5.1（b）所示。

六面体另外三个面：$x = x_A + \mathrm{d}x$，$y = y_A + \mathrm{d}y$，$z = z_A + \mathrm{d}z$ 的表面应力的大小采用泰勒级数线性展开表示，分别为

$$\begin{bmatrix} \tau_{xx} + \dfrac{\partial \tau_{xx}}{\partial x}\mathrm{d}x & \tau_{xy} + \dfrac{\partial \tau_{xy}}{\partial x}\mathrm{d}x & \tau_{xz} + \dfrac{\partial \tau_{xz}}{\partial x}\mathrm{d}x \\ \tau_{yx} + \dfrac{\partial \tau_{yx}}{\partial y}\mathrm{d}y & \tau_{yy} + \dfrac{\partial \tau_{yy}}{\partial y}\mathrm{d}y & \tau_{yz} + \dfrac{\partial \tau_{yz}}{\partial y}\mathrm{d}y \\ \tau_{zx} + \dfrac{\partial \tau_{zx}}{\partial z}\mathrm{d}z & \tau_{zy} + \dfrac{\partial \tau_{zy}}{\partial z}\mathrm{d}z & \tau_{zz} + \dfrac{\partial \tau_{zz}}{\partial z}\mathrm{d}z \end{bmatrix} \tag{4.5.2}$$

行标表示表面应力的作用面方向，列标表示表面应力的方向。由于这三个作用面法向均与坐标轴正向一致，所以表面应力的方向也与坐标轴正向一致。

2. 理想流体的表面应力张量

由于理想流体没有黏性而不存在切向表面应力，只有法线表面应力。那么式（4.5.1）演变为

$$\begin{bmatrix} \tau_{xx} & 0 & 0 \\ 0 & \tau_{yy} & 0 \\ 0 & 0 & \tau_{zz} \end{bmatrix} = \begin{bmatrix} -p & 0 & 0 \\ 0 & -p & 0 \\ 0 & 0 & -p \end{bmatrix} = -p\delta_{ij} \tag{4.5.3}$$

式中：p 是压强标量且通常大于零（绝对压强），负号“－”表示压强的方向与作用面的外法线方向相反。δ_{ij} 是单位张量为

$$\begin{cases} \delta_{ij} = 0, & i \neq j \\ \delta_{ij} = 1, & i = j \end{cases}, \quad i, j = 1,2,3 \tag{4.5.4}$$

式中：δ_{ij} 表示任意两个正交坐标轴单位向量的点积，称为克罗内克符号。

静止流体的表面应力张量与理想流体一样。

3. 应力张量的对称性

可以证明应力张量具有对称性，即

$$\begin{cases} \tau_{xy} = \tau_{yx} \\ \tau_{yz} = \tau_{zy} \\ \tau_{zx} = \tau_{xz} \end{cases} \tag{4.5.5}$$

或

$$\tau_{ij} = \tau_{ji} (i \neq j) \tag{4.5.6}$$

图 4.5.1 所示的微平行六面体，质量中心位于体积中心。由于质量力和惯性力均通过质量中心，所以关于三个坐标轴的力矩分量只剩下表面切应力的力矩，它们应该相互平衡。

以关于 z 轴的力矩平衡为例，有

$$\tau_{xy}\mathrm{d}y\mathrm{d}z \cdot \frac{\mathrm{d}x}{2} + \left(\tau_{xy} + \frac{\partial \tau_{xy}}{\partial x}\mathrm{d}x\right)\mathrm{d}y\mathrm{d}z \cdot \frac{\mathrm{d}x}{2} - \tau_{yx}\mathrm{d}x\mathrm{d}z \cdot \frac{\mathrm{d}y}{2} - \left(\tau_{yx} + \frac{\partial \tau_{yx}}{\partial y}\mathrm{d}y\right)\mathrm{d}x\mathrm{d}z \cdot \frac{\mathrm{d}y}{2} = 0$$

两边同时除以 $\mathrm{d}x\mathrm{d}y\mathrm{d}z$ ，并当 $\mathrm{d}x\mathrm{d}y\mathrm{d}z \to 0$ 时，可得 $\tau_{xy} = \tau_{yx}$ 。同理可得：$\tau_{xz} = \tau_{zx}$ ，$\tau_{yz} = \tau_{zy}$ 。这就证明应力张量 τ_{ij} 是一个二阶对称张量，九个分量中只有六个是独立的。

4.5.2　纳维-斯托克斯方程

1. 纳维-斯托克斯方程的解

在此，推导微分形式的黏性流体的运动微分方程，仍然取图 4.5.1 所示的微平行六面体进行受力分析和建立运动方程。

当流体密度为 ρ，微元体边长分别为 $\mathrm{d}x$ 、 $\mathrm{d}y$ 、 $\mathrm{d}z$ ，运动速度为 $\boldsymbol{v}$，所受外力 $\boldsymbol{F}$，应用质点系成立的牛顿第二定律，有

$$\rho\mathrm{d}x\mathrm{d}y\mathrm{d}z \cdot \frac{\mathrm{d}\boldsymbol{v}}{\mathrm{d}t} = \boldsymbol{F} \tag{4.5.7}$$

式中：$\mathrm{d}\boldsymbol{v}/\mathrm{d}t$ 为流体质点加速度。在欧拉方程中，流体质点加速度写为 $\mathrm{D}\boldsymbol{v}/\mathrm{D}t$ ，具体表达式见式（3.2.16）。

平行六面体所受外力 $\boldsymbol{F}$ 包括质量力和表面力。在直角坐标系下，设作用于流体微团上在 x、y、z 三个坐标轴方向的单位质量力分别为(f_x, f_y, f_z)。质量力往往是已知的，如在重力场中，取 z 轴为竖直向上为正，则 $f_x = 0$，$f_y = 0$，$f_z = -g$，g 为重力加速度。

该平行六面体六个面上的表面应力，如图 4.5.1 所示。其中，相邻表面上应力大小的差别用泰勒级数展开式表示，舍去高阶小项后，它们之间的关系可见图中已标示出。

表面力在 x 轴向分力为

$$\frac{\partial \tau_{xx}}{\partial x}\mathrm{d}x\mathrm{d}y\mathrm{d}z + \frac{\partial \tau_{yx}}{\partial y}\mathrm{d}y\mathrm{d}z\mathrm{d}x + \frac{\partial \tau_{zx}}{\partial z}\mathrm{d}z\mathrm{d}x\mathrm{d}y = \left(\frac{\partial \tau_{xx}}{\partial x} + \frac{\partial \tau_{yx}}{\partial y} + \frac{\partial \tau_{zx}}{\partial z}\right)\mathrm{d}x\mathrm{d}y\mathrm{d}z$$

类似地，表面力在 y 轴和 z 轴方向的分力分别为

$$\left(\frac{\partial \tau_{xy}}{\partial x} + \frac{\partial \tau_{yy}}{\partial y} + \frac{\partial \tau_{zy}}{\partial z}\right)\mathrm{d}x\mathrm{d}y\mathrm{d}z$$

$$\left(\frac{\partial \tau_{xz}}{\partial x} + \frac{\partial \tau_{yz}}{\partial y} + \frac{\partial \tau_{zz}}{\partial z}\right)\mathrm{d}x\mathrm{d}y\mathrm{d}z$$

将质量力和表面力代入式（4.5.7），两边同时除以 $\rho\mathrm{d}x\mathrm{d}y\mathrm{d}z$，由牛顿第二定律写出单位质量流体微团动力学方程（直角坐标形式）为

$$\begin{cases} \dfrac{\mathrm{D}v_x}{\mathrm{D}t} = f_x + \dfrac{1}{\rho}\left(\dfrac{\partial \tau_{xx}}{\partial x} + \dfrac{\partial \tau_{yx}}{\partial y} + \dfrac{\partial \tau_{zx}}{\partial z}\right) \\ \dfrac{\mathrm{D}v_y}{\mathrm{D}t} = f_y + \dfrac{1}{\rho}\left(\dfrac{\partial \tau_{xy}}{\partial x} + \dfrac{\partial \tau_{yy}}{\partial y} + \dfrac{\partial \tau_{zy}}{\partial z}\right) \\ \dfrac{\mathrm{D}v_z}{\mathrm{D}t} = f_z + \dfrac{1}{\rho}\left(\dfrac{\partial \tau_{xz}}{\partial x} + \dfrac{\partial \tau_{yz}}{\partial y} + \dfrac{\partial \tau_{zz}}{\partial z}\right) \end{cases} \tag{4.5.8}$$

这就是以应力表示的普遍形式的流体动力学微分方程。

将流体微团表面切应力和正应力的本构方程式（3.4.23）和式（3.4.24）代入到式（4.5.8）中，便得到黏性流体的 N-S 方程的普遍形式：

$$
\begin{cases}
\dfrac{\mathrm{D}v_x}{\mathrm{D}t}=f_x-\dfrac{1}{\rho}\dfrac{\partial p}{\partial x}+\dfrac{1}{\rho}\dfrac{\partial}{\partial x}\left\{\mu\left[2\dfrac{\partial v_x}{\partial x}-\dfrac{2}{3}(\nabla\cdot\boldsymbol{v})\right]\right\}+\dfrac{\partial}{\partial y}\left[\mu\left(\dfrac{\partial v_x}{\partial y}+\dfrac{\partial v_y}{\partial x}\right)\right]+\dfrac{\partial}{\partial z}\left[\mu\left(\dfrac{\partial v_z}{\partial x}+\dfrac{\partial v_x}{\partial z}\right)\right]\\
\dfrac{\mathrm{D}v_y}{\mathrm{D}t}=f_y-\dfrac{1}{\rho}\dfrac{\partial p}{\partial y}+\dfrac{1}{\rho}\dfrac{\partial}{\partial y}\left\{\mu\left[2\dfrac{\partial v_y}{\partial y}-\dfrac{2}{3}(\nabla\cdot\boldsymbol{v})\right]\right\}+\dfrac{\partial}{\partial z}\left[\mu\left(\dfrac{\partial v_y}{\partial z}+\dfrac{\partial v_z}{\partial y}\right)\right]+\dfrac{\partial}{\partial x}\left[\mu\left(\dfrac{\partial v_x}{\partial y}+\dfrac{\partial v_y}{\partial x}\right)\right]\\
\dfrac{\mathrm{D}v_z}{\mathrm{D}t}=f_z-\dfrac{1}{\rho}\dfrac{\partial p}{\partial z}+\dfrac{1}{\rho}\dfrac{\partial}{\partial z}\left\{\mu\left[2\dfrac{\partial v_z}{\partial z}-\dfrac{2}{3}(\nabla\cdot\boldsymbol{v})\right]\right\}+\dfrac{\partial}{\partial x}\left[\mu\left(\dfrac{\partial v_z}{\partial x}+\dfrac{\partial v_x}{\partial z}\right)\right]+\dfrac{\partial}{\partial y}\left[\mu\left(\dfrac{\partial v_y}{\partial z}+\dfrac{\partial v_z}{\partial y}\right)\right]
\end{cases}
\tag{4.5.9}
$$

N-S 方程中每一项的物理意义都表示作用于单位质量流体上的某种力。等号左边为惯性力（或加速度），等号右边依次为质量力、压强的合力和黏性力。黏性力又分为剪切应力和附加法向应力。

对常用的一些特殊情况，普遍形式的黏性流体运动微分方程（4.5.9）还可进一步简化。

2. 黏性系数 μ 为常数 N-S 方程

式（4.5.9）右端最后三项可以合并，如其中第一式可合并为

$$
\begin{aligned}
&2\mu\frac{\partial^2 v_x}{\partial x^2}-\frac{2}{3}\mu\frac{\partial}{\partial x}(\nabla\cdot\boldsymbol{v})+\mu\frac{\partial^2 v_x}{\partial y^2}+\mu\frac{\partial^2 v_y}{\partial x\partial y}+\mu\frac{\partial^2 v_z}{\partial x\partial z}+\mu\frac{\partial^2 v_x}{\partial z^2}\\
&=\mu\left(\frac{\partial^2 v_x}{\partial x^2}+\frac{\partial^2 v_x}{\partial y^2}+\frac{\partial^2 v_x}{\partial z^2}\right)-\frac{2}{3}\mu\frac{\partial}{\partial x}(\nabla\cdot\boldsymbol{v})+\mu\frac{\partial}{\partial x}\left(\frac{\partial v_x}{\partial x}+\frac{\partial v_y}{\partial y}+\frac{\partial v_z}{\partial z}\right)\\
&=\mu\nabla^2 v_x+\frac{1}{3}\mu\frac{\partial}{\partial x}(\nabla\cdot\boldsymbol{v})
\end{aligned}
$$

同理可得另外两式。则 N-S 方程（4.5.9）简化为

$$
\begin{cases}
\dfrac{\mathrm{D}v_x}{\mathrm{D}t}=f_x-\dfrac{1}{\rho}\dfrac{\partial p}{\partial x}+\nu\nabla^2 v_x+\dfrac{1}{3}\nu\dfrac{\partial}{\partial x}(\nabla\cdot\boldsymbol{v})\\
\dfrac{\mathrm{D}v_y}{\mathrm{D}t}=f_y-\dfrac{1}{\rho}\dfrac{\partial p}{\partial y}+\nu\nabla^2 v_y+\dfrac{1}{3}\nu\dfrac{\partial}{\partial y}(\nabla\cdot\boldsymbol{v})\\
\dfrac{\mathrm{D}v_z}{\mathrm{D}t}=f_z-\dfrac{1}{\rho}\dfrac{\partial p}{\partial z}+\nu\nabla^2 v_z+\dfrac{1}{3}\nu\dfrac{\partial}{\partial z}(\nabla\cdot\boldsymbol{v})
\end{cases}
\tag{4.5.10}
$$

或写成矢量形式：

$$
\frac{\partial\boldsymbol{v}}{\partial t}+(\boldsymbol{v}\cdot\nabla)\boldsymbol{v}=\boldsymbol{f}-\frac{1}{\rho}\nabla p+\nu\nabla^2\boldsymbol{v}+\frac{1}{3}\nu\nabla(\nabla\cdot\boldsymbol{v})
\tag{4.5.11}
$$

当流体黏性可以忽略不计时，黏性系数 $\mu=0$，则式（4.5.10）变为

$$
\begin{cases}
\dfrac{\partial v_x}{\partial t}+v_x\dfrac{\partial v_x}{\partial x}+v_y\dfrac{\partial v_x}{\partial y}+v_z\dfrac{\partial v_z}{\partial z}=f_x-\dfrac{1}{\rho}\dfrac{\partial p}{\partial x}\\
\dfrac{\partial v_y}{\partial t}+v_x\dfrac{\partial v_y}{\partial x}+v_y\dfrac{\partial v_y}{\partial y}+v_z\dfrac{\partial v_y}{\partial z}=f_y-\dfrac{1}{\rho}\dfrac{\partial p}{\partial y}\\
\dfrac{\partial v_z}{\partial t}+v_x\dfrac{\partial v_z}{\partial x}+v_y\dfrac{\partial v_z}{\partial y}+v_z\dfrac{\partial v_z}{\partial z}=f_z-\dfrac{1}{\rho}\dfrac{\partial p}{\partial z}
\end{cases}
$$

此式就是理想流体的运动微分方程式（4.1.3）。

当流体静止时，加速度 $\frac{\mathrm{D}\boldsymbol{v}}{\mathrm{D}t}=0$，则式（4.5.10）变为

$$\begin{cases} f_x-\dfrac{1}{\rho}\dfrac{\partial p}{\partial x}=0 \\ f_y-\dfrac{1}{\rho}\dfrac{\partial p}{\partial y}=0 \\ f_z-\dfrac{1}{\rho}\dfrac{\partial p}{\partial z}=0 \end{cases}$$

此式就是静止流体的平衡微分方程式（2.2.3）。

3. 不可压缩流体的 N-S 方程

对于不可压缩流体，并且黏性系数为常数，根据微分形式连续性方程（3.5.17）可知，$\nabla\cdot\boldsymbol{v}=0$，故N-S方程式（4.5.10）可进一步简化为

$$\begin{cases} \dfrac{\partial v_x}{\partial t}+v_x\dfrac{\partial v_x}{\partial x}+v_y\dfrac{\partial v_x}{\partial y}+v_z\dfrac{\partial v_x}{\partial z}=f_x-\dfrac{1}{\rho}\dfrac{\partial p}{\partial x}+\nu\left(\dfrac{\partial^2 v_x}{\partial x^2}+\dfrac{\partial^2 v_x}{\partial y^2}+\dfrac{\partial^2 v_x}{\partial z^2}\right) \\ \dfrac{\partial v_y}{\partial t}+v_x\dfrac{\partial v_y}{\partial x}+v_y\dfrac{\partial v_y}{\partial y}+v_z\dfrac{\partial v_y}{\partial z}=f_y-\dfrac{1}{\rho}\dfrac{\partial p}{\partial y}+\nu\left(\dfrac{\partial^2 v_y}{\partial x^2}+\dfrac{\partial^2 v_y}{\partial y^2}+\dfrac{\partial^2 v_y}{\partial z^2}\right) \\ \dfrac{\partial v_z}{\partial t}+v_x\dfrac{\partial v_z}{\partial x}+v_y\dfrac{\partial v_z}{\partial y}+v_z\dfrac{\partial v_z}{\partial z}=f_z-\dfrac{1}{\rho}\dfrac{\partial p}{\partial z}+\nu\left(\dfrac{\partial^2 v_z}{\partial x^2}+\dfrac{\partial^2 v_z}{\partial y^2}+\dfrac{\partial^2 v_z}{\partial z^2}\right) \end{cases} \tag{4.5.12}$$

或

$$\frac{\partial \boldsymbol{v}}{\partial t}+(\boldsymbol{v}\cdot\nabla)\boldsymbol{v}=\boldsymbol{f}-\frac{1}{\rho}\nabla p+\nu\nabla^2\boldsymbol{v} \tag{4.5.13}$$

此不可压缩流体流动的 N-S 方程在船舶与海洋工程等专业求解不可压缩流动问题中得到了广泛的应用。

在式（4.5.12）三个方程中有四个未知数：三个速度分量(v_x, v_y, v_z)和一个压强 p，所以还要联立微分形式的连续性方程（3.5.17）才能方程组封闭。方程组封闭，理论上可求解。但是，与理想流体的运动微分方程式（4.1.3）相比，N-S 方程多了黏性项，使方程组变为二阶非线性偏微分方程组，其求解难度大得多。随着计算机计算性能和数值方法的快速发展，出现了新学科计算流体力学，对于复杂的流动问题可采用数值计算方法求解。

当然，对于非定常的偏微分 N-S 方程，求解时还应给定相关初始条件和边界条件。

4. 柱坐标系下不可压缩流体的 N-S 方程

在柱坐标系(r, θ, z)下，不可压缩流体的 N-S 方程（4.5.12）为

$$\begin{cases} \dfrac{\mathrm{D}v_r}{\mathrm{D}t}-\dfrac{v_\theta^2}{r}=f_r-\dfrac{1}{\rho}\dfrac{\partial p}{\partial r}+\nu\left(\nabla^2 v_r-\dfrac{2}{r^2}\dfrac{\partial v_\theta}{\partial \theta}-\dfrac{v_r}{r^2}\right) \\ \dfrac{\mathrm{D}v_\theta}{\mathrm{D}t}-\dfrac{v_r v_\theta}{r}=f_\theta-\dfrac{1}{\rho}\dfrac{\partial p}{r\partial \theta}+\nu\left(\nabla^2 v_\theta-\dfrac{2}{r^2}\dfrac{\partial v_r}{\partial \theta}-\dfrac{v_\theta}{r^2}\right) \\ \dfrac{\mathrm{D}v_z}{\mathrm{D}t}=f_z-\dfrac{1}{\rho}\dfrac{\partial p}{\partial z}+\nu\nabla^2 v_z \end{cases} \tag{4.5.14}$$

其中，随体导数和拉普拉斯算子分别为

$$\frac{\mathrm{D}}{\mathrm{D}t}=\frac{\partial}{\partial t}+v_r\frac{\partial}{\partial r}+v_\theta\frac{\partial}{r\partial\theta}+v_z\frac{\partial}{\partial z} \tag{4.5.15}$$

$$\nabla^2=\frac{\partial^2}{\partial r^2}+\frac{1}{r}\frac{\partial}{\partial r}+\frac{1}{r^2}\frac{\partial^2}{\partial\theta^2}+\frac{\partial^2}{\partial z^2} \tag{4.5.16}$$

4.6 初始条件与边界条件

流体的运动皆遵循 N-S 方程和连续性方程，但自然界中的流动现象却千变万化，各不相同，这与流场的初始流动和边界流动直接相关。故流动问题的解，依赖于初始条件和边界条件。

4.6.1 初始条件

关于流动初始条件，一般先确定一个初始时刻t_0。在该时刻，根据实际给出流场的相关流动参数的分布表达式，如速度$\boldsymbol{v}$、压强p、密度ρ或温度T等。

在直角坐标系$O\text{-}xyz$下，初始时刻t_0的流动参数分布分别表示为

$$\boldsymbol{v}=\boldsymbol{v}(x,y,z,t_0) \tag{4.6.1}$$

$$p=p(x,y,z,t_0) \tag{4.6.2}$$

$$\rho=\rho(x,y,z,t_0) \tag{4.6.3}$$

$$T=T(x,y,z,t_0) \tag{4.6.4}$$

对非定常流动，初始条件必须给出。初始条件越接近真实流动，解的准确度越高。由于流动可以认为是从静止开始的，所以静止状态是一个在初始流动不确定的情况下常用的初始条件。

对定常流动，无须初始条件，由基本控制方程和边界条件就可以解出流场。

4.6.2 几种基本的流场边界

1. 流场边界

由于气体与气体容易相互混合，不会出现明显的气体分界面；而当气体与液体或者液体与液体发生互相混合时，也没有流体面边界。

常见的空气与水交界的自由面，其他气体与液体交界的自由液面，以及互不掺混的液体之间交界的分层面，这些是流场的流体面边界。

在外流和内流的流场中，某个空间尺度可能是无限的，如外流中有无限流场或半无限流场，以及管道内流或明渠流在流动方向的尺度几乎是无限长。如果求解无限空间的流动，对于有些求解手段是不现实的，也是没有必要的。

比如，船舶在静止的水面上匀速直线航行时，周围水的半无限流场流动问题。首先，经过惯性坐标系转换为定常流动，即船舶静止，而水以与船速相同的速度均匀流过船舶。经过实际观察，水在离开船舶一定距离之后就不再受到船舶的影响，在惯性坐标系下，转换为均匀流动。这是因为运动物体驱动流体所做的功是有限的，距离物体越远，做功被流体吸收，还有黏性耗能，流体被扰动的程度衰减很快。离开船舶一定距离之后，流体的流动几乎没有

变化。固体的扰动发生在有限范围，无限的流场空间就没有必要了。

除少数解析方法可以求解无限流场或半无限流场之外，无论是实验手段还是数值计算，常人为截断无限流场，截断边界取在足够远处，称为远场边界。并在截断面上赋予符合无限流场流动且具有物理意义的边界条件，即给定已知的速度、压强、密度或温度等流动参数的数值或相关的表达式，称为远场边界条件或无穷远边界条件。

相对远场边界，在外流问题中，绕流的固体壁面称为近场边界或固壁面边界，对应给出近场边界条件，如船体表面边界及其固壁面边界条件等。

在管道内流或明渠流问题中，类似外流问题，在上游和下游足够远处将流场截断，截断面分别称为入口边界和出口边界。

实用上，外流的远场边界也包括处于上游的入口边界，下游的出口边界，以及剩下的远场边界（这些边界面的方向一般与入口流动方向垂直，在物体的远侧面）。

从以上的分析可见，流场的基本边界有自然存在的流-固交界的固壁面边界，互不掺混的气-液或液-液交界的流体面边界，以及人为截断的流场边界，包括入口边界、出口边界和远场边界。

2. 流场边界流动参数的连续性

在流场边界处，实际黏性流体的流动参数通常保持连续性。在固壁面边界、流体面边界和人为截断边界等边界处，界面两侧的速度矢量 $\boldsymbol{v}$ 相等，温度 T 相等，法向应力 p（忽略表面应力）和切向应力 τ 大小相等、方向相反。即

$$\boldsymbol{v}_1 = \boldsymbol{v}_2 \tag{4.6.5}$$

$$T_1 = T_2 \tag{4.6.6}$$

$$p_1 = -p_2 \tag{4.6.7}$$

$$\tau_1 = -\tau_2 \tag{4.6.8}$$

以上各式中：1、2 分别代表边界两侧的介质表面。

在某些特殊的模型中，会出现参数的间断面。例如：理想流体中，流体可以沿固体表面滑移，界面两侧固体的速度与流体的速度不再相等。在管道入口处，管道壁面静止速度为 0，而入口流体速度不为 0。还有射流出口处，周围流体速度为 0，而射流出口速度不为 0。

3. 流体面边界的保持性

在流体连续的条件下，流体面边界在流体运动过程中会发生运动和变形，但是流体面总是由相同的流体质点组成，且不发生断裂，流体质点的相邻关系不改变，这一性质称为流体面的保持性。当自由面水波破碎时，不属于这种情况。

下面导出流体面保持性的数学表达式为

$$\frac{\partial F}{\partial t} + \boldsymbol{v} \cdot \nabla F = 0 \tag{4.6.9}$$

式中：$F(\boldsymbol{x}, t) = 0$ 为流体面的几何方程，$\boldsymbol{x}$ 为流体面上流体质点的空间坐标；t 是时间；$\boldsymbol{v}$ 是流体面上流体质点的速度。

设流体面上流体质点在时间段 $\mathrm{d}t$ 内的位移为 $\mathrm{d}\boldsymbol{x}$，因为流体质点仍然在流体面上，所以时空点 $(\boldsymbol{x} + \mathrm{d}\boldsymbol{x}, t + \mathrm{d}t)$ 仍然满足 $F(\boldsymbol{x} + \mathrm{d}\boldsymbol{x}, t + \mathrm{d}t) = 0$。

在直角坐标系 $O\text{-}xyz$ 下，利用泰勒级数展开，忽略高阶小量，可得

$$F(\boldsymbol{x}+\mathrm{d}\boldsymbol{x},t+\mathrm{d}t)=F(\boldsymbol{x},t)+\frac{\partial F}{\partial t}\mathrm{d}t+\frac{\partial F}{\partial x}\mathrm{d}x+\frac{\partial F}{\partial y}\mathrm{d}y+\frac{\partial F}{\partial z}\mathrm{d}z$$

由于 $F(\boldsymbol{x}+\mathrm{d}\boldsymbol{x},t+\mathrm{d}t)=F(\boldsymbol{x},t)=0$，所以有

$$\frac{\partial F}{\partial t}\mathrm{d}t+\frac{\partial F}{\partial x}\mathrm{d}x+\frac{\partial F}{\partial y}\mathrm{d}y+\frac{\partial F}{\partial z}\mathrm{d}z=0$$

或变形为

$$\frac{\partial F}{\partial t}+\frac{\partial F}{\partial x}\frac{\mathrm{d}x}{\mathrm{d}t}+\frac{\partial F}{\partial y}\frac{\mathrm{d}y}{\mathrm{d}t}+\frac{\partial F}{\partial z}\frac{\mathrm{d}z}{\mathrm{d}t}=0 \tag{4.6.10}$$

因 $(\mathrm{d}x,\mathrm{d}y,\mathrm{d}z)$ 是流体质点的位移，故

$$\begin{cases} v_x=\dfrac{\mathrm{d}x}{\mathrm{d}t} \\ v_y=\dfrac{\mathrm{d}y}{\mathrm{d}t} \\ v_z=\dfrac{\mathrm{d}z}{\mathrm{d}t} \end{cases}$$

将上式流体质点的速度与位移关系式代入式（4.6.10），即

$$\frac{\partial F}{\partial t}+v_x\frac{\partial F}{\partial x}+v_y\frac{\partial F}{\partial y}+v_z\frac{\partial F}{\partial z}=0 \tag{4.6.11}$$

为式（4.6.9）在直角坐标系下的表达式。

4.6.3 边界条件

边界条件是指在流场边界上给定已知的速度、压强、密度或温度等流动参数的数值或相关的表达式。

从运动学角度提出的速度参数的边界条件，称为运动学边界条件，如黏性流体的固体无滑移边界条件。从动力学角度提出的表面应力参数的边界条件，称为动力学边界条件，如静止流体自由面上的压强为大气压强。

在可压缩的热力学问题中需要提出温度参数边界条件，对不可压缩问题则不需要给出。

边界条件主要基于边界流动参数的连续性、流体面的保持性，以及符合流动的物理意义提出的。

下面分别从固壁面边界、流体面边界和截断的流体边界讨论各自边界条件。

1. 固壁面边界条件

1）黏性流体固壁面无滑移边界条件

流体黏性使紧贴固体壁面的薄层流体附着在壁面上一起运动，没有相对滑移，称为固体无滑移边界条件，即

$$\boldsymbol{v}=\boldsymbol{U} \tag{4.6.12}$$

式中：$\boldsymbol{v}$ 为紧贴固壁面薄层流体的速度；$\boldsymbol{U}$ 为壁面（或固体）的运动速度（忽略固壁面弹性变形）。

这个边界条件包含以下两个方面。

（1）与壁面接触的流体质点始终保持与壁面接触，既不能穿透壁面，也不能离开壁面。也就是说在壁面法线方向上，流体质点的速度应等于壁面运动速度。

如果有流体进出壁面，即固体为多孔介质，那么固壁面是可渗透的壁面边界条件。

（2）由于黏性作用，流体质点不能沿壁面滑动。在壁面切向上，流体质点的速度同样应等于壁面运动速度。这一条件对壁面的摩擦阻力计算起着关键的作用。

对固体不润湿的流体，流体在固体表面上可以滑移，如水珠在荷叶上滚动、流体对固壁面长时间的冲刷、流体不会长期停留在固体表面等。这类问题的固壁面边界条件在此不做讨论。

2）理想流体固壁面不可穿透边界条件

不仅黏性流体，理想流体同样地既不能穿透壁面，也不能离开壁面。在壁面法线方向上，流体质点的速度应等于壁面运动速度：

$$\boldsymbol{v}\cdot\boldsymbol{n}=\boldsymbol{U}\cdot\boldsymbol{n} \tag{4.6.13}$$

式中：$\boldsymbol{n}$ 为壁面边界的外法线，指向流场外。

理想流体在固壁面上可滑移，所以切向速度不为 0。且它是待确定的物理量，不能作为边界条件给出。理想流体在固壁面上的速度与壁面相切，所以壁面是流线面。对二维问题，壁面就是一条流线。反之，对理想流体，特定的流线或流线面是否也可以设想为固壁面呢？这一概念也能成立。

固壁面边界处，两侧温度相等：

$$T_{\mathrm{f}}=T_{\mathrm{w}} \tag{4.6.14}$$

式中：f 代表流体，w 代表固壁面。

固壁面边界的应力由速度场根据广义牛顿内摩擦定律计算出来，所以不需要给出应力边界条件。

2. 流体面边界条件

在流体面边界处，流体面是运动的、变形的，则其形状是未知的，运动速度也是未知的。所以边界条件需要与基本微分方程耦合求解。

边界条件基于两侧流体的流动参数连续性和流体面保持性提出的。以常见的水面波动的不可压缩理想流体的水波问题为例，边界条件既要给出运动学边界条件，又要给出动力学边界条件。运动学边界条件就是基于流体面的保持性提出的，换句话说，就是边界上流体质点的速度等于流体面的运动速度；动力学边界条件是基于界面压强参数连续性提出的，自由面压强为大气压强，必须满足伯努利方程。水波自由面边界条件将在水波理论中给出具体的表达式。

3. 截断的流体边界条件

截断边界如果是外流的远场边界，将无限远处的流动参数赋值给远场边界，即常用的远场边界条件为

$$\boldsymbol{v}=\boldsymbol{v}_{\infty}，\quad p=p_{\infty}，\quad T=T_{\infty} \tag{4.6.15}$$

式中：∞ 的流动参数代表流场无限远处的流动参数。

如果是入口或出口边界，边界条件给出流动参数在该截断面处的参数值，分别为

$$\boldsymbol{v}=\boldsymbol{v}_{\text{in}},\quad p=p_{\text{in}},\quad T=T_{\text{in}} \tag{4.6.16}$$

$$\boldsymbol{v}=\boldsymbol{v}_{\text{out}},\quad p=p_{\text{out}},\quad T=T_{\text{out}} \tag{4.6.17}$$

4.7　积分形式的动量方程

工程中，常见流体和物体之间的相互作用问题——求作用力的合力（对这些力的具体作用过程、分布状况不感兴趣），这时应用动量定理较为合适与方便。

流体流动的动量方程是物理学中系统的动量定理在流体力学中的具体表达形式。

动量定理可表述为系统动量 $\boldsymbol{P}$ 的时间变化率等于作用在该系统上的所有外力 $\boldsymbol{F}$ 的矢量和，用符号表示为

$$\frac{\mathrm{d}\boldsymbol{P}}{\mathrm{d}t}=\sum\boldsymbol{F} \tag{4.7.1}$$

式中：$\boldsymbol{P}=m\boldsymbol{v}$，$m$ 为系统质量，$\boldsymbol{v}$ 为系统的速度矢量。对体积为 V 的流体质点系，其动量为 $\boldsymbol{P}=\iiint_V \rho\boldsymbol{v}\mathrm{d}\tau$，$\rho$ 为流体密度，$\boldsymbol{v}$ 为速度分布。

这是拉格朗日法中关于系统（或流体质点系）成立的动量定理表达方式。

下面推导欧拉法下基于控制体的流体运动的动量方程。

4.7.1　定常流动的积分形式动量方程

如图 4.7.1 所示，t 时刻，在流场中取定控制体 $V(t)$，其控制面为 A。流体密度为 ρ，流场速度分布为 $\boldsymbol{v}$。经过 $\mathrm{d}t$ 之后，控制体内的流体由于流动，体积和位置发生了变化，到达图中虚线所围的体积 $V'(t+\mathrm{d}t)$。

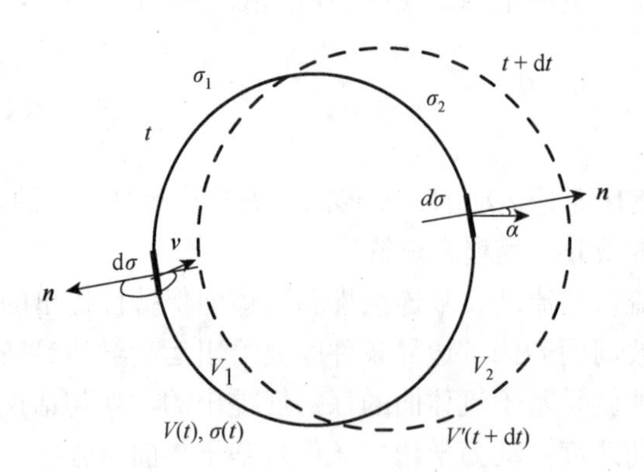

图 4.7.1　控制体动量方程推导示意图

从图中可见，体积 $V'(t+\mathrm{d}t)$ 与控制体 $V(t)$ 之间的关系为 $V'(t+\mathrm{d}t)=V-V_1+V_2$。$t$ 时刻流体质点系的动量计为 $(\boldsymbol{P}_V)_t$，$t+\mathrm{d}t$ 时刻流体质点系的动量为 $(\boldsymbol{P}_{V'})_{t+\mathrm{d}t}$。且：

$$\left(\boldsymbol{P}_{V'}\right)_{t+\mathrm{d}t}=\left(\boldsymbol{P}_V\right)_{t+\mathrm{d}t}-\left(\boldsymbol{P}_{V_1}\right)_{t+\mathrm{d}t}+\left(\boldsymbol{P}_{V_2}\right)_{t+\mathrm{d}t} \tag{4.7.2}$$

采用泰勒级数展开，有

$$(\boldsymbol{P}_V)_{t+\mathrm{d}t}=(\boldsymbol{P}_V)_t+\frac{\partial\boldsymbol{P}_V}{\partial t}\mathrm{d}t \tag{4.7.3}$$

由式（4.7.2）和式（4.7.3）得到系统的动量变化率为

$$\frac{\mathrm{d}\boldsymbol{P}}{\mathrm{d}t}=\frac{\left(\boldsymbol{P}_{V'}\right)_{t+\mathrm{d}t}-\left(\boldsymbol{P}_{V}\right)_{t}}{\mathrm{d}t}=\frac{\partial \boldsymbol{P}_{V}}{\partial t}-\frac{\left(\boldsymbol{P}_{V_1}\right)_{t+\mathrm{d}t}}{\mathrm{d}t}+\frac{\left(\boldsymbol{P}_{V_2}\right)_{t+\mathrm{d}t}}{\mathrm{d}t} \tag{4.7.4}$$

对定常流动，$\frac{\partial \boldsymbol{P}_{V}}{\partial t}=0$，式（4.7.4）变为

$$\frac{\mathrm{d}\boldsymbol{P}}{\mathrm{d}t}=-\frac{\left(\boldsymbol{P}_{V_1}\right)_{t+\mathrm{d}t}}{\mathrm{d}t}+\frac{\left(\boldsymbol{P}_{V_2}\right)_{t+\mathrm{d}t}}{\mathrm{d}t} \tag{4.7.5}$$

从物理意义上，$\left(\boldsymbol{P}_{V_1}\right)_{t+\mathrm{d}t}$ 为 $t+\mathrm{d}t$ 时刻体积 V_1 所具有的动量，它等于经过 $\mathrm{d}t$ 时间段从控制面 A 的流入面 A_1 流入的流体所具有的动量，即

$$\left(\boldsymbol{P}_{V_1}\right)_{t+\mathrm{d}t}=-\iint_{A_1}\rho(\boldsymbol{v}\cdot\boldsymbol{n})\mathrm{d}t\mathrm{d}A\cdot\boldsymbol{v} \tag{4.7.6}$$

式中：$\boldsymbol{n}$ 为流入面 A_1 的外法线，质量流量为 $-\iint_{A}\rho(\boldsymbol{v}\cdot\boldsymbol{n})\mathrm{d}A$，外法线 $\boldsymbol{n}$ 方向与速度 $\boldsymbol{v}$ 方向的夹角为钝角。

同理，$\left(\boldsymbol{P}_{V_2}\right)_{t+\mathrm{d}t}$ 为 $t+\mathrm{d}t$ 时刻体积 V_2 所具有的动量，它等于经过 $\mathrm{d}t$ 时间段从控制面 A 的流出面 A_2 流出的流体所具有的动量，即

$$\left(\boldsymbol{P}_{V_2}\right)_{t+\mathrm{d}t}=\iint_{A_2}\rho(\boldsymbol{v}\cdot\boldsymbol{n})\mathrm{d}t\mathrm{d}A\cdot\boldsymbol{v} \tag{4.7.7}$$

式中：$\boldsymbol{n}$ 为流出面 A_2 的外法线，质量流量为 $\iint_{A}\rho(\boldsymbol{v}\cdot\boldsymbol{n})\mathrm{d}A$，外法线 $\boldsymbol{n}$ 方向与速度 $\boldsymbol{v}$ 方向的夹角为锐角。

将式（4.7.6）和式（4.7.7）代入式（4.7.5），可得

$$-\frac{\left(\boldsymbol{P}_{V_1}\right)_{t+\mathrm{d}t}}{\mathrm{d}t}+\frac{\left(\boldsymbol{P}_{V_2}\right)_{t+\mathrm{d}t}}{\mathrm{d}t}=\iint_{A_1}\rho(\boldsymbol{v}\cdot\boldsymbol{n})\mathrm{d}A\cdot\boldsymbol{v}+\iint_{A_2}\rho(\boldsymbol{v}\cdot\boldsymbol{n})\mathrm{d}A\cdot\boldsymbol{v}=\iint_{A}\rho(\boldsymbol{v}\cdot\boldsymbol{n})\boldsymbol{v}\mathrm{d}A \tag{4.7.8}$$

代入式（4.1.1），即

$$\iint_{A}\rho(\boldsymbol{v}\cdot\boldsymbol{n})\boldsymbol{v}\mathrm{d}A=\sum\boldsymbol{F} \tag{4.7.9}$$

此式即在控制体（或控制面）上成立的定常流动的动量方程。这表明，控制面上动量的净流量等于作用在控制体或控制面上的外力 $\boldsymbol{F}$ 的矢量和。

如果流动不仅定常，而且不可压缩，则式（4.7.9）可变为

$$\rho\iint_{A}(\boldsymbol{v}\cdot\boldsymbol{n})\boldsymbol{v}\mathrm{d}A=\sum\boldsymbol{F} \tag{4.7.10}$$

4.7.2　一维定常不可压缩流动的积分形式动量方程

对于一维流动，控制体取如图4.7.2所示的虚线所围的体积，控制面 A 由流管表面 S、流管入口有效截面 A_1 和出口有效截面 A_2 组成，即

$$A=S+A_1+A_2$$

式中：截面 A_1 的流入速度为 $\boldsymbol{v}_1$，外法线为 $\boldsymbol{n}_1$；截面 A_2 的流出速度为 $\boldsymbol{v}_2$，外法线为 $\boldsymbol{n}_2$。流体不可压缩，流体密度 ρ 为常数。

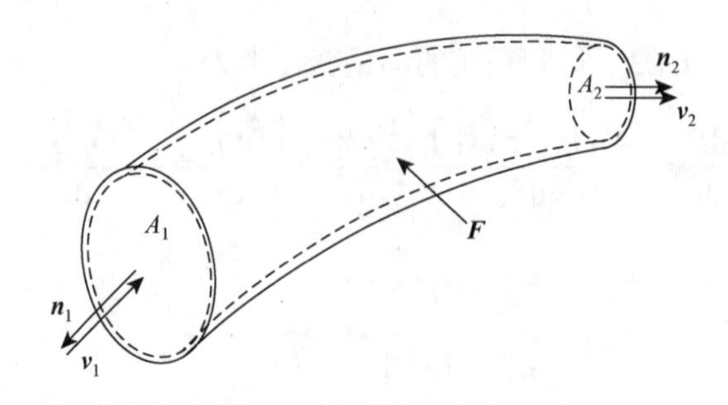

图 4.7.2　一维不可压缩定常流动的控制体

根据式（4.7.10）控制面动量的净流量为

$$\rho\iint_A (\boldsymbol{v}\cdot\boldsymbol{n})\boldsymbol{v}\mathrm{d}\sigma = \rho\iint_{S+A_1+A_2}(\boldsymbol{v}\cdot\boldsymbol{n})\boldsymbol{v}\mathrm{d}S = 0-\rho\iint_{A_1} v_1\boldsymbol{v}_1\mathrm{d}A+\rho\iint_{A_2} v_2\boldsymbol{v}_2\mathrm{d}A$$
$$=\rho v_2\boldsymbol{v}_2 A_2-\rho v_1\boldsymbol{v}_1 A_1=\rho Q(\boldsymbol{v}_2-\boldsymbol{v}_1)$$

即

$$\rho\iint_A (\boldsymbol{v}\cdot\boldsymbol{n})\boldsymbol{v}\mathrm{d}\sigma=\rho Q(\boldsymbol{v}_2-\boldsymbol{v}_1) \tag{4.7.11}$$

式中：Q 为流管的体积流量，$Q=v_1A_1=v_2A_2$。

将式（4.7.11）代入式（4.7.10），可得

$$\rho Q(\boldsymbol{v}_2-\boldsymbol{v}_1)=\sum\boldsymbol{F} \tag{4.7.12}$$

此式即为一维定常不可压缩流动的动量方程。注意，下标 1 表示入口面，下标 2 表示出口面，$\boldsymbol{F}$ 为作用在控制体或控制面上的外力。

在直角坐标系下，式（4.7.12）写成分量形式为

$$\begin{cases}\rho Q(v_{2x}-v_{1x})=\sum F_x\\ \rho Q(v_{2y}-v_{1y})=\sum F_y\\ \rho Q(v_{2z}-v_{1z})=\sum F_z\end{cases} \tag{4.7.13}$$

4.7.3　非定常流动的积分形式动量方程

根据式（4.7.4），对非定常流动，$\dfrac{\partial \boldsymbol{P}_V}{\partial t}\neq 0$。若 $\boldsymbol{P}_V=\iiint_V \rho\boldsymbol{v}\mathrm{d}V$，则

$$\frac{\partial \boldsymbol{P}_V}{\partial t}=\frac{\partial}{\partial t}\iiint_V \rho\boldsymbol{v}\mathrm{d}V \tag{4.7.14}$$

式（4.7.8）仍然成立，即

$$-\frac{\left(\boldsymbol{P}_{V_1}\right)_{t+\mathrm{d}t}}{\mathrm{d}t}+\frac{\left(\boldsymbol{P}_{V_2}\right)_{t+\mathrm{d}t}}{\mathrm{d}t}=\iint_A \rho(\boldsymbol{v}\cdot\boldsymbol{n})\boldsymbol{v}\mathrm{d}A$$

将式（4.7.14）和式（4.7.8）代入式（4.1.4），得到

$$\frac{\mathrm{d}\boldsymbol{P}}{\mathrm{d}t}=\frac{\partial \boldsymbol{P}_V}{\partial t}-\frac{\left(\boldsymbol{P}_{V_1}\right)_{t+\mathrm{d}t}}{\mathrm{d}t}+\frac{\left(\boldsymbol{P}_{V_3}\right)_{t+\mathrm{d}t}}{\mathrm{d}t}=\frac{\partial}{\partial t}\iiint_A \rho\boldsymbol{v}\mathrm{d}V+\iint_A \rho(\boldsymbol{v}\cdot\boldsymbol{n})\boldsymbol{v}\mathrm{d}A \tag{4.7.15}$$

再将式（4.7.15）代入式（4.7.1），即

$$\frac{\partial}{\partial t}\iiint_V \rho \boldsymbol{v} \mathrm{d}V + \iint_A \rho(\boldsymbol{v}\cdot\boldsymbol{n})\boldsymbol{v}\mathrm{d}A = \sum \boldsymbol{F} \tag{4.7.16}$$

此式即为流体流动积分形式的动量方程。方程左边第一项是控制体内动量随时间的变化率，第二项是动量通过控制面的净输运量。

对定常流动，式（4.7.16）可简化为 $\iint_A \rho(\boldsymbol{v}\cdot\boldsymbol{n})\boldsymbol{v}\mathrm{d}A = \sum \boldsymbol{F}$，即为式（4.7.9）。

对不可压缩流动，式（4.7.16）简化为 $\rho\iint_A (\boldsymbol{v}\cdot\boldsymbol{n})\boldsymbol{v}\mathrm{d}A = \sum \boldsymbol{F}$，即为式（4.7.10）。

关于等式（4.7.15）还补充以下说明。

在欧拉方法下，$\frac{\mathrm{D}}{\mathrm{D}t}$ 表示 t 时刻控制体 V 内质点系物理量的时间变化率，为控制体内物理量的随体导数。这样，式（4.7.15）改为欧拉方法下随体导数符号的形式，则为

$$\frac{\mathrm{D}}{\mathrm{D}t}\iiint_V \rho \boldsymbol{v} \mathrm{d}\tau = \frac{\partial}{\partial t}\iiint_V \rho \boldsymbol{v} \mathrm{d}V + \iint_A \rho(\boldsymbol{v}\cdot\boldsymbol{n})\boldsymbol{v}\mathrm{d}A \tag{4.7.17}$$

以上推导的不同积分形式的动量方程对黏性流体和理想流体均适用。

如果取通用物理量符号 $\boldsymbol{B} = \rho\boldsymbol{v}$，式（4.7.17）可写为

$$\frac{\mathrm{D}}{\mathrm{D}t}\iiint_V \boldsymbol{B} \mathrm{d}V = \frac{\partial}{\partial t}\iiint_V \boldsymbol{B} \mathrm{d}V + \iint_A \boldsymbol{B}(\boldsymbol{v}\cdot\boldsymbol{n})\mathrm{d}A \tag{4.7.18}$$

此式即为流体力学中的输运公式。它表达的含义为控制体内物理量的随体导数等于控制体内物理量的局部导数与通过该控制体表面的输运量之和。

在输运公式（4.7.18）中，当 $\boldsymbol{B} = \rho\boldsymbol{v}$ 时，即为动量方程式（4.7.17）；当 $\boldsymbol{B} = \rho$ 时，即为连续性方程式（3.5.9）。

应用动量方程时应注意以下几点。

（1）该方程是矢量方程，宜将方程分解为坐标轴方向，便于求解。

（2）控制体所受外力包括体积力和表面力，如重力、周围固体和流体的表面压力和黏性力等，要保证受力分析准确，并注意受力对象是控制体内的流体。

（3）用分解坐标系下的动量方程求解时，应注意力矢量、速度矢量分解后分量的正负值。

（4）适当选取控制面，如选择法向速度为 0 的面，与速度处处垂直的面，速度及压力分布已知的面等。

4.8　例题选讲

例 4.8.1　如图 4.8.1 所示，有一水平放置的变直径弯曲管道，$d_1 = 500$ mm，$d_2 = 400$ mm，转角 $\alpha = 45°$，截面 1-1 处流速 $v_1 = 1.2$ m/s，压强 $p_1 = 245$ kPa（表压），求水流对弯管的作用力（不计弯管能量损失）。

解　列弯管 1-1 截面和 2-2 截面的连续性方程，求出 2-2 截面的速度 v_2：

$$v_1 A_1 = v_2 A_2$$

$$v_2 = \frac{A_1}{A_2}v_1 = \frac{d_1^2}{d_2^2}v_1 = 1.2\times\left(\frac{0.5}{0.4}\right)^2 = 1.857\ (\mathrm{m/s})$$

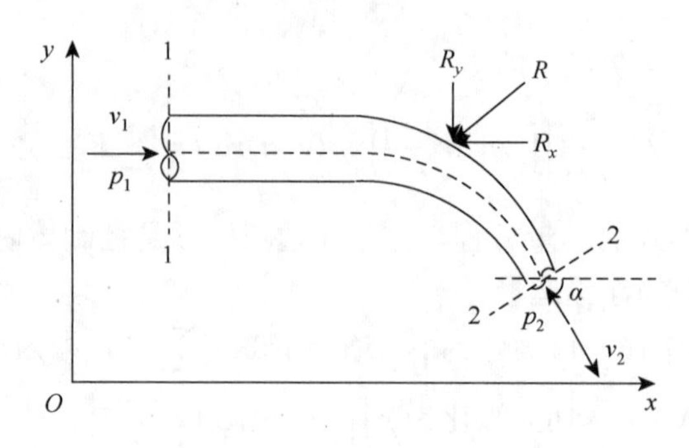

图 4.8.1

弯管体积流量为

$$Q = v_1 A_1 = v_2 A_2 = 0.236\ (\mathrm{m^3/s})$$

忽略弯管能量损失，流体为理想流体。

列弯管 1-1 截面和 2-2 截面的伯努利方程，求出 2-2 截面的压强 p_2 为

$$z_1 + \frac{p_1}{\gamma} + \frac{v_1^2}{2g} = z_2 + \frac{p_2}{\gamma} + \frac{v_2^2}{2g}$$

取管轴水平面为基准面，则

$$z_1 = z_2 = 0$$

$$p_2 = p_1 + \frac{\rho}{2}\left(v_1^2 - v_2^2\right) = 245\,000 + \frac{1000}{2} \times (1.2^2 - 1.857^2) = 243.97\ (\mathrm{kPa})\text{（表压）}$$

取控制体如图 4.8.1 中虚线所示，设弯管对水流的作用力为 R，在水平坐标系的 x、y 方向的分量分别为 R_x、R_y，方向如图 4.8.1 所示。因为弯管水平放置，所以重力在水平面的分力为 0。

列 x 方向的动量方程：

$$p_1 A_1 - R_x - p_2 A_2 \cos\alpha = \rho Q(v_2 \cos\alpha - v_1)$$

$$\begin{aligned} R_x &= p_1 A_1 - p_2 A_2 \cos\alpha - \rho Q(v_2 \cos\alpha - v_1) \\ &= 245 \times \frac{\pi}{4} \times 0.5^2 - 243.97 \times \frac{\pi}{4} \times 0.4^2 \times \cos 45^\circ - 1\,000 \times 0.236 \times (1.857 \times \cos 45^\circ - 1.2) \\ &= 26.40\ (\mathrm{kN}) \end{aligned}$$

方向沿 x 轴的负向。

列 y 方向的动量方程：

$$-R_y + p_2 A_2 \sin\alpha = \rho Q(-v_2 \sin\alpha - 0)$$

$$\begin{aligned} R_y &= p_2 A_2 \sin\alpha + \rho Q v_2 \sin\alpha \\ &= 243.97 \times \frac{\pi}{4} \times 0.4^2 \times \sin 45^\circ + 1\,000 \times 0.236 \times 1.857 \times \sin 45^\circ \\ &= 21.99\ (\mathrm{kN}) \end{aligned}$$

方向沿 y 轴的负向。则

$$R = \sqrt{R_x^2 + R_y^2} = \sqrt{26.40^2 + 21.99^2} = 34.36\ (\mathrm{kN})$$

与 x 轴的夹角 θ 为

$$\theta = \arctan\frac{R_y}{R_x} = \arctan\frac{21.99}{26.40} = 40°$$

所以，水流对弯管的作用力 R'，与弯管对水流的作用力 R，是一对作用力与反作用力，方向如图 4.8.2 所示。

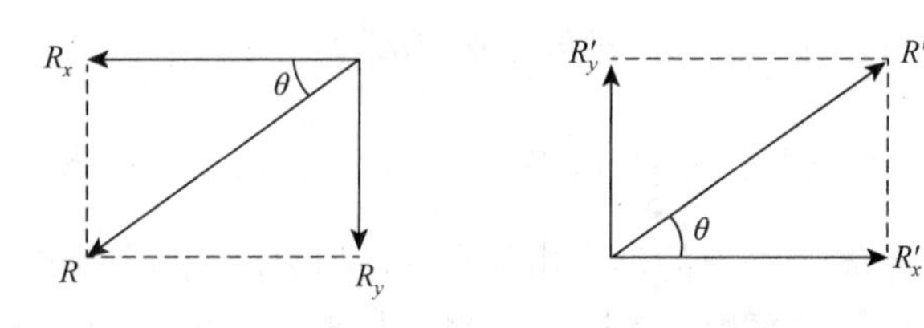

图 4.8.2

例 4.8.2　如图 4.8.3 所示，有一直径为 D、长为 L 的圆柱，置于定常不可压缩速度为 V_0 的均流中，测得该圆柱体前后方速度分布如图所示，而压强均相同（不变），试求作用于该圆柱体上流体作用力。

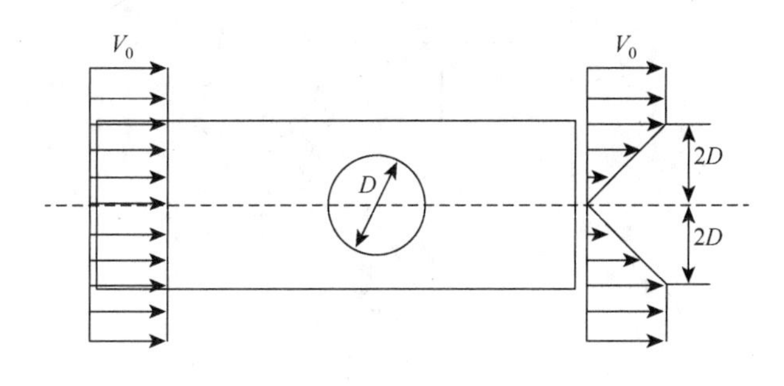

图 4.8.3

解　在圆柱体周围左侧上游、右侧下游和两侧面足够远处取如图 4.8.3 中虚线所示的范围为控制体。

左侧上游流入的质量流量为

$$\rho Q_{上游} = \rho V_0 \cdot 4DL = 4\rho V_0 DL$$

右侧下游流入的质量流量为

$$\rho Q_{下游} = 2\rho\int_0^{2D}\frac{y}{2D}V_0 \cdot L\mathrm{d}y = 2\rho V_0 DL$$

由于左侧上游流入的质量流量大于右侧下游流出的，所以有质量和动量从两侧面流出。从两侧面流出的质量流量为 $\rho Q_{两侧} = 2\rho V_0 DL$。

流动定常、不可压缩，积分形式的动量方程可参考式（4.7.10）。

假设作用于该圆柱体上流体作用力大小为 F，方向与上游速度 V_0 方向一致。则圆柱体对流体的作用力大小也为 F，方向与上游速度 V_0 方向相反。重力忽略不计。

以上游速度 V_0 方向为正方向，对控制体列动量方程为

$$\rho\iint_{上游+两侧+下游}(\boldsymbol{v}\cdot\boldsymbol{n})\boldsymbol{v}\mathrm{d}A=4\rho(-V_0)DL\cdot V_0+2\rho V_0 DL\cdot V_0+2\rho\int_0^{2D}\left(\frac{y}{2D}V_0\right)^2\cdot L\mathrm{d}y=-F$$

$$-4\rho V_0^{\ 2}DL+\frac{4}{3}\rho V_0^{\ 2}DL+2\rho V_0^{\ 2}DL=-\frac{2}{3}\rho V_0^{\ 2}DL=-F$$

所以

$$F=\frac{2}{3}\rho V_0^{\ 2}DL$$

作用于该圆柱体上流体作用力大小为$\frac{2}{3}\rho V_0^{\ 2}DL$，方向与上游速度$V_0$方向一致，是阻力。

例 4.8.3　在大气中流体对平板的斜冲击如图 4.8.4 所示，冲击流束流动近似为二维流动。设宽度为b_0的流束以速度v_0向平板 AB 冲击。平板与流速v_0的夹角为α。不计黏性，求流体对平板的作用力。

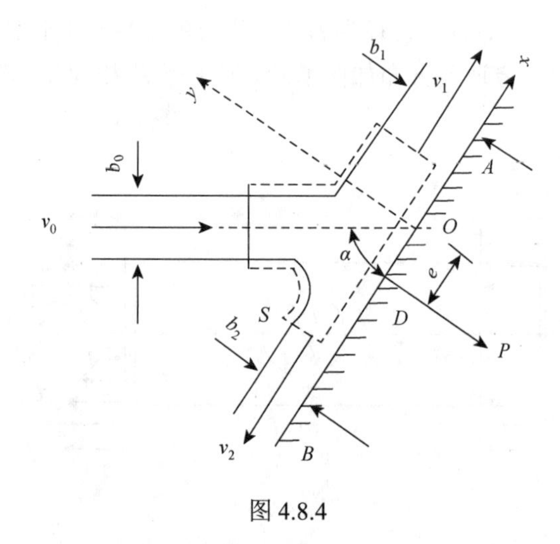

图 4.8.4

解　取坐标系和控制体如图 4.8.4 所示，控制面为S。控制面为S的三个流束截面应取得足够远以至于截面的流速均可认为是常数。设b_1、v_1和b_2、v_2分别为流束冲击平板后分为上下两流束的宽度、速度。

在冲击流束与大气接触的上下表面是流线，表面上压强为大气压强，忽略重力，从上下表面流线的伯努利方程可得出流束速度之间的关系为

$$v_0=v_1=v_2 \tag{①}$$

由控制体流入流出面的体积流量关系的连续性方程

$$v_0b_0=v_1b_1+v_2b_2 \tag{②}$$

将式①代入式②得出流束宽度之间的关系为

$$b_0=b_1+b_2 \tag{③}$$

设流体对平板的作用力大小为P，因为忽略黏性，则力P与平板面垂直，并沿y轴负向，作用点位置如图所示。那么，平板对流体的作用力大小为P，沿y轴正向。

冲击流束处于大气中，除平板面外，流束中其余的压强均为大气压强。那么控制面是封闭，大气压强作用合力为 0，可以不考虑。并且忽略重力。

列 x 方向的动量方程

$$\rho(-v_0)(v_0\cos\alpha)b_0+\rho v_1 v_1 b_1+\rho v_2(-v_2)b_2=0$$

整理为

$$b_1-b_2=b_0\cos\alpha \quad ④$$

联立式③、式④，解得

$$\begin{cases} b_1=\dfrac{1+\cos\alpha}{2}b_0 \\ b_2=\dfrac{1-\cos\alpha}{2}b_0 \end{cases} \quad ⑤$$

列 y 方向的动量方程

$$\rho(-v_0)(-v_0\sin\alpha)b_0+0+0=P$$

得到

$$P=\rho {v_0}^2 b_0\sin\alpha \quad ⑥$$

式中，P 是流体对平板的作用力，方向沿 y 轴负向，指向平板，如图 4.8.4 所示。

下面应用动量矩方程求冲击力 P 的作用点 D 在 x 轴上的位置。设点 D 与坐标系原点 O 的距离为 e，以坐标系原点 O 为力矩中心列动量矩方程（逆时针为正）

$$e\cdot P=-\frac{b_1}{2}\rho v_1 v_1 b_1+\frac{b_2}{2}\rho v_2 v_2 b_2$$

将式①、式⑤和式⑥代入上式，得

$$e=-\frac{b_0}{2}\cot\alpha \quad ⑦$$

式中：负号表示点 D 在 x 轴的负向。

测 试 题 4

1. 欧拉运动微分方程是（　）的动力学基本方程。
   A. 理想流体　　B. 黏性流体
2. 欧拉运动微分方程每项相当于是单位（　）流体的某种作用力。
   A. 质量　　B. 重量
3. 伯努利方程适用于（　）。
   A. 理想流体　　B. 黏性流体
4. 伯努利方程适用于（　）。
   A. 定常流动　　B. 非定常流动
5. 伯努利方程各项 z，p/γ，$v^2/2g$ 均为（　）。
   A. 长度量纲　　B. 无量纲
6. 伯努利方程各项 z，p/γ，$v^2/2g$ 的物理意义为单位（　）流体的位置势能、压强势能和动能。
   A. 质量　　B. 重量
7. 忽略（　）的伯努利方程直接给出了压强与速度之间的变化关系。
   A. 重力　　B. 渐变流

8. 拉格朗日方程适用于（ ）。

A. 理想流体　　B. 黏性流体

9. 拉格朗日方程适用于（ ）。

A. 无旋流动　　B. 有旋常流动

10. 欧拉运动微分方程是（ ）方程。

A. 线性　　B. 非线性

11. N-S 方程是（ ）的动力学基本方程。

A. 理想流体　　B. 黏性流体

12. 黏性流体的固体壁面边界条件是（ ）。

A. 滑移条件　　B. 无滑移条件

13. 积分形式的动量方程（ ）黏性流体。

A. 适用于　　B. 不适用于

14. 积分形式的动量方程中，外力 $\boldsymbol{F}$ 是作用在由（ ）组成的控制体上的。

A. 流体　　B. 固体

15. 一维定常流动的动量方程 $\boldsymbol{F}=\rho Q(\boldsymbol{v}_2-\boldsymbol{v}_1)$中，下标 2 代表（ ）截面。

A. 入口　　B. 出口

习 题 4

1. 有一离心泵如题图 4.1 所示，其吸水管径 $d=150$ mm，在水泵抽水量为 $Q=60$ m^3/h 时，装在水泵吸水管端的真空表指出负压值为 300 mm 水银柱，若不计水流黏性阻力，试确定此时水池内液面到水泵吸水管端的吸水高度 H_s？

2. 喷雾器如题图 4.2 所示。已知喷管中心线距液面高度为 $H=50$ mm，喷管直径 $d=2$ mm，与液体相连的小管内径 $d_1=3$ mm。若活塞直径 $D=20$ mm，移动速度 $v_0=1$ m/s，流体不可压缩，液体的重度为 $\gamma_1=8\,434$ N/m^3，空气的重度为 $\gamma_2=12.06$ N/m^3。试求液体喷出量。

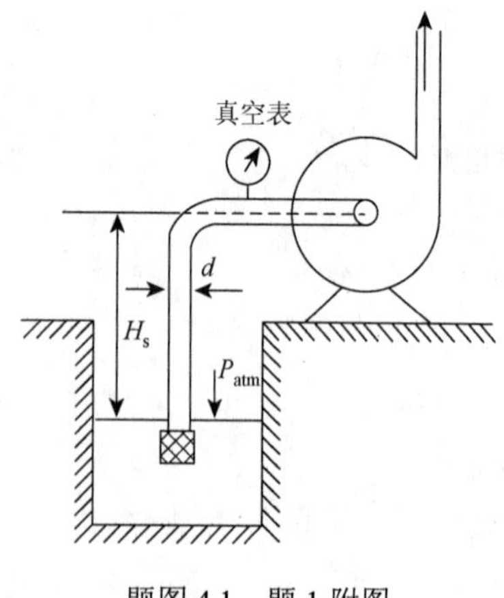

题图 4.1　题 1 附图

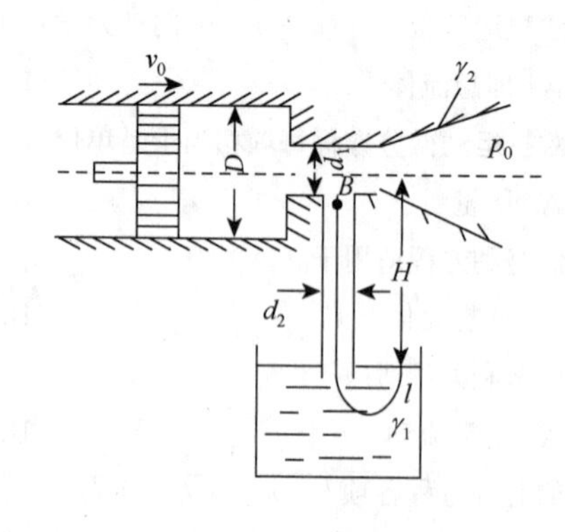

题图 4.2　题 2 附图

3. 如题图 4.3 所示，固定的收缩管的前半部向下弯曲，偏转角为 θ。$A_0=0.006\,36$ m^2，$Q=0.02$ m^3/s，$p_0=39\,533$ Pa，$V_0=3.14$ m/s，$V_3=28.29$ m/s。试求：（1）水流对喷管的作用力 $\boldsymbol{F}$ 的表达式；（2）若 $\theta=30°$，

求水流对喷管的作用力。

4. 如题图 4.4 所示。流体流入 U 形弯管的体积流量 $Q = 0.01\ \mathrm{m^3/s}$，弯管截面由 $S_1 = 50\ \mathrm{cm^2}$ 减小到 $S_2 = 10\ \mathrm{cm^2}$。忽略流体黏性，若 S_2 截面上的压强为一个工程大气压，求水流对弯管的作用力。

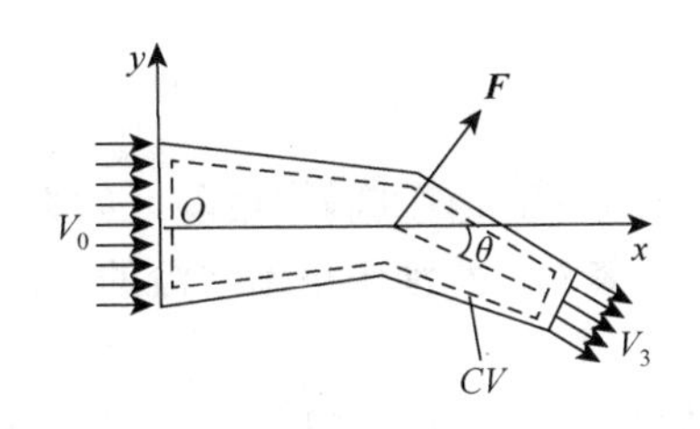

题图 4.3　题 3 附图

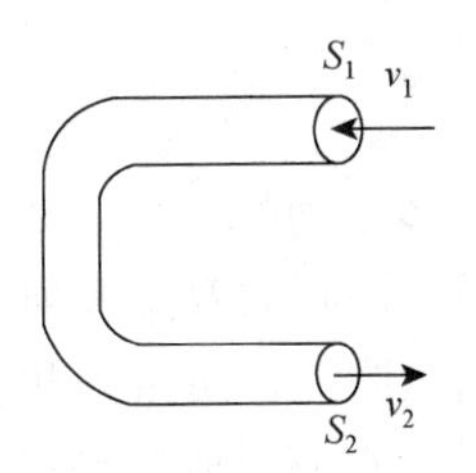

题图 4.4　题 4 附图

5. 如题图 4.5 所示，弯管的直径由 $d_1 = 20\ \mathrm{cm}$ 减小到 $d_2 = 15\ \mathrm{cm}$，偏转角为 60°。设粗端压强 $p_1 = 7\,840\ \mathrm{N/m^2}$，流过弯管流体的体积流量为 $Q = 0.08\ \mathrm{m^3/s}$，求水作用于弯管的作用力。

6. 两平板组成收缩渠道如题图 4.6 所示。已知流体理想、不可压缩，流动定常且无旋，流动对称于两平板延长线的交点 O。设 $OA = 1\ \mathrm{m}$，$OB = 2\ \mathrm{m}$，A 点处的流速为 $v_A = 2\ \mathrm{m/s}$。试求沿壁面的压强分布及流体对 AB 壁面的作用力。

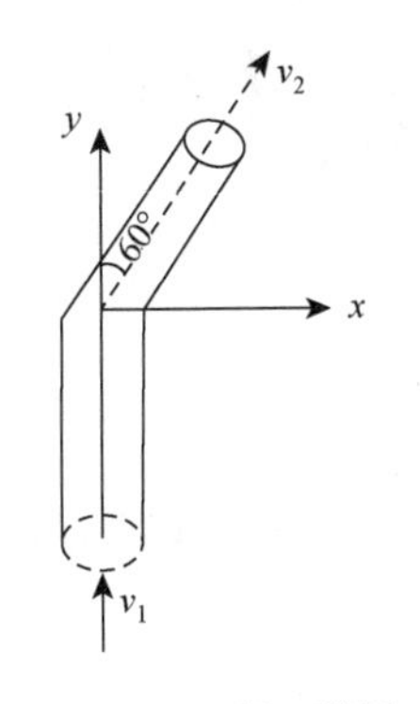

题图 4.5　题 5 附图

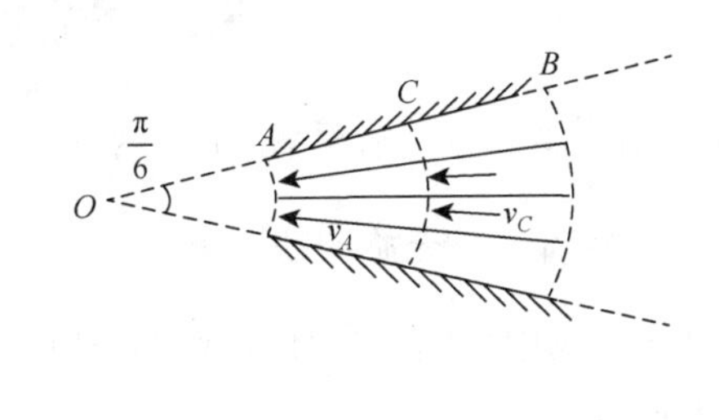

题图 4.6　题 6 附图

拓 展 题 4

1. 不可压缩欧拉方程和 N-S 方程每一项代表什么意义？
2. 黏性流体与理想流体的壁面边界条件是什么？分别表达什么含义？
3. 列举并分析应用伯努利方程的工程实例。

第 5 章　涡 旋 理 论

涡旋是流体运动的一个重要自然现象。在日常生活中，经常看到涡旋运动，如大气中龙卷风，桥墩后面规则的双排涡列，水面突兀物体的尾流分离涡，水池中下泄水流的盆池涡等。涡旋的产生与压强差、质量力和黏性力等因素有关。

一般来说，水流形成的涡旋被称作漩涡，大气形成的涡旋则有可能形成热带气旋或者龙卷风。

流体流过固体壁面时，除壁面附近黏性影响严重、流动有旋的一薄层外，其余区域的流动可视为理想流体的无旋运动。流场中某些区域为涡旋区，涡旋核心区域是有旋的，被涡旋诱导的流动区域则为无旋的。

所有实际流体的流动都是黏性流动，都是由涡结构所组成。涡结构是物质结构，是一系列旋转的流体微团结构。但在大多数情况下流动中的涡旋肉眼难以察觉。

涡旋运动的概念与理论在工程实际中有广泛的应用。如螺旋桨推力、机翼升力、鱼尾仿生推进等等都与涡旋有直接的联系。

5.1　涡旋流动的基本概念

5.1.1　有旋流动　无旋流动　涡流

1. 有旋流动　无旋流动

凡在流场中微团自身具有旋转角速度的运动都称为有旋流动（或称有涡运动），其旋转角速度矢量 $\boldsymbol{\omega}$ 不为 0，即

$$\boldsymbol{\omega} \neq 0 \tag{5.1.1}$$

当旋转角速度 $\boldsymbol{\omega}$ 等于 0 时，称为无旋流动，即

$$\boldsymbol{\omega} = 0 \tag{5.1.2}$$

旋转角速度 $\boldsymbol{\omega}(\omega_x, \omega_y, \omega_z)$ 在直角坐标系下的表达式为

$$\begin{cases} \omega_x = \dfrac{1}{2}\left(\dfrac{\partial v_z}{\partial y} - \dfrac{\partial v_y}{\partial z}\right) \\ \omega_y = \dfrac{1}{2}\left(\dfrac{\partial v_x}{\partial z} - \dfrac{\partial v_z}{\partial x}\right) \\ \omega_z = \dfrac{1}{2}\left(\dfrac{\partial v_y}{\partial x} - \dfrac{\partial v_x}{\partial y}\right) \end{cases} \tag{5.1.3}$$

在柱坐标系 (r, θ, z) 中，速度矢量 $\boldsymbol{v}$ 的三个分量分别为 v_r、v_θ、v_z。旋转角速度 $\boldsymbol{\omega}$ 的三个分量 ω_r、ω_θ、ω_z 分别为

$$
\begin{cases}
\omega_r = \dfrac{1}{2}\cdot\dfrac{1}{r}\left(\dfrac{\partial v_z}{\partial\theta} - \dfrac{\partial\left(rv_\theta\right)}{\partial z}\right) \\
\omega_\theta = \dfrac{1}{2}\left(\dfrac{\partial v_r}{\partial z} - \dfrac{\partial v_z}{\partial r}\right) \\
\omega_z = \dfrac{1}{2}\cdot\dfrac{1}{r}\left(\dfrac{\partial\left(rv_\theta\right)}{\partial r} - \dfrac{\partial v_r}{\partial\theta}\right)
\end{cases} \tag{5.1.4}
$$

2. 涡量

涡量 $\boldsymbol{\Omega}$ 是速度矢量 $\boldsymbol{v}$ 的旋度；即

$$
\boldsymbol{\Omega} = \mathrm{rot}\boldsymbol{v} = \nabla\times\boldsymbol{v} \tag{5.1.5}
$$

在直角坐标系中为

$$
\begin{cases}
\Omega_x = \dfrac{\partial v_z}{\partial y} - \dfrac{\partial v_y}{\partial z} \\
\Omega_y = \dfrac{\partial v_x}{\partial z} - \dfrac{\partial v_z}{\partial x} \\
\Omega_z = \dfrac{\partial v_y}{\partial x} - \dfrac{\partial v_x}{\partial y}
\end{cases} \tag{5.1.6}
$$

在柱坐标系中为

$$
\begin{cases}
\Omega_r = \dfrac{1}{r}\left(\dfrac{\partial v_z}{\partial\theta} - \dfrac{\partial(rv_\theta)}{\partial z}\right) \\
\Omega_\theta = \dfrac{\partial v_r}{\partial z} - \dfrac{\partial v_z}{\partial r} \\
\Omega_z = \dfrac{1}{r}\left(\dfrac{\partial(rv_\theta)}{\partial r} - \dfrac{\partial v_r}{\partial\theta}\right)
\end{cases} \tag{5.1.7}
$$

流体的旋度矢量或涡量矢量 $\boldsymbol{\Omega}$ 与流体微团旋转角速度矢量 $\boldsymbol{\omega}$ 的方向相同，大小为旋转角速度的 2 倍，即

$$
\boldsymbol{\Omega} = 2\boldsymbol{\omega} \tag{5.1.8}
$$

涡量矢量 $\boldsymbol{\Omega}$ ，还有一个重要特性，对其定义式（5.1.5）作散度运算：

$$
\nabla\cdot\boldsymbol{\Omega} = \nabla\cdot(\nabla\times\boldsymbol{v}) = 0 \tag{5.1.9}
$$

速度矢量 $\boldsymbol{v}$ 取旋度后的散度必等于零。对在直角坐标系中的式（5.1.6）作散度运算可以验证，即

$$
\begin{aligned}
\nabla\cdot\boldsymbol{\Omega} &= \nabla\cdot\left[\left(\frac{\partial w}{\partial y} - \frac{\partial v}{\partial z}\right)\boldsymbol{i} + \left(\frac{\partial u}{\partial z} - \frac{\partial w}{\partial x}\right)\boldsymbol{j} + \left(\frac{\partial v}{\partial x} - \frac{\partial u}{\partial y}\right)\boldsymbol{k}\right] \\
&= \frac{\partial}{\partial x}\left(\frac{\partial w}{\partial y} - \frac{\partial v}{\partial z}\right) + \frac{\partial}{\partial y}\left(\frac{\partial u}{\partial z} - \frac{\partial w}{\partial x}\right) + \frac{\partial}{\partial z}\left(\frac{\partial v}{\partial x} - \frac{\partial u}{\partial y}\right) = 0
\end{aligned} \tag{5.1.10}
$$

在有旋流场中流体旋度（或涡量）矢量 $\boldsymbol{\Omega}$ 的散度等于零，式（5.1.9）在直角坐标系中可写为

$$\frac{\partial \Omega_x}{\partial x}+\frac{\partial \Omega_y}{\partial y}+\frac{\partial \Omega_z}{\partial z}=0 \tag{5.1.11}$$

这是流体旋度的一个运动学的基本方程式，它将同黏性流体中旋度的动力学方程一起，求解流场中旋度分布。

3. 涡流

涡流是指流体微团的迹线做圆周运动（或螺旋运动）的流动。涡流可以是有旋涡流（涡旋、漩涡），也可能是无旋涡流，如大气中的龙卷风流动。

5.1.2　涡线　涡管

涡线、涡管等概念与速度向量场中用流线、流管等概念使流动图形化一样，也可在旋转角速度向量场中引入。

1. 涡线

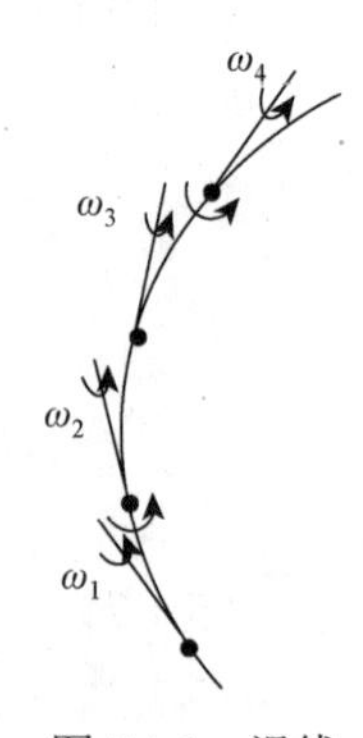

图 5.1.1　涡线

在涡线上，所有流体质点在同一瞬时的旋转角速度矢量与此线相切。如图 5.1.1 所示。

涡线是瞬时的概念。不同瞬时，形状一般不同，对定常流动，其形状、位置不随时间变化。

根据涡线定义，它与流线类似，除特殊的一些奇点以外，涡线也不会相交，以及可用与流线方程类似的方法得到涡线方程。

设 $\mathrm{d}\boldsymbol{s}(\mathrm{d}x,\mathrm{d}y,\mathrm{d}z)$ 代表涡线上一段微弧长，$\boldsymbol{\omega}(\omega_x,\omega_y,\omega_z)$ 代表该处流体微团的旋转角速度向量。

由涡线的定义可知 $\mathrm{d}\boldsymbol{s}//\boldsymbol{\omega}$，则

$$\boldsymbol{\omega}\times\mathrm{d}\boldsymbol{s}=0 \tag{5.1.12}$$

得到涡线的微分方程式为

$$\frac{\mathrm{d}x}{\omega_x(x,y,z,t)}=\frac{\mathrm{d}y}{\omega_y(x,y,z,t)}=\frac{\mathrm{d}z}{\omega_z(x,y,z,t)} \tag{5.1.13}$$

已知旋转角速度，积分式（5.1.13）可得到涡线，式中 t 为参数。

2. 涡管

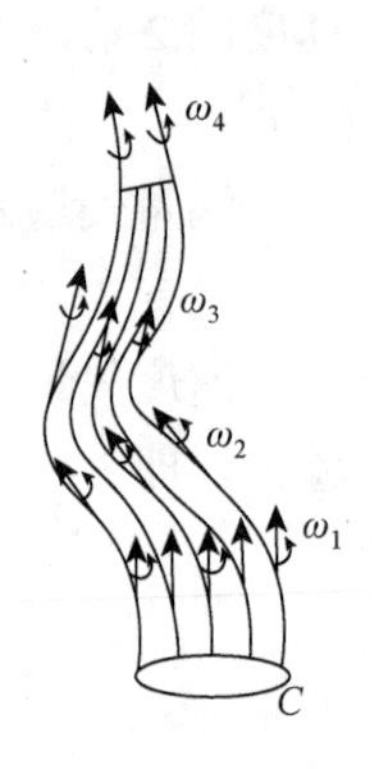

图 5.1.2　涡管

在涡旋场中任取一微小封闭曲线 C（不是涡线），过 C 上每一点作一条涡线，这些涡线形成一个管状曲面，称为涡管，如图 5.1.2 所示。

当定常流动，涡管的形状、位置不变。涡束：涡管中充满着的、做旋转运动的流体。涡丝：截面积无限小的涡束，或称为涡索。

5.1.3 涡旋强度 速度环量

1. 涡旋强度 J

在曲面 σ 上任取微面积 $\mathrm{d}\sigma$，$\boldsymbol{\omega}$ 的法线分量为 ω_n，如图 5.1.3 所示。

定义 ω_n 与 $\mathrm{d}\sigma$ 的乘积为 $\mathrm{d}\sigma$ 上的涡旋强度 $\mathrm{d}J$，即

$$\mathrm{d}J = \omega_n \mathrm{d}\sigma \tag{5.1.14}$$

式中：J 为涡旋强度；$\omega_n = \boldsymbol{\omega} \cdot \boldsymbol{n}$。

将 $\mathrm{d}J$ 沿 σ 面积分，则得到穿过 σ 面的涡旋强度：

$$J = \iint_\sigma \omega_n \mathrm{d}\sigma \tag{5.1.15}$$

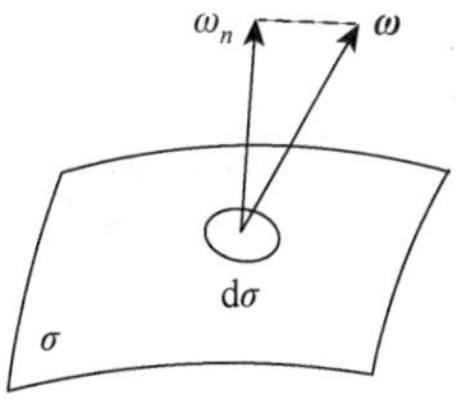

图 5.1.3 涡旋强度

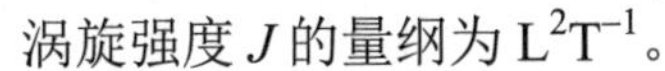

涡旋强度 J 的量纲为 $\mathrm{L}^2\mathrm{T}^{-1}$。

若 σ 是涡管截面，类似 $\iint_\sigma v_n \mathrm{d}\sigma$ 为流管体积流量，则称 J 为涡管强度。J 是表征流场中涡旋强弱大小的物理量，由旋转角速度大小和旋转分布面积共同确定。

很明显，由于涡量 $\boldsymbol{\Omega} = 2\boldsymbol{\omega}$，所以 $\iint_\sigma (\boldsymbol{\Omega} \cdot \boldsymbol{n})\mathrm{d}\sigma = 2\iint_\sigma (\boldsymbol{\omega} \cdot \boldsymbol{n})\mathrm{d}\sigma$，称 $\iint_\sigma (\boldsymbol{\Omega} \cdot \boldsymbol{n})\mathrm{d}\sigma$ 为涡量强度，即涡量强度是涡旋强度的 2 倍。

2. 速度环量 Γ

某一瞬时，在流场中任取曲线 AB，在 AB 上取微线元 $\mathrm{d}\boldsymbol{s}$，该处速度 $\boldsymbol{v}$ 在 $\mathrm{d}\boldsymbol{s}$ 方向上的投影为 v_s，如图 5.1.4 所示。

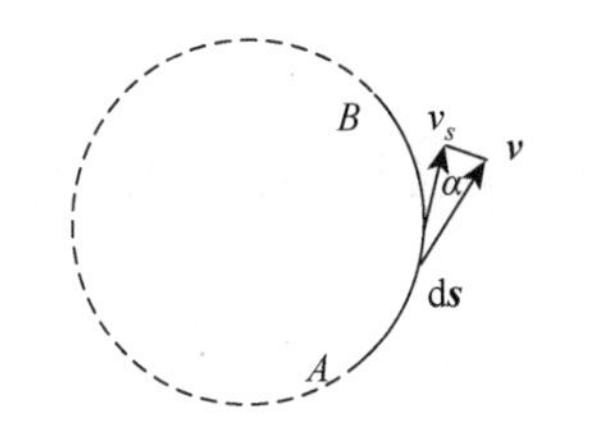

图 5.1.4 AB 曲线速度环量

将 v_s 与 $\mathrm{d}s$ 的乘积沿曲线 AB 的积分称为曲线 AB 的速度环量 Γ_{AB}，即

$$\Gamma_{AB} = \int_{AB} v_s \mathrm{d}s \tag{5.1.16}$$

式中：$v_s = v\cos\alpha$。

速度环量 Γ_{AB} 的量纲为 $\mathrm{L}^2\mathrm{T}^{-1}$，与涡旋强度量纲相同。

速度环量是一个标量，其正负由速度与线积分方向之间的夹角确定。当速度方向与 AB 曲线积分方向相同时，夹角成锐角，速度环量为正；反之，夹角成钝角，速度环量为负。

如果积分方向相反，则相差一个负号，即

$$\Gamma_{AB} = -\Gamma_{BA} \tag{5.1.17}$$

更具有物理意义的是沿一条封闭周线 c 的速度环量，如图 5.1.5 所示。则沿周线 c 的速度环量 Γ_c 为

$$\Gamma_c = \oint_c v_s \mathrm{d}s \tag{5.1.18}$$

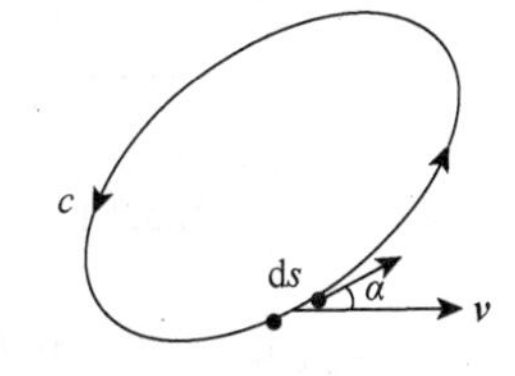

图 5.1.5 封闭曲线速度环量

速度环量 Γ 与涡旋强度 J 一样，可表征流场中周线 c 包围面积内的涡旋的强弱。

涡旋以逆时针旋转为正，速度环量的正负可表示涡旋旋转方向。将速度环量线积分以逆时针积分走向为正。如果沿逆时针方

向积分，且速度环量 $\Gamma>0$，则涡旋转动方向为逆时针方向；如果 $\Gamma<0$，则涡旋转动方向为顺时针方向。

速度环量的其他表示形式：

$$\Gamma_{AB}=\int_{AB}v\cos\alpha\mathrm{d}s$$

$$\Gamma_{AB}=\int_{AB}\boldsymbol{v}\cdot\mathrm{d}\boldsymbol{s}$$

$$\Gamma_{AB}=\int_{AB}v\cos(\boldsymbol{v}\cdot\mathrm{d}\boldsymbol{s})\mathrm{d}s$$

$$\Gamma_{AB}=\int_{AB}v_x\mathrm{d}x+v_y\mathrm{d}y+v_z\mathrm{d}z$$

5.2　几种简单无旋、有旋流动

流动是否有旋可根据旋转角速度是否等于 0 来判断。下面介绍 4 种平面流动，2 种流线为直线，2 种流线为周线（涡流），分别分析其是否为有旋流动。

5.2.1　均匀流动

假设均匀流动的流场速度分布为

$$\begin{cases}v_x=v_0\\v_y=0\end{cases}$$

流线与 x 轴平行，如图 5.2.1 所示。

很容易验证：$\omega_z=0$。

可见，流动无旋。在流场中，取十字微团 M（图 5.2.1），它既不转动也不变形，只产生平移。

5.2.2　平行剪切流动

假设流场速度分布为 $\begin{cases}v_x=\dfrac{v_0}{h}\left(2y-\dfrac{y^2}{h}\right),\\v_y=0。\end{cases}$ 流线与 x 轴平行，如图 5.2.2 所示。

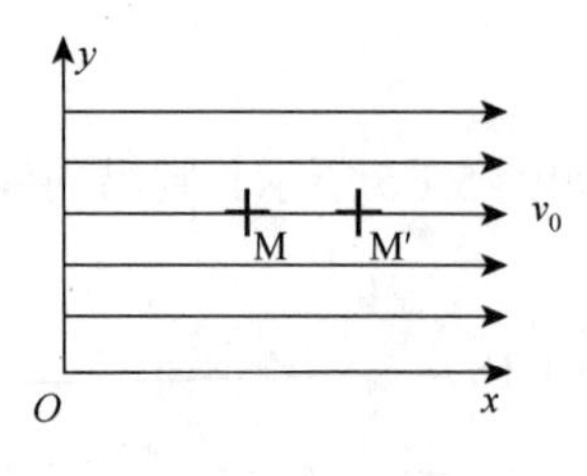

图 5.2.1　均匀流动

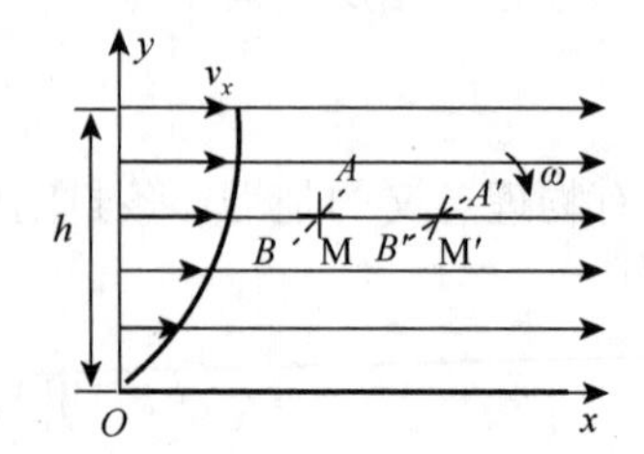

图 5.2.2　平行剪切流动

容易验证：$\omega_z=\dfrac{v_0}{h}\left(\dfrac{y}{h}-1\right)\neq0$。说明流动有旋。

在流场中，取十字微团 M（图 5.2.2）。虽然微团 M 的水平边不转动，但垂直边做顺时针转动，以及微团 M 的角平分线 *AB* 也顺时针转动。表明该直线流线的流动，不仅有旋，而且流体微团做顺时针的旋转运动。

平行剪切流动常见于壁面附近和射流的层流剪切流动，速度分布为抛物线规律。流线虽然是直线，但流动是有旋的。

5.2.3　强制涡流

假设流体像刚体一样绕 z 轴以角速度 ω 逆时针转动，流线是同心圆族，如图 5.2.3 所示。如龙卷风中心的转动。

流场各点周向线速度 v_θ 与半径 r 成正比，径向速度 v_r 为 0。

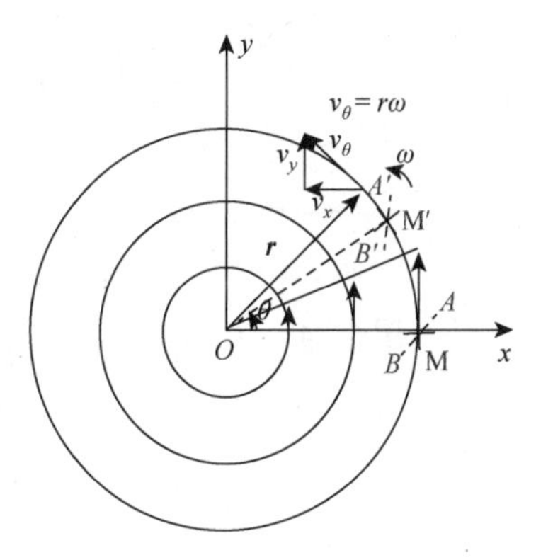

图 5.2.3　强制涡流

流场速度分布为

$$\begin{cases} v_r = 0 \\ v_\theta = r\omega \end{cases}, \quad \omega = \text{const}$$

此速度分布在直角坐标系下表示为

$$\begin{cases} v_x = -v_\theta \sin\theta = -r\omega \dfrac{y}{r} = -\omega y \\ v_y = v_\theta \cos\theta = r\omega \dfrac{x}{r} = \omega x \end{cases}$$

即

$$\begin{cases} v_x = -\omega y \\ v_y = \omega x \end{cases}$$

计算流动的旋转角速度，可得

$$\omega_z = \frac{1}{2}\cdot\frac{1}{r}\left(\frac{\partial(rv_\theta)}{\partial r} - \frac{\partial v_r}{\partial \theta}\right) = \frac{1}{2}\left(\frac{\partial v_y}{\partial x} - \frac{\partial v_x}{\partial y}\right) = \omega \neq 0$$

所以像刚体一样旋转的流体是有旋的涡流。

在流场中，取十字微团 M（图 5.2.3）。十字微团 M 形状不变并以角速度 ω 绕 z 轴做圆周运动。其角平分线 *AB* 与十字微团一起，不仅以定角速度 ω 做圆周运动，而且以旋转角速度 ω 绕自身中心轴转动（自转）。

该涡流是有旋的。当 $\omega>0$ 时，涡旋为逆时针转动；当 $\omega<0$ 时，涡旋为顺时针转动。

沿半径 r 的周线计算速度环量：

$$\Gamma_c = \oint_c v_\theta \mathrm{d}s = r\omega \cdot 2\pi r = 2\pi r^2 \omega = 2J$$

结果表明，半径 r 周线的速度环量等于所围面积的涡旋强度的 2 倍，以及等于涡量强度。

5.2.4 自由涡流

流体仍然绕 z 轴转动，流线是同心圆族，但流场各点周向速度与半径成反比，如图 5.2.4 所示。如龙卷风中心外围的转动，它是被中心有旋强制涡流带动的流动，其流速随着半径的增加成反比衰减。

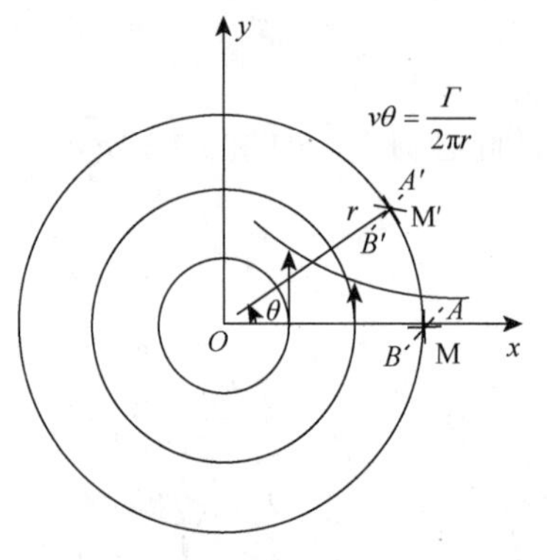

图 5.2.4 自由涡流

流场各点周向速度 v_θ 与半径 r 成反比，径向速度 v_r 为 0。流场速度分布为

$$\begin{cases} v_r = 0 \\ v_\theta = \dfrac{\Gamma}{2\pi r}, \quad r>0 \end{cases}$$

其中，$\Gamma=\text{const}$。流动在 $r=0$ 处为奇点。

将速度在直角坐标系下分解，为

$$\begin{cases} v_x = -v_\theta \sin\theta = -\dfrac{\Gamma}{2\pi r}\cdot\dfrac{y}{r} = -\dfrac{\Gamma}{2\pi}\dfrac{y}{x^2+y^2} \\ v_y = v_\theta \cos\theta = \dfrac{\Gamma}{2\pi r}\cdot\dfrac{x}{r} = \dfrac{\Gamma}{2\pi}\dfrac{x}{x^2+y^2} \end{cases}$$

即

$$\begin{cases} v_x = -\dfrac{\Gamma}{2\pi}\dfrac{y}{x^2+y^2} \\ v_y = \dfrac{\Gamma}{2\pi}\dfrac{x}{x^2+y^2} \end{cases}$$

计算流动的旋转角速度，可知：$\omega_z=0$。所以除点 $r=0$ 外，该流场是无旋的涡流。

在流场中，取十字微团 M（见图 5.2.4）。可见，微团中与半径垂直的边，因同速而总在同一圆周上；另一边，半径大（小）的质点速度慢（快），导致微团发生角形变。但两边向角平分线 AB 等角速度靠拢，微团的角平分线不转动，微团运动无旋。

沿半径 r 的周线计算速度环量：

$$\Gamma_c = \oint_c v_\theta \mathrm{d}s = \frac{\Gamma}{2\pi r}\cdot 2\pi r = \Gamma$$

可见，Γ_c 与半径 r 无关。

实际上，此无旋涡流是在 $r\to 0$ 的奇点处的涡量强度为 Γ 的涡旋诱导出的涡流。虽然是无旋流动，但沿任意半径 r 的周线的速度环量等于不为 0 的 Γ。

5.3 斯托克斯定理

5.3.1 斯托克斯定理概述

在涡旋场中任取一条封闭的曲线 C 和以它为边界的曲面 σ，如图 5.3.1 所示。

斯托克斯定理：沿任意封闭曲线 C 的速度环量 Γ_C 等于通过以这一曲线为边界的曲面 σ 的涡旋强度 J 的 2 倍。

$$\Gamma_C = 2J \tag{5.3.1}$$

或

$$\oint_C v_s \mathrm{d}s = 2\iint_\sigma \omega_n \mathrm{d}\sigma \tag{5.3.2}$$

斯托克斯定理表明：当封闭周线内有涡束时，则沿封闭周线的速度环量等于该周线内所有涡束的涡旋强度之和的两倍。

证明：

（1）在流场中，取一个微平面矩形 $abcd$。定义坐标轴分别与边长平行，矩形边长分别为 $\mathrm{d}x$、$\mathrm{d}y$，如图 5.3.2 所示。

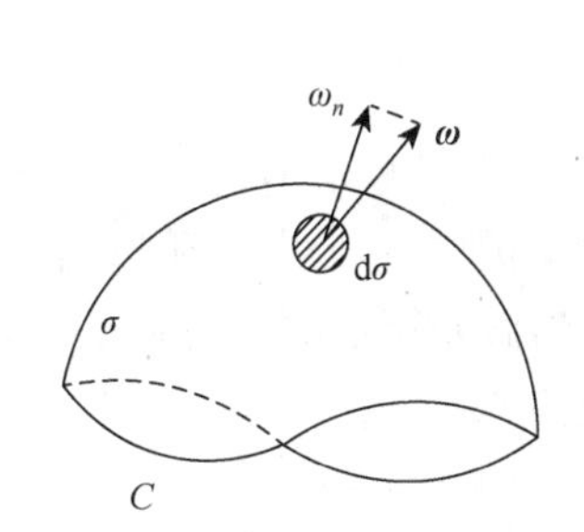

图 5.3.1　斯托克斯定理环量

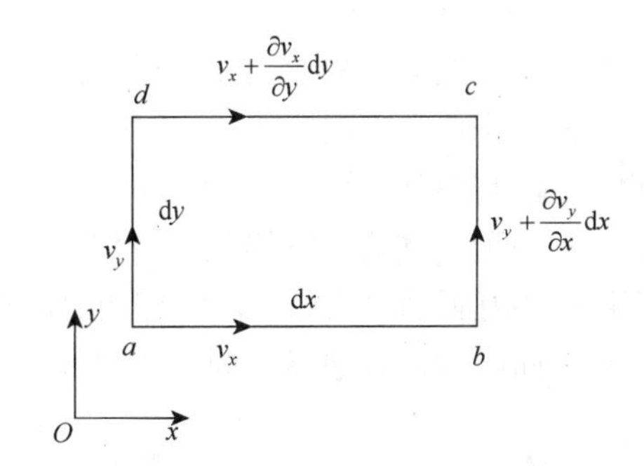

图 5.3.2　微矩形面元斯托克斯定理

设 a 点速度为 (v_x, v_y)，速度方向沿坐标轴正向。b、d 两点的速度采用泰勒级数展开获得。在此，略去高阶小量，并写出沿着矩形边长方向的分速度。

b 点沿着 bc 边，即 y 方向的速度为 $v_y + \dfrac{\partial v_y}{\partial x}\mathrm{d}x$，方向为 y 轴正向；

d 点沿着 dc 边，即 x 方向的速度为 $v_x + \dfrac{\partial v_x}{\partial y}\mathrm{d}y$，方向为 x 轴正向。

顺着逆时针方向、沿矩形各边积分求矩形 $abcd$ 的速度环量 $\mathrm{d}\Gamma_{abcda}$，得

$$\begin{aligned}\mathrm{d}\Gamma_{abcda} &= v_x\mathrm{d}x + \left(v_y + \frac{\partial v_y}{\partial x}\mathrm{d}x\right)\mathrm{d}y - \left(v_x + \frac{\partial v_x}{\partial y}\mathrm{d}y\right)\mathrm{d}x - v_y\mathrm{d}y \\ &= \left(\frac{\partial v_y}{\partial x} - \frac{\partial v_x}{\partial y}\right)\mathrm{d}x\mathrm{d}y \\ &= 2\omega_z\mathrm{d}\sigma = 2\omega_n\mathrm{d}\sigma = 2\mathrm{d}J\end{aligned}$$

式中：$\mathrm{d}\sigma = \mathrm{d}x\mathrm{d}y$ 为微矩形的面积，即

$$\mathrm{d}\Gamma_{abcda} = 2\mathrm{d}J \tag{5.3.3}$$

从以上推导得出结论，在微元面积上斯托克斯定理成立。

（2）进一步推广到有限大的平面面积。

如图 5.3.3 所示，将闭曲线 C 所围的有限平面面积分为若干个微元矩形，对每一个微矩形沿边求速度环量和计算涡旋强度。

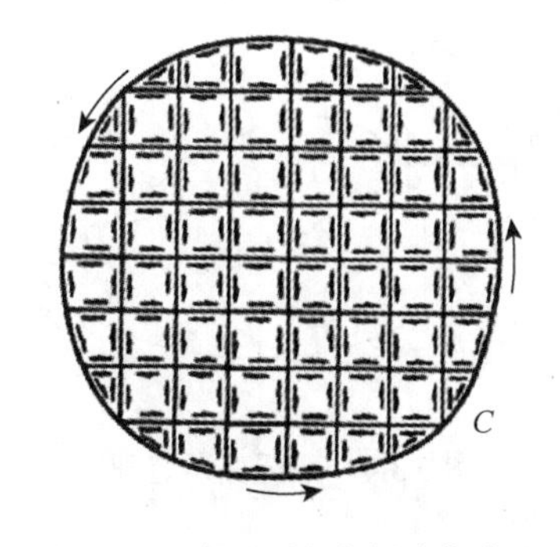

图 5.3.3　有限面积斯托克斯定理

根据式（5.3.3），所有微元矩形速度环量之和等于所有微元矩形涡旋强度之和的 2 倍，即

$$\sum \mathrm{d}\Gamma = \sum(2\mathrm{d}J) = 2J \tag{5.3.4}$$

微元矩形速度环量在相邻两矩形公共边上，沿相反方向计算速度环量各一次，则其和为零。所以沿微元矩形内部线段的速度环量相互抵消，只剩下沿外部边界的速度环量。当微元矩形的数目趋于无限多时，其外边界趋向于封闭曲线 C，则

$$\sum \mathrm{d}\Gamma = \Gamma_C \tag{5.3.5}$$

联立式（5.3.4）和式（5.3.5）得出

$$\Gamma_C = 2J \tag{5.3.6}$$

可见，在有限大的平面上斯托克斯定理也成立。

（3）推广到任意空间曲面。

类似地，将空间曲面划分为若干个微元平面矩形，对每一个微矩形沿边求速度环量。可知在相邻两矩形公共边上，沿相反方向计算速度环量各一次，则其和为零。所以沿内部线段的速度环量相互抵消，只剩下沿外部边界的速度环量。并且当微元矩形的数目趋于无限多时，其面积趋向曲面 σ，外边界趋向封闭曲线 C。那么，仍然成立：

$$\Gamma_C = 2J$$

综上所述，斯托克斯定理得证。

斯托克斯定理还可以写为

$$\oint_C \boldsymbol{v}\cdot \mathrm{d}\boldsymbol{s} = 2\iint_\sigma (\boldsymbol{\omega}\cdot\boldsymbol{n})\mathrm{d}\sigma \quad 或 \quad \oint_C \boldsymbol{v}\cdot \mathrm{d}\boldsymbol{s} = \iint_\sigma (\boldsymbol{\Omega}\cdot\boldsymbol{n})\mathrm{d}\sigma$$

表明速度环量等于涡旋强度的 2 倍，与涡量强度相等。在表征涡旋强弱时可用速度环量。

斯托克斯定理将速度环量与涡旋强度、涡量强度联系起来的同时，还将线积分与面积分联系起来了。这与高等数学中，积分矢量之间存在旋度关系：$\boldsymbol{\Omega} = \nabla\times\boldsymbol{v}$ 的条件下，线积分、面积分可相互转换的运算一致。

上述斯托克斯定理只适用于单连通域。在复连通域，斯托克斯定理要进行修正。因为单连通域：封闭曲线所包围的区域 σ 内全部都是流体，没有空洞或其他的固体。复连通域（多连通域）：封闭曲线所包围的区域内空洞或其他的固体。

5.3.2 斯托克斯定理的修正

设一条封闭曲线 C 将流体区域 σ 及一个机翼截面包含在内为一个双连通域，机翼截面周线用 l 表示，如图 5.3.4 所示。

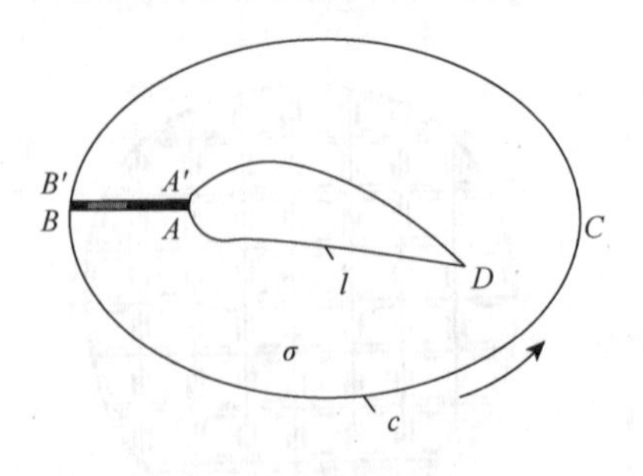

图 5.3.4 斯托克斯定理修正

用一条割线 AB 将 σ 切开，同时衍生出割线 $A'B'$，则沿周线 $ABCB'A'DA$ 所围的区域转变为单连通域。这时，曲线 C、割线 AB、机翼截面周线 l 和割线 $A'B'$ 构成单连通域的封闭边界。

对此单连通域，可用斯托克斯定理，即

$$\Gamma_{ABCB'A'DA} = 2J \tag{5.3.7}$$

上式左边的线积分可写成以下 4 项之和：

$$\Gamma_{ABCB'A'DA} = \Gamma_{AB} + \Gamma_c + \Gamma_{B'A'} + \Gamma_l \tag{5.3.8}$$

式中：Γ_c 为沿外边界 c 逆时针的速度环量；Γ_l 为沿内边界 l 顺时针的速度环量，而 $\Gamma_{AB} = -\Gamma_{B'A'}$，因积分路线方向相反相互抵消。

由式（5.3.7）和式（5.3.8），有

$$\Gamma_c + \Gamma_l = 2J$$

再将上式中 Γ_l 的积分方向统一为逆时针方向，则为

$$\Gamma_c - \Gamma_l = 2J \tag{5.3.9}$$

这就是在双连通区域下对斯托克斯定理的修正。

5.3.3　斯托克斯定理的推论

推论一　对于单连通域内的无旋运动，即流体中 $\boldsymbol{\omega}$ 处处为零，则沿任意封闭周线的速度环量为零，即

$$\Gamma_c = 2J = 2\iint_\sigma \omega_n \mathrm{d}\sigma = 2\iint_\sigma 0\mathrm{d}\sigma = 0 \tag{5.3.10}$$

反之，若沿任意封闭周线的速度环量等于零，可得 $\boldsymbol{\omega}$ 处处为零的结论。

值得注意的是，如果仅沿某一条封闭周线的速度环量等于零，则流动并不一定是无旋的。因为可能域内包围强度相同、转向相反的涡旋（为多连通域），涡旋强度求和为零。

推论二　对于包含一固体在内的双连通域，若流动无旋 $\boldsymbol{\omega}=0$，则沿包含固体在内的任意两个封闭周线 c 和周线 l 的环量彼此相等。

对于双连通域的无旋流动，根据修正斯托克斯定理可知

$$\Gamma_c - \Gamma_l = 2J = 2\iint_\sigma \omega_n \mathrm{d}\sigma = 0$$

则

$$\Gamma_c = \Gamma_l \tag{5.3.11}$$

5.4　汤姆孙定理

汤姆孙定理假设：理想流体，质量力有势，正压流体。

正压流体是指流体密度 ρ 仅仅是流体压力 p 的函数，即 $\rho=\rho(p)$。密度为常数的流体可看成正压流体的一种特例。

汤姆孙定理：沿任何一由流体微团组成的封闭流体周线的速度环量不随时间而变，即对时间的全微分为零，即

$$\frac{\mathrm{d}\Gamma}{\mathrm{d}t} = 0 \tag{5.4.1}$$

它表明由相同流体质点构成的封闭周线 c（称为物质周线）虽然随流体质点一起运动，但其速度环量不变。

证明思路：将沿封闭曲线的速度环量用速度的积分表示，然后使速度环量对时间的全微分变形为某标量函数的全微分，并沿封闭曲线的积分，而该积分值为零，从而得证。

如图 5.4.1 所示，在上述假设成立的流场中任取一条封闭的曲线 C，在 C 上取一微线元 $\mathrm{d}\boldsymbol{s}$。经过 $\mathrm{d}t$ 时间后，组成周线 c 的流体质点移至周线 c'，相应地 $\mathrm{d}\boldsymbol{s}$ 移至 $\mathrm{d}\boldsymbol{s}'$ 微线元的速度从 $\boldsymbol{v}$ 变为 $\boldsymbol{v}'$。

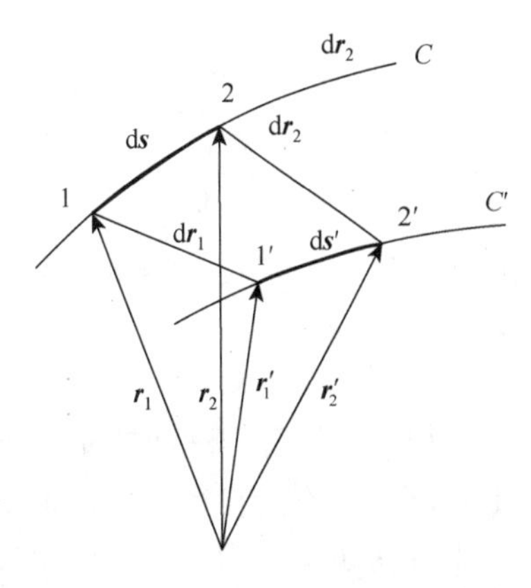

图 5.4.1　物质周线 c 随时间的变化

按照速度环量定义式写出其随体导数，即

$$\frac{\mathrm{d}\Gamma}{\mathrm{d}t}=\frac{\mathrm{d}}{\mathrm{d}t}\oint_c \boldsymbol{v}\cdot\mathrm{d}\boldsymbol{s}=\oint_c\frac{\mathrm{d}\boldsymbol{v}}{\mathrm{d}t}\cdot\mathrm{d}\boldsymbol{s}+\oint_c\boldsymbol{v}\cdot\frac{\mathrm{d}\boldsymbol{s}}{\mathrm{d}t} \tag{5.4.2}$$

下面对上式等号右边项进行变形。思路是利用假设条件，将积分变为某标量函数全微分的封闭曲线积分。

上式等号右边第二项可写成：

$$\oint_c\boldsymbol{v}\cdot\frac{\mathrm{d}\boldsymbol{s}}{\mathrm{d}t}=\oint_c\boldsymbol{v}\cdot\frac{\mathrm{d}\boldsymbol{s}'-\mathrm{d}\boldsymbol{s}}{\mathrm{d}t} \tag{5.4.3}$$

从图 5.4.1 可知：如果 $\mathrm{d}\boldsymbol{s}$ 两端点的速度用 $\boldsymbol{v}_1$、$\boldsymbol{v}_2$ 表示，则在时间 $\mathrm{d}t$ 后，1 点和 2 点两个端点处质点移动的距离分别为

$$\mathrm{d}\boldsymbol{r}_1=\boldsymbol{v}_1\mathrm{d}t\,,\quad \mathrm{d}\boldsymbol{r}_2=\boldsymbol{v}_2\mathrm{d}t$$

可以看出：

$$\mathrm{d}\boldsymbol{s}+\mathrm{d}\boldsymbol{r}_2=\mathrm{d}\boldsymbol{r}_1+\mathrm{d}\boldsymbol{s}' \quad 或 \quad \mathrm{d}\boldsymbol{s}+\boldsymbol{v}_2\mathrm{d}t=\boldsymbol{v}_1\mathrm{d}t+\mathrm{d}\boldsymbol{s}'$$

那么有

$$\oint_c\boldsymbol{v}\cdot\frac{(\mathrm{d}\boldsymbol{s}'-\mathrm{d}\boldsymbol{s})}{\mathrm{d}t}=\oint_c\boldsymbol{v}\cdot\frac{(\boldsymbol{v}_2-\boldsymbol{v}_1)\mathrm{d}t}{\mathrm{d}t}=\oint_c\boldsymbol{v}\cdot\mathrm{d}\boldsymbol{v}=\oint_c\mathrm{d}\left(\frac{v^2}{2}\right)=0 \tag{5.4.4}$$

于是，式（5.4.2）中的第二项等于零。下面对式（5.4.2）中的第一项进行变换。

对于理想流体，成立欧拉运动微分方程：

$$\frac{\mathrm{d}\boldsymbol{v}}{\mathrm{d}t}=\boldsymbol{f}-\frac{1}{\rho}\nabla p$$

将其代入第一项，可得

$$\oint_c\frac{\mathrm{d}\boldsymbol{v}}{\mathrm{d}t}\cdot\mathrm{d}\boldsymbol{s}=\oint_c\left(\boldsymbol{F}-\frac{1}{\rho}\nabla p\right)\cdot\mathrm{d}\boldsymbol{s} \tag{5.4.5}$$

质量力有势，存在关系式为

$$\boldsymbol{f}=\nabla U \tag{5.4.6}$$

式中：U 为力势函数。

正压流体的密度只是压力的函数，即 $\rho=\rho(p)$。引进函数 P，令 $P=\int\frac{\nabla p}{\rho}$，则有

$$\frac{1}{\rho}\nabla p=\nabla P \tag{5.4.7}$$

那么，式（5.4.5）变形为

$$\oint_c\frac{\mathrm{d}\boldsymbol{v}}{\mathrm{d}t}\cdot\mathrm{d}\boldsymbol{s}=\oint_c\left(\boldsymbol{F}-\frac{1}{\rho}\nabla p\right)\cdot\mathrm{d}\boldsymbol{s}=\oint_c(\nabla U-\nabla P)\cdot\mathrm{d}\boldsymbol{s}=\oint_c\mathrm{d}(U-P)=0 \tag{5.4.8}$$

将式（5.4.4）和式（5.4.8）代入式（5.4.2），则有

$$\frac{\mathrm{d}\Gamma}{\mathrm{d}t}=0 \tag{5.4.9}$$

根据汤姆孙定理和斯托克斯定理（或推论），可说明：在以上三个条件成立时，物质周线上速度环量不能自行产生，也不能自行消灭。即物质周线上速度环量守恒。因为在理想流体中不存在切向应力，不能传递旋转运动。由此可见，流场中原来有涡旋和速度环量的，永远有涡旋并保持原有的环量不变，没有涡旋和速度环量的，不会产生新的涡旋和速度环量。

例如，从静止开始的水波运动，起主要作用的是重力，流体黏性可以忽略不计。由于流体静止时是无旋的，所以产生波浪运动以后，波浪运动仍然是无旋的。又如，高雷诺数绕流问题，流体黏性可以忽略不计。在物体的远前方，流动还没有受到物体的扰动，该处流动是无旋的，当流体流到物体近旁时，虽然流动不再是均匀流，但根据汤姆孙定理和斯托克斯定理，流动仍保持为无旋运动。但是，在研究物体阻力问题时，由于非常贴近物体表面的一薄层流动的黏性影响不可忽略，为有旋运动。

理想流体、正压流体和质量力有势这三个条件若不完全满足，汤姆孙定理将不成立，即物质周线上速度环量不守恒，则流场中必有环量和旋涡不断发生或消失。如，非有势的地球自转哥氏力作用下，从池盆孔口下泄的水流出现有旋转的涡流。在北半球产生逆时针方向的盆地涡流，而在南半球则产生顺时针方向的盆地涡流。实际海洋和大气中环流更为复杂，它们同时受黏性流、非力势的力场，以及非正压流体等三种因素共同作用下，并受地形分布而产生大尺度和小尺度的各种复杂的环流。

5.5 亥姆霍兹涡定理

在理想流体的涡旋运动中，涡线或涡管具有一些有趣的特性。本节将介绍亥姆霍兹的三个描述涡旋的定理，对流体涡旋运动的理论研究具有重要的指导意义。

5.5.1 亥姆霍兹第一定理

同一瞬时，涡管各截面上的涡旋强度都相同，沿涡管长度保持不变。这一定理没有附加条件，推导过程中仅用到斯托克斯定理，没有理想流体的要求。

如图 5.5.1 所示，在涡管上任取两个截面 I 和 II，并将涡管表面在 ab 处切开，得到一封闭周线 $abdb'a'ea$。应用斯托克斯定理，有

$$\Gamma_{abdb'a'ea} = 2\iint_{\sigma} \omega_n \mathrm{d}\sigma \tag{5.5.1}$$

式中：σ 是周线 $abdb'a'ea$ 所包围的涡管上的部分涡面。

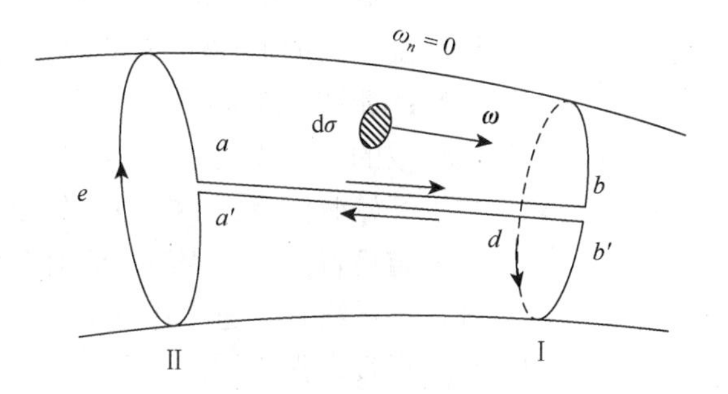

图 5.5.1 涡管截面的涡旋强度

在涡面上，因 $\boldsymbol{\omega}$ 处处与涡管相切，故其法向分量为零：$\omega_n = 0$。

那么，式（5.5.1）变为 $\Gamma_{abdb'a'ea} = 0$。又

$$\Gamma_{abdb'a'ea} = \Gamma_{ab} + \Gamma_{\mathrm{I}} + \Gamma_{b'a'} + \Gamma_{\mathrm{II}} = 0 \tag{5.5.2}$$

式中：$\Gamma_{ab} = -\Gamma_{b'a'}$。可得

$$\Gamma_{\mathrm{I}} + \Gamma_{\mathrm{II}} = 0 \tag{5.5.3}$$

当两个截面Ⅰ和Ⅱ速度环量的积分路径方向一致时，式（5.5.3）可写为

$$\Gamma_{\mathrm{I}} = \Gamma_{\mathrm{II}} \tag{5.5.4}$$

再根据斯托克斯定理，式（5.5.4）写为

$$\iint_{\sigma_{\mathrm{I}}} \omega_n \mathrm{d}\sigma = \iint_{\sigma_{\mathrm{II}}} \omega_n \mathrm{d}\sigma \quad \text{或} \quad \iint_{\sigma} \omega_n \mathrm{d}\sigma = \text{const} \tag{5.5.5}$$

上式被称为亥姆霍兹第一定理，说明涡管各截面上的涡旋强度都相同。

若涡管很小，且截面 $\mathrm{d}\sigma$ 垂直于向量 $\boldsymbol{\omega}$，则可成立：$\omega \mathrm{d}\sigma = \text{const}$。

推论：涡管不能在流体中以尖端形式终止或开始。否则，当 $\mathrm{d}\sigma \to 0$，则 $\omega \to \infty$，如图 5.5.2 所示，这是不可能的。

这一定理表明，涡管不能终止于流体内部。因此涡管的存在形式是涡线和涡管在流体内部必自成封闭的涡环，或是从边界到边界，如图 5.5.3 所示。例如，吸烟时吐出的烟圈等。

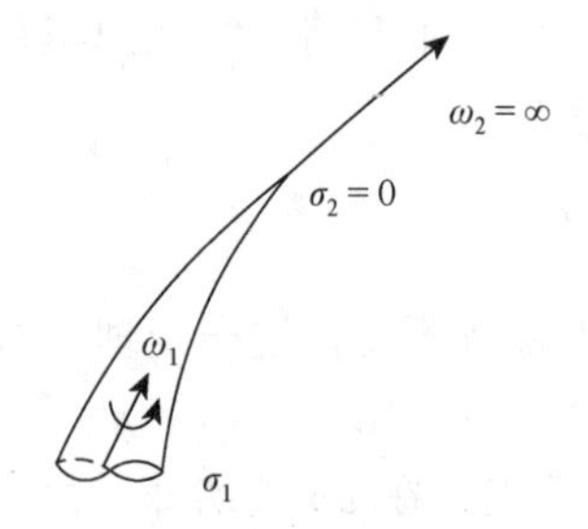

图 5.5.2　涡管不可能以尖端结束

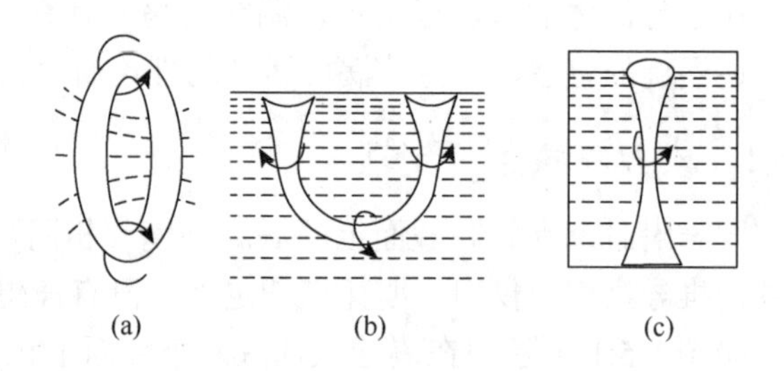

图 5.5.3　涡管的存在形式

5.5.2　亥姆霍兹第二定理

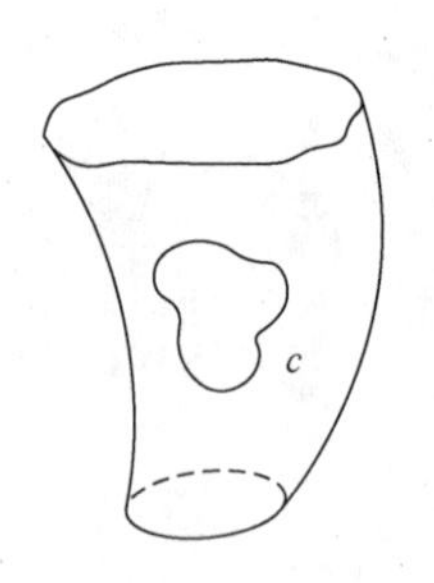

图 5.5.4　相同流体质点涡管保持性

在理想流体、正压流体和质量力有势的情况下，涡管永远保持为由相同的流体质点所组成的涡管。

证明：如图 5.5.4 所示，在涡管表面任取一个由许多流体质点组成的封闭周线 c。

由于开始时没有涡线穿过周线 c 所包围的面积，所以由斯托克斯定理可知，沿周线 c 的速度环量等于零；根据汤姆孙定理，该周线 c 的速度环量永远为零，因此周线 c 所包围的面积永远没有涡线通过。

这就是说，原来是涡管上任何一块面积，永远都是涡管的一部分，即涡管永远是涡管。但随着时间的变化，涡管的形状和位置都可能有变化。

5.5.3　亥姆霍兹第三定理

亥姆霍兹第三定理也称涡管的涡旋强度守恒定理。

理想流体、正压流体和质量力有势的情况下，虽然涡管随流体运动，但是涡管的涡旋强

度不随时间而变化，永远保持定值。

根据斯托克斯定理，围绕涡管的速度环量等于涡管的涡旋强度；又根据汤姆孙定理，该速度环量不随时间变化，所以涡管的涡旋强度也不随时间而变化。

实际的黏性流体，涡管涡旋强度会逐渐减弱。

5.6 毕奥-萨伐尔定律 点涡诱导速度

5.6.1 直涡线的诱导速度场

若速度场已知，可用简单求偏导数的方法来确定涡旋场。反之，若已知涡旋场，能否确定速度场？回答是肯定的。当兰金涡的无限长圆柱形涡管的半径 R 无限缩小时，就变成了一根无限长的涡线。涡线诱导周围的速度分布，且周围的速度场是无旋区域。周围的速度场是由涡线的存在而引起的，称为涡旋诱导速度场，如图 5.6.1 所示。

下面着重讨论直涡线的诱导速度场的计算。而涡面可分成由许多条涡线组成，在求得涡线的诱导速度场后，沿涡面积分就可求出涡面的诱导速度。

为帮助读者理解，将涡线的诱导速度场类比为磁场。电磁场是通过电流的导线诱导出来的。

涡线相当于导线，涡旋强度相当于电流强度。因此电磁学中由电流导线诱导出磁场的毕奥-萨伐尔定律在不可压缩流体的流体力学中可以找到和它相比拟的形式。

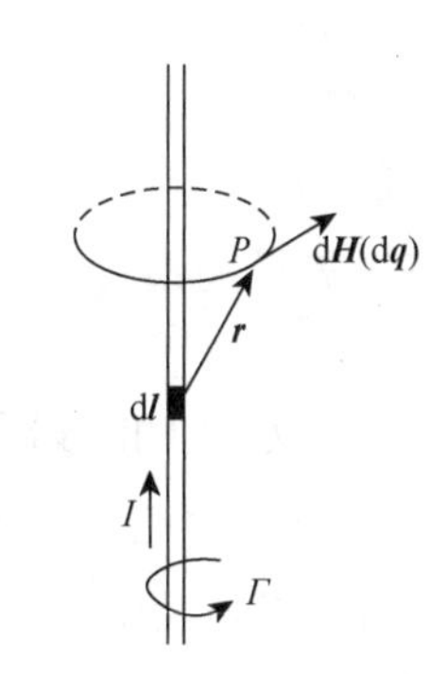

图 5.6.1 电流强度（速度环量）诱导磁场强度（流场速度）之间关系示意图

毕奥和萨伐尔从实验中获得电流强度与电流产生的磁场强度之间的关系式。

在电磁学中，若导线中的电流强度为 I，则 $\mathrm{d}l$ 段导线对 P 点所产生的磁场强度 $\mathrm{d}\boldsymbol{H}$，根据实验可得

$$\mathrm{d}\boldsymbol{H}=\frac{I}{4\pi}\frac{\mathrm{d}\boldsymbol{l}\times\boldsymbol{r}}{r^3}=\frac{I}{4\pi}\frac{\mathrm{d}l\cdot\sin\theta}{r^2} \tag{5.6.1}$$

上式即为电磁学中的毕奥-萨伐尔公式。式中：$\boldsymbol{r}$ 是 $\mathrm{d}\boldsymbol{l}$ 离所求 $\mathrm{d}\boldsymbol{H}$ 点 P 的径矢量；θ 是 $\mathrm{d}l$ 与 $\boldsymbol{r}$ 的夹角；$\mathrm{d}\boldsymbol{H}$ 的方向垂直于 $\mathrm{d}l$ 和 $\boldsymbol{r}$ 所在的平面，而且满足右手螺旋法则。

由上述比拟，速度环量为 Γ 的 $\mathrm{d}l$ 段涡线对于 P 点所产生的诱导速度 $\mathrm{d}v$ 是

$$\mathrm{d}v=\frac{\Gamma}{4\pi}\frac{\mathrm{d}l\cdot\sin\theta}{r^2} \tag{5.6.2}$$

如果计算一根有限长的涡线 l 在 P 点的诱导速度，将上式沿整个涡线长度 l 进行积分：

$$v=\frac{\Gamma}{4\pi}\int_l\frac{\sin\theta}{r^2}\mathrm{d}l \tag{5.6.3}$$

即可算出任意长度涡线所引起的诱导速度场。

5.6.2 有限长直涡索的诱导速度场

设直涡索线段 MN 的速度环量为 Γ，涡旋方向指向 x 轴正向，如图 5.6.2 所示，求涡索在 P 点的诱导速度。图中 R 是场点 P 点到涡索的距离。

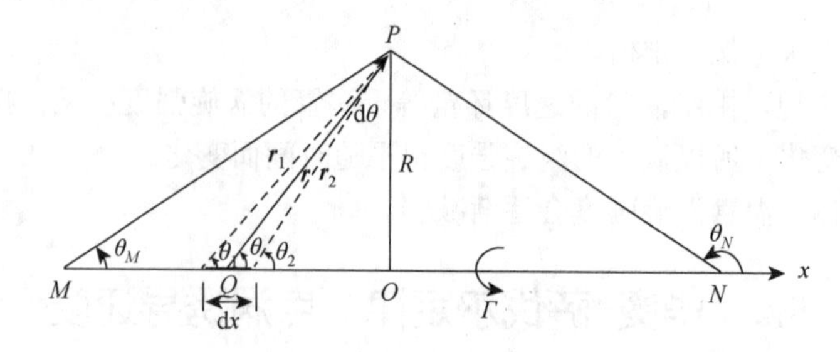

图 5.6.2　直涡索 *MN* 段对 *P* 点所产生的诱导速度

在涡索上任取 *Q* 点处微线段 d*x*，则 d*x* 线段在 *P* 点的诱导速度 d*v*，类似式（5.6.2）写为

$$\mathrm{d}v=\frac{\Gamma}{4\pi}\frac{\sin\theta}{r^2}\mathrm{d}x \tag{5.6.4}$$

图 5.6.2 中存在几何关系

$$r=\frac{R}{\sin\theta} \tag{5.6.5}$$

以及 $\boldsymbol{r}_1=\mathrm{d}\boldsymbol{x}+\boldsymbol{r}_2$。

将三边矢量关系式移项，得

$$\mathrm{d}\boldsymbol{x}=\boldsymbol{r}_1-\boldsymbol{r}_2 \tag{5.6.6}$$

他们在 *x* 方向上的投影长度之间的关系为

$$\mathrm{d}x=r_1\cos\theta_1-r_2\cos\theta_2=-R(\cot\theta_2-\cot\theta_1) \tag{5.6.7}$$

当 d*x*→0 时，$\lim\limits_{\mathrm{d}x\to0}(\cot\theta_2-\cot\theta_1)=\mathrm{d}(\cot\theta)=-\dfrac{\mathrm{d}\theta}{\sin^2\theta}$，则式（5.6.7）继续整理为

$$\mathrm{d}x=-R\mathrm{d}(\cot\theta)=R\frac{\mathrm{d}\theta}{\sin^2\theta} \tag{5.6.8}$$

将式（5.6.5）和式（5.6.8）代入式（5.6.4），d*v* 的表达式变为

$$\mathrm{d}v=\frac{\Gamma}{4\pi}\frac{\sin\theta}{\left(\dfrac{R}{\sin\theta}\right)^2}\frac{R\mathrm{d}\theta}{\sin^2\theta}=\frac{\Gamma}{4\pi R}\sin\theta\mathrm{d}\theta \tag{5.6.9}$$

根据右手螺旋定则，诱导速度方向垂直于纸面向外。

1. 直涡索 *MN* 线段的诱导速度场

将 d*v* 沿线段 *MN* 积分，获得直涡索 *MN* 线段对 *P* 点所产生的诱导速度为

$$v=\int_{\theta_M}^{\theta_N}\mathrm{d}v=\frac{\Gamma}{4\pi R}\int_{\theta_M}^{\theta_N}\sin\theta\mathrm{d}\theta=\frac{\Gamma}{4\pi R}(\cos\theta_M-\cos\theta_N) \tag{5.6.10}$$

速度方向仍然垂直于纸面向外。

2. 半无限长直涡索的诱导速度场

如果为半无限长直涡索，$\theta_M=90°$，$\theta_N=180°$，则其诱导速度场为

$$v=\frac{\Gamma}{4\pi R}[0-(-1)]=\frac{\Gamma}{4\pi R} \tag{5.6.11}$$

3. 无限长直涡索的诱导速度场

无限长直涡索的诱导速度场为

$$\theta_M = 0, \quad \theta_N = 180°$$

$$v = \frac{\Gamma}{4\pi R}[1-(-1)] = \frac{\Gamma}{2\pi R} \tag{5.6.12}$$

无限长直涡索的诱导速度是半无限长直涡索的诱导速度的 2 倍，如图 5.6.3 所示。

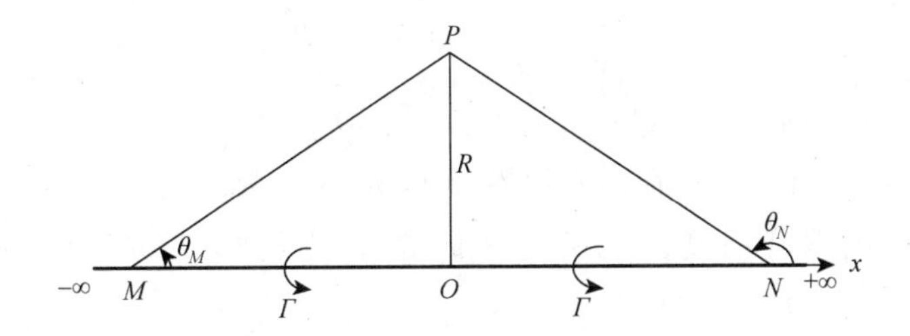

图 5.6.3 无限长直涡索对 P 点所产生的诱导速度

5.6.3 点涡诱导速度

对无限长直涡索诱导的速度场，在垂直于涡线的任何平面内的流动都是相同的，故可用于涡索垂直平面内的流动代替无限长直涡索的诱导流动。

无限长直涡线相当于在这个平面上的一个点涡，可为二维流动。

如果平面点涡的速度环量为 Γ，在平面极坐标系下，点涡位于坐标系原点，则点涡诱导速度在周向上，而径向速度为 0 时有

$$\begin{cases} v_r = 0 \\ v_\theta = \dfrac{\Gamma}{2\pi R} \end{cases} \tag{5.6.13}$$

式中：v_r 为径向速度；v_θ 为周向速度；R 为待求速度 P 点至点涡的距离，也即场点 P 所在圆周的半径。

在 5.2 节中已证明这一与半径成反比的速度场是无旋的，即点涡诱导的速度场是无旋流场。

5.7 兰金组合涡

5.7.1 兰金组合涡模型

兰金组合涡是一个涡流模型。假设流场中有一半径为 R 的无限长圆柱形流体像刚体一样绕其轴线转动，其旋转角速度为 ω。以这一涡旋为核心，它将诱导外围流体的圆周涡流。5.2 节中已证明：①圆柱体 R 以内的涡流是有旋的，且旋转角速度就是 ω，为无限长圆柱形涡旋；②R 以外的涡流是无旋的，是被圆柱形涡旋诱导发生的。

整个涡流分为：①涡旋内部区域，涡旋核心区域。流体像刚体一样以角速度 ω 旋转，旋转的周向切线速度与半径 r 成正比，径向速度为 0，$0 \leqslant r \leqslant R$，$R$ 为涡旋核心边界的半径。②涡旋外部区域，无旋涡流区域。流体也做圆周运动，但其运动的周向切线速度与半径 r 成反

比，径向速度仍为0，$r>R$。它们在涡核边界$r=R$处有共同的周向速度。

显然，这样的无限长圆柱形有旋、无旋组合的涡流满足二维流动条件，可作为平面流动处理。下面讨论整个涡流流场的速度和压力分布，将涡旋内部（有旋）和涡旋外部（无旋）分开讨论。

1. 速度分布

（1）涡旋内部。涡旋内部流体像刚体一样绕中心转动，因此在极坐标系中的速度分布为

$$\begin{cases} v_r = 0 \\ v_\theta = r\omega \end{cases}, \quad 0 \leqslant r \leqslant R \tag{5.7.1}$$

在$0 \leqslant r \leqslant R$范围内，周向速度$v_\theta$呈线性分布，与$r$成正比。

在涡旋中心，$r=0$，$v_\theta=0$；在涡旋边界，$r=R$，$v_\theta=R\omega$。

圆$r=R$面积上的涡旋强度$J=\omega\cdot\pi R^2=\pi\omega R^2$，周线$r=R$的速度环量$\Gamma=R\omega\cdot 2\pi R=2\pi\omega R^2$。可见，$\Gamma=2J$与斯托克斯定理一致。

（2）涡旋外部。涡旋外部速度分布为

$$\begin{cases} v_r = 0 \\ v_\theta = \dfrac{\Gamma}{2\pi r} \end{cases}, \quad r>R \tag{5.7.2}$$

$$\begin{cases} v_r = 0 \\ v_\theta = \dfrac{R^2\omega}{r} \end{cases}, \quad r>R \tag{5.7.3}$$

式中：$\Gamma=2\pi\omega R^2$。在涡旋外部$r>R$，周向速度v_θ与r成反比。

在涡旋外部，$r>R$，半径r的周线速度环量$\Gamma=\dfrac{R^2\omega}{r}\cdot 2\pi r=2\pi\omega R^2$。可见，外部周线的速度环量等于涡旋边界的速度环量。涡旋内部区域的存在将外部无旋区域变成了双连通域。

2. 压强分布

如果兰金组合涡流是不可压缩流体的流动，那么不可压缩黏性流体N-S方程中的黏性项为$\nu\nabla^2\boldsymbol{v}$，零$\boldsymbol{T}=\nu\nabla^2\boldsymbol{v}$，在柱坐标$(r,\theta,z)$中，展开这个黏性项：

$$\begin{cases} T_r = \nu\left[\dfrac{1}{r}\dfrac{\partial}{\partial r}\left(r\dfrac{\partial v_r}{\partial r}\right)+\dfrac{1}{r^2}\dfrac{\partial^2 v_r}{\partial\theta^2}+\dfrac{\partial^2 v_r}{\partial z^2}-\dfrac{v_r}{r^2}-\dfrac{2}{r^2}\dfrac{\partial v_\theta}{\partial\theta}\right] \\ T_\theta = \nu\left[\dfrac{1}{r}\dfrac{\partial}{\partial r}\left(r\dfrac{\partial v_\theta}{\partial r}\right)+\dfrac{1}{r^2}\dfrac{\partial^2 v_\theta}{\partial\theta^2}+\dfrac{\partial^2 v_\theta}{\partial z^2}+\dfrac{2}{r^2}\dfrac{\partial v_\theta}{\partial\theta}-\dfrac{v_\theta}{r^2}\right] \\ T_z = \nu\left[\dfrac{1}{r}\dfrac{\partial}{\partial r}\left(r\dfrac{\partial v_z}{\partial r}\right)+\dfrac{1}{r^2}\dfrac{\partial^2 v_z}{\partial\theta^2}+\dfrac{\partial^2 v_z}{\partial z^2}\right] \end{cases} \tag{5.7.4}$$

分别将内部、外部两种涡流的速度场代入式（5.7.4），T_r、T_θ和T_z都为零。这就是说，这两种涡流都可用理想流体方程求解其中的压力分布。

（1）涡旋外部。外部流动定常且无旋，故可用拉格朗日积分式确定速度和压强之间的关系。忽略质量力，拉格朗日方程为

$$\frac{p}{\rho}+\frac{v_\theta^2}{2}=C \tag{5.7.5}$$

式中：C 为通用常数，其值由边界条件确定。

已知在涡旋外部无穷远处，$r\to\infty$，$v_\theta=\dfrac{\Gamma}{2\pi r}\to 0$。设该无限远处压强为 $p=p_0$，则有 $C=p_0$。则外部无旋流动压强分布为

$$p=p_0-\frac{1}{2}\rho v_\theta^2,\quad r>R \tag{5.7.6}$$

从压强的表达式（5.7.6）可表明：向涡核内部靠近时，r 减小速度 v_θ 值越大，压强 p 下降。

（2）涡旋内部。内部流动虽是定常的，但却是有旋的。沿定常流动流线的伯努利方程成立，有

$$\frac{p}{\rho}+\frac{v_\theta^2}{2}=C_l \tag{5.7.7}$$

式中：C_l 为沿流线的常数。

此涡流的流线为同心圆簇，且流线上周向速度 v_θ 不变，则压强 p 在周线上不变。但是它不能反映压强的径向变化。为了求得这一变化，可直接求解欧拉方程。

在直角坐标系下，忽略重力的二维欧拉方程为

$$\begin{cases} v_x\dfrac{\partial v_x}{\partial x}+v_y\dfrac{\partial v_x}{\partial y}=-\dfrac{1}{\rho}\dfrac{\partial p}{\partial x} \\ v_x\dfrac{\partial v_y}{\partial x}+v_y\dfrac{\partial v_y}{\partial y}=-\dfrac{1}{\rho}\dfrac{\partial p}{\partial y} \end{cases} \tag{5.7.8}$$

涡旋内部速度表达式为 $v_x=-\omega y$，$v_y=\omega x$。代入式（5.7.8）的欧拉方程，得

$$\omega^2 x=\frac{1}{\rho}\frac{\partial p}{\partial x} \tag{5.7.9}$$

$$\omega^2 y=\frac{1}{\rho}\frac{\partial p}{\partial y} \tag{5.7.10}$$

将以上两式分别乘以 $\mathrm{d}x$ 和 $\mathrm{d}y$，然后相加，得

$$\rho\omega^2(x\mathrm{d}x+y\mathrm{d}y)=\frac{\partial p}{\partial x}\mathrm{d}x+\frac{\partial p}{\partial y}\mathrm{d}y=\mathrm{d}p$$

整理为

$$\mathrm{d}p=\rho\omega^2\mathrm{d}\left(\frac{x^2+y^2}{2}\right)=\frac{1}{2}\rho\omega^2\mathrm{d}(r^2)$$

积分，得

$$p=\frac{1}{2}\rho r^2\omega^2+C=\frac{1}{2}\rho v_\theta^2+C \tag{5.7.11}$$

式中：C 为积分常数，根据已知条件确定。

在涡旋边界上，$r=R$，$v_\theta=v_R=R\omega$。边界上的压强用 p_R 表示，则

$$p_R=p_0-\frac{1}{2}\rho v_R^2,\quad r=R \tag{5.7.12}$$

涡旋边界压强 p_R 较无穷远处压强 p_0 下降 $\frac{1}{2}\rho v_R^2$。

将式（5.7.12）代入式（5.7.11），可得 $C = p_0 - \rho v_R^2$。那么，涡旋内部压强 p 表达式为

$$p = p_0 + \frac{1}{2}\rho v_\theta^2 - \rho v_R^2 \tag{5.7.13}$$

在涡旋内部，由涡旋边界向涡旋中心接近时，随着半径 r 的减小 v_θ 减小，则压强 p 不断降低。

或者写成相对压强的形式：

$$p - p_0 = \frac{1}{2}\rho v_\theta^2 - \rho v_R^2 \tag{5.7.14}$$

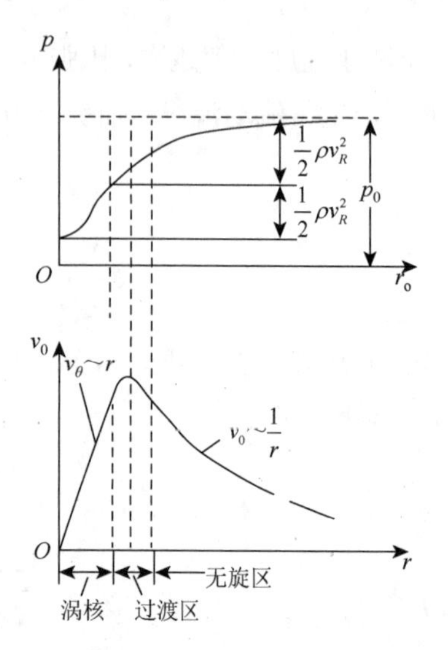

图 5.7.1　兰金组合涡流场的压强和速度变化对照

在涡旋边界上，$p_R - p_0 = -\frac{1}{2}\rho v_R^2$；在涡旋中心，$r=0$，$v_\theta = 0$，$p - p_0 = -\rho v_R^2$。表明：涡旋中心压强较无穷远处压强 p_0 下降了 ρv_R^2，降至最低值，在涡旋边界上则降低一半。

整个兰金组合涡流场的压强和速度分布如图 5.7.1 所示。把涡流内、外部压强和速度变化对照起来看，可知内、外部压强变化与速度变化的关系不同。在外部，速度越大，压强越小；内部速度小，压强也小。

压强从无限远处向涡旋中心不断降低，这可说明龙卷风正是由于这一低压的存在，能将物体吸向中心。

5.7.2　有自由面的涡流

将前面讨论推广到有自由面的情况。此时，一个铅直方向的圆柱形涡流，其顶端为自由面，是一有自由面的兰金涡。此涡流的压力分布 p，只需在无限长圆柱形兰金涡的涡旋内、外部压强表达式中加上重力的势函数 $-gz$（z 轴垂直向上），即可得

$$p = \begin{cases} p_0 + \dfrac{\rho\omega^2}{2} r^2 - \rho\omega^2 R^2 - \rho g z, & 0 \leqslant r \leqslant R \\ p_0 - \dfrac{\rho\omega^2}{2}\dfrac{R^4}{r^2} - \rho g z, & r > R \end{cases} \tag{5.7.15}$$

式中：p_0 为自由面压强。

令式中压强 $p = p_0$，即自由面的压强为 p_0（自由面动力学边界条件），可求出自由面的形状，如图 5.7.2 所示。从图中可看出：在旋涡内部，水面的形状是一回转抛物面；在旋涡外部，水面的凹陷与 r^2 成反比。

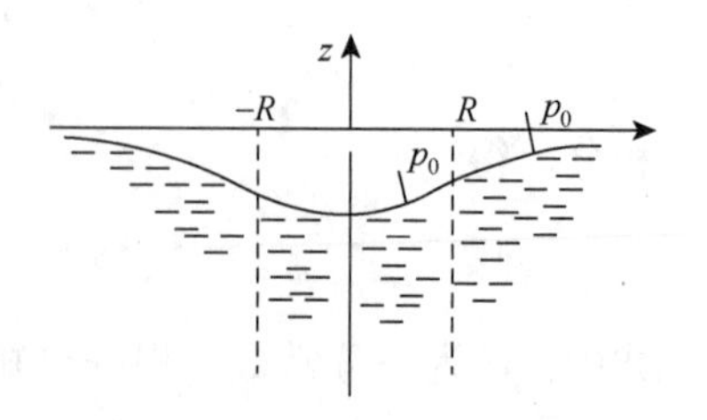

图 5.7.2　涡流自由面形状

5.7.3　龙卷风和台风

兰金涡在气象学中常被用作典型的龙卷风、台风的物理模型。

如一典型的龙卷风可近似地用兰金涡模型描述：涡旋核心边界半径$r=R=50\,\mathrm{m}$，在该半径处风速为$50\,\mathrm{m/s}$，试讨论其风速、压力与半径r的关系。

根据所给出的数据，由式（5.7.1）计算出涡旋核心内部流体旋转角速度：

$$\omega=(v_\theta/r)\big|_{r=R}=(50\,\mathrm{m/s})/(50\mathrm{m})=1\,(\mathrm{rad/s})$$

故在涡核区流体微团旋转角速度$\omega=1\,\mathrm{rad/s}$。

根据式（5.7.1），涡核内部周向速度为$v_\theta=r$，$0\leqslant r\leqslant 50\,\mathrm{m}$；根据式（5.7.2），涡核外部周向速度为$v_\theta=R^2/r$，$r>50\,\mathrm{m}$。所以此龙卷风的风速场为

$$\begin{cases}v_\theta=r, & 0\leqslant r\leqslant 50\,\mathrm{m}\\ v_\theta=R^2/r, & r>50\,\mathrm{m}\end{cases} \tag{5.7.16}$$

涡核中心$r=0$处速度为0，无限远处$r\to\infty$速度为0，涡核边界$r=50\,\mathrm{m}$处速度最大50 m/s。

在无限远处$r\to\infty$，$v_\theta\to 0$，假定那里的空气压力已恢复到平常的一个大气压p_{atm}，令$p_{\mathrm{atm}}=0$（表压），空气密度ρ取$\rho=1.2\,\mathrm{kg/m^3}$（低速气流可认为不可压缩）。

根据式（5.7.14）、式（5.7.6），此龙卷风的压强场为

$$\begin{cases}p=\rho\omega^2\left(\dfrac{1}{2}r^2-50^2\right), & 0\leqslant r\leqslant 50\,\mathrm{m}\\[2ex] p=-\dfrac{1}{2}\rho\dfrac{50^4}{r^2}, & r>50\,\mathrm{m}\end{cases} \tag{5.7.17}$$

在涡核中心$r=0$，流体压强$p_{r=0}$为

$$p_{r=0}=1.2\times1^2\times(-50^2)=-3\,000\,(\mathrm{N/m^2})$$

表示该处的空气压力比当地大气压值低$3000\,\mathrm{N/m^2}$。

在涡核边界$r=50\,\mathrm{m}$，流体压强$p_{r=50}$为

$$p_{r=50}=-\frac{1}{2}\times1.2\times1^2\times50^2=-1\,500\,(\mathrm{N/m^2})$$

表示该处的空气压力比当地大气压值低$1\,500\,\mathrm{N/m^2}$，为涡旋核心降低值的一半。

台风眼内虽是好天气，但海上的浪潮却非常汹涌。这是台风中心的气压和它四周比起来降得特别低的缘故。因此在台风中心登陆的地方，往往引起很高的浪潮，造成很大的损害。

5.8　例题选讲

例 5.8.1　A、B两点涡的初始位置如图5.8.1所示，其速度环量Γ（涡量强度）的绝对值相等。试就（a）、（b）两种情况分别讨论此两点涡的运动。

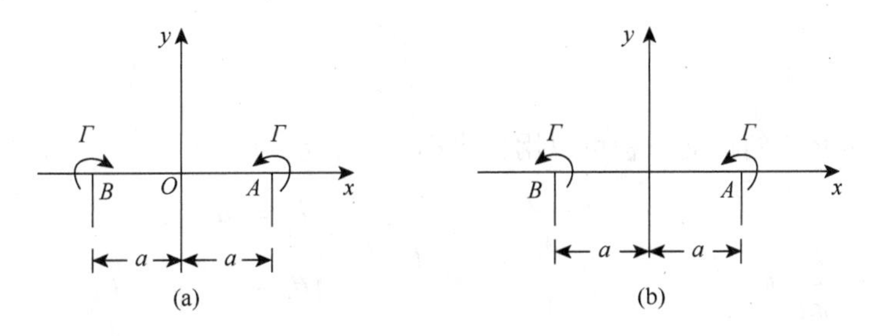

图 5.8.1

解　分析思路：由毕奥-萨伐尔定律计算两点涡的运动速度，即是另一点涡在此处的诱导速度。然后根据迹线方程分别求出两点涡的运动轨迹。

情况 1：

A 点：B 点涡在 A 点的诱导速度为

$$\begin{cases} v_{Ax}=0, \\ v_{Ay}=-\dfrac{\Gamma}{2\pi}\cdot\dfrac{1}{2a}=-\dfrac{\Gamma}{4\pi a}, \ y\text{轴负向} \end{cases}$$

代入迹线方程为

$$\begin{cases} \dfrac{\mathrm{d}x_A}{\mathrm{d}t}=0 \\ \dfrac{\mathrm{d}y_A}{\mathrm{d}t}=-\dfrac{\Gamma}{4\pi a} \end{cases}$$

积分，可得

$$\begin{cases} x_A=C_1 \\ y_A=-\dfrac{\Gamma}{4\pi a}t+C_2 \end{cases}$$

已知 $t=0$ 时，$x_A=a$，$y_A=0$。得：$C_1=a$，$C_2=0$。

所以 A 点的运动迹线方程为

$$\begin{cases} x_A=a \\ y_A=-\dfrac{\Gamma}{4\pi a}t \end{cases}$$

B 点：A 点涡在 B 点诱导速度为

$$\begin{cases} v_{Bx}=0, \\ v_{By}=-\dfrac{\Gamma}{2\pi}\cdot\dfrac{1}{2a}=-\dfrac{\Gamma}{4\pi a}, \ y\text{轴负向} \end{cases}$$

代入迹线方程为

$$\begin{cases} \dfrac{\mathrm{d}x_B}{\mathrm{d}t}=0 \\ \dfrac{\mathrm{d}y_B}{\mathrm{d}t}=-\dfrac{\Gamma}{4\pi a} \end{cases}$$

积分，可得

$$\begin{cases} x_A=C_3 \\ y_A=-\dfrac{\Gamma}{4\pi a}t+C_4 \end{cases}$$

已知 $t=0$ 时，$x_B=-a$，$y_B=0$。得：$C_3=-a$，$C_4=0$。

所以 A 点的运动迹线方程为

$$\begin{cases} x_{\mathrm{B}}=-a \\ y_{\mathrm{B}}=-\dfrac{\Gamma}{4\pi a}t \end{cases}$$

在情况 1 中，两点涡大小相等，方向相反，相对位置不变，同时沿 y 轴负向等速向下移动。

情况 2：A、B 两点的诱导速度分别为

A 点：$\begin{cases} v_{Ax}=0 \\ v_{Ay}=\dfrac{\Gamma}{4\pi a}, \ y\text{轴正向} \end{cases}$　　B 点：$\begin{cases} v_{Bx}=0 \\ v_{By}=-\dfrac{\Gamma}{4\pi a}, \ y\text{轴负向} \end{cases}$

可见，开始时 A 点向上运动，B 点向下运动，但速度方向必须与两点连线垂直。结果形成围绕坐标原点，沿半径为 a 的圆周的逆时针等速转动。等速转动的周向线速度的大小由上式所决定，为 $v_\theta=\dfrac{\Gamma}{4\pi a}$，则两点圆周运动的角速度为

$$\omega=\frac{v_\theta}{a}=\frac{\Gamma}{4\pi a^2}$$

因此，A 点和 B 点的运动方程可以用极坐标分别表示为

A 点：$\begin{cases} r_A=a \\ \theta_A=\dfrac{\Gamma}{4\pi a^2}t \end{cases}$　　B 点：$\begin{cases} r_B=-a \\ \theta_B=\pi+\dfrac{\Gamma}{4\pi a^2}t \end{cases}$

例 5.8.2 如图 5.8.2 所示，在大圆 s 内包含了 A、B、C、D 四个涡旋，其强度分别为 $\Gamma_A=\Gamma_B=+\Gamma$，$\Gamma_C=\Gamma_D=-\Gamma$。求沿周线 s 的速度环量。

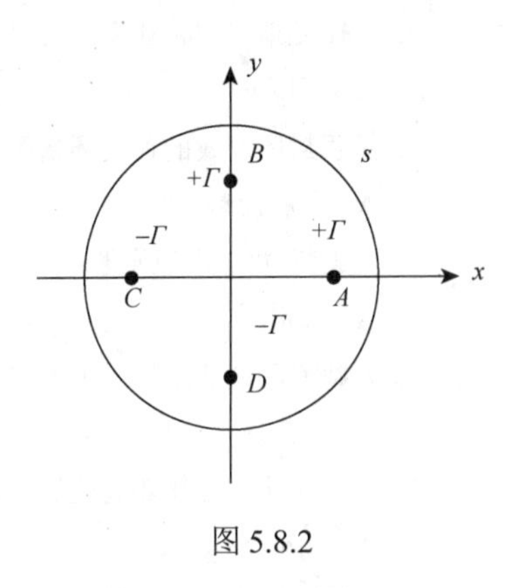

图 5.8.2

解 由斯托克斯定理可知

$$\Gamma_s=\oint_s v_s \mathrm{d}s=\Gamma_A+\Gamma_B+\Gamma_C+\Gamma_D=\Gamma+\Gamma-\Gamma-\Gamma=0$$

这里 s 所围区域内速度环量为零，但该区域内并非处处无旋。

例 5.8.3 已知速度场 $\begin{cases} v_x=\dfrac{-y}{x^2+y^2} \\ v_y=\dfrac{-x}{x^2+y^2} \end{cases}$，求绕圆心周线的速度环量 Γ_c。

解 直角坐标系与极坐标系存在关系：$x=r\cos\theta$，$y=r\sin\theta$，$r^2=x^2+y^2$。

速度场在极坐标下可写为

$$\begin{cases} v_x=\dfrac{-\sin\theta}{r} \\ v_y=\dfrac{\cos\theta}{r} \end{cases}$$

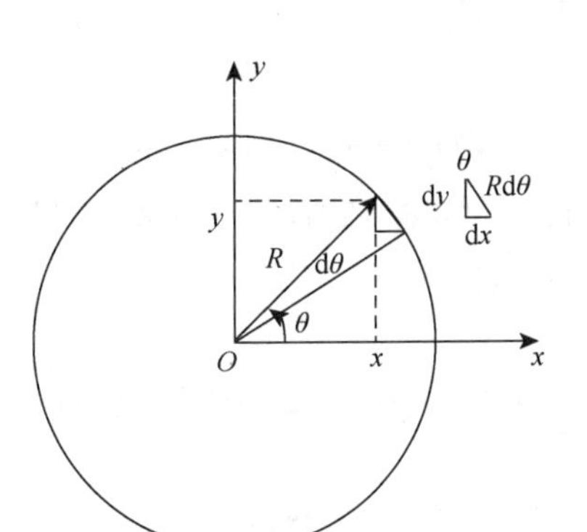

图 5.8.3

在任意 $r=R$ 周线上的线元：$\mathrm{d}\boldsymbol{s}=\mathrm{d}x\boldsymbol{i}+\mathrm{d}y\boldsymbol{j}$，以及 $\begin{cases} \mathrm{d}x=-R\sin\theta\mathrm{d}\theta \\ \mathrm{d}y=R\cos\theta\mathrm{d}\theta \end{cases}$，如图 5.8.3 所示。所以，绕 $r=R$ 圆心周线的速度环量为

$$\begin{aligned}\Gamma_c&=\oint_{r=R} v_s\mathrm{d}s=\oint_{r=R}(v_x\mathrm{d}x+v_y\mathrm{d}y)\\&=\int_0^{2\pi}\left(\frac{R\sin^2\theta}{R}+\frac{R\cos^2\theta}{R}\right)\mathrm{d}\theta\\&=\int_0^{2\pi}\mathrm{d}\theta=2\pi\end{aligned}$$

即绕圆心周线的速度环量 $\Gamma_c=2\pi$。

测 试 题 5

1. （ ）的流动为有旋流动（或有涡流动）。

   A. $\boldsymbol{\omega}=0$ B. $\boldsymbol{\omega}\neq 0$

2. 涡流（ ）有旋。

   A. 一定 B. 不一定

3. 微团的（ ）方向与涡线相切。

   A. 速度 $\boldsymbol{v}$ B. 旋转角速度 $\boldsymbol{\omega}$

4. 封闭曲线的速度环量 Γ 以逆时针方向为线积分的正走向，则 $\Gamma>0$ 为（ ）方向旋转的涡旋。

   A. 顺时针 B. 逆时针

5. 斯托克斯定理将速度 $\boldsymbol{v}$ 沿封闭曲线 C 的线积分与（　）的面积分之间建立了等式关系。

A. 速度 $\boldsymbol{v}$　　B. 旋转角速度 $\boldsymbol{\omega}$

6. 任意封闭曲线的速度环量等于 0，说明流动是（　）。

A. 无旋流动　　B. 有旋流动

7. 无旋流动的涡旋强度 J（　）等于 0。

A. 一定　　B. 不一定

8. 无旋流动的速度环量 Γ（　）等于 0。

A. 一定　　B. 不一定

9. 兰金涡压强变化随着趋近涡旋核心而（　）。

A. 减小　　B. 增加

10. 无限长直线涡诱导的速度场是（　）。

A. 无旋流动　　B. 有旋流动

习　题　5

1. 已知流线为同心圆簇，其速度分布为

$$\begin{cases} v_x = -\dfrac{1}{5}y \\ v_y = \dfrac{1}{5}x \end{cases}，\quad 0 \leqslant r \leqslant 5\text{；}\quad \begin{cases} v_x = -\dfrac{5y}{x^2+y^2} \\ v_y = \dfrac{5x}{x^2+y^2} \end{cases}，\quad r > 5$$

试求沿圆周 $x^2+y^2=R^2$ 的速度环量。其中，圆的半径 R 分别为（1）$R=3$；（2）$R=5$；（3）$R=10$。

2. 在平面无旋流场中的(1, 0)点置一速度环量 Γ_0 的涡旋，(−1, 0)点置一速度环量 $-\Gamma_0$ 的涡旋。试求沿下列路线的速度环量：

（1）$x^2+y^2=4$；（2）$(x-1)^2+y^2=4$；（3）$x^2+y^2=0.25$。

3. 有一平面Π形涡旋 Γ 如题图 5.1 所示，两端向右延伸至无限远处。试分别计算 P、Q 两点诱导速度的三个分量 v_x、v_y 和 v_z。

4. 如题图 5.2 所示，在初始瞬时刻坐标点(1, 0)、(−1, 0)、(0, 1)和(0, −1)上，分别有环量为 Γ_0 的点涡，求这 4 个直线涡相互作用后的运动轨迹。

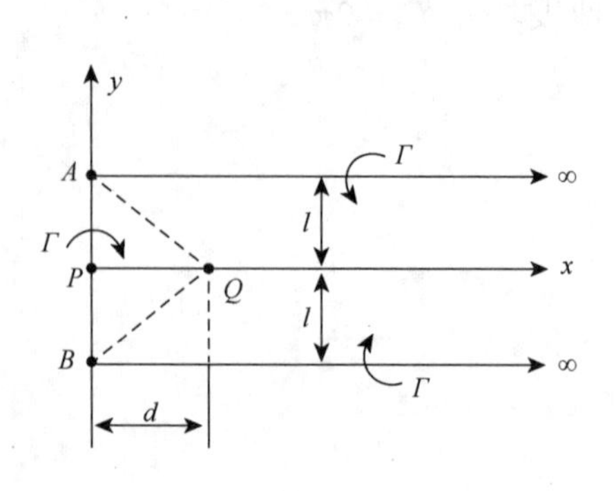

题图 5.1　题 3 附图

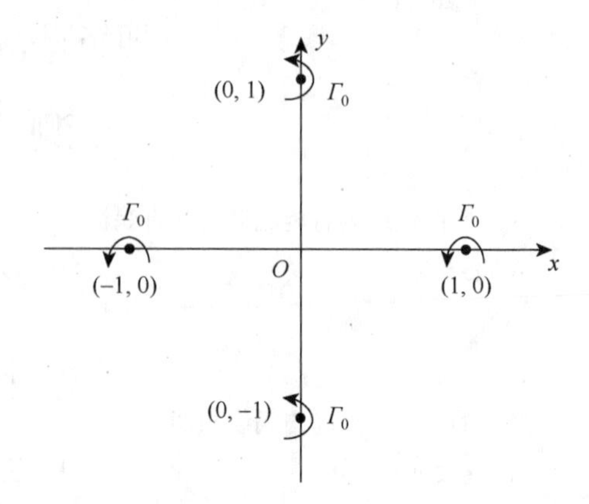

题图 5.2　题 4 附图

5. 试证半径为 R 和涡量强度为 Γ 的一条圆周线涡环，它对中心点处的诱导速度等于 $\dfrac{\Gamma}{2\pi}$。

拓展题 5

1. 龙卷风发生的条件、流动和危害。
2. 海上台风发生的条件、现象和灾害。
3. 鱼尾或鱼身摆动多组涡有益相干助推。

第 6 章 势 流 理 论

势流理论是求解理想流体无旋流动的理论，理想流体的无旋流动又称为势流。势流理论虽然要求流场无旋，但无旋流场中允许存在有旋的奇点或空洞的多连通域，如点涡诱导速度场。

势流理论在流体力学中占有重要地位。一方面，在实际工程中许多重要问题，像波浪、机翼升力、螺旋桨推力等问题，可用势流理论来进行研究，并且获得令人满意的结果。另一方面，为研究物体近旁边界层内部的流动，也必须知晓物体外部绕流的势流结果。另外，势流理论的解对黏性理论也具有重要的指导意义。

本书仅限于讨论不可压缩流体的势流问题。

6.1 速度势与流函数

理想流体的运动可以通过求解第 4 章给出的欧拉运动微分方程，结合初始条件和边界条件，获得流场的速度分布和压强分布。对于势流，还可以采用更方便的、通过求解速度势函数的方法进行求解。

6.1.1 速度势函数

1. 无旋流动

无旋流动存在的条件如波浪运动、绕圆柱体和机翼的外部流动。对无旋流动，其旋转角速度为 0，即

$$\boldsymbol{\omega}=0 \quad \text{或} \quad \nabla\times\boldsymbol{v}=0$$

2. 速度势与速度之间的关系

由于势流旋转角速度为 0，在直角坐标系下，其三个分量均为 0，写成表达式为

$$\begin{cases} \omega_x=\dfrac{1}{2}\left(\dfrac{\partial v_z}{\partial y}-\dfrac{\partial v_y}{\partial z}\right)=0 \\ \omega_y=\dfrac{1}{2}\left(\dfrac{\partial v_x}{\partial z}-\dfrac{\partial v_z}{\partial x}\right)=0 \\ \omega_z=\dfrac{1}{2}\left(\dfrac{\partial v_y}{\partial x}-\dfrac{\partial v_x}{\partial y}\right)=0 \end{cases}$$

将上式整理为

$$
\begin{cases}
\dfrac{\partial v_z}{\partial y} = \dfrac{\partial v_y}{\partial z} \\
\dfrac{\partial v_x}{\partial z} = \dfrac{\partial v_z}{\partial x} \\
\dfrac{\partial v_y}{\partial x} = \dfrac{\partial v_x}{\partial y}
\end{cases} \tag{6.1.1}
$$

式（6.1.1）给出无旋流动下速度分量交叉求导的关系。若此关系式成立，则表明速度具有势函数，其势函数被称为速度势函数，简称速度势。这也是势流名称的缘由。势流流动具有速度势。

设速度的势函数为φ，则φ与速度之间存在梯度关系：

$$
\begin{cases}
v_x = \dfrac{\partial \varphi}{\partial x} \\
v_y = \dfrac{\partial \varphi}{\partial y} \\
v_z = \dfrac{\partial \varphi}{\partial z}
\end{cases} \tag{6.1.2}
$$

或

$$
\boldsymbol{v} = \nabla \varphi \tag{6.1.3}
$$

从以上速度势函数φ与速度$\boldsymbol{v}$之间的关系可知：一方面，已知速度势可以求出流场的速度分布；另一方面，已知流场速度分布，也可以通过积分求出速度势。

3. 拉普拉斯方程

对势流，可先求解速度势函数，然后利用速度势与速度的关系获得流场的运动参数。为求解速度势函数，下面推导速度势函数应满足的基本方程——拉普拉斯方程（Laplace equation）。

对不可压缩流体，流场连续性方程为

$$
\frac{\partial v_x}{\partial x} + \frac{\partial v_y}{\partial y} + \frac{\partial v_z}{\partial z} = 0
$$

将式（6.1.2）代入上式，可得

$$
\frac{\partial}{\partial x}\left(\frac{\partial \varphi}{\partial x}\right) + \frac{\partial}{\partial y}\left(\frac{\partial \varphi}{\partial y}\right) + \frac{\partial}{\partial z}\left(\frac{\partial \varphi}{\partial z}\right) = 0
$$

即

$$
\frac{\partial^2 \varphi}{\partial x^2} + \frac{\partial^2 \varphi}{\partial y^2} + \frac{\partial^2 \varphi}{\partial z^2} = 0 \tag{6.1.4}
$$

或写为

$$
\nabla^2 \varphi = 0 \tag{6.1.5}
$$

上式即为拉普拉斯方程。在柱坐标(r,θ,z)下，速度势φ满足的拉普拉斯方程式为

$$
\begin{aligned}
\nabla \cdot \boldsymbol{v} = \nabla^2 \varphi &= \left(\boldsymbol{e}_r \cdot \frac{\partial}{\partial r} + \boldsymbol{e}_\theta \cdot \frac{\partial}{\partial \theta} + \boldsymbol{e}_z \cdot \frac{\partial}{\partial z}\right) \cdot \left(\frac{\partial \varphi}{\partial r}\boldsymbol{e}_r + \frac{1}{r}\frac{\partial \varphi}{\partial \theta}\boldsymbol{e}_\theta + \frac{\partial \varphi}{\partial z}\boldsymbol{e}_z\right) \\
&= \frac{\partial^2 \varphi}{\partial r^2} + \frac{1}{r}\frac{\partial \varphi}{\partial r} + \frac{1}{r^2}\frac{\partial^2 \varphi}{\partial \theta^2} + \frac{\partial^2 \varphi}{\partial z^2} = 0
\end{aligned} \tag{6.1.6}
$$

速度势 φ 满足的拉普拉斯方程为二阶线性偏微分方程，结合具体的边界条件和初始条件，可以积分求解。

拉普拉斯方程有两种求解途径。一种是根据具体势流问题的边界条件和初始条件，通过求解拉普拉斯方程获得流动速度势 φ，进而计算出流动的速度及压强分布。本书第 7 章水波理论将采用此法求出水波流动的速度势。另一种是采用满足拉普拉斯方程的基本解叠加，叠加后的函数仍然满足拉普拉斯方程，并使叠加后的函数满足具体势流的边界条件，从而获得流动速度势 φ，这种方法也称为“试凑法”，本章后续章节主要使用该方法求解圆柱绕流问题。

4. 等势线与流线垂直

在此讨论平面二维空间的定常势流流动。

等势线方程可表示为

$$\varphi(x,y)=\text{const} \tag{6.1.7}$$

两边求全微分，得

$$\mathrm{d}\varphi=\frac{\partial\varphi}{\partial x}\mathrm{d}x+\frac{\partial\varphi}{\partial y}\mathrm{d}y=v_x\mathrm{d}x+v_y\mathrm{d}y=0 \tag{6.1.8}$$

得

$$\frac{\mathrm{d}y}{\mathrm{d}x}=-\frac{v_x}{v_y} \tag{6.1.9}$$

又二维流动的流线方程为

$$\frac{\mathrm{d}x}{v_x}=\frac{\mathrm{d}y}{v_y}$$

或写为

$$\frac{\mathrm{d}y}{\mathrm{d}x}=\frac{v_y}{v_x} \tag{6.1.10}$$

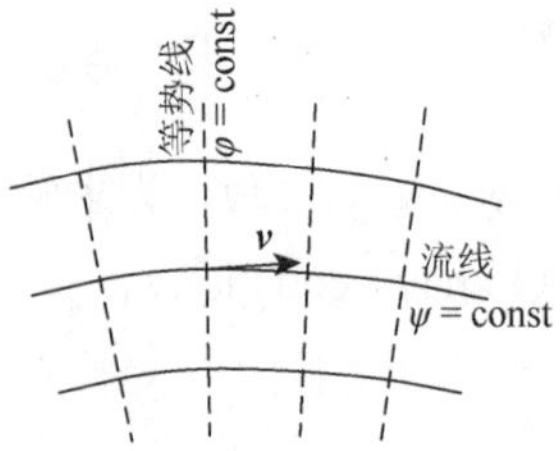

图 6.1.1　流线与等势线

由式（6.1.9）和式（6.1.10）可知，等势线与流线的斜率之积为–1，两线相互垂直，如图 6.1.1 所示。

6.1.2　流函数

流函数是势流理论中常用来辅助求解速度势的一个函数。

1. 存在条件

不可压缩流体的平面流动、可压缩流体的平面流动、不可压缩流体的空间轴对称流动等存在流函数。但本书仅讨论不可压缩平面流动的流函数，其他流动不讨论。流函数不要求是无旋流动。

流函数的引入，是为了更有效地解决问题，对于无旋流动，流函数是求解速度势函数很好的辅助函数。

2. 流函数与速度之间的关系

对不可压缩流体的平面流动，连续性方程为

$$\frac{\partial v_x}{\partial x}+\frac{\partial v_y}{\partial y}=0 \tag{6.1.11}$$

引入函数ψ，假设它与速度$\boldsymbol{v}$之间的关系为

$$\begin{cases} v_x=\dfrac{\partial \psi}{\partial y} \\ v_y=-\dfrac{\partial \psi}{\partial x} \end{cases} \tag{6.1.12}$$

代入式（6.1.11）中，即

$$\frac{\partial}{\partial x}\left(\frac{\partial \psi}{\partial y}\right)+\frac{\partial}{\partial y}\left(-\frac{\partial \psi}{\partial x}\right)=\frac{\partial \psi^2}{\partial x \partial y}-\frac{\partial \psi^2}{\partial x \partial y}=0$$

可见，连续性方程仍然成立。这说明引入的函数ψ满足连续性方程，其存在合理。将满足式（6.1.12）函数ψ称为流函数。

3. 流函数的性质

（1）流函数与流线的关系：等流函数线$\psi=\text{const}$与流线重合。

对于流函数存在的平面不可压缩流动，流线方程为

$$\frac{\mathrm{d}x}{v_x}=\frac{\mathrm{d}y}{v_y}$$

也可写为

$$-v_y \mathrm{d}x+v_x \mathrm{d}y=0 \tag{6.1.13}$$

将流函数ψ与速度$\boldsymbol{v}$的关系式（6.1.12）代入流线方程式（6.1.13）中，即

$$\frac{\partial \psi}{\partial x}\mathrm{d}x+\frac{\partial \psi}{\partial y}\mathrm{d}y=0$$

即

$$\mathrm{d}\psi=0 \tag{6.1.14}$$

将上式积分，得

$$\psi=\text{const} \tag{6.1.15}$$

式（6.1.15）表明：流函数在流线上为常值函数，即流线与等流函数线重合。由于流线与等势线垂直，那么等流函数线与等势线也是相互垂直的、正交的。

（2）流函数与流量的关系：通过任意两条流线之间流管的流量等于此两流线的流函数的差值（二维平面流动），推导如下：

在平面不可压缩流动中，取两条相邻的流线$\psi=c$和$\psi=c+\mathrm{d}c$，两流线形成了一个微的平面流管，如图 6.1.2 所示。

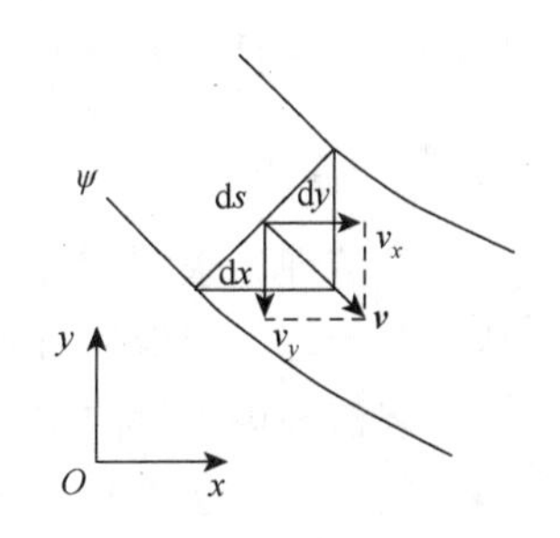

图 6.1.2 平面流管

微流管截面面积为微线元 ds，截面速度为$\boldsymbol{v}$，则微流管的流量 dQ 为

$$\begin{aligned}dQ &= v\mathrm{d}s \\ &= v_x\mathrm{d}y + (-v_y)\mathrm{d}x \\ &= \frac{\partial\psi}{\partial y}\mathrm{d}y + \frac{\partial\psi}{\partial x}\mathrm{d}x \\ &= \mathrm{d}\psi\end{aligned}$$

可见，微流管的流量$\mathrm{d}Q$等于两流线流函数之差$\mathrm{d}\psi$。

如果ψ_B和ψ_A是相距为有限距离的两条流线，可用积分法计算流量：

$$Q = \int \mathrm{d}Q = \int_{\psi_A}^{\psi_B} \mathrm{d}\psi = \psi_B - \psi_A \tag{6.1.16}$$

即通过两流线间的流量等于此两流线的流函数的差值。

（3）流函数与速度势的关系。

平面不可压缩无旋流动同时满足速度势φ和流函数ψ的存在条件，即速度势和流函数同时存在。速度势和流函数之间的关系可通过与速度之间的关系建立，即

$$\begin{cases}\dfrac{\partial\varphi}{\partial x} = \dfrac{\partial\psi}{\partial y}(= v_x) \\ \dfrac{\partial\varphi}{\partial y} = -\dfrac{\partial\psi}{\partial x}(= v_y)\end{cases} \tag{6.1.17}$$

如果知道φ和ψ其中之一，就可通过积分求出另外一个。

（4）如果平面不可压缩流动还是无旋流动，则流函数ψ也满足拉普拉斯方程。

对于平面不可压缩无旋运动，速度势和流函数就同时存在。

平面无旋流动，由其旋转角速度为 0，有

$$\omega_z = \frac{1}{2}\left(\frac{\partial v_y}{\partial x} - \frac{\partial v_x}{\partial y}\right) = 0$$

将流函数与速度的关系式（6.1.12）代入上式

$$\frac{\partial}{\partial x}\left(-\frac{\partial\psi}{\partial x}\right) - \frac{\partial}{\partial y}\left(\frac{\partial\psi}{\partial y}\right) = 0$$

即得

$$\frac{\partial^2\psi}{\partial x^2} + \frac{\partial^2\psi}{\partial y^2} = 0 \tag{6.1.18}$$

此式说明在平面势流中，流函数和速度势同时满足拉普拉斯方程。

流函数也可以看成是某个流动的速度势，且速度势为φ的流动刚好与速度势为ψ的流动速度正交，且两者速度的大小相同。

6.1.3 势流理论求解思路

势流理论求解拉普拉斯方程，它的未知数为速度势φ，而后通过φ得到流场的速度分布、压强分布，以及流体对固体的作用力。

势流理论求解的主要步骤如下。

第一步，求解拉普拉斯方程。根据所给势流问题的边界条件和初始条件，求解拉普拉斯方程：

$$\frac{\partial^2\varphi}{\partial x^2}+\frac{\partial^2\varphi}{\partial y^2}+\frac{\partial^2\varphi}{\partial z^2}=0$$

可有两种途径求解速度势 φ。

第二步，求速度 $\boldsymbol{v}$。由速度 $\boldsymbol{v}$ 与速度势 φ 的关系，求出速度 $\boldsymbol{v}$：

$$\begin{cases} v_x=\dfrac{\partial\varphi}{\partial x} \\ v_y=\dfrac{\partial\varphi}{\partial y} \\ v_z=\dfrac{\partial\varphi}{\partial z} \end{cases}$$

以及

$$v=\sqrt{v_x^2+v_y^2+v_z^2}$$

第三步，求压强 p。势流为无旋运动但可能是非定常流动，可用拉格朗日积分式（4.2.5）建立压强与速度的关系。然后，由于速度分布 $\boldsymbol{v}$ 已知，可得到流场的压强分布以及物面压强分布 p。

第四步，求物体所受的作用力。将物体表面上的压强沿物面积分，即可求得流体作用在物体上的力 $\boldsymbol{F}$ 和力矩 $\boldsymbol{M}$。

从而势流问题得解。

6.2　几种简单的平面势流

6.2.1　均匀流

设均流流动的速度 v_0 沿直角坐标系的 x 轴正向，如图 6.2.1 所示。流场速度分布为 $\begin{cases} v_x=v_0 \\ v_y=0 \end{cases}$。

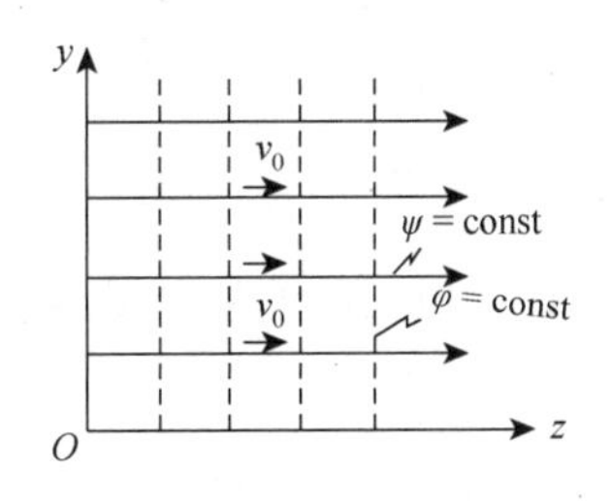

图 6.2.1　均匀流

在第 5 章已经证明，均匀流是无旋流动。下面求速度势 φ 和流函数 ψ。

首先，写出平面流动的速度势 φ 的全微分为

$$\mathrm{d}\varphi=\frac{\partial\varphi}{\partial x}\mathrm{d}x+\frac{\partial\varphi}{\partial y}\mathrm{d}y$$

将速度势与速度的关系及流场速度分布代入上式，得

$$\mathrm{d}\varphi=v_x\mathrm{d}x+v_y\mathrm{d}y=v_0\mathrm{d}x$$

积分，得速度势为

$$\varphi=v_0x \tag{6.2.1}$$

以上积分过程中，因为积分常数不影响速度势的取值范围，可以省去。

同样方法可推导出流函数 ψ：

$$\mathrm{d}\psi=\frac{\partial\psi}{\partial x}\mathrm{d}x+\frac{\partial\psi}{\partial y}\mathrm{d}y=-v_y\mathrm{d}x+v_x\mathrm{d}y=v_0\mathrm{d}y$$

积分，得流函数为

$$\psi=v_0y \tag{6.2.2}$$

由速度势 φ 和流函数 ψ 的表达式可知：

（1）等势线：$x=c$ 为一组平行于 y 轴的直线，如图 6.2.1 中的虚线。

（2）等流函数线：$y=c$ 也是流线，为一组平行于 x 轴的直线，如图 6.2.1 中的实线。

均匀流的速度势可表示平行平壁间的流动或薄平板的均匀纵向绕流，如图 6.2.2 所示。

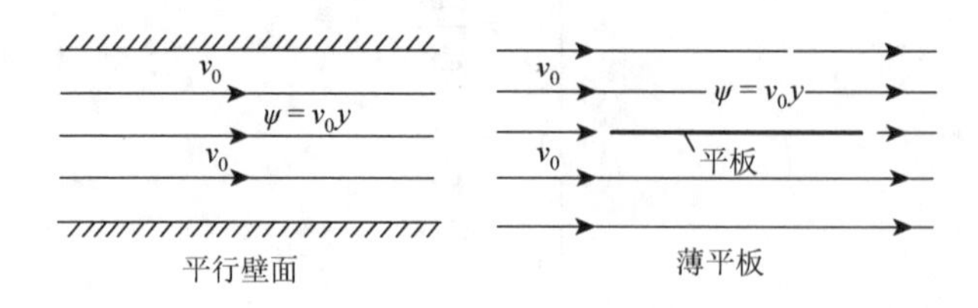

图 6.2.2　均匀流的速度势表示法

6.2.2　点源和点汇

流体由平面上的源点沿径向各个方向源源不断地流出，叫作点源；反之，流动汇聚于一点，称为点汇。

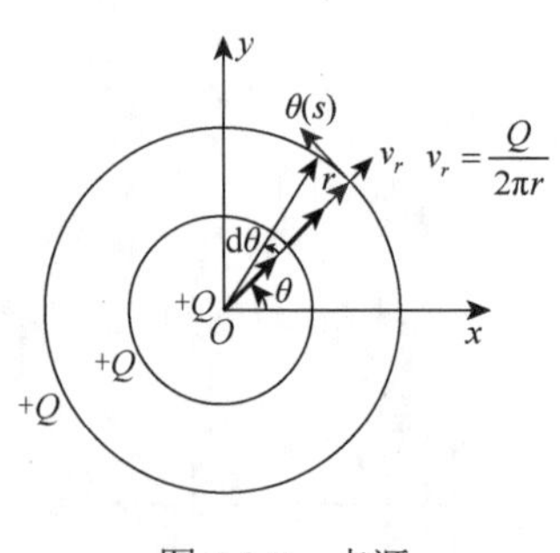

图 6.2.3　点源

下面先求出点源的速度分布，推导出速度势和流函数；然后，同理给出点汇的速度势和流函数。在平面极坐标系下，点源的源点与坐标系原点 O 重合。设从源点 O 流出的体积流量为 Q，速度以源点为中心、沿矢径向外，如图 6.2.3 所示。则流动具有径向速度分量 v_r，而周向速度分量为零。

现以原点 O 为中心，任意半径 r 做一圆周线。根据不可压缩流体的连续性方程，通过此圆周的流体体积流量，就等于从源点流出的体积流量 Q，即

$$Q = 2\pi r v_r$$

计算出径向速度分量为

$$v_r = \frac{Q}{2\pi r}$$

所以，点源流场的速度分布为

$$\begin{cases} v_r = \dfrac{Q}{2\pi r} \\ v_\theta = 0 \end{cases} \tag{6.2.3}$$

现已知速度分布，在极坐标下求流场的速度势 φ 和流函数 ψ 。

极坐标下速度势 φ 和流函数 ψ 与速度 $\boldsymbol{v}$ 的关系，可以参照直角坐标系类推。径向 r 相当于 x 方向，圆周切向 s 相当于 y 方向。

在直角坐标系中，有

$$\begin{cases} v_x = \dfrac{\partial \varphi}{\partial x} = \dfrac{\partial \psi}{\partial y} \\ v_y = \dfrac{\partial \varphi}{\partial y} = -\dfrac{\partial \psi}{\partial x} \end{cases}$$

对比之下，在极坐标系中，速度与速度势和流函数之间的关系式为

$$\begin{cases} v_r = \dfrac{\partial \varphi}{\partial r} = \dfrac{\partial \psi}{\partial s} = \dfrac{1}{r}\dfrac{\partial \psi}{\partial \theta} \\ v_\theta = \dfrac{\partial \varphi}{\partial s} = \dfrac{1}{r}\dfrac{\partial \varphi}{\partial \theta} = -\dfrac{\partial \psi}{\partial r} \end{cases} \tag{6.2.4}$$

下面求点源的 φ 和 ψ。在极坐标系下，写出 φ 和 ψ 的全微分为

$$\mathrm{d}\varphi = \frac{\partial \varphi}{\partial r}\mathrm{d}r + \frac{\partial \varphi}{\partial \theta}\mathrm{d}\theta = v_r \mathrm{d}r + r v_\theta \mathrm{d}\theta = \frac{Q}{2\pi r}\mathrm{d}r$$

$$\mathrm{d}\psi = \frac{\partial \psi}{\partial r}\mathrm{d}r + \frac{\partial \psi}{\partial \theta}\mathrm{d}\theta = -v_\theta \mathrm{d}r + r v_r \mathrm{d}\theta = \frac{Q}{2\pi}\mathrm{d}\theta$$

积分，即得速度势 φ 和流函数 ψ 分别为

$$\varphi = \frac{Q}{2\pi}\ln r \tag{6.2.5}$$

$$\psi = \frac{Q}{2\pi}\theta \tag{6.2.6}$$

同样地，由点源的速度势 φ 和流函数 ψ 的表达式可知：

（1）流线：$\theta = c$，是从原点引出的一组射线，如图 6.2.4（a）中的实线；

（2）等势线：$r = c$，是和流线正交的一组同心圆，如图 6.2.4（a）中的虚线。

为了得到点汇的速度势 φ 和流函数 ψ，可先看式 $v_r = \dfrac{Q}{2\pi r}$。可看出：

（1）当 $Q > 0$ 时：$v_r > 0$。意味着流体从坐标系原点流出，原点为源点；

（2）当 $Q < 0$ 时：$v_r < 0$。这时流体向坐标系原点汇合，原点是汇点。这就是说，当是点汇时，式（6.2.5）和（6.2.6）中的 Q 为负值即分别为点汇的速度势 φ 和流函数 ψ。其等流函数线和等势线如图 6.2.4（b）所示。

点源（点汇）的速度势，还适用于扩大（收缩）管道中理想流体的流动，如图 6.2.5 所示。

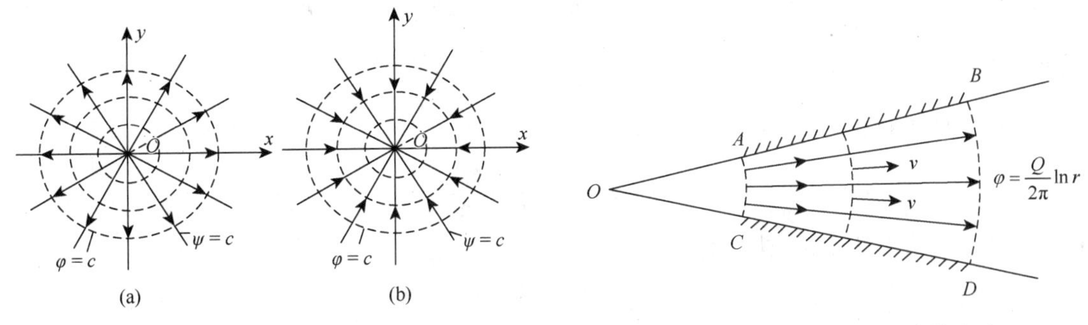

图 6.2.4 点源和点汇的流线和等势线
（a）为点源；（b）为点汇

图 6.2.5 渐扩管的理想流体流动

6.2.3 偶极子

如果在无限流场中将流量大小相等的点源和点汇无限靠近，且随其间距 $\delta x \to 0$，其流量 $Q \to \infty$，使得两者之积趋于一个有限数值 M，即

$$Q\delta x \to M \quad (\delta x \to 0) \tag{6.2.7}$$

这一流动的极限状态称为偶极子，**M** 为偶极矩。

下面用点源和点汇叠加的方法来求偶极子的 φ 和 ψ 。

1. 速度势

点源速度势 φ_1 与点汇速度势 φ_2 叠加：

$$\varphi = \varphi_1 + \varphi_2 = \frac{Q}{2\pi}(\ln r_1 - \ln r_2) = \frac{Q}{2\pi}\ln\frac{r_1}{r_2} \tag{6.2.8}$$

式中：r_1、r_2 分别为流场中任一点 P 离点源和点汇的距离，如图 6.2.6 所示。

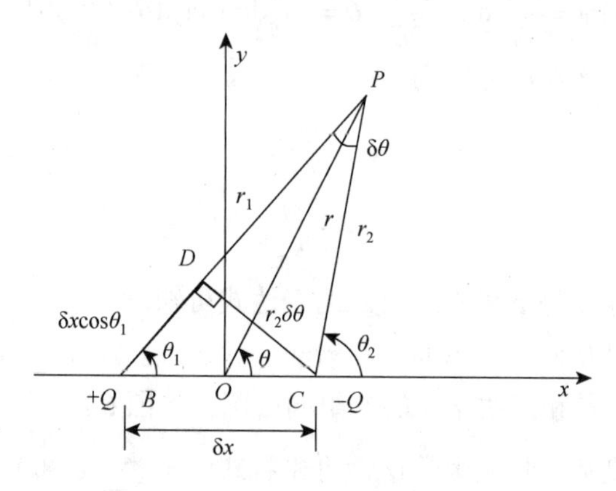

图 6.2.6　偶极子

图中存在几何关系：

$$r_1 \approx r_2 + \delta x\cos\theta_1 \tag{6.2.9}$$

代入式（6.2.8），有

$$\varphi = \frac{Q}{2\pi}\ln\frac{r_1}{r_2} = \frac{Q}{2\pi}\ln\frac{r_2 + \delta x\cos\theta_1}{r_2} = \frac{Q}{2\pi}\ln\left(1 + \frac{\delta x\cos\theta_1}{r_2}\right)$$

式中，令 $z = \dfrac{\delta x\cos\theta_1}{r_2}$ 是一个小量。

利用泰勒展开式：

$$\ln(1+z) = z - \frac{z^2}{2} + \frac{z^3}{3} - \cdots$$

将 φ 展开，并略去 δx 二阶以上小量，可得

$$\varphi \approx \frac{Q}{2\pi}\frac{\delta x\cos\theta_1}{r_2}$$

当 $\delta x \to 0$ 时，$Q\delta x \to M$ ，$\theta_1 \to \theta$ ，$r_2 \to r$ ，其中 r、θ 为场点 P 的极坐标。代入上式，得出偶极子的速度势为

$$\varphi = \frac{M}{2\pi}\frac{\cos\theta}{r} \tag{6.2.10}$$

在直角坐标系下，则为

$$\varphi = \frac{M}{2\pi}\frac{x}{x^2 + y^2} \tag{6.2.11}$$

2. 流函数

点源流函数ψ_1与点汇流函数ψ_2叠加：

$$\psi = \psi_1 + \psi_2 = \frac{Q}{2\pi}(\theta_1 - \theta_2) = \frac{Q}{2\pi}(-\delta\theta) \tag{6.2.12}$$

在图 6.2.6 的三角形 BCD 中有几何关系：

$$r_2\delta\theta = \delta x \sin\theta_1$$

整理为

$$\delta\theta = \frac{\delta x \sin\theta_1}{r_2} \tag{6.2.13}$$

将式（6.2.13）代入式（6.2.13），得

$$\psi = -\frac{Q}{2\pi}\frac{\delta x \sin\theta_1}{r_2} \tag{6.2.14}$$

利用当$\delta x \to 0$时，$Q\delta x \to M$，$\theta_1 \to \theta$，$r_2 \to r$。代入式（6.2.14），流函数为

$$\psi = -\frac{M}{2\pi}\frac{\sin\theta}{r} \tag{6.2.15}$$

或者在直角坐标下，可为

$$\psi = -\frac{M}{2\pi}\frac{y}{x^2 + y^2} \tag{6.2.16}$$

由流函数可得流线簇方程为

$$-\frac{M}{2\pi}\frac{y}{x^2 + y^2} = c$$

可改写为

$$\frac{y}{x^2 + y^2} = c_1$$

$$x^2 + y^2 - \frac{y}{c_1} = 0$$

将方程配方后得

$$x^2 + \left(y - \frac{1}{2c_1}\right)^2 = \frac{1}{4c_1^2} \tag{6.2.17}$$

式（6.2.17）表明：流线（或等流函数线$\psi = c$线）为圆心在y轴上、与x轴相切的一组圆，如图 6.2.7 中实线，流体沿着上述圆周，由坐标原点流出又流入原点。

按类似方法可求出：等势线（或$\varphi = c$线）是中心在x轴上、与y轴相切的一组圆，这些圆与$\psi = c$线正交，如图 6.2.7 中虚线。

应当注意的是，偶极子是有轴线和有方向的。源和汇所在的直线就是偶极子的轴线，由源指向汇的方向，就是偶极轴的方向。上述偶极子的方向是x轴的正向。

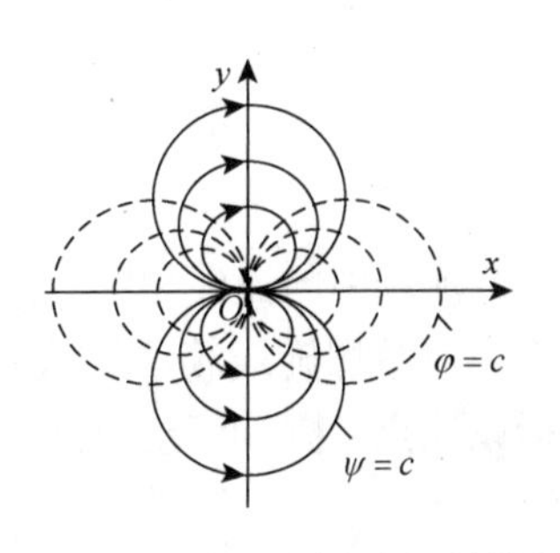

图 6.2.7 偶极子的流线和等势线

6.2.4　点涡

设无界流场中坐标原点处有一根无限长的直涡线，方向垂直于 xOy 平面，该涡线与 xOy 平面的交点即为点涡（或自由涡流），如图 6.2.8 所示。

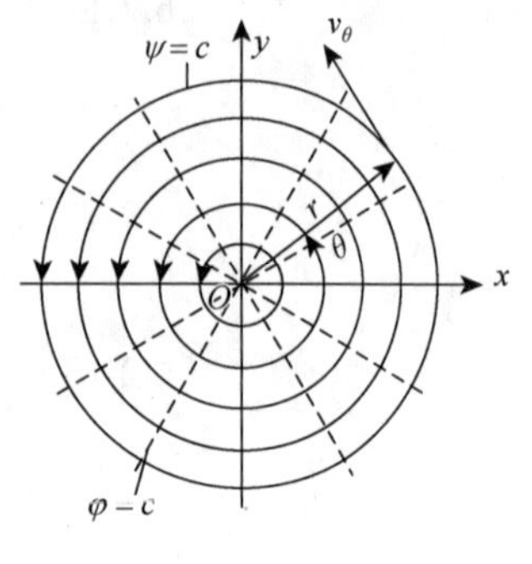

图 6.2.8　点涡

点涡的诱导速度场见式（5.6.13），为

$$\begin{cases} v_r = 0 \\ v_\theta = \dfrac{\Gamma}{2\pi r} \end{cases} \tag{6.2.18}$$

式中：r 为场点距点涡的距离；v_r 为径向速度；v_θ 为周向速度。假设点涡逆时针旋转，则点涡速度环量 $\Gamma>0$，即逆时针旋转为正。

采用极坐标系求 φ 和 ψ 。

$$\mathrm{d}\varphi = \frac{\partial \varphi}{\partial r}\mathrm{d}r + \frac{\partial \varphi}{\partial \theta}\mathrm{d}\theta = v_r \mathrm{d}r + r v_\theta \mathrm{d}\theta = \frac{\Gamma}{2\pi}\mathrm{d}\theta$$

积分得速度势：

$$\varphi = \frac{\Gamma}{2\pi}\theta \tag{6.2.19}$$

$$\mathrm{d}\psi = \frac{\partial \psi}{\partial r}\mathrm{d}r + \frac{\partial \psi}{\partial \theta}\mathrm{d}\theta = -v_\theta \mathrm{d}r + r v_r \mathrm{d}\theta = -\frac{\Gamma}{2\pi r}\mathrm{d}r$$

积分得流函数：

$$\psi = -\frac{\Gamma}{2\pi}\ln r \tag{6.2.20}$$

通过流函数表达式可知，流线 $\psi = c$ 为 $r = c$，即一组以涡点为中心的同心圆，如图 6.2.8 中实线所示；等势线 $\varphi = c$ 为 $\theta = c$，即从涡点出发的射线，如图 6.2.8 中虚线所示。

在上述所有表达式中，$\Gamma>0$，对应逆时针转动涡旋诱导的点涡；如果 $\Gamma<0$，则对应顺时针涡旋诱导的点涡。

6.2.5　螺旋流动

把位于坐标系原点、体积流量为 $-Q$（$Q>0$）的点汇与位于原点、强度为 Γ（$\Gamma>0$，逆时针旋转）的点涡叠加，叠加的流动为一种螺旋流动。将上述点汇和点涡的速度势和流函数分别叠加，即螺旋流动的速度势 φ 和流函数 ψ 为

$$\varphi = -\frac{Q}{2\pi}\ln r + \frac{\Gamma}{2\pi}\theta \tag{6.2.21}$$

$$\psi = -\frac{Q}{2\pi}\theta - \frac{\Gamma}{2\pi}\ln r \tag{6.2.22}$$

流场中的流线如图 6.2.9（a）中的实线所示，等势线如虚线所示。流线和等势线正交，并均为对数螺旋线簇，所以流动称为螺旋流。由流线可以看出，流体自外沿螺旋线切向流入坐标系原点，因为流动由点汇和点涡叠加而成的，又称为阴螺旋流。

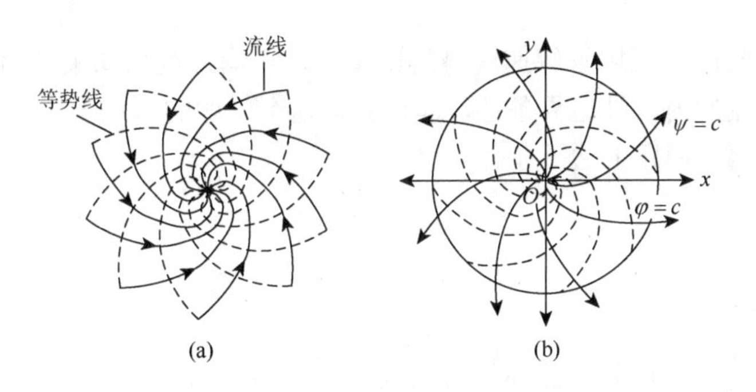

图 6.2.9　螺旋流的流线和等势线

（a）为阴螺旋流；（b）为阳螺旋流

下面将讨论阴螺旋流沿径向由远及近的压强变化趋势。根据速度势式（6.2.21），计算出阴螺旋流流动的速度分布为

$$\begin{cases} v_r = \dfrac{\partial \varphi}{\partial r} = -\dfrac{Q}{2\pi r} \\ v_\theta = \dfrac{1}{r}\dfrac{\partial \varphi}{\partial \theta} = \dfrac{\Gamma}{2\pi r} \end{cases} \tag{6.2.23}$$

并且合速度 v 有如下关系式：

$$v^2 = v_r^2 + v_\theta^2 = \frac{\Gamma^2 + Q^2}{4\pi^2 r^2} \tag{6.2.24}$$

因理想流体的无旋流动，故拉格朗日方程成立。在流场中任取分别位于半径 r_1 和 r_2 处的两点，列拉格朗日方程，并移项整理为

$$p_1 = p_2 - \frac{\rho}{8\pi^2}(\Gamma^2 + Q^2)\left(\frac{1}{r_1^2} - \frac{1}{r_2^2}\right) \tag{6.2.25}$$

当 $r_2 > r_1$ 时，$p_2 > p_1$，说明较远距离 r_2 处的压强大于较近距离 r_1 处的压强。即由远处向阴螺旋流中心靠近，压强是逐渐减小的。正是这种压强降低的趋势，将外部的流体吸入阴螺旋流的中心。如龙卷风、台风、水中漩涡等流动，其外部螺旋流动将周围物体向中心吸入。

若将点汇换成点源，那么点源与点涡叠加产生的流动仍然是无旋的螺旋流，称为阳螺旋流。流线如图 6.2.9（b）中实线所示，虚线为等势线。这种情况下，流体将向外甩出。

6.3　圆柱体无环量绕流　达朗贝尔佯谬

6.2 节介绍了几种简单流动的势流，包括均匀流、偶极子、点涡等，它们的速度势都是调和函数，具有可叠加性。将其中两个或者两个以上的速度势作为基本解叠加起来，仍然是拉普拉斯方程的解，并可能是某种具有实际意义的势流流动。

圆柱绕流是指无限流场中均匀流过一根无限长圆柱体的流动。假设均匀流速度为 v_0，沿与圆柱体轴线垂直的方向流过圆柱体。此问题可简化为二维平面流动，在同一个平面内，均匀流 v_0 流过半径为 r_0 的圆面。建立平面直角坐标系 xOy，v_0 沿 x 轴正方向，圆心位于坐标原点，如图 6.3.1 所示。

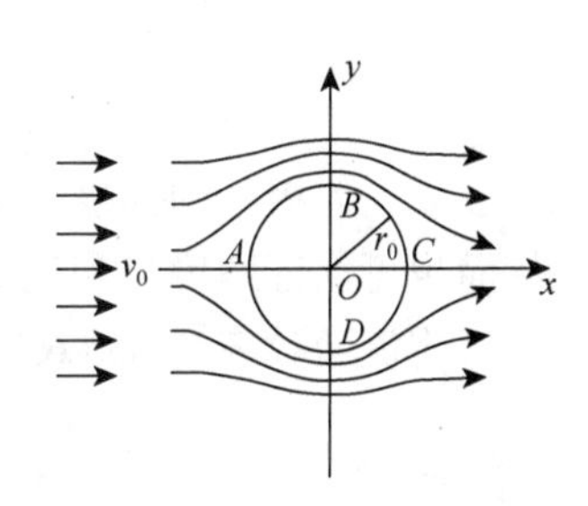

图 6.3.1　圆柱绕流

针对圆柱绕流问题，采用求解速度势的试凑法，将均匀流和偶极子两种简单势流叠加，然后满足圆柱体绕流的内、外边界条件，即可获得这个问题的解。

下面分析圆柱绕流问题的边界条件。

6.3.1 边界条件

1. 外边界条件

无限流场中，在无限远处，流体没有受到圆柱体的扰动，该处仍为均流动。这即为该流动的外边界条件，也称为远场边界条件。

在直角坐标系下，外边界条件可写为

$$\begin{cases} v_x = v_0 \\ v_y = 0 \end{cases}, \quad x = \infty, y - \infty \tag{6.3.1}$$

或在极坐标系下，可写为

$$\begin{cases} v_r = v_0 \cos\theta \\ v_\theta = -v_0 \sin\theta \end{cases}, \quad r = \infty \tag{6.3.2}$$

2. 内边界条件（物面）

由于圆柱体的存在，流体绕过圆柱体。由理想流体的物面边界条件可知，流体沿圆柱体表面可以滑移，但不可穿透，即在圆柱表面上，流动的法向速度为 0，或将二维圆柱面表面为一条流线。这被称为内边界条件，也称近场边界条件。可写为表示式

$$v_n = v_r = 0, \quad r = r_0 \tag{6.3.3}$$

或者

$$\psi = 0, \quad r = r_0 \tag{6.3.4}$$

内外边界条件已知，即可采用试凑法，把均匀流和偶极子的速度势叠加，使叠加后的速度势和流函数满足边界条件，就可获得圆柱绕流的势流解。

6.3.2 速度势和流函数

将均匀流速度势式（6.2.1）与偶极子的速度势式（6.2.10）叠加，得到新的速度势：

$$\varphi = \varphi_1 + \varphi_2 = v_0 r\cos\theta + \frac{M\cos\theta}{2\pi r} \tag{6.3.5}$$

流函数式（6.2.2）和流函数式（6.2.15）叠加后的流函数为

$$\psi = \psi_1 + \psi_2 = v_0 r\sin\theta - \frac{M\sin\theta}{2\pi r} \tag{6.3.6}$$

以上偶极子的偶极矩 $\boldsymbol{M}$ 是未知的，常采用圆柱体表面是一条流线或等流函数线进行求解，从而也可保证速度势和流函数满足内边界条件。

将流函数表达式（6.3.6）代入内边界条件式（6.3.4），可得

$$\sin\theta \cdot \left(v_0 r_0 - \frac{M}{2\pi r_0} \right) = 0 \tag{6.3.7}$$

分析式（6.3.7）：①若 $\sin\theta = 0$，那么 $\theta = 0$，π，说明 $\psi = 0$ 的流线中，有一部分是 x 的正

负轴；②若 $v_0 r_0 - \dfrac{M}{2\pi r_0} = 0$，则 $M = 2\pi v_0 r_0^2$，而且 $r = r_0$ 的圆周也是 $\psi = 0$ 的流线的一部分。这样，x 的正负轴和 $r = r_0$ 的圆周组成 $\psi = 0$ 的流线。

将 $M = 2\pi v_0 r_0^2$ 分别代入式（6.3.5）和式（6.3.6），即得新速度势为

$$\varphi = v_0 r\left(1 + \frac{r_0^2}{r^2}\right)\cos\theta \tag{6.3.8}$$

和流函数为

$$\psi = v_0 r\left(1 - \frac{r_0^2}{r^2}\right)\sin\theta \tag{6.3.9}$$

将均匀与偶极子叠加，叠加后流动的流线如图 6.3.2 所示。

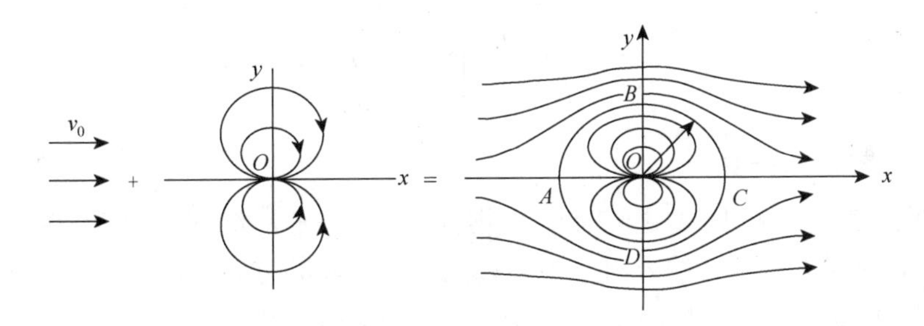

图 6.3.2　均匀流和偶极子叠加后的流线示意图

6.3.3　验证边界条件

内外边界条件给出的是速度已知条件。将速度势式（6.3.8）代入速度与速度势的极坐标系下的关系式（6.2.4），得到流场速度分布为

$$\begin{cases} v_r = \dfrac{\partial\varphi}{\partial r} = v_0\left(1 - \dfrac{r_0^2}{r^2}\right)\cos\theta \\ v_\theta = \dfrac{1}{r}\dfrac{\partial\varphi}{\partial\theta} = -v_0\left(1 + \dfrac{r_0^2}{r^2}\right)\sin\theta \end{cases} \tag{6.3.10}$$

1. 远场边界条件

当 $r \to \infty$ 时，从式（6.3.10）可得

$$\begin{cases} v_r = v_0\cos\theta \\ v_\theta = -v_0\sin\theta \end{cases},\quad r \to \infty$$

上式即为外边界条件的式（6.3.2），这说明叠加后的速度势满足远场边界条件。

2. 近场边界条件

当 $r = r_0$ 时，从式（6.3.10）可得

$$\begin{cases} v_r = 0 \\ v_\theta = -2v_0\sin\theta \end{cases},\quad r = r_0 \tag{6.3.11}$$

式中，$v_r=0$ 说明在圆柱表面上满足近场的物面边界条件。

这样，证明了均匀流和偶极子叠加后的速度势完全满足绕圆柱体无环量流动的远场和近场边界条件。

虽然叠加后的速度势满足所有边界条件，但是图 6.3.2 中显示在圆柱体内部，即 $r<r_0$ 区域，也存在流动，而实际的圆柱绕流内部是没有流动的。不过，在圆柱体外部，即 $r\geqslant r_0$ 区域，其流动情况与均匀流绕圆柱的流动情况是完全一样的。

假设把均匀流和偶极子叠加后的流动图案中 $r<r_0$ 部分去掉，而在其中充实一个 $r=r_0$ 的圆柱体，就不会对流场有任何影响。

这样，均匀流绕圆柱体流动的速度势 φ 和流函数 ψ 由式（6.3.8）和式（6.3.9）完整写为

$$\varphi=v_0 r\left(1+\frac{r_0^2}{r^2}\right)\cos\theta\,,\quad r\geqslant r_0 \tag{6.3.12}$$

$$\psi=v_0 r\left(1-\frac{r_0^2}{r^2}\right)\sin\theta\,,\quad r\geqslant r_0 \tag{6.3.13}$$

6.3.4　物面速度变化特点

圆柱表面的速度分布见式（6.3.11）。物面上，$r=r_0$，法向速度为 0，周向速度为 $v_\theta=-2v_0\sin\theta$，负号表示速度的方向。如果 v_θ 为负，表示其方向与 θ 坐标轴正向相反。

在圆柱面上取 4 个有代表性的点：A、B、C 和 D 点，如图 6.3.1 中所示。

对 A、C 两点：

$$\theta=\pi\quad 或\quad \theta=0 \tag{6.3.14}$$

则 $v_\theta=0$。

这两点速度均为 0，称为驻点或分流点。A 点在迎向来流侧，为前驻点；C 点为后驻点、尾驻点。

对 B、D 两点：

$$\theta=\pm\frac{\pi}{2} \tag{6.3.15}$$

则 $v_\theta=\mp 2v_0$。

可见，在 B、D 两点上，速度达到最大值。并且该值与圆柱体半径无关，恰等于来流速度 v_0 的两倍。

为完整了解流体绕过柱面的速度变化特点，选取 $\psi=0$ 的流线，即包括 x 正负轴和圆柱表面，以其速度变化来说明流体流过圆柱时速度变化的特点。

（1）流体从 x 负轴无限远处以流速 v_0 流向圆柱；当接近圆柱时，流速逐渐减小；到达 A 点时，速度降至零。然后，分为二支分别向 B、D 两侧流去，同时速度逐渐增大；到达 B、D 点时，速度增至 $2v_0$，达到最大值。

（2）经过 B、D 后，速度逐渐减小；在 C 点汇合，速度又降至零。然后，离开 C 点后，速度又逐渐增加；流向后方 x 正轴无限远处时，再恢复为 v_0。

绕包围圆柱体表面的任意封闭周线的速度环量等于圆柱表面圆周的速度环量。将圆柱表面周向速度 $v_\theta=-2v_0\sin\theta$ 沿柱面逆时针积分计算柱面的速度环量：

$$\Gamma = -2v_0\int_0^{2\pi}\sin\theta\mathrm{d}\theta = 0 \tag{6.3.16}$$

速度环量$\Gamma = 0$，所以均匀流绕过圆柱体的流动被称为无环量的绕流流动。

6.3.5　物面压强分布

物面速度v分布得出后，通过列沿物面流线的伯努利方程，从而获得物面压强p分布的表达式。列远场一点到圆柱面上任意一点的伯努利方程：

$$\frac{p}{\rho}+\frac{v^2}{2}=\frac{p_0}{\rho}+\frac{v_0^2}{2}$$

式中：p_0为远场压强。

将圆柱表面的速度分布$v=-2v_0\sin\theta$代入上式，得到

$$p-p_0=\frac{1}{2}\rho v_0^2(1-4\sin^2\theta) \tag{6.3.17}$$

采用压强系数C_p表示流体作用于物体表面上的压强。压强系数的定义为

$$C_p=\frac{p-p_0}{\frac{1}{2}\rho v_0^2} \tag{6.3.18}$$

式中：C_p是一个无量纲量。由式（6.3.17）整理出柱面压强系数为

$$C_p=1-4\sin^2\theta \tag{6.3.19}$$

可见，C_p与圆柱体半径v_0、均匀流流速v_0无关，只与柱体表面位置（极角θ）有关。根据$\sin^2\theta$的性质，压强系数既关于x轴对称，也关于y轴对称。

C_p沿柱面的变化如图6.3.3所示。其中，在A、C两点压强系数最大，$C_p=+1$；在B、D两点压强系数最小，$C_p=-3$。

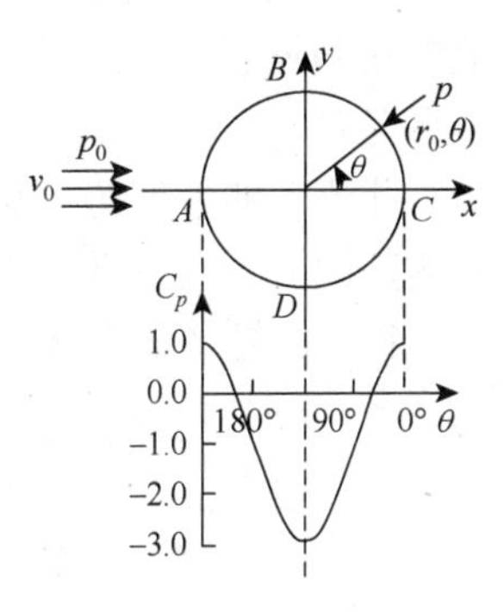

图6.3.3　圆柱表面压强系数

6.3.6　圆柱体所受流体作用力

由式（6.3.19）和图6.3.3压强系数分布可见，在圆柱面上压强关于x轴、y轴对称，那么圆柱面上的流体作用合力等于0。

习惯上，将流体作用在圆柱体上的总作用力分解成x、y两个方向上的分力F_x、F_y，分别与来流平行和与来流垂直方向上的作用力，通常被称为流体作用在柱体上的阻力R和升力L。

圆柱体所受流体作用力为0，即

$$\begin{cases} R=F_x=0 \\ L=F_y=0 \end{cases} \tag{6.3.20}$$

这一圆柱体既不受阻力也不受升力作用的结论是在理想流体前提下推导出来的。

实际流体由于黏性的作用，绕过圆柱产生摩擦力，而且在圆柱绕流后面部分形成流动分离和压强前后的不对称，流线图形、物面压强分布与理想流体情况下的存在很大差别。在实际圆柱体绕流中，会产生阻力，相关内容将在第9章边界层理论中介绍。

由于这一结论与实际结果具有严重的矛盾，所以被称为达朗贝尔佯谬。然而，达朗贝尔佯谬在理论上仍然具有很重要的意义。分析达朗贝尔佯谬成立的条件可归纳为以下5点。

（1）在理想流体中。

（2）物体周围的流场是无边际的，无限流场。

（3）物体周围流场中没有源、汇、涡等奇点存在。

（4）物体做等速直线运动。

（5）流动在物体表面上没有分离。

如果上述条件全部成立，那么任何物体确实不会受到流体施加于物体上的总作用力。但若其中任一条件被破坏，则物体将受到流体的合力（阻力或升力）。因此，达朗贝尔佯谬可用于分析物体在流体中运动时可能受到的力的种类及其本质。

6.4　圆柱体有环量绕流　马格努斯效应

6.3 节的圆柱体是静止的，本节将讨论圆柱体绕轴线匀速转动的情况。假设均匀流 v_0 流过半径为 r_0、以等角速度 ω 绕其轴线顺时针旋转的圆柱体，求解此时的势流流动和圆柱体所受的作用力。

虽然圆柱体旋转带动周围流体的运动发生了变化，但是其内外边界条件与 6.3 节无环量静止圆柱体绕流一样，仍然包括物面不可穿透的内边界条件和无限远处为均匀流动的外边界条件。

此流动的速度势仍然采用试凑法求解。在无环量绕流的基础上，即在均匀流和偶极子叠加的基础上，再在原点放置一个速度环量为 $-\Gamma$（$\Gamma>0$）的平面点涡（涡流为顺时针的方向），以获得绕圆柱体的有环量流动，且 $\Gamma=2\pi r_0^2\omega$。

首先检验是否满足边界条件。

（1）由于点涡无穷远处的速度也是趋向于零，所以远场边界条件仍然满足；

（2）点涡的流线均为圆周线，则在 $r=r_0$ 周线上也仍为流线，满足圆柱表面的物面边界条件。

因此，在无环量绕流的基础上增加点涡，仍然不会破坏远场、近场边界条件。

下面依次求解该绕流的速度势和流函数、圆柱面速度分布和压强分布，以及圆柱体所受的流体作用力。

6.4.1　速度势和流函数

设圆柱体顺时针旋转，流动由均匀流、偶极子和点涡叠加而成。其中，点涡的速度环量为 $-\Gamma$。

基于上节无环量绕流的速度势（6.3.12）和流函数（6.3.13），叠加上点涡 $-\Gamma$ 的速度势式（6.2.19）和流函数式（6.2.20），可得有环量绕流的速度势 φ 和流函数 ψ 分别为

$$\varphi=v_0 r\left(1+\frac{r_0^2}{r^2}\right)\cos\theta-\frac{\Gamma}{2\pi}\theta,\quad r\geqslant r_0 \tag{6.4.1}$$

和

$$\psi=v_0 r\left(1+\frac{r_0^2}{r^2}\right)\cos\theta+\frac{\Gamma}{2\pi}\ln r,\quad r\geqslant r_0 \tag{6.4.2}$$

6.4.2 圆柱面速度分布

流场中任一点处的速度为

$$\begin{cases} v_r = \dfrac{\partial \varphi}{\partial r} = v_0\left(1-\dfrac{r_0^2}{r^2}\right)\cos\theta \\ v_\theta = \dfrac{1}{r}\dfrac{\partial \varphi}{\partial \theta} = -v_0\left(1+\dfrac{r_0^2}{r^2}\right)\sin\theta - \dfrac{\Gamma}{2\pi r} \end{cases}, \quad r \geqslant r_0 \tag{6.4.3}$$

则圆柱面 $r = r_0$ 上的速度分布为

$$\begin{cases} v_r = 0 \\ v_\theta = -2v_0 \sin\theta - \dfrac{\Gamma}{2\pi r_0} \end{cases}, \quad r = r_0 \tag{6.4.4}$$

可见，圆柱表面上法向速度仍为零，满足物面不可穿透边界条件；而切向速度比式(6.3.11)多出一项，该项由点涡引起。

由于点涡为顺时针旋转，式（6.4.4）中周向速度在圆柱体上部绕流的速度方向与均匀流的速度方向相同，两者叠加后，有环量流动的速度增加；而在下部的情况相反，两者速度方向相反叠加后，有环量流动的速度减小。这样，叠加的结果，在上部速度增高，而在下部速度降低，这样就破坏了流动和流线关于 x 轴的对称性，如图 6.4.1 所示。

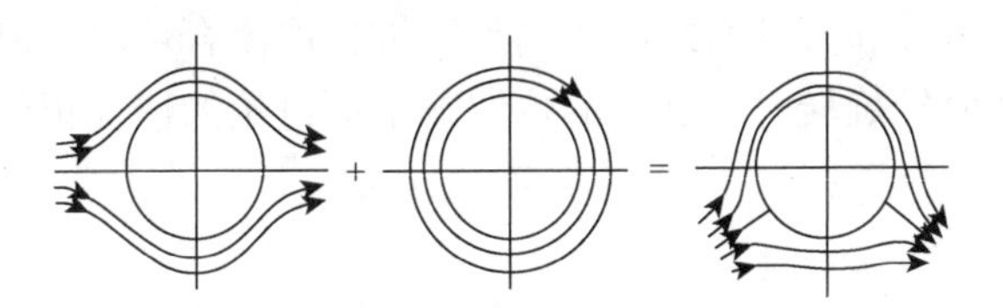

图 6.4.1 无环量绕流与点涡的叠加流线示意图

6.4.3 驻点位置

为确定圆柱面上驻点的位置，令圆柱柱面切向速度为 $v_\theta = 0$，$-2v_0\sin\theta - \dfrac{\Gamma}{2\pi r_0} = 0$，得驻点位置为

$$\sin\theta = -\frac{\Gamma}{4\pi r_0 v_0} \tag{6.4.5}$$

式中：θ 为在圆柱面上驻点所对应的角度。

下面对式（6.4.5）进行相关讨论。

（1）若 $0 < \Gamma < 4\pi r_0 v_0$，小环量情形，则 $-1 < \sin\theta < 0$，θ 的两个解分别在第三和第四象限内。这说明，圆柱面上有 A、B 两个驻点，关于 y 轴对称，分别位于第三和第四象限内，如图 6.4.2（a）所示，并且 A、B 两驻点离开 x 轴，随 Γ 值的增加而向下移动，并向 y 轴靠拢。

（2）若 $\Gamma = 4\pi r_0 v_0$，则 $\sin\theta = -1$，θ 的解为 $\theta = -\dfrac{\pi}{2}$。两个驻点重合，位于圆柱面的最下端，为圆柱面与 y 轴的交点，如图 6.4.2（b）所示。

（3）若 $\Gamma > 4\pi r_0 v_0$，大环量情形，则 $|\sin\theta| > 1$，θ 无解，说明在圆柱面上不存在驻点，如图 6.4.2（c）所示。

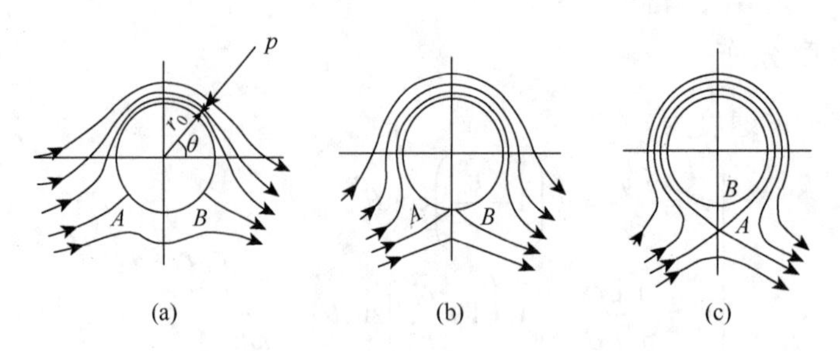

图 6.4.2 有环量绕流驻点位置示意图

从以上三种情况可见，驻点的位置不是简单取决于速度环量 Γ，而是取决于：

$$\sin\theta = -\frac{\Gamma}{4\pi r_0 v_0}$$

在第（3）种情况下，圆柱面上没有驻点，说明驻点脱离了圆柱面，出现在流场内部。

那么，令流场速度分布中的 $v_r = 0$ 和 $v_\theta = 0$ 同时为 0 时，即可解出驻点的坐标。在此，不再详细写出表达式。解得两个位于 y 轴上的驻点：一个在圆柱体内，另一个在圆柱体外。显然，只有圆柱体外的驻点存在，如图 6.4.2（c）所示。这也表明，驻点沿 y 轴向下移到流场内部 y 轴上的某一位置。

全流场由经过驻点 A 的闭合流线划分为内、外两个区域。外部区域是均匀流绕过圆柱体有环量的流动，在闭合流线和圆柱面之间的内部区域自成闭合环流，但流线不是圆形的。

如果叠加的点涡逆时针旋转时，驻点的位置与上面讨论的情况正好关于 x 轴对称。

6.4.4 圆柱面压强分布

将圆柱面上的周向速度分布 $v = -2v_0\sin\theta - \dfrac{\Gamma}{2\pi r_0}$ 代入伯努利方程：

$$\frac{p}{\rho} + \frac{v^2}{2} = \frac{p_0}{\rho} + \frac{v_0^2}{2}$$

式中：p_0 为无限远处的压强；p 为圆柱面上某点的压强。可得

$$p - p_0 = \frac{1}{2}\rho v_0^2 - \frac{1}{2}\rho\left(v_r^2 + v_\theta^2\right) = \frac{1}{2}\rho\left[v_0^2 - \left(-2v_0\sin\theta - \frac{\Gamma}{2\pi r_0}\right)^2\right] \tag{6.4.6}$$

从图 6.4.2 可见，流动不再关于 x 轴对称，表明柱面压强分布也不再关于 x 轴对称；但流动和柱面压强仍然关于 y 轴对称。

6.4.5 圆柱体所受的流体作用力

在圆柱表面上取一微线元 $\mathrm{d}s$，则 $\mathrm{d}s$ 长度上所受到的微元力 $\mathrm{d}\boldsymbol{F}$ 为

$$\mathrm{d}\boldsymbol{F} = -p\boldsymbol{n}\mathrm{d}s$$

式中：$\boldsymbol{n}$ 为柱面外法线方向，如图 6.4.3 所示。

力 $\mathrm{d}\boldsymbol{F}$ 在 x 和 y 轴方向上的分量分别为

$$\mathrm{d}F_x = -p\mathrm{d}s\cos\theta$$

$$\mathrm{d}F_y = -p\mathrm{d}s\sin\theta$$

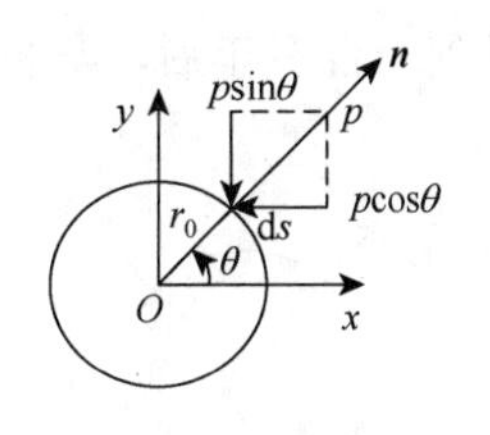

图 6.4.3　圆柱表面压强分解

将两个分力分别沿整个圆柱面进行积分，得

$$\begin{cases} R = F_x = -\int_0^{2\pi} pr_0\cos\theta\mathrm{d}\theta \\ L = F_y = -\int_0^{2\pi} pr_0\sin\theta\mathrm{d}\theta \end{cases}$$

将圆柱面压强分布式（6.4.6）代入上式，可得

$$\begin{aligned} R = F_x &= -\int_0^{2\pi}\left\{p_\infty + \frac{1}{2}\rho\left[v_0^2 - \left(-2v_0\sin\theta - \frac{\Gamma}{2\pi r_0}\right)^2\right]\right\}r_0\cos\theta\mathrm{d}\theta \\ &= -r_0\left(p_\infty + \frac{1}{2}\rho v_0^2 + \frac{\rho\Gamma^2}{8\pi^2 r_0^2}\right)\int_0^{2\pi}\cos\theta\mathrm{d}\theta + \frac{\rho v_0\Gamma}{\pi}\int_0^{2\pi}\sin\theta\cos\theta\mathrm{d}\theta \\ &\quad +2r_0\rho v_0^2\int_0^{2\pi}\sin^2\theta\cos\theta\mathrm{d}\theta = 0 \end{aligned} \tag{6.4.7}$$

式（6.4.7）说明圆柱有环量绕流的阻力仍然为零。这是因为流动和压强分布关于 y 轴对称，所以 x 方向的作用力为零。

$$\begin{aligned} L = F_y &= -\int_0^{2\pi}\left\{p_\infty + \frac{1}{2}\rho\left[v_0^2 - \left(-2v_0\sin\theta - \frac{\Gamma}{2\pi r_0}\right)^2\right]\right\}r_0\sin\theta\mathrm{d}\theta \\ &= -r_0\left(p_\infty + \frac{1}{2}\rho v_0^2 + \frac{\rho\Gamma^2}{8\pi^2 r_0^2}\right)\int_0^{2\pi}\sin\theta\mathrm{d}\theta + \frac{\rho v_0\Gamma}{\pi}\int_0^{2\pi}\sin^2\theta\mathrm{d}\theta \\ &\quad +2r_0\rho v_0^2\int_0^{2\pi}\sin^3\theta\mathrm{d}\theta = \frac{\rho v_0\Gamma}{2\pi}\left[\theta - 2\sin2\theta\right]\Big|_0^{2\pi} = \rho v_0\Gamma \end{aligned} \tag{6.4.8}$$

式（6.4.8）说明圆柱有环量绕流的升力不为零。这是因为流动和压强分布关于 x 轴不再对称，所以 y 方向的作用力不再为零，其大小为 $\rho v_0\Gamma$，方向竖直向上。

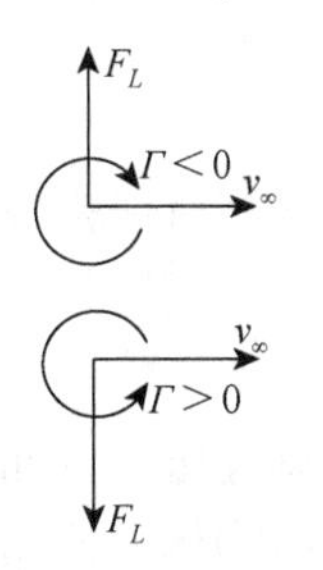

图 6.4.4　升力的方向

由上述分析可知，理想流体有环量圆柱绕流时，作用于单位长度圆柱体上的合力垂直均匀来流，称为侧向力或升力，其大小等于流体密度、来流速度和速度环量三者的乘积。并且力的方向与来流速度的方向沿环量的反方向旋转 90°的方向一致，如图 6.4.4 所示。

这一结论在绕流问题中具有普遍意义，不仅对圆柱体，而且对有尖后缘的任意翼型都成立，被称为库塔-茹科夫斯基定理。

真实流体由于流体黏性，在圆柱后部会有分离，此时除升力外还有阻力。不过，升力基本上仍可用式（6.4.8）计算。

6.4.6　马格努斯效应

以上均匀流流过旋转圆柱会产生升力的现象称为马格努斯效应，升力常称为马格努斯力。

马格努斯效应产生的力在多种球类运动中被广泛应用，即利用球的旋转产生与球运动方向正交的一种侧向力（马格努斯力），可使球呈现曲线轨迹，达到出奇制胜的目的。如足球中的“点球”，技术高超的运动员一脚使球旋转的斜射，可绕过“人墙”通过曲线轨道射入“人墙”后的足球大门。马格努斯效应最初由雷恩于 1742 年通过试验提出，但未被学术界认可，直到一百多年后，马格努斯于 1852 年再次通过试验结果提出。

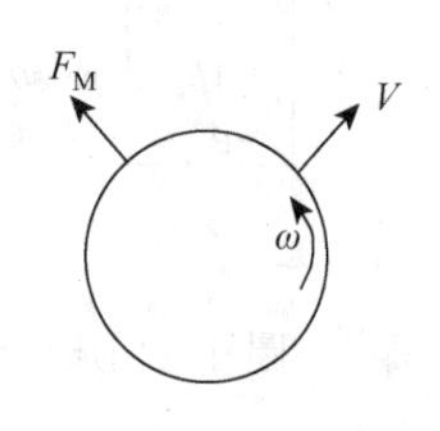

图 6.4.5　旋转球的马格努斯力

马格努斯效应产生的力(旋转圆柱或旋转圆球运动方向正交向的升力）原理清楚。对旋转圆柱体来说，已利用势流理论推导出计算公式，可直接计算确定。但对球体产生的马格努斯力，虽然原理一样，但还没有简单的理论公式，通常需要试验求解。

假设球体的马格努斯力为 F_M（图 6.4.5），引入通用表达式：

$$F_M = C_L \cdot \frac{1}{2}\rho V^2 A \tag{6.4.9}$$

式中：C_L 为球的升力系数；ρ 为流体密度；V 为球体前进方向的运动速度；A 为球体在运动方向的投影面积。

设球体旋转角速度为 ω，半径为 R，引入球体无量纲旋转数 $S=\dfrac{R\omega}{V}$ 和马格努斯力系数 $C_M=\dfrac{C_L}{S}$，将式（6.4.9）改写为

$$F_M = C_M \cdot \frac{1}{2}\rho AR\omega V \tag{6.4.10}$$

式中：C_M 需由试验确定，已有的一些试验资料表明，对 $S=0.1\sim0.3$ 的球体旋转运动，取 $C_M\approx1$（或 $C_L=S$），其误差约在 20% 以内。

普朗特于 1925 年也做过对旋转圆柱体在均匀流中产生马格努斯力的试验研究，认为其最大升力系数 $C_{L\max}<4\pi$，也就是说，旋转圆柱体产生的升力并不能随旋转角速度的提高而一直增大。

特别指出，上述均匀流绕旋转圆柱体产生侧向力的式（6.4.8），对均匀流绕二维机翼具有速度环量的势流也是成立的，库塔和茹科夫斯基各自独立地证明了这个定理，被后人称为库塔-茹科夫斯基机翼升力定理，它在空气动力学理论中具有重要作用和意义。

6.5　非定常运动物体的附加质量

本节将介绍物体做变速运动时，流体对物体的作用力问题。比如，舰船停靠避碰操纵过程，结构物波浪中的摇荡运动，水下结构物振动等均属于这一类问题。

物体在无限流场内的运动可分为匀速直线运动和非匀速直线运动。

（1）匀速直线运动。当物体做匀速直线运动时，可以根据相对运动来计算其压力分布和作用力，即将坐标系随物体一起做匀速直线运动，从而将流动转换为均匀流绕物体的定常流动问题。并且，匀速直线运动的坐标系是惯性坐标系，根据伽利略相对性原理，在两个惯性系中动力学特性是相同的。

因此，定常绕流问题中求得的压力分布、合力、力矩等，就是匀速直线运动物体流动问题所要求的对应物理量。这就是说，物体在无限流场内做匀速直线运动这一非定常问题可以转换成为定常的绕流问题。比如，均匀流中旋转马格努斯力问题、兴波阻力问题、机翼升力问题均可转换为定常流动求解。

（2）非匀速直线运动。对非匀速直线运动的物体诱导的非定常流动问题，如果再取随物体运动的坐标系，将不会带来简化。一方面，坐标系转换后所得到的绕流问题仍是非定常流

动；另一方面，在这样一个非惯性坐标系中求出的流体动力学特性已不是物体真实的受力。因为非惯性坐标系不满足力学相对性原理的条件，在决定物体压力分布和作用力时应考虑动坐标系的惯性力和惯性力矩。因此，需要新的办法来处理不定常运动问题。

由于物体做非匀速直线运动，物体运动具有加速度，同时带动周围的流体跟随物体做加速运动。加速的流体所需要提供的动力相当于增加物体的质量和作用力。

6.5.1　附加惯性力和附加质量

在直角坐标系下，物体运动有六个自由度、三个平动和三个转动。下面以物体在无限流场中变速单自由度平移运动为例介绍附加质量的概念。

如图 6.5.1 所示，质量为 M 的物体在定向外力 F 的作用下在无限流场中以变速度 $V(t)$向左做直线运动。在无限流场中取 R 为半径的圆周作为外边界面 Σ，R 远大于物体尺度，物体表面 S 为内边界，所围流域的体积为 τ。

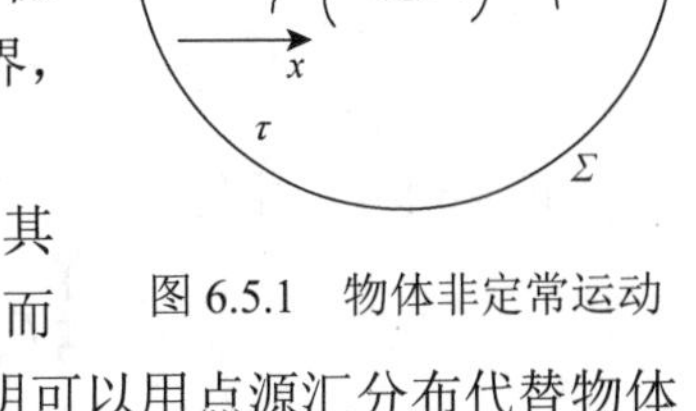

图 6.5.1　物体非定常运动

物体的运动使周围流体微团产生了大小和方向不同的运动，其流线分布如图 6.5.1 所示。可见，左侧物体首部的流体被推出，而在右侧流体流回尾部。其流线分布形式与偶极子极为相似，说明可以用点源汇分布代替物体的扰动。

推动物体的作用力 F：①不仅为增加物体的动能而做功；②还要为增加流体的动能而做功。

因此，力 F 将大于 Ma，a 为物体运动的加速度。

设

$$F=(M+\lambda)a \tag{6.5.1}$$

式中：λ 称为附加质量；$M+\lambda$ 称为虚质量。

或者将 λa 移到等式（6.5.1）左边，并令

$$F_{\mathrm{I}}=-\lambda a \tag{6.5.2}$$

则有

$$F+F_{\mathrm{I}}=Ma \tag{6.5.3}$$

式中：F_{I} 为物体加速周围流体质点时受到周围流体质点的作用力，称为附加惯性力。

由 $F_{\mathrm{I}}=-\lambda a$ 知：F_{I} 的方向不仅与加速度方向相反，而且①当 $a>0$ 时，$F_{\mathrm{I}}<0$，即物体加速度运动时，F_{I} 为阻力；②当 $a<0$ 时，$F_{\mathrm{I}}>0$，即物体减速时，F_{I} 为推力。

F_{I} 使物体既难以加速也难以减速，相当于使物体的惯性增大，在效果上相当于增加一个附加质量 λ。

6.5.2　附加质量计算　单位速度势

外边界面 Σ 与内边界物体表面 S 所围的体积 τ 内的流体动能为

$$T=\iiint_{\tau}\frac{1}{2}\rho v^{2}\mathrm{d}\tau$$

式中：ρ 为流域内流体密度；v 为流体速度。

对流体不可压缩，写为

$$T = \frac{1}{2}\rho\iiint_\tau v^2 \mathrm{d}\tau \tag{6.5.4}$$

理想流体中，流动无旋，引入速度与速度势的关系式（6.1.2），有

$$\begin{aligned} v^2 &= \left(\frac{\partial\varphi}{\partial x}\right)^2 + \left(\frac{\partial\varphi}{\partial y}\right)^2 + \left(\frac{\partial\varphi}{\partial z}\right)^2 \\ &= \frac{\partial}{\partial x}\left(\varphi\frac{\partial\varphi}{\partial x}\right) + \frac{\partial}{\partial y}\left(\varphi\frac{\partial\varphi}{\partial y}\right) + \frac{\partial}{\partial z}\left(\varphi\frac{\partial\varphi}{\partial z}\right) \\ &\quad -\varphi\left(\frac{\partial^2\varphi}{\partial x^2} + \frac{\partial^2\varphi}{\partial y^2} + \frac{\partial^2\varphi}{\partial z^2}\right) \end{aligned}$$

即

$$v^2 = \frac{\partial}{\partial x}\left(\varphi\frac{\partial\varphi}{\partial x}\right) + \frac{\partial}{\partial y}\left(\varphi\frac{\partial\varphi}{\partial y}\right) + \frac{\partial}{\partial z}\left(\varphi\frac{\partial\varphi}{\partial z}\right) \tag{6.5.5}$$

式（6.5.4）可改写为

$$T = \frac{1}{2}\rho\iiint_\tau \left[\frac{\partial}{\partial x}\left(\varphi\frac{\partial\varphi}{\partial x}\right) + \frac{\partial}{\partial y}\left(\varphi\frac{\partial\varphi}{\partial y}\right) + \frac{\partial}{\partial z}\left(\varphi\frac{\partial\varphi}{\partial z}\right)\right]\mathrm{d}\tau \tag{6.5.6}$$

又根据高斯定理，对由外边界 Σ 和内边界 S 所围成的体积区域 τ，定义的单值连续函数 P,Q,R 有

$$\iiint_\tau \left(\frac{\partial P}{\partial x} + \frac{\partial Q}{\partial y} + \frac{\partial R}{\partial z}\right)\mathrm{d}\tau = \iint_{\Sigma+S}\left[P\cos(n,x) + Q\cos(n,y) + R\cos(n,z)\right]\mathrm{d}s \tag{6.5.7}$$

将体积分转换为边界面上的面积分。其中，$\boldsymbol{n}$ 为体积边界的外法线方向，即流场边界的外法线方向。注意，在内边界 S 上，内边界的外法线方向与物面的外法线方向相反。

令

$$P = \varphi\frac{\partial\varphi}{\partial x},\quad Q = \varphi\frac{\partial\varphi}{\partial y},\quad R = \varphi\frac{\partial\varphi}{\partial z}$$

式（6.5.6）再次改写为

$$T = \frac{\rho}{2}\iint_{\Sigma+S}\left[\varphi\frac{\partial\varphi}{\partial x}\cos(n,x) + \varphi\frac{\partial\varphi}{\partial y}\cos(n,y) + \varphi\frac{\partial\varphi}{\partial z}\cos(n,z)\right]\mathrm{d}s \tag{6.5.8}$$

由方向导数定义可知

$$\frac{\partial\varphi}{\partial x}\cos(n,x) + \frac{\partial\varphi}{\partial y}\cos(n,y) + \frac{\partial\varphi}{\partial z}\cos(n,z) = \frac{\partial\varphi}{\partial n}$$

因此，式（6.5.8）变为

$$T = \frac{\rho}{2}\iint_{\Sigma+S}\varphi\frac{\partial\varphi}{\partial n}\mathrm{d}s = \frac{\rho}{2}\iint_\Sigma\varphi\frac{\partial\varphi}{\partial n}\mathrm{d}s + \frac{\rho}{2}\iint_S\varphi\frac{\partial\varphi}{\partial n}\mathrm{d}s \tag{6.5.9}$$

上式中，对无限远处边界面 Σ 的面积分，由于流动可以忽略不计，从而其面积分也可以略去不计。关于这一点在此不做一般性的证明。

所以，流域动能 T 的计算式简化为

$$T=-\frac{\rho}{2}\iint_S \varphi\frac{\partial\varphi}{\partial n}\mathrm{d}s \tag{6.5.10}$$

式中：$\boldsymbol{n}$ 换成为物体表面 S 的外法线方向。

设物体单位速度 $V_0=1$ 所对应的速度势用 φ_0 表示，也称单位速度势，则任意物体速度 V 的流场速度势可写为

$$\varphi=V\varphi_0 \tag{6.5.11}$$

值得注意的是，式（6.5.11）中，虽然流场速度势 φ 是空间坐标和时间的函数，即 $\varphi=\varphi(x,y,z,t)$，但对 V 和 φ_0 的变量进行了分离，即 $V=V(t)$，$\varphi_0=\varphi_0(x,y,z)$。

将式（6.5.11）代入式（6.5.10），得

$$T=\frac{1}{2}\left(-\rho\iint_S \varphi_0\frac{\partial\varphi_0}{\partial n}\mathrm{d}\sigma\right)V^2 \tag{6.5.12}$$

令

$$\lambda=-\rho\iint_S \varphi_0\frac{\partial\varphi_0}{\partial n}\mathrm{d}\sigma \tag{6.5.13}$$

式中：$\boldsymbol{n}$ 为物体表面 S 的外法线方向。

由式（6.5.12）可见，λ 在动能表达式中相当于质量，也具有质量的量纲，故称 λ 为附加质量，式（6.5.13）即为附加质量的计算式。其中，单位速度势 φ_0 仅与物体的形状和运动自由度有关，而与物体的运动速度或加速度无关，因而附加质量也具有此性质。

6.5.3 绝对运动的速度势

物体在静止流体中运动时，所引起周围流体的运动是绝对运动；而物体不动，流体绕物体的运动是相对运动。当物体不是做等速直线运动时，就不能够仅研究其相对运动，需要研究其绝对运动。

本节以圆柱体单向非匀速运动为例，基于6.3节圆柱无环量绕流的解，找出相对运动与绝对运动之间的关系，可以利用这些结果推广解决非定常绝对运动的问题。

如图6.5.1中，圆柱体以变速 $V(t)$ 在静止流体中做向左的直线运动，运动方向为 x 轴的负向，引起的流体运动为绝对运动，坐标系静止不动。绝对流动速度势用 φ 表示，绝对速度用 $\boldsymbol{v}$ 表示。

如果坐标系固定在物体上，以变速 $V(t)$ 做直线运动，可以观察到流体从无限远处以向右的速度 $V(t)$ 绕过静止物体。这是相对运动，相对流动速度势用 φ' 表示，相对速度用 $\boldsymbol{v}'$ 表示。

牵连运动为动坐标系的运动，即向左的变速 $V(t)$ 流动。牵连流动的速度势用 φ_e 表示，牵连速度用 $\boldsymbol{v}_e$ 表示。

按照速度分解定理，三个速度之间的关系式为

$$\boldsymbol{v}=\boldsymbol{v}_e+\boldsymbol{v}' \tag{6.5.14}$$

绝对运动是牵连运动和相对运动的叠加。故绝对速度是牵连速度和相对速度的矢量和，绝对速度势是牵连速度势和相对速度势的叠加。三个速度势之间的关系为

$$\varphi=\varphi_e+\varphi' \tag{6.5.15}$$

牵连运动为向左的变速均匀流动，均匀流动的速度势见式（6.2.1），所以牵连运动的速度势为

$$\varphi_e=-V(t)x=-V(t)r\cos\theta \tag{6.5.16}$$

根据圆柱绕流速度势式（6.3.11），可知相对运动的速度势为

$$\varphi' = V(t)r\left(1+\frac{r_0^2}{r^2}\right)\cos\theta \tag{6.5.17}$$

将牵连速度势式（6.5.16）和相对速度势式（6.5.17）代入式（6.5.15），得绝对速度势为

$$\varphi = -V(t)r\cos\theta + V(t)r\left(1+\frac{r_0^2}{r^2}\right)\cos\theta = V(t)\frac{r_0^2}{r}\cos\theta \tag{6.5.18}$$

对照式（6.5.11），则变速平移圆柱体的单位速度势为

$$\varphi_0 = \frac{r_0^2}{r}\cos\theta \tag{6.5.19}$$

6.5.4　非匀速圆柱绕流的附加质量

圆柱绕流的单位速度势 φ_0 见式（6.5.19），其柱面法向导数与径向导数一致，为

$$\frac{\partial\varphi_0}{\partial n} = \frac{\partial\varphi_0}{\partial r} \tag{6.5.20}$$

将式（6.5.19）代入式（6.5.20），可得

$$\frac{\partial\varphi_0}{\partial n} = -\frac{r_0^2}{r^2}\cos\theta \tag{6.5.21}$$

在圆柱面上，$r=r_0$，则 $\varphi_0 = r_0\cos\theta$ 和 $\dfrac{\partial\varphi_0}{\partial n} = -\cos\theta$。代入附加质量的计算式（6.5.13），可得

$$\begin{aligned}\lambda &= -\rho\iint_S \varphi_0\frac{\partial\varphi_0}{\partial n}\mathrm{d}\sigma = \rho\int_0^{2\pi} r_0\cos^2\theta\cdot r_0\mathrm{d}\theta \\ &= \rho r_0^2\int_0^{2\pi}\cos^2\theta\mathrm{d}\theta = \rho\pi r_0^2\end{aligned} \tag{6.5.22}$$

即单位长度圆柱体平动附加质量为 $\lambda=\rho\pi r_0^2$。它与圆柱体形状有关，与移动速度无关，为圆柱体排开流体的质量。

球体平动附加质量为 $\dfrac{2}{3}\rho\pi r_0^3$，为其同体积的流体质量的 $\dfrac{1}{2}$。更多的一些规则形状物体的附加质量计算公式，可参考有关手册和专业书籍。

6.5.5　六自由度摇荡运动的附加质量

已讨论物体作单向平移变速运动的附加质量，下面讨论多自由度的附加质量。

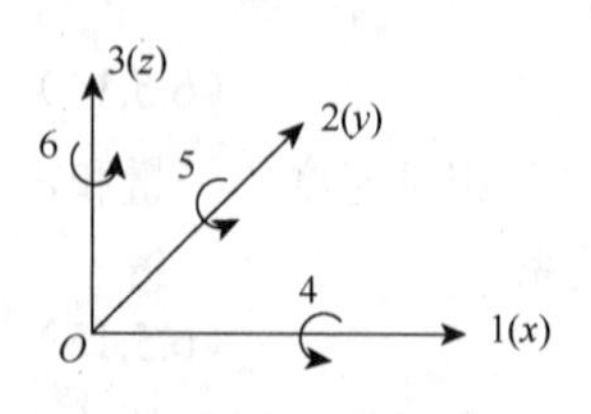

图 6.5.2　物体做六个自由度运动

在周期性外力作用下，如船舶在波浪力作用下，物体做六个自由度的往返摇荡运动。其中，三个平动，三个转动。在图 6.5.2 中，$i=1, 2, 3$ 分别代表物体在 x, y, z 方向的周期性往返平动，分别称为纵荡、横荡和升沉，附加质量分别表示为 $\lambda_{11}, \lambda_{22}, \lambda_{33}$；$i=4$，5，6 分别代表 x, y, z 方向的周期性往返转动，分别称为横摇、纵摇和艏摇，附加转动惯量分别表示为 $\lambda_{44}, \lambda_{55}, \lambda_{66}$。

多自由度运动同时发生时，如果运动相互耦合，附加质量或者附加转动惯量也耦合，则 $\lambda_{ij}, i,j=1,2,3,4,5,6$，总共有 36 个分量。附加质量具有对称性，独立分

量有21个。如果物体有对称面，将减少其耦合附加质量的个数。它们的计算可见相关专业书籍。

下面简单给出了6个方向摇荡运动的附加质量和附加转动惯量的估值范围。

纵荡：船舶纵向非定常运动，相应的附加质量λ_{11}，$\lambda_{11}=(0.05\sim0.5)m$，$m$为船舶排开水的质量；

横荡：船舶横向非定常运动，相应的附加质量λ_{22}，$\lambda_{22}\approx(0.9\sim1.2)m$；

升沉：船舶垂向非定常运动，相应的附加质量λ_{33}，$\lambda_{33}\approx(0.9\sim1.2)m$；

横摇：船舶绕x轴的转动，相应的附加转动惯量λ_{44}，$\lambda_{44}\approx(0.05\sim0.15)I_{zz}$，$I_{zz}$为船舶排开水体的绕$x$轴转动时的转动惯量；

纵摇：船舶绕y轴的转动，相应的附加转动惯量λ_{55}，$\lambda_{55}\approx(1\sim2)I_{yy}$，$I_{yy}$为船舶排开水体的绕$y$轴转动时的转动惯量；

首摇：船舶绕z轴的转动，相应的附加转动惯量λ_{66}，$\lambda_{66}=\lambda_{55}$。

附加质量或者附加转动惯量的大小常常可达到与船舶的排水量和转动惯量量级相当，它产生的附加惯性力或力矩不可忽略不计。

6.6　例 题 选 讲

例6.6.1　已知速度势$\varphi=x^3-3xy^2$，求流函数ψ。

解　由流函数与速度势之间的关系，有

$$\frac{\partial\psi}{\partial x}=-\frac{\partial\varphi}{\partial y}=6xy \quad ①$$

$$\frac{\partial\psi}{\partial y}=\frac{\partial\varphi}{\partial x}=3x^2-3y^2 \quad ②$$

将式①积分：

$$\psi=\int(6xy)\mathrm{d}x+f(y)=3x^2y+f(y) \quad ③$$

式中：$f(y)$为与x无关的函数。将式③对y求导得

$$\frac{\partial\psi}{\partial y}=3x^2+f'(y) \quad ④$$

将式④与式②相比较，可知

$$f'(y)=\frac{\partial f}{\partial y}=-3y^2 \quad ⑤$$

积分，得

$$f(y)=-y^3 \quad ⑥$$

将式⑥代入式③，即得流函数为

$$\psi=3x^2y-y^3$$

例6.6.2　已知平面点涡的流函数$\psi=\frac{\Gamma}{2\pi}\ln r$和平面点汇的流函数$\psi=-\frac{Q}{2\pi}\theta$，求两者叠加后的速度势。

解　将两个基本解的流函数叠加，叠加后流函数为

$$\psi=\frac{\Gamma}{2\pi}\ln r-\frac{Q}{2\pi}\theta \quad ①$$

由速度势与流函数之间的关系，有

$$\frac{\partial \varphi}{\partial r}=\frac{1}{r}\frac{\partial \psi}{\partial \theta}=\frac{1}{r}\left(-\frac{Q}{2\pi}\right)=-\frac{Q}{2\pi r} \quad ②$$

积分，得

$$\varphi=-\frac{Q}{2\pi}\ln r+f(\theta) \quad ③$$

将式③对 θ 求导得

$$\frac{\partial \varphi}{\partial \theta}=f'(\theta)=\frac{\partial f}{\partial \theta} \quad ④$$

又

$$\frac{\partial \varphi}{\partial \theta}=-r\frac{\partial \psi}{\partial r}=-r\frac{\Gamma}{2\pi r}=-\frac{\Gamma}{2\pi} \quad ⑤$$

比较式④和式⑤，得

$$\frac{\partial f}{\partial \theta}=-\frac{\Gamma}{2\pi} \quad ⑥$$

积分，得

$$f(\theta)=-\frac{\Gamma}{2\pi}\theta \quad ⑦$$

将式⑦代入式③，即得叠加后流动的速度势为

$$\varphi=-\frac{Q}{2\pi}\ln r-\frac{\Gamma}{2\pi}\theta$$

例 6.6.3　已知流函数 $\psi=100r\sin\theta\left(1-\frac{25}{r^2}\right)+\frac{628}{2\pi}\ln\frac{r}{5}$，求：（1）驻点位置；（2）绕物体的环量；（3）无穷远处的速度；（4）作用在物体上的力。

解　（1）为了求出驻点位置，先求速度场：

$$v_r=\frac{\partial \psi}{r\partial \theta}=100\cos\theta\left(1-\frac{25}{r^2}\right)$$

$$v_\theta=-\frac{\partial \psi}{\partial r}=-100\sin\theta\left(1+\frac{25}{r^2}\right)-\frac{628}{2\pi r}$$

令 $\psi=0$，解得 $r_0=5$。即 $r_0=5$ 的圆柱面为物面。

在物面上，当 $r_0=5$ 时，$v_r=0$，满足在物面上，法向速度为 0。对于驻点，其周向速度也为 0，即 $v_\theta=0$，所以

$$v_\theta=-100\sin\theta_0\left(1+\frac{25}{5^2}\right)-\frac{628}{2\pi\cdot 5}=-200\sin\theta_0-\frac{628}{10\pi}=0$$

$$\sin\theta_0=-\frac{628}{2\,000\pi}\approx 0.1$$

解得

$$\theta_0=-5°44' \quad 和 \quad \theta_0=-174°16'$$

所以两个驻点的位置为 $r_0=5$，$\theta_0=-5°44'$ 和 $\theta_0=-174°16'$。

（2）求环量，将物面速度沿物面圆形周线做逆时针方向的积分：

$$\Gamma=\int_0^{2\pi}v_\theta r\mathrm{d}\theta=\int_0^{2\pi}\left(-200\sin\theta-\frac{628}{10\pi}\right)\cdot 5\mathrm{d}\theta=-628\ (\mathrm{m^2/s})$$

速度环量为负值，说明物体做顺时针转动。

（3）又物面上，速度环量还可表示为

$$\Gamma=-4\pi r_0 v_\infty\sin\theta_0$$

所以

$$v_\infty=-\frac{\Gamma}{4\pi r_0\sin\theta_0}=\frac{628}{4\pi\cdot 5\cdot(-0.1)}=-100\ (\mathrm{m/s})$$

速度为负，说明其沿 x 轴负向。

（4）求作用力：阻力为 0，有升力，即

$$R=0$$
$$L=\rho v_\infty\Gamma=62\,800\rho=6.28\times10^7\ (\mathrm{N/m})$$

方向竖直向下。

例 6.6.4 船上装 2 个风力推进的转柱帆，如图 6.6.1 所示，已知转柱半径为 2.75 m，转柱高 15 m，圆柱转速为 750 r/min，船速为 4 km/h，试用势流理论求风速为 30 km/h（绝对风速）从船的横向吹来时，该转柱帆获得的船舶推力？

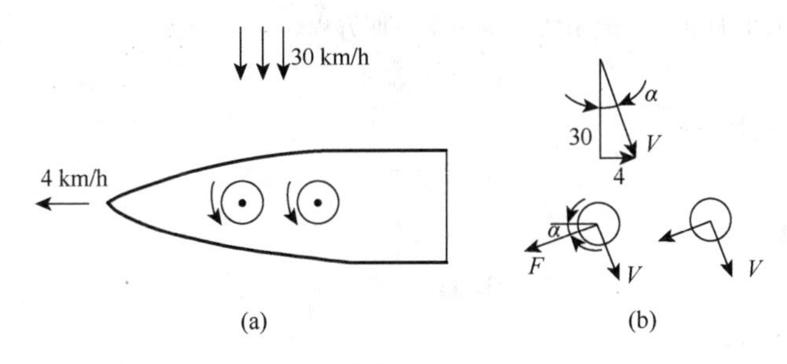

图 6.6.1

解 根据速度三角形确定作用于旋转圆柱上相对风速为

$$V=\sqrt{30^2+4^2}=30.27\ (\mathrm{km/h})=8.41\ (\mathrm{m/s})$$

旋转圆柱产生的速度环量为：

$$\Gamma=(\omega r)(2\pi r)=2\pi\left(\frac{2.75}{2}\right)^2\times750\times\frac{2\pi}{60}=933\ (\mathrm{m^2/s})$$

由库塔-茹科夫斯基定理，每单位圆柱长度作用力为

$$L=\rho VL=1.229\times8.41\times933=9\,643\ (\mathrm{N/m})$$

总作用力 F 为

$$F=2\times9\,643\times15=289\ (\mathrm{kN})$$

作用力 F 与相对风速 V 正交向，取船前进方向投影推力为

$$T=F\cos\alpha=289\times\frac{30}{(30^2+4^2)^{\frac{1}{2}}}=287\ (\mathrm{kN})$$

例 6.6.5 在水下有一水平的圆柱体，其半径为 0.1 m，单位长度重 $G=20$ N。如果垂直向

下对圆柱体作用一个力 $F = 400$ N，求圆柱体运动的初始加速度 a。

解　单位长度圆柱体的质量为

$$M = \frac{G}{g} = \frac{20}{9.81} = 2.039\ (\text{kg})$$

由式（6.5.22）可知，单位长度圆柱体的附加质量为

$$\lambda = \rho \pi r_0^2 \times 1 = 1\,000 \times 3.14 \times 0.1^2 = 31.4\ (\text{kg})$$

单位长度圆柱体的浮力为

$$D = \rho g \pi r_0^2 \times 1 = 1\,000 \times 9.81 \times 3.14 \times 0.1^2 = 308.034\ (\text{N})$$

则物体在竖直方向的运动方程为

$$F + G - D = (M + \lambda) a$$

$$a = \frac{F + G - D}{M + \lambda} = \frac{400 + 20 - 308.034}{2.039 + 31.4} = 3.35\ (\text{m/s}^2)$$

测 试 题 6

1.（　）的势流，势函数满足拉普拉斯方程。

A. 不可压缩　　　　B. 可压缩

2.（　）的不可压缩平面流动，流函数满足拉普拉斯方程。

A. 无旋流动　　　　B. 有旋流动

3. 流函数（　）连续性方程。

A. 满足　　　　B. 不满足

4. 等流函数线与流线（　）。

A. 垂直　　　　B. 重合

5. 等势线与等流函数线（　）。

A. 垂直　　　　B. 重合

6. 点源（或点汇）的径向速度（　）。

A. 为 0　　　　B. 不为 0

7. 均流绕静止圆柱体的流动，驻点（　）在柱面上。

A. 一定　　　　B. 不一定

8. 均流绕旋转圆柱体的流动，驻点（　）在柱面上。

A. 一定　　　　B. 不一定

9. 均流绕静止圆柱体的流动，驻点的压强（　）。

A. 最大　　　　B. 最小

10. 均流绕旋转圆柱体的流动，柱面受（　）作用。

A. 阻力　　　　B. 升力

习　题　6

1. 已知不可压缩流体平面流动的速度势为 $\varphi = x^2 - y^2 + x$，求其流动的流函数。

2. 给定速度场：$\begin{cases} v_x = x^2y + y^2 \\ v_y = x^2 - xy^2 \end{cases}$，试问：（1）是否存在流函数，如果存在，求出流函数；（2）是否存在速度势，如果存在，求出速度势。

3. 已知不可压缩平面流动的势函数 $\varphi = xy$，求流动的速度分布和流函数。

4. 如题图 6.1 所示为无黏不可压缩流体绕长圆柱的流体，测量圆柱表面上两点的压强差 $\Delta p = p_1 - p_2$，p_1 为驻点压力，p_2 为圆柱表面上驻点之间夹角为 60° 处压力，试求来流速度 U（x 轴向）与这两点压力差有什么关系？

5. 有一半径为 R 的半圆柱形的蒙古包，如题图 6.2 所示，在来流风速 U 作用下，试按势流理论计算蒙古包离开地面的升力（单位长）。假定蒙古包内空气压力为 p_{in}，来流当地大气压为 p_∞，为消除它离开地面的升力，可在何处开一个小窗（题图 6.2 α 角处）能达到此目的？

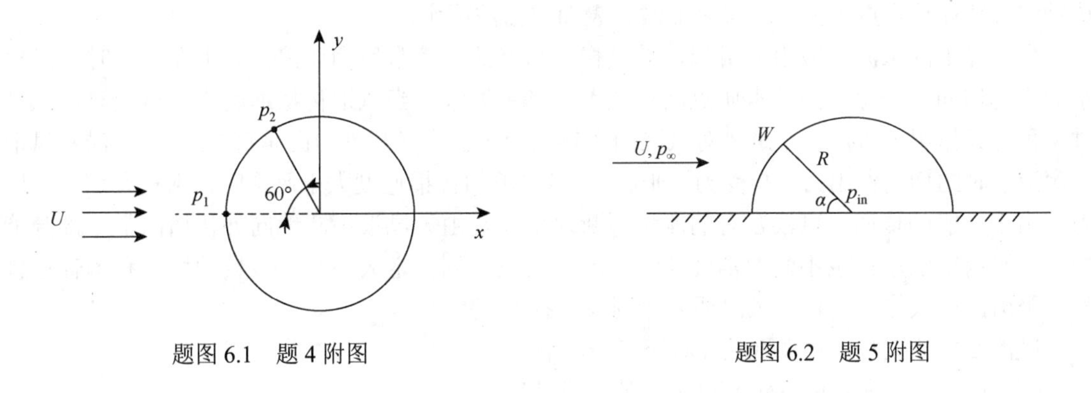

题图 6.1　题 4 附图　　　　题图 6.2　题 5 附图

6. 一个比重 $s = 3$ 的球在静水中释放下沉，计及水的浮力和附加质量，试确定该球体在水中下沉时的初始加速度？

7. 如有一个无重量的球释放在空气中，空气的浮力将使该球体上升，求该球体上升的初始加速度？

拓 展 题 6

1. 除马格努斯力在球类运动中的应用之外，搜集它在船舶助推中的实际应用。

第7章 波浪理论

7.1 概　述

波浪运动是自然界中一种常见的现象。普通波浪的产生需要以下两个条件：对处于平衡状态的水需要有破坏其平衡的扰动力及恢复平衡的回复力。回复力中最重要的是重力，当水表面受到扰动力液面离开水平位置（即平衡位置）后，重力就会使此面恢复到原来的位置，这种波浪往往称为重力波，简称表面波、表面重力波或水波。

自然界中的水波一般由风引起，受风直接影响的波浪常称为风浪。当水面平静时，风对水面产生切向（摩擦）力，水质点获得能量，产生波浪。当风浪传播速度小于风速时，风通过两种方式作用于风浪：一是风对风浪向风斜面的正压力（与受力面垂直）；二是风沿着风浪轮廓流动时的切向作用力（与受力面平行）。当风浪的传播速度大于风速时，则只有切向作用力。由于风能的传递，风浪含有的能量不断地增加。由于风浪不断地向外传播而带走部分能量，海水内部的摩擦也不断地消耗能量，当风浪成长到一定大小时，能量的增长和消耗达到相对平衡，风浪停止增长，风浪要素达到稳定状态。

风浪要素的大小，主要取决于以下三个条件。

（1）风速。即在水面规定高度上风的前进速度。

（2）风时。即稳定状态的风在水面上吹过的持续时间。

（3）风区长度。即风接近于不变的方向和速度在开敞水面上吹过的距离。风速越大，风时越久，风区长度越长，海水从风那里获得的能量越多，风浪要素越大。在一定风速作用下，风在相当大的风区海面上吹了足够长的时间以后，风浪要素达到稳定状态时的风浪，称为充分发展风浪。要达到充分发展风浪应有足够的风时和风区长度。

风浪是风直接作用下产生的，海面极不规则的海浪，也称为不规则波，是船舶航行中经常遇到的一种海浪。若当地的风力急剧下降，风向改变或风平息之后形成的海浪，或者是风区传来的波浪称为涌浪。涌的形态和排列比较规则，波及的区域也比较大。在一个海区内常见风暴未到而涌先到，或者风暴已过仍存在涌浪。涌浪传播至近岸，当水深小于波长的$\frac{1}{2}$时，在海岸与浅滩附近所形成的波浪为近岸浪。

波浪还可以根据波浪形态分为规则波和不规则波：

（1）规则波。波面可以用简单函数表达的波浪称为规则波，即规则波两相邻波的波浪要素相同，如海面上风停后余留的波浪或传播至风作用区域以外的波浪（涌浪）可视为规则波。规则波包括微幅简谐波和有限振幅的坦谷波，其波形可以用简单的函数表达式予以表述：理想的微幅简谐波多用于理论分析，而实际的规则波多为坦谷波。

（2）不规则波。实际海面风引起的波浪形式极为复杂，波形无论在空间和时间上都是极不规则的，因此风浪也称为不规则波。其波形不能用简单函数表达，通常用统计与概率分析的方法来描述。

7.2 水波的势流解求解方程式

在重力场中处于静止状态液体的自由面为水平面，根据开尔文环流定理，对不可压缩的理想流体，如果质量力有势，则原来处于静止状态的水受某种扰动后的运动将永远是无旋的。经典的波浪理论基于以下基本假定。

（1）水的密度ρ恒为常数，因而是不可压缩流体。

（2）水波运动中流体黏性的影响很小，可忽略不计，因而不可压缩流体欧拉方程是水波理论的基本控制方程。再假定水波运动是无旋运动，则存在速度势函数$\varphi(x,y,z,t)$。对不可压缩流体的无旋运动，速度势满足拉普拉斯方程

$$\nabla^2\varphi=0 \tag{7.2.1}$$

这是水波理论势流解的基本求解方程式。

（3）对工程上遇到多数水波问题，水波中表面张力的作用与重力作用相比较可忽略不计，以及地球自转科里奥利加速度与重力加速度相比较亦可忽略不计，也就是说只有重力作用。这种条件下的水波也称为重力波。

上述3个条件保证了伯努利积分和拉格朗日积分成立，即

$$p+\rho\left(\frac{\partial\varphi}{\partial t}+\frac{1}{2}|\nabla\varphi|^2+gz\right)=0 \tag{7.2.2}$$

式中：g为重力加速度；z为垂向坐标高度。通常，坐标系(x,y,z)取在静水面上（$z=0$），如图7.2.1所示，令自由表面波形为$z=\eta(x,y,t)$，将式（7.2.2）应用于该表面，并假定面上所接触的大气压力可近似为均匀分布，即$p=p_{\text{atm}}=\text{const}$，不失一般性可令该常数为0。则在自由表面上（$z=\eta$）有下列关系式成立：

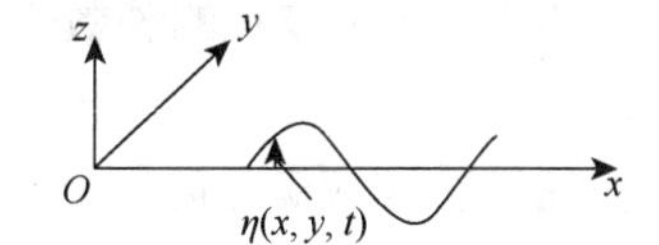

图7.2.1 自由表面水波的波面方程

$$\frac{\partial\varphi}{\partial t}+\frac{1}{2}|\nabla\varphi|^2+g\eta=0 \tag{7.2.3}$$

这称为水波的动力学边界条件。边界条件是指该式在区域（这里指水域）的边界（这里指水面）上成立，而“动力学”说法来源于该式是关于压力的表达式。

水波理论求解的未知变量是速度势$\varphi(x,y,z,t)$或速度场$\boldsymbol{v}(x,y,z,t)=\nabla\varphi(x,y,z,t)$；压力分布$p(x,y,z,t)$。除此之外，波形表面位置$z=\eta(x,y,t)$也是未知的。因为自由表面是流体物质面，对于光滑（非破碎的）水波，组成自由表面的流体质点始终组成自由表面。将波形方程改写为

$$F(x,y,z,t)=z-\eta(x,y,t)=0 \tag{7.2.4}$$

则对水面上任意给定的质点将在运动过程中使式（7.2.4）右端为0，这等同于对该式的随体导数为0在$[z=\eta(x,y,t)]$上，即

$$\frac{\mathrm{D}F}{\mathrm{D}t}=\frac{\mathrm{D}}{\mathrm{D}t}\left[z-\eta(x,t)\right]=\frac{\partial\varphi}{\partial z}-\frac{\partial\eta}{\partial t}-\frac{\partial\varphi}{\partial x}\frac{\partial\eta}{\partial x}-\frac{\partial\varphi}{\partial y}\frac{\partial\eta}{\partial y}=0 \tag{7.2.5}$$

这称为水波的运动学边界条件。“运动学”说法来源于该式是关于质点运动的表达式。水波的运动学和动力学边界条件是水波问题区别于其他流体流动问题的核心。

速度势φ的求解方程，即拉普拉斯方程式（7.2.1），还需在水体的其他边界条件约束下才能求解。这些边界包括水底及前后、左右侧壁，对于非定常运动还必须考虑初始条件。

如图 7.2.2 所示为二维水波所截取的水体计算边界，在水体底面为固壁边界面，因水流不能穿透壁面，固壁面上法向速度分量 $\dfrac{\partial\varphi}{\partial n}=0$ 是水体底面所需满足的运动学边界条件。自由表面上 $z=\eta(x,t)$ 或 $F(x,z,t)=z-\eta(x,t)=0$，则需要同时满足运动学边界条件和动力学边界条件。因为水波理论中 η 和 φ 都是未知变量，所以这个运动学边界条件是非线性的，同时动力学边界条件也是非线性的，这使得水波理论尚无法获得严格的解析解。

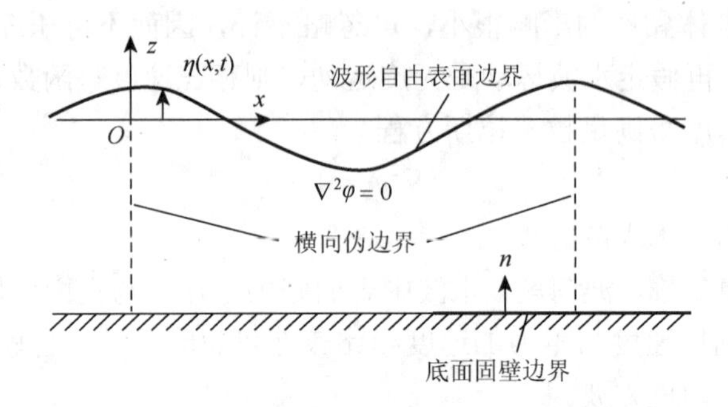

图 7.2.2　二维水波所截取的水体计算边界示意图

对于左右横向边界上应满足的边界条件，则需根据所研究的具体问题来确定，例如：

（1）求解对空间和时间是周期性规则的二维水波（见图 7.2.2）可取横向边界间距为一个波长 L（或一个波长的整数倍），则周期性横向边界条件为

$$\varphi(x,z,t)=\varphi(x+L,z,t) \tag{7.2.6}$$

水波通过时还应满足时间周期性的边界条件为

$$\varphi(x,z,t)=\varphi(x,z,t+T) \tag{7.2.7}$$

式中：T 为水波的周期。

（2）求解兴波水槽中水波问题，图 7.2.3 为一兴波水槽中水波示意图，水槽中水波是由水槽一端的造波板做往复运动产生的。波板运动方程式 $x=S(z,t)$ 是给定的，设水波推进方向为 x 轴向，对二维水波 y 轴向无流动，横向边界左端为运动的造波板（见图 7.2.3 中虚线），右端为虚拟的伪边界，求解水波问题都需要给出各自的边界条件。对自由表面和底面的边界条件同前，不再重述。

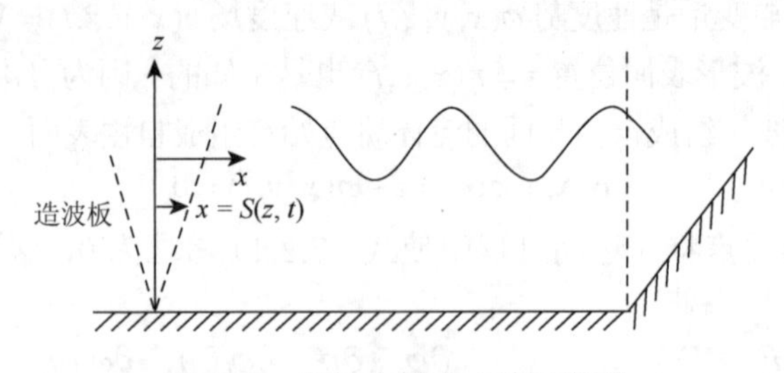

图 7.2.3　兴波水槽中水波示意图

由给定的运动造波板的表面方程 $F(x,z,t)=x-S(z,t)=0$，水体左侧边界所需满足的边界条件为

$$\frac{\mathrm{D}F}{\mathrm{D}t}=\frac{\partial F}{\partial t}+v_x\frac{\partial F}{\partial x}+v_z\frac{\partial F}{\partial z}=0 \tag{7.2.8}$$

因为$\dfrac{\partial F}{\partial t}=-\dfrac{\partial S(z,t)}{\partial t}$，$\dfrac{\partial F}{\partial x}=1$，$\dfrac{\partial F}{\partial z}=-\dfrac{\partial S(z,t)}{\partial z}$。所以式（7.2.8）可写为

$$v_x - v_z\frac{\partial S}{\partial z}=\frac{\partial S}{\partial t} \tag{7.2.9a}$$

或

$$\frac{\partial \varphi}{\partial x}-\frac{\partial \varphi}{\partial z}\frac{\partial S}{\partial z}=\frac{\partial S}{\partial t} \tag{7.2.9b}$$

这是造波水槽左侧横向边界所需满足的运动学边界条件，而在造波水槽右端横向伪边界上（见图 7.2.3 中虚线），由于要求只允许有水波外出而不能有返回的水波进入水槽（在物理上造波水槽的这一侧要将所造的波吸收消除，不希望有返回的水波）。所以，在这一侧横向伪边界上嵌入一个所谓“辐射”（radiation）边界条件，以保证只有向外传播的水波。水波理论中这个辐射边界条件有重要意义，在有关专业课中会有进一步介绍，在此不一一说明。

7.3 Airy 线性波理论

对二维周期性推进水波，如图 7.3.1 所示。定义波长为L，波振幅为A，波高$H=2A$，波面抬高$\eta(x,t)$，水深为h。

Airy（艾里）提出的线性化水波理论假定：①水波为小振幅，即振幅A与波长L之比$A/L\ll 1$。此时水波应在自由表面$z=\eta(x,t)$上满足的边界条件，可以近似认为在原静水面$z=0$上满足；②忽略自由表面上运动学和动力学边界条件中非线性项。基于这两条近似，可分别将自由表面上运动学边界条件式（7.2.5）和自由表面上动力学边界条件式（7.2.3）简化为

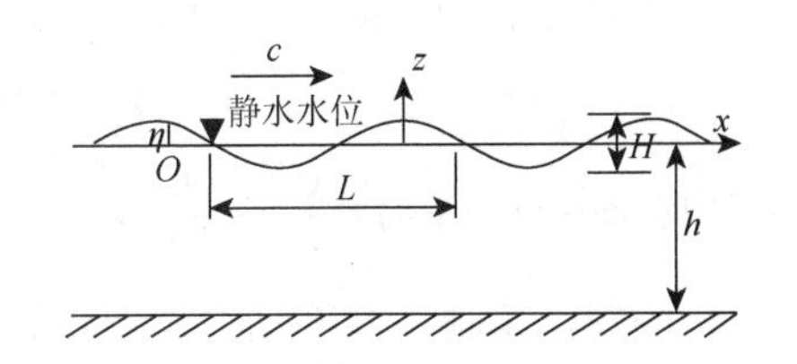

图 7.3.1 二维周期性水波参数定义示意图

$$\frac{\partial \varphi}{\partial z}=\frac{\partial \eta}{\partial t},\qquad z=0 \tag{7.3.1}$$

$$\frac{\partial \varphi}{\partial t}+g\eta=0,\qquad z=0 \tag{7.3.2}$$

将以上线性化的运动学和动力学边界条件相结合，可得自由表面上综合后的线性化边界条件为

$$\left(\frac{\partial^2 \varphi}{\partial t^2}+g\frac{\partial \varphi}{\partial z}\right)_{z=0}=0 \tag{7.3.3}$$

在恒定水深 h 的水域中，线性化周期性水波求解方程（或称求解的边值问题）可归结为下面几种。

在水域内：$$\nabla^2\varphi=0,\quad -h<z<0 \tag{7.3.4}$$

在自由表面边界上：$$\left(\frac{\partial^2 \varphi}{\partial t^2}+g\frac{\partial \varphi}{\partial z}\right)_{z=0}=0 \tag{7.3.5}$$

在水域底面边界上：$$\left(\frac{\partial \varphi}{\partial z}\right)_{z=-h}=0 \tag{7.3.6}$$

在左右两侧伪边界上：$$\varphi(x,z,t)=\varphi(x+L,z,t) \tag{7.3.7}$$

和

$$\varphi(x,z,t)=\varphi(x,z,t+T) \tag{7.3.8}$$

式（7.3.4）可采用分离变量法求解，势函数为沿 x 与 z 两个方向的函数积。考虑到波浪的周期特性，假设速度势具有以下分离变量的形式：

$$\varphi=A(z)\sin(kx-\omega t) \tag{7.3.9}$$

式中：$A(z)$为关于 z 的待定函数，将式（7.3.9）根据拉普拉斯变换，得到

$$[A''(z)-k^2A(z)]\sin(kx-\omega t)=0 \tag{7.3.10}$$

通常 $\sin(kx-\omega t)\neq 0$，因此可得出二阶齐次常微分方程

$$A''(z)-k^2A(z)=0 \tag{7.3.11}$$

解得

$$A(z)=A_1\mathrm{c}^{kz}+A_2\mathrm{e}^{-kz} \tag{7.3.12}$$

代入式（7.3.9），得

$$\varphi=(A_1\mathrm{e}^{kz}+A_2\mathrm{e}^{-kz})\sin(kx-\omega t) \tag{7.3.13}$$

由水底边界条件式（7.3.6），得

$$A_2=A_1\mathrm{e}^{-2kh} \tag{7.3.14}$$

代入式（7.3.13），得

$$\varphi=2A_1\mathrm{e}^{-kh}\cosh k(z+h)\sin(kx-\omega t) \tag{7.3.15}$$

式中：$\cosh k(z+h)=\dfrac{\mathrm{e}^{k(z+h)}+\mathrm{e}^{-k(z+h)}}{2}$。

同理，由自由液面动力学边界条件，得

$$A_1=A_2\mathrm{e}^{2kh} \tag{7.3.16}$$

代入式（7.3.13），得

$$\varphi=A_2\mathrm{e}^{-kh}\left(\mathrm{e}^{-2kh}\mathrm{e}^{kz}+\mathrm{e}^{-kz}\right)\sin(kx-\omega t) \tag{7.3.17}$$

因为$\left.\dfrac{\partial\varphi}{\partial t}\right|_{z=0}+g\eta\big|_{z=0}=0$，$\eta=A\cos(kx-\omega t)=\dfrac{H}{2}\cos(kx-\omega t)$，得

$$A_2=\frac{gH}{2\omega(\mathrm{e}^{2kh}+1)} \tag{7.3.18}$$

由以上计算，最终得出速度势函数表达式为

$$\varphi=\frac{gH}{2\omega}\frac{\cosh k(z+h)}{\cosh kh}\sin(kx-\omega t) \tag{7.3.19}$$

将式（7.3.19）代入式（7.3.5）中，可得

$$\omega^2=gk\tanh(kh) \tag{7.3.20}$$

将式（7.3.19）代入式（7.3.2），可得波面方程

$$\eta(x,t)=A\cos(kx-\omega t) \tag{7.3.21}$$

由于 Airy 水波理论解比较简单，且与实际相近，故常被广泛应用于海洋工程和沿岸工程的有关水波问题的计算中。

7.4　Airy 线性波波动特性

7.4.1　Airy 水波的波形分析

由式（7.3.21）可知，Airy 水波理论所求得的波形方程，可以用余弦曲线或正弦曲线表示波形。

为说明k的物理意义，考虑在给定时间t的波形，如$t=0$时，$\eta = A\cos kx$，其波形是一条随x而变化的余弦曲线，因为x取值间隔为一个波长的位置处波面抬高应相等，如$x=0$处，$\eta = A$，使$x=L$（波长）处η亦等于A，所以有$kL=2\pi$，$k=\dfrac{2\pi}{L}$，k表示单位波长的角弧度数，其量纲$[k]=\mathrm{L}^{-1}$，k的单位为$\mathrm{rad/m}$，通常称k为角波数（angular wave number），简称为波数。波数k值越大表示波长越短，反之波数k越小，则表示波长越大。

为说明ω的物理意义，考虑在给定地点x处的波形，如$x=0$处$\eta = A\cos\omega t$，其波形是一条随时间t而变化的余弦曲线，因为时间t的取值相间隔一个周期T时在同一地点处波面抬高应相等，如$t=0$和$t=T$时η值相等，故有$\omega T=2\pi$，$\omega=\dfrac{2\pi}{T}$，ω表示单位时间的角弧度数，其量纲$[\omega]=\mathrm{T}^{-1}$，ω的单位为$\mathrm{rad/s}$，通常称ω为角频率（angular frequency）。角频率ω值越大表示波周期越短，反之角频率ω越小则表示波周期越长。

再综合分析波形方程$\eta = A\cos(kx-\omega t)$，其波形随$x$和$t$而变，令$\theta = kx-\omega t$为波形相位角（弧度），给定相位角$\theta$，便有相应的波面抬高$\eta$，$\eta$的位置$x$随时间$t$而变，但必须使$\theta = kx-\omega t = \text{const}$，求$\dfrac{\mathrm{d}x}{\mathrm{d}t}$值即为该波形移动（传播）速度，称波形相位移动速度$c$，简称为波速，即

$$c=\frac{\mathrm{d}x}{\mathrm{d}t}=\frac{\omega}{k}=\frac{\dfrac{2\pi}{T}}{\dfrac{2\pi}{L}}=\frac{L}{T} \tag{7.4.1}$$

波形移动的方向由以上$\dfrac{\mathrm{d}x}{\mathrm{d}t}$值的正负号确定，$\dfrac{\mathrm{d}x}{\mathrm{d}t}$为正值时，表示波形相速度的方向为$x$轴正向，反之为$x$轴负向。

通过以上分析可知，Airy 水波的波形是一种平面（二维）行进波。

7.4.2　Airy 水波的色散关系式

将水波的波数k与角频率ω的关系式（7.3.20）代入波速表达式（7.4.1）得

$$c=\sqrt{\frac{g}{k}\tanh(kh)}=\sqrt{\frac{gL}{2\pi}\tanh\left(\frac{2\pi h}{L}\right)} \tag{7.4.2}$$

由此可知，其波速c与波长L有关，也就是说不同波长（或波数）的水波，其传播速率不同。这种现象称为色散（dispersion）（频散）现象，是水波的一个重要现象。波速与波长（或频率）之间的关系式或者频率与波长之间的非正比关系式称为色散关系式，对于水波就是式（7.3.20）或式（7.4.2）。式（7.4.2）告诉我们波长L越大（波数k越小），波速c越大。

利用水波色散关系式（7.3.20）和式（7.4.2），对描述水波的重要参数：周期T（或角频

率 ω）、波长 L（或波数 k）、波速 c，只要给出其中一个，其余则可按色散关系式获得。如已知 L（或已知 $k=\dfrac{2\pi}{L}$）和水深 h，计算 T（或 ω）是直接的。然而已知 T（或已知 $\omega=\dfrac{2\pi}{T}$）和水深 h，计算 L（或 k），利用式（7.3.20）不易直接解出，只能通过迭代解法获得。故提出一些近似色散关系式代替，如下列公式其最大误差可在10%以内：

$$L \approx \frac{gT^2}{2\pi}\sqrt{\tanh\left(\frac{4\pi^2}{T^2}\frac{h}{g}\right)} \tag{7.4.3}$$

7.4.3 水波的分类

根据双曲函数渐近关系式，对 $\tanh(kh)=\tanh\left(\dfrac{2\pi h}{L}\right)$ 的值，当 $kh>\pi$（或 $\dfrac{h}{L}>\dfrac{1}{2}$）时，$\tanh(kh)\approx 1$；当 $kh<\dfrac{\pi}{10}$（或 $\dfrac{h}{L}<\dfrac{1}{20}$）时，$\tanh(kh)\approx kh$。故工程上常将水波做近似的分类，即 $\dfrac{h}{L}\geqslant\dfrac{1}{2}$ 为深水波，$\dfrac{h}{L}\leqslant\dfrac{1}{20}$ 为浅水波，$\dfrac{1}{20}<\dfrac{h}{L}<\dfrac{1}{2}$ 为有限水深水波。

特别注意浅水波中 $\omega^2=gk\tanh(kh)\approx gk(kh)$，相应的波速 $c=\dfrac{\omega}{k}=\sqrt{gh}$ 仅与水深有关，而与波长或频率无关。这说明浅水波已经是非色散波，是一种长波（$h/L<20$）。如海洋中的海啸，其波长 L 远大于水深 h，亦为浅水波，其波速仅由水深确定。不过对于浅水波，工程上更关注的是非线性效应，如孤立波等。

对于深水波，式（7.3.19）中双曲函数亦可利用渐近关系改为

$$\varphi=\frac{gA}{\omega}\sin(kx-\omega t)\mathrm{e}^{kz} \tag{7.4.4}$$

7.4.4 Airy 水波中流体质点速度和加速度

Airy 水波中水质点速度场 $\boldsymbol{v}(v_x,v_z)$，可根据其速度势的解获得。已知水波速度势式（7.3.19），并引入色散关系式后得

$$v_x=\frac{\partial\varphi}{\partial x}=A\omega\frac{\cosh k(z+h)}{\sinh(kh)}\cos(kx-\omega t) \tag{7.4.5a}$$

$$v_z=\frac{\partial\varphi}{\partial z}=A\omega\frac{\sinh k(z+h)}{\sinh(kh)}\sin(kx-\omega t) \tag{7.4.5b}$$

对于深水情况则有

$$v_x=\frac{\partial\varphi}{\partial x}=A\omega\mathrm{e}^{kz}\cos(kx-\omega t) \tag{7.4.6a}$$

$$v_z=\frac{\partial\varphi}{\partial z}=A\omega\mathrm{e}^{kz}\sin(kx-\omega t) \tag{7.4.6b}$$

海洋中实际水波，波的周期一般在3～25 s，波长一般为50～100 m，波振幅 A 为 0.5 m 左右，相应的角频率 $\omega=2\pi/T=0.25\sim2.1$ rad/s 及波数 $k=2\pi/L=0.063\sim0.126$ rad/m，由此可估算出水波中水质点运动速度不会很大，v_x 和 v_z 大约都在 0.125～1.05 m/ s。

严格地说，水波中水质点加速度 $\left(\dfrac{\mathrm{d}v_x}{\mathrm{d}t},\dfrac{\mathrm{d}v_z}{\mathrm{d}t}\right)$ 都由两部分组成，即局部加速度项 $\left(\dfrac{\partial v_x}{\partial t},\dfrac{\partial v_z}{\partial t}\right)$

和对流加速度项$[(\boldsymbol{v}\cdot\nabla)v_x,(\boldsymbol{v}\cdot\nabla)v_z]$相加，前者与后者之比在数量级上为$\dfrac{1}{Ak}$，在实际水波中，通常前者要比后者大约要大一个数量级，即水波中的流体质点加速度中局部加速度是主要的，所以为简便计，对水波中加速度的计算，常常使用近似式确定，如在深水中，即有

$$\frac{\mathrm{d}v_x}{\mathrm{d}t}=\frac{\partial v_x}{\partial t}=A\omega^2\sin(kx-\omega t)\mathrm{e}^{kz} \tag{7.4.7a}$$

$$\frac{\mathrm{d}v_z}{\mathrm{d}t}=\frac{\partial v_z}{\partial t}=-A\omega^2\cos(kx-\omega t)\mathrm{e}^{kz} \tag{7.4.7b}$$

在有限水深中水波加速度亦类推。

7.4.5 Airy 水波中流体质点轨迹

波动场内静止时位于(x_0,z_0)处的水质点，在运动的任一瞬间，位置在($x=x_0+\xi$，$z=z_0+\eta$)处。在波动中以速度$\dfrac{\mathrm{d}\xi}{\mathrm{d}t},\dfrac{\mathrm{d}\eta}{\mathrm{d}t}$运动（如图7.4.1），为了求得任一时刻水质点的迁移量ξ与η（质点离开静止位置的水平和垂直距离），假定水质点只在静止位置周围做微幅运动，可将任何位置水质点的运动速度都用流场中(x_0,z_0)处的速度来代替，而忽略速度在点$(x_0+\xi,z_0+\eta)$与点(x_0,z_0)之间的差别，即

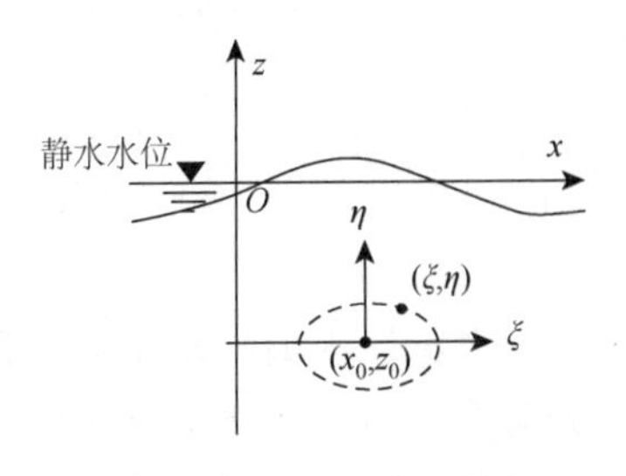

图7.4.1 波浪水质点运动轨迹

$$\xi=\int_0^t v_x(x_0+\xi,z_0+\eta)\mathrm{d}t\approx\int_0^t v_z(x_0,z_0)\mathrm{d}t \tag{7.4.8}$$

$$\eta=\int_0^t v_z(x_0+\xi,z_0+\eta)\mathrm{d}t\approx\int_0^t v_z(x_0,z_0)\mathrm{d}t \tag{7.4.9}$$

由此可得到水质点的迁移量

$$\xi=\int_0^t v_x\mathrm{d}t=-A\frac{\cosh k(z_0+h)}{\sinh(kh)}\sin(kx_0-\omega t) \tag{7.4.10}$$

$$\eta=\int_0^t v_z\mathrm{d}t=A\frac{\sinh k(z_0+h)}{\sinh(kh)}\cos(kx_0-\omega t) \tag{7.4.11}$$

任意时刻水质点的位置为$x=x_0+\xi$、$z=z_0+\eta$。若令

$$\alpha=A\frac{\cosh k(z_0+h)}{\sinh(kh)} \tag{7.4.12}$$

$$\beta=A\frac{\sinh k(z_0+h)}{\sinh(kh)} \tag{7.4.13}$$

可得到水质点运动轨迹方程为

$$\frac{(x-x_0)^2}{\alpha^2}+\frac{(z-z_0)^2}{\beta^2}=1 \tag{7.4.14}$$

式（7.4.4）表明水质点轨迹为中心在(x_0,z_0)的椭圆，x轴向半轴为α，z轴向半轴为β。α和β的大小都随水深增大而减小，即椭圆越小越扁；在$z_0=-h$时，$\beta=0$，水质点沿底部做水平往复运动，如图7.4.2（b）所示。

当水深 $h\leqslant L/20$ 时，认为波动是浅水波动。这时$\cosh k(z_0+h)\to 1$，$\sinh k(z_0+h)\to k(z_0+h)$，$\sinh kh\to kh$。因此

$$\begin{cases} \alpha = \dfrac{A}{kh} \\ \beta = \dfrac{A(z_0 + h)}{h} \end{cases}, \quad h < \frac{L}{20} \tag{7.4.15}$$

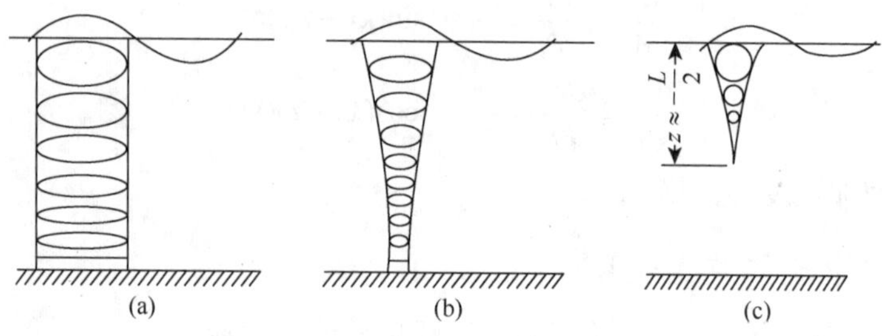

图 7.4.2　水质点的运动轨迹

（a）为浅水 $\left(\dfrac{h}{L} \leqslant \dfrac{1}{20}\right)$；（b）为中等水深 $\left(\dfrac{1}{20} < \dfrac{h}{L} < \dfrac{1}{2}\right)$；（c）为深水 $\left(\dfrac{h}{L} > \dfrac{1}{2}\right)$

可见浅水波中水质点也是做椭圆轨道运动。在此情况下，椭圆的长轴从波面到水底保持为常量，也就是最大水平位移亦保持为常量，而最大垂直位移从底部的零值逐渐增加到波面处的波振幅，如图 7.4.2（a）所示。

当水深 $h \geqslant L/2$ 时，认为波动是深水波动。这时 $\mathrm{e}^{kh} \to \infty$, $\mathrm{e}^{-kh} \to 0$

$$\alpha = \frac{A\cosh k(z_0 + h)}{\sinh kh} = A\frac{\mathrm{e}^{kz_0}\mathrm{e}^{kh} + \mathrm{e}^{-kz_0}\mathrm{e}^{-kh}}{\mathrm{e}^{kh} - \mathrm{e}^{-kh}} \approx A\mathrm{e}^{kz_0} \tag{7.4.16a}$$

$$\beta = \frac{A\sinh k(z_0 + h)}{\sinh kh} = A\frac{\mathrm{e}^{kz_0}\mathrm{e}^{kh} - \mathrm{e}^{-kz_0}\mathrm{e}^{-kh}}{\mathrm{e}^{kh} - \mathrm{e}^{-kh}} \approx A\mathrm{e}^{kz_0} \tag{7.4.16b}$$

因此深水波水质点的轨迹方程为

$$(x - x_0)^2 + (z - z_0)^2 = r^2 \tag{7.4.17}$$

式中：$r = A\mathrm{e}^{kz_0}$。由此可知在水面处 $z_0 = 0$，$r = A$；在水深为一半波长处，$z_0 = -L/2$，$r = \dfrac{1}{23}A$；水深为一倍波长处，$z_0 = -L$，$r = \dfrac{1}{535}A$。可见深水波轨道为圆形，运动半径随着水深增加而减小，水深超过半波长，水质点波浪运动可以忽略，如图 7.4.2（c）所示。

7.4.6　Airy 水波中流体压力分布

根据水波中压力方程式（7.2.2），忽略非线性项后的压力方程为

$$p = -\rho\frac{\partial\varphi}{\partial t} - \rho gz \tag{7.4.18}$$

将速度势表达式（7.3.19）代入式（7.4.18），可写为

$$p = \frac{\rho g\cosh k(z + h)}{\cosh kh}A\cos(kx - \omega t) - \rho gz \tag{7.4.19}$$

式中：$A\cos(kx - \omega t) = \eta$ 为波面方程，因此

$$p = \rho g\left[\frac{\cosh k(z + h)}{\cosh kh}\eta - z\right] \tag{7.4.20}$$

式中：z 是从平均水平面向下的负值。

令 $k_p=\dfrac{\cosh k(z+h)}{\cosh kh}$，称为压力反应系数，对于在平均水平面以下所有深度，它都小于1。然而，当考虑流体中在平均水平面以上的点（这仅仅可能出现在波峰的下面），由于早先在小振幅波处理时所作的近似，我们将会面临一些小小的矛盾。需记住，在写出边界条件时要令伯努利-拉格朗日积分方程中的 p 在自由表面上等于零，但是我们在确定 ϕ 时满足自由表面边界条件都是在 $z=0$ 而不是在 $z=\eta$。这样 ϕ 及方程（7.4.20）对正的 z 值无效。因此我们将限制方程（7.4.20）的讨论在 z 取负值的区域。

采用压力反应系数 k_p，方程（7.4.20）可简化成

$$\frac{p}{\rho g}=k_p\eta-z \tag{7.4.21}$$

式（7.4.21）为波动中的压力分布规律。式中右边第二项是静水压力分布，第一项是因流体质点作轨道运动存在垂直方向的加速度和因之引起的惯性力而产生的修正项。第一项可以是正的或负的，视值的位相而定。

首先来看式（7.4.21）的关于 z 的两个极限值。

当 $z=0$ 时，$k_p=1$，可得 $\dfrac{p}{\rho g}=\eta$。因此，压力分布与 z 取正值的静水压力分布规律相符。

当 $z=-h$ 时，$k_p=\dfrac{1}{\cosh kh}$，可得 $\dfrac{p}{\rho g}=\dfrac{\eta}{\cosh kh}+h$，这时底部的静水压力为 $\dfrac{p}{\rho g}=h+\eta$。

对使 η 取负值的波相位（即在波谷下），则有底部压力大于静水压力，这是因为

$$h-\frac{\eta}{\cosh kh}>h-\eta$$

反之，对正的 η（即在波峰下），则

$$h+\frac{\eta}{\cosh kh}<h+\eta$$

因此底部压力小于静水压力。

对 $-h<z<0$ 的 z，压力分布也有相类似的结果。图7.4.3（a）是在波峰和波谷下，底部压力的示意图。图7.4.3（b）表示在给定 z 处压力随相位的连续变化。

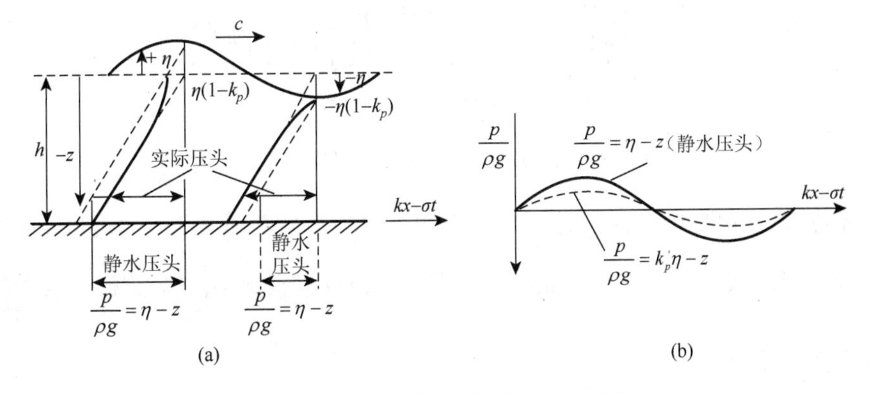

图7.4.3　小振幅波的静压及动态分布

（a）为波峰和波谷下底部压力示意图；（b）为在给定 z 处压力随相位的连续变化

方程式（7.4.21）和压力反应系数的一个有价值的应用，是在自由表面以下某一深度处装置压力传感器来预测波高。

另外，底部压力随时间和位置的变化将引起流体在砂床这类疏松介质中的流动，底部正压力的变化也像切应力一样，会引起实际流体中波能的黏性耗散。

7.5 波群与波群速

以上讨论了单个周期性推进波的波动特性。实际存在的波可能是两个或多个周期性推进波叠加的结果，各种周期性推进波叠加形成波群。波群作为整体，它的推进速度（波群速），不同于其中单个推进波的相速度。例如两个在 x 轴的平面线性波，它们的振幅 A 相同，波传播方向都为相同的 x 轴向，波数分别为 k_1 和 k_2 差别很小，以及角频率分别为 ω_1 和 ω_2 差别亦很小。如可令 $k_1=k+\Delta k$，$k_2=k-\Delta k$，以及 $\omega_1=\omega+\Delta\omega$，$\omega_2=\omega-\Delta\omega$，其中 Δk 和 $\Delta\omega$ 都是小量。将这样两个平面推进波叠加，叠加后的波形方程 $\eta(x,t)$ 为

$$\begin{aligned}\eta&=A\cos(k_1x-\omega_1t)+A\cos(k_2x-\omega_2t)\\&=2A\cos(\Delta k\cdot x-\Delta\omega t)\cos(kx-\omega t)\end{aligned}\tag{7.5.1}$$

故叠加后波群波形亦为余弦波 $\cos(kx-\omega t)$，其振幅为一包络函数 $2A\cos(\Delta k\cdot x-\Delta\omega t)$，因 $\Delta k\ll k$，表明波群外形（包络函数）的波长 L_{env}（$L_{\text{env}}=2\pi/\Delta k$）远大于余弦波的波长 L（$L=2\pi/k$），即

$$L_{\text{env}}=\frac{2\pi}{\Delta k}\gg L=\frac{2\pi}{k}\tag{7.5.2}$$

波群速度 c_{g} 由包络曲线的余弦函数 $\cos(\Delta k\cdot x-\Delta\omega t)$ 确定，即

$$c_g=\frac{\Delta\omega}{\Delta k}\approx\frac{\mathrm{d}\omega}{\mathrm{d}k}\tag{7.5.3}$$

如图 7.5.1 所示，包络函数内波群的余弦函数 $\cos(kx-\omega t)$，其相速度为

$$c=\frac{\omega}{k}\tag{7.5.4}$$

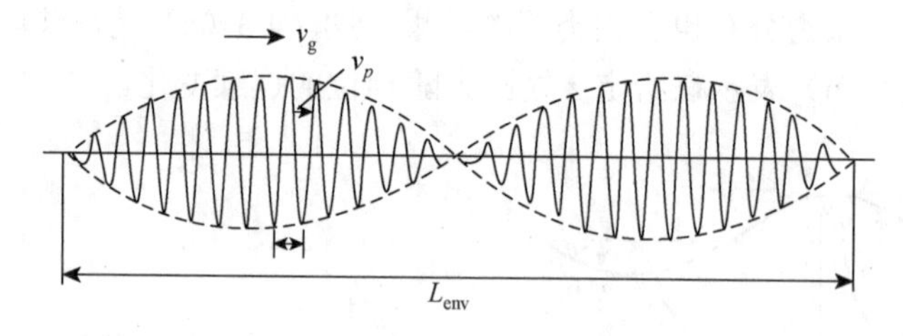

图 7.5.1　波群的示意图

假定被叠加的基元波都是 Airy 水波，在有限水深中色散关系式为 $\omega^2=gk\tanh(kh)$，叠加后波群的色散关系不变仍为 $\omega^2=gk\tanh(kh)$，则可求得有限水深中波群速度 $c_{\text{g}}\left(=\dfrac{\mathrm{d}\omega}{\mathrm{d}k}\right)$ 和相速度 $c\left(=\dfrac{\omega}{k}\right)$ 之间关系为

$$c_g=\frac{\mathrm{d}\omega}{\mathrm{d}k}=\frac{1}{2}\frac{\omega}{k}\left(1+\frac{2kh}{\sinh(2kh)}\right)=\frac{c}{2}\left(1+\frac{2kh}{\sinh(2kh)}\right)\tag{7.5.5}$$

在深水中，$kh \gg 1$，根据渐近值$\dfrac{2kh}{\sinh(2kh)} = \dfrac{4kh}{e^{2kh}} \approx 0$，则式（7.5.5）可退化为

$$c_g = \frac{1}{2}c \tag{7.5.6}$$

在浅水中，$kh << 1$，由渐近值$\dfrac{2kh}{\sinh(2kh)} \approx 1$，则式（7.5.7）退化为

$$c_g = c \tag{7.5.7}$$

7.6 波能及波能传播

7.6.1 波浪的能量

1. 动能

波浪的动能是由水质点的运动而产生的，对图7.6.1所示的小微元，其单位宽度波浪动能为$\frac{1}{2}\rho\left(v_x^2 + v_z^2\right)\mathrm{d}x\mathrm{d}z$，则一个波长范围内沿波峰方向单位宽度的波浪动能可以表示为

$$E_k = \int_0^L \int_{-h}^{\eta} \frac{1}{2}\rho(v_x^2 + v_z^2)\mathrm{d}x\mathrm{d}z \tag{7.6.1}$$

将小振幅波的水质点速度代入上式，积分得到

$$E_k = \frac{1}{16}\rho g H^2 L \tag{7.6.2}$$

2. 势能

波浪的势能是由水质点偏离平衡位置所致。在一个波长范围内，波动水体的水质点在波动过程中相对于平衡位置不断发生变化。如图7.6.2所示，取海底作为基准面，对宽度为 $\mathrm{d}x$ 的柱体（单位为波峰线宽度），其势能为

$$\rho g(h+\eta)\mathrm{d}x \cdot \frac{h+\eta}{2} = \frac{1}{2}\rho g(h+\eta)^2 \mathrm{d}x \tag{7.6.3}$$

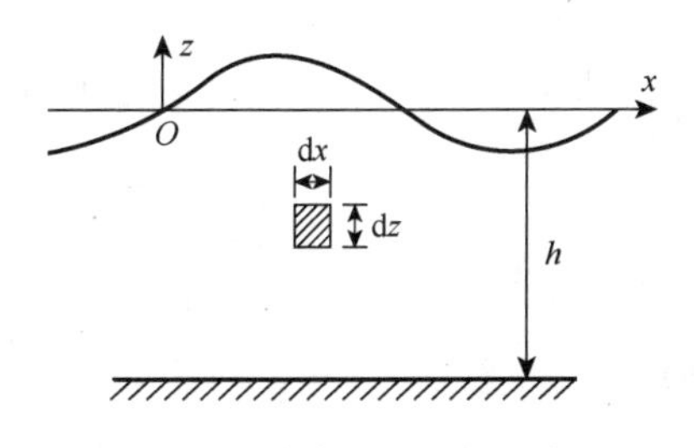

图7.6.1 波浪动能分析示意图

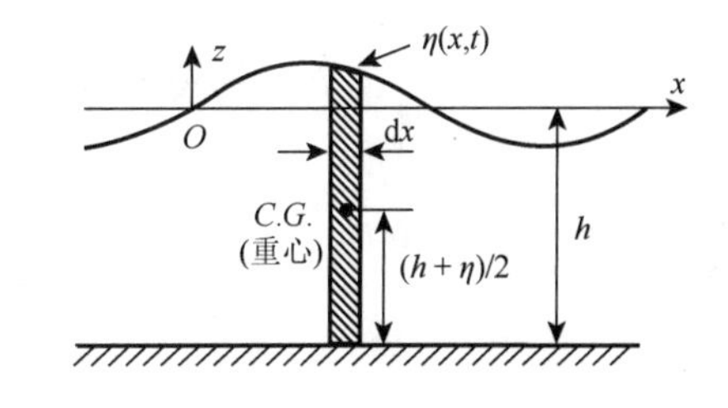

图7.6.2 势能的定义

于是一个波长范围内单位波峰线宽度的势能可表示为

$$E_{pt} = \int_0^L \frac{1}{2}\rho g(h+\eta)^2 \mathrm{d}x \tag{7.6.4}$$

将小振幅波的波面方程代入上式，积分得到

$$E_{pt}=\frac{1}{2}\rho gh^2L+\frac{1}{16}\rho gH^2L \tag{7.6.5}$$

式（7.6.5）右端第一项表示没有波动时水体的势能。因波浪的势能是波动水体的总势能与静止时水体势能的差值，故一个波长范围内的波浪势能为

$$E_p=E_{pt}-\frac{1}{2}\rho gh^2L=\frac{1}{16}\rho gH^2L \tag{7.6.6}$$

3. 总能量

波动总能为

$$E=E_p+E_k=\frac{1}{8}\rho gH^2L \tag{7.6.7}$$

故单位长度范围内铅直水柱的波浪能量为

$$E=\frac{1}{8}\rho gH^2 \tag{7.6.8}$$

式（7.6.2）和式（7.6.6）表明，小振幅波一个波长范围内，单位波峰线宽度的动能和势能是相等的，都等于总波能的一半。显然，波浪的总能量与波高的平方成正比，故通常以波高的平方作为波动能量的相对尺度。应当指出，这里的波动能量是其整个水深范围内的总能量，波动中不同水质点的能量是不断变化的。事实上，波幅随深度增加而按指数减小，因此波动总能量主要集中在水面附近。

7.6.2 波能流

小振幅波传播过程中不会引起质量的输移，因为水质点运动轨迹是封闭的，但波动会产生能量的输送。取与波浪传播方向垂直的单位宽度垂直断面，单位时间沿波动传播方向跨过该铅直断面的能量称为波能流。对线性波，它等于动水压力在单位时间内所做的功，即等于该断面上动水压力对流体流量所做的功在一个波浪周期内的平均值，其计算公式为

$$\bar{F}=\frac{1}{T}\int_0^T\int_{-h}^0 pu\mathrm{d}z\mathrm{d}t \tag{7.6.9}$$

将小振幅波的结果代入式（7.6.9），积分得到

$$\bar{F}=\frac{1}{8}\rho gH^2\frac{\omega}{k}\frac{1}{2}\left(1+\frac{2kh}{\sinh(2kh)}\right)=Ecn=Ec_E \tag{7.6.10}$$

式中：

$$n=\frac{1}{2}\left(1+\frac{2kh}{\sinh(2kh)}\right) \tag{7.6.11}$$

$$c_E=cn=\frac{1}{2}c\left(1+\frac{2kh}{\sinh(2kh)}\right) \tag{7.6.12}$$

其中：c_E 称为波能传播速度，n 为波能传递率；由于 $c_E<c$，即波能的传播速度要落后于波形的传播速度。另外 c_E 与波群的速度在数值上是相等的。因此可以认为波群速度是能量传播的速度。

7.6.3　船舶兴波阻力

船舶航行在静止水面上时，船体周围的水会因为船舶的运动发生紊乱，使得水面的压力差发生变化，从而兴起波浪。由于兴起的波浪对船体周围运动方向上形成的压力差叫作兴波阻力，简称波阻。

船舶兴波主要分为船行波与破波，船舶行驶过水面后在船尾形成的不断传播的波浪叫作船行波；在船舶兴波形成后破碎的波浪称为破波。

假设船舶以等速 U 航行在静水中，兴波阻力为 D_w，波形和船体相对静止，则可认为兴波的速度也为 U。经过一段时间 t 后，波浪的能量增加为

$$\Delta E = E\frac{Ut}{L} = \frac{1}{2}\rho g A^2 L\frac{Ut}{L} = \frac{1}{2}\rho g A^2 Ut \tag{7.6.13}$$

因为波浪的能量增量 ΔE 由船舶克服阻力做功和波浪以群速度 c_g 向前传递的能量两部分组成，故

$$\Delta E = D_w Ut + \frac{1}{2}\rho g A^2 c_g t \tag{7.6.14}$$

7.7　有限振幅波（非线性波）理论

7.7.1　有限振幅斯托克斯波理论

1. 背景

微幅波理论是在假设波幅很小的情况下得出的，即 $H/L \ll 1$，所以其高阶小量可以忽略不计。如果研究的波浪波幅较大，即上面的条件不能满足时，理论波形和实际波形相差很大，无法解释实际波动中的某些现象。所以提出有限振幅斯托克斯波理论（Stokes wave theory）。

2. 斯托克斯波特性

随着波高的增大，有限振幅波波剖面的非对称性逐渐增强，这是由非线性作用所致；波面呈波峰较窄，而波谷较宽接近于摆线的形状；斯托克斯波的波剖面不是简谐曲线，相对平均水面不对称，其水质点振动中心高于平均水面 $\frac{kA^2}{2}$；水质点不是简单的沿着封闭的轨道运动，而是沿着在波浪传播方向上有一微小纯位移的近似于圆或椭圆的轨道上运动；水质点沿波动传播方向上所产生的净位移 $u^* = k^2 A^2 c\exp(2kz_0)$；$k^2 A^2 c$ 即为“波流”，其在波浪传播方向上运输的海水体积为 $\frac{k^2 A^2 c}{2}$。

波浪运动为无旋、水面为周期性的波动并伴随有“质量的迁移”。斯托克斯波是用有限个简单的频率比例的余弦波来逼近具有单一周期的规则的有限振幅波。非线性作用的重要程度取决于 3 个特征比值：波陡 $\delta = H/L$；相对水深 h/H；相对波长 L/h。在深水中，影响最大的特征比值是波陡 $\delta = H/L$，δ 越大，非线性作用越大；在浅水中最重要的参数是相对水深 h/H，相对水深 h/H 愈小，非线性作用愈大；在过渡水深中，厄塞尔数 U_r（是表征非线性的一个参数，$U_r = \frac{3}{4}\frac{Ak}{(kh)^3}$）越大，非线性影响越大。

3. 控制方程和边界条件

7.2 节中已给出水波运动控制方程式和边界条件，对于斯托克斯波式（7.2.1）～式（7.2.5）仍然成立。斯托克斯波的控制方程和边界条件总结如下：

$$\nabla^2\varphi = \frac{\partial^2\varphi}{\partial x^2} + \frac{\partial^2\varphi}{\partial z^2} = 0 \tag{7.7.1a}$$

$$\left.\frac{\partial\varphi}{\partial z}\right|_{z=\eta} = \frac{\partial\eta}{\partial t} + \left.\frac{\partial\eta}{\partial x}\frac{\partial\varphi}{\partial x}\right|_{z=\eta} \tag{7.7.1b}$$

$$\left.\frac{\partial\varphi}{\partial t}\right|_{z=\eta} + \frac{1}{2}\left[\left(\frac{\partial\varphi}{\partial x}\right)^2 + \left(\frac{\partial\varphi}{\partial z}\right)^2\right]_{z=\eta} + g\eta = 0 \tag{7.7.1c}$$

$$\left.\frac{\partial\varphi}{\partial z}\right|_{z=-h} = 0 \tag{7.7.1d}$$

斯托克斯波理论的基本假定与前面所述水波问题的假定一样。由于自由水面边界条件是非线性的，为假定波浪是弱非线性的求解问题，即假定速度势函数和波面升高都是小参数 ε 的幂级数。然后，代入方程和定解条件，进行量级比较，从而将一个非线性问题分解为一系列相对简单的线性问题。在求得一阶近似解的基础上，可求出二阶近似解。

4. 小参数摄动法求解斯托克斯波

小参数 ε 是与波动特征有关的无因次常数，在水深较大时，采用波高 H 与波长 L 之比，H/L 称为波陡；在水较浅时，选取波高与水深比值即相对波高 H/h 表示。根据摄动展开理论，深水中速度势 φ 以及自由面高度 η 可以表示成小参数 $\varepsilon = H/h$ 的幂级数展开形式：

$$\varphi = \sum_{n=1}^{\infty}\varepsilon^n\varphi_n = \varepsilon\varphi_1 + \varepsilon^2\varphi_2 + \cdots + \varepsilon^n\varphi_n + \cdots \tag{7.7.2}$$

$$\eta = \sum_{n=1}^{\infty}\varepsilon^n\eta_n = \varepsilon\eta_1 + \varepsilon^2\eta_2 + \cdots + \varepsilon^n\eta_n + \cdots \tag{7.7.3}$$

上式中 $\varphi_1, \varphi_2, \cdots, \varphi_n$ 及 $\eta_1, \eta_2, \cdots, \eta_n$ 分别具有 ε，ε^2，…，ε^n 数量级的速度势及自由面高度。表达式中高阶项均小于低阶项一个数量级，选取叠加项数越多，物理量 φ，η 越接近实际波动规律。

将式（7.7.2）代入流体域中满足的拉普拉斯方程（7.7.1a）和海底边界条件（7.7.1d）中，按小参数 ε 的幂次整理合并，则每一项 φ_n 都满足拉普拉斯方程及边界条件，即

$$\frac{\partial^2\varphi_n}{\partial x^2} + \frac{\partial^2\varphi_n}{\partial z^2} = 0 \tag{7.7.4}$$

$$\frac{\partial\varphi_n}{\partial z} = 0 \tag{7.7.5}$$

尽管假定每一个 φ_n 都满足自由表面条件，但处理其平方非线性项仍是一个困难问题。自由表面总是在静水面附近。为解决自由表面 η 是未知的问题，将 φ 在自由面 $z=\eta$ 处用泰勒级数在静水面（$z=0$）展开为

$$\varphi = \varphi_{z=0} + \eta\left.\frac{\partial\varphi}{\partial z}\right|_{z=0} + \frac{\eta^2}{2!}\left.\frac{\partial^2\varphi}{\partial z^2}\right|_{z=0} + \cdots \tag{7.7.6}$$

将各项的泰勒级数展开式代入自由表面边界条件或代入自由面动力学和运动学条件，可得

$$\frac{\partial}{\partial z}\left(\varphi+\eta\frac{\partial\varphi}{\partial z}+\frac{\eta^2}{2!}\frac{\partial^2\varphi}{\partial z^2}+\cdots\right)\approx\frac{\partial\eta}{\partial t}+\frac{\partial\eta}{\partial x}\frac{\partial}{\partial x}\left(\varphi+\eta\frac{\partial\eta}{\partial z}+\frac{\eta^2}{2!}\frac{\partial^2\varphi}{\partial z^2}+\cdots\right) \tag{7.7.7}$$

$$\frac{\partial}{\partial t}\left(\varphi+\eta\frac{\partial\varphi}{\partial z}+\frac{\eta^2}{2}\frac{\partial^2\varphi}{\partial z^2}+\cdots\right)+\frac{1}{2}\left[\frac{\partial}{\partial x}\left(\varphi+\eta\frac{\partial\varphi}{\partial z}+\frac{\eta^2}{2}\frac{\partial^2\varphi}{\partial z^2}+\cdots\right)\frac{\partial}{\partial x}\left(\varphi+\eta\frac{\partial\varphi}{\partial z}+\frac{\eta^2}{2}\frac{\partial^2\varphi}{\partial z^2}+\cdots\right)\right]$$
$$+\frac{1}{2}\left[\frac{\partial}{\partial z}\left(\varphi+\eta\frac{\partial\varphi}{\partial z}+\frac{\eta^2}{2}\frac{\partial^2\varphi}{\partial z^2}+\cdots\right)\frac{\partial}{\partial z}\left(\varphi+\eta\frac{\partial\varphi}{\partial z}+\frac{\eta^2}{2}\frac{\partial^2\varphi}{\partial z^2}+\cdots\right)\right]+g\eta=0 \tag{7.7.8}$$

将小参数摄动展开的φ，η表达式（7.7.2）和式（7.7.3）代入式（7.7.7）和式（7.7.8），并按小参数ε的幂次整理合并，得

$$\varepsilon:\ \left.\frac{\partial^2\varphi_1}{\partial t^2}+g\frac{\partial\varphi_1}{\partial z}\right|_{z=0}=0 \tag{7.7.9a}$$

$$\varepsilon^2:\ \frac{\partial^2\varphi_2}{\partial t^2}+g\frac{\partial^2\varphi_2}{\partial z}=-2\nabla\varphi_1\cdot\nabla\frac{\partial\varphi_1}{\partial t}+\frac{\partial\varphi_1}{\partial t}\frac{\partial^2\varphi_1}{\partial z^2}+\frac{1}{g}\frac{\partial\varphi_1}{\partial t}\frac{\partial^3\varphi_1}{\partial z^2\partial z} \tag{7.7.9b}$$

$$\varepsilon^3:\ \cdots \tag{7.7.9c}$$

$$\eta_1=-\left.\frac{1}{g}\frac{\partial\varphi_1}{\partial t}\right|_{z=0}=0 \tag{7.7.10a}$$

$$\eta_2=-\frac{1}{g}\left.\left(\frac{\partial\varphi_2}{\partial t}+\frac{1}{2}\nabla\varphi_1\cdot\nabla\varphi_1-\frac{1}{g}\frac{\partial\varphi_1}{\partial t}\frac{\partial^2\varphi_1}{\partial t\partial z}\right)\right|_{z=0} \tag{7.7.10b}$$

通过以上转换，自由表面边界条件分解为一阶速度势φ_1与一阶自由表面高度η_1构建的线性波自由边界条件；一阶、二阶速度势φ_1、φ_2与二阶自由表面高度η_2构建的二阶斯托克斯波浪自由面边界条件；以此类推，三阶、四阶以及更高阶斯托克斯波浪自由表面边界条件亦可获得。

综上所述，基于摄动展开法及泰勒级数，非线性波浪控制方程组分解为不同阶数的斯托克斯波浪理论模型，其中一阶和二阶速度势满足的方程和边界条件如下。

一阶问题

$$\begin{cases}\dfrac{\partial\varphi_1}{\partial z}-\dfrac{\partial\eta_1}{\partial t}=0\\[2ex]\dfrac{\partial\varphi_1}{\partial x}+g\eta_1=0\end{cases} \tag{7.7.11}$$

二阶问题

$$\begin{cases}\dfrac{\partial\varphi_2}{\partial z}-\dfrac{\partial\eta_2}{\partial t}=\dfrac{\partial\eta_1}{\partial x}\dfrac{\partial\varphi_1}{\partial x}-\eta_1\dfrac{\partial^2\varphi_1}{\partial x^2}\\[2ex]\dfrac{\partial\varphi_2}{\partial x}+g\eta_2=-\eta_1\dfrac{\partial^2\varphi_1}{\partial t\partial z}-\dfrac{1}{2}\left[\left(\dfrac{\partial\varphi_1}{\partial x}\right)^2+\left(\dfrac{\partial\varphi_1}{\partial z}\right)^2\right]\end{cases} \tag{7.7.12}$$

从方程及边界条件可以看出，二阶问题的求解要基于一阶流场速度势，同样三阶速度势的求解要基于一阶、二阶速度势的解。在7.4节已经得到了线性波（斯托克斯一阶波）的速度势函数和波面方程，下面重点讨论二阶速度势的解。

7.7.2 斯托克斯波的二阶解

1. 速度势函数

根据二阶问题的边界条件（7.7.12），可得到寻求非线性解的线索，方程的右端项（非齐次项）为一阶解 φ_1 和 η_1 及其偏导数的乘积，这些一阶解依赖于 $\sin\theta$ 或 $\cos\theta$，因此这些右端项将依赖以下量

$$\sin^2\theta = \frac{1}{2}(1-\cos 2\theta)，\quad \cos^2\theta = \frac{1}{2}(1+\cos 2\theta)，\quad \sin\theta\cos\theta = \frac{1}{2}\sin 2\theta$$

式中，$\theta = kx - \omega t$。由此可知，二阶速度势为常数项和倍频率的组合。依此可推出三阶速度势含有三倍频率项和一倍频率项，四阶速度势含有四倍频率项和两倍频率项，等等。所以，非线性解的波面升高和速度势就可以表达成以下三角级数形式

$$\eta = A_0 + A_1\cos\theta + A_2\cos 2\theta + A_3\cos 3\theta + \cdots \tag{7.7.13}$$

$$\varphi = B_0 + B_1\sin\theta + B_2\sin 2\theta + B_3\cos 3\theta + \cdots \tag{7.7.14}$$

对于二阶速度势求解，仅需考虑倍频率和常数项。利用合成后自由面边界条件可以确定 $\sin 2\theta$ 系数的特解，常数项在无限海域等于零。于是，斯托克斯二阶波的速度势函数可以表示为

$$\varphi = \frac{\pi H}{kT}\frac{\cosh[k(z+h)]}{\sinh(kh)}\sin(kx-\omega t) + \frac{3}{8}\frac{\pi^2 H}{kT}\left(\frac{H}{L}\right)\frac{\cosh[2k(z+h)]}{\sinh^4(kh)}\sin 2(kx-\omega t) \tag{7.7.15}$$

2. 波面方程

二阶波面升高 η_2 可以由式（7.7.12）求得

$$\eta_2 = -\frac{\pi H^2}{4L} + \frac{\pi H^2}{4L}\left(1 + \frac{3}{2\sinh^2 kh}\right)\coth(kh)\cos 2(kx-\omega t) \tag{7.7.16}$$

从该式可以看出，当考虑二阶波时，平均水面将有一个二阶小量的水面下降。

斯托克斯二阶波的波面方程可以表示为

$$\eta = \frac{H}{2}\cos(kx-\omega t) + \frac{\pi H}{8}\left(\frac{H}{L}\right)\frac{\cosh(kh)(2+\cosh 2kh)}{\sinh^3 kh}\cos 2(kx-\omega t) \tag{7.7.17}$$

因此二阶斯托克斯波的势函数和波面方程与线性波时不一样，都增加了二阶项，但波长和波速却仍与线性波相同。深水情况下 η 的二阶解可化简为

$$\eta = \frac{H}{2}\cos(kx-\omega t) + \frac{\pi H}{4}\left(\frac{H}{L}\right)\cos 2(kx-\omega t) \tag{7.7.18}$$

从式（7.7.15）和式（7.7.17）可以看到，在等号右边最后一项分式中，分母分别是 $\sinh kh$ 的四次和三次方，因此，kh 越小，即相对水深越小时，峰谷不对称也将加剧，浅水时还可能出现二级波峰和波谷。

浅水时波面中的二阶项与一阶项的比值趋于无穷大。即当 $kh \to 0$ 时，

$$\frac{\text{二阶项}}{\text{一阶项}} = \frac{\dfrac{1}{4}A^2 k\dfrac{\cosh(kh)(2+\cosh 2kh)}{\sinh^3 kh}}{A} = \frac{3}{4}\frac{Ak}{(kh)^3} \to \infty \tag{7.7.19}$$

因此，斯托克斯波不适于浅水情况。

$$\frac{3}{4}\frac{Ak}{(kh)^3} \sim \frac{HL^2}{h^3} = U_r \tag{7.7.20}$$

式中：U_r 称为厄塞尔数，是表征非线性的一个参数。

斯托克斯二阶波的波面与线性波的波面比较如图 7.7.1 所示。同线性波相比，在波峰处，斯托克斯二阶波的波面抬高，因而波峰变得尖陡；在波谷处，斯托克斯二阶波的波面抬高，因而变得平坦。波峰波谷不再对称于静水面。随着波陡增大，峰谷不对称将加剧。

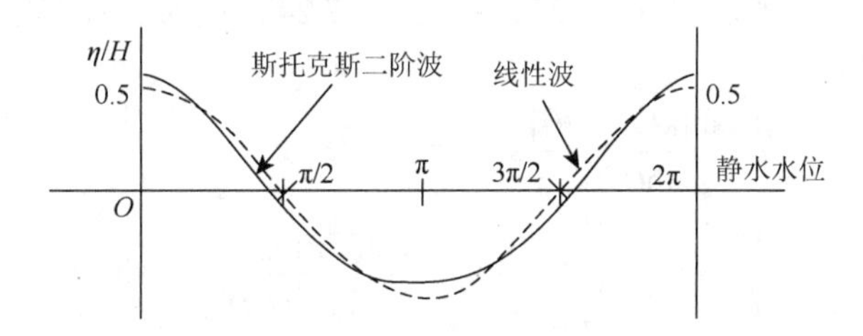

图 7.7.1　斯托克斯二阶波的波面与线性波的波面比较

3. 色散关系

对斯托克斯二阶波，二阶波速 $c^{(2)} = 0$，则斯托克斯二阶波的波速为

$$c = c^{(1)} + c^{(2)} = \sqrt{\frac{g}{k}\tanh(kh)} \tag{7.7.21}$$

则波长为

$$L = \frac{gT^2}{2\pi}\tanh(kh) \tag{7.7.22}$$

由此可见，斯托克斯二阶波的色散关系与线性波的色散关系是一样的。

4. 二阶波的流体质点速度、加速度和质点轨迹

斯托克斯二阶波水质点运动的水平和垂直速度分量可表示为

$$v_x = \frac{\partial\varphi}{\partial x} = \frac{\pi H}{T}\frac{\cosh[k(z+h)]}{\sinh(kh)}\cos(kx-\omega t) + \frac{3}{4}\frac{\pi H}{T}\frac{\pi H}{L}\frac{\cosh[2k(z+h)]}{\sinh^4(kh)}\cos 2(kx-\omega t) \tag{7.7.23}$$

$$v_z = \frac{\partial\varphi}{\partial z} = \frac{\pi H}{T}\frac{\sinh[k(z+h)]}{\sinh(kh)}\sin(kx-\omega t) + \frac{3}{4}\frac{\pi H}{T}\frac{\pi H}{L}\frac{\sinh[2k(z+h)]}{\sinh^4(kh)}\sin 2(kx-\omega t) \tag{7.7.24}$$

加速度表达式可表示为

$$a_x = \frac{\partial V_x}{\partial t} = 2\frac{\pi^2 H}{T^2}\frac{\cosh[k(z+h)]}{\sinh(kh)}\sin(kx-\omega t) + 3\frac{\pi^2 H}{T^2}\frac{\pi H}{L}\frac{\cosh[2k(z+h)]}{\sinh^4(kh)}\sin 2(kx-\omega t) \tag{7.7.25}$$

$$a_z = \frac{\partial V_z}{\partial t} = -2\frac{\pi^2 H}{T^2}\frac{\sinh[k(z+h)]}{\sinh(kh)}\cos(kx-\omega t) - 3\frac{\pi^2 H}{T^2}\frac{\pi H}{L}\frac{\sinh[2k(z+h)]}{\sinh^4(kh)}\cos 2(kx-\omega t) \tag{7.7.26}$$

根据轨迹方程的定义

$$\frac{\mathrm{d}(x-x_0)}{\mathrm{d}t} = v_x(x,z,t) \tag{7.7.27}$$

$$\frac{\mathrm{d}(z-z_0)}{\mathrm{d}t} = v_z(x,z,t) \tag{7.7.28}$$

由于斯托克斯波为有限振幅波，方程的右侧瞬时位置(x,z)点的速度不能直接用平衡位置(x_0,z_0)的速度来代替。将$v_x(x,z,t)$，$v_z(x,z,t)$在平衡位置处进行泰勒级数展开，取线性项，则有

$$\frac{\mathrm{d}(x-x_0)}{\mathrm{d}t}=v_x(x_0,z_0,t)+v_x\left.\frac{\partial v_x}{\partial x}\right|_{x_0,z_0}+V_z\left.\frac{\partial v_x}{\partial z}\right|_{x_0,z_0} \tag{7.7.29}$$

$$\frac{\mathrm{d}(z-z_0)}{\mathrm{d}t}=v_z(x_0,z_0,t)+v_x\left.\frac{\partial v_z}{\partial x}\right|_{x_0,z_0}+V_z\left.\frac{\partial v_z}{\partial z}\right|_{x_0,z_0} \tag{7.7.30}$$

将水质点运动的速度表达式（7.7.23）和式（7.7.24）代入上式并进行积分，可得到斯托克斯波水质点的运动轨迹

$$\begin{aligned}x=x_0&-\frac{H}{2}\frac{\cosh[k(z_0+h)]}{\sinh(kh)}\sin(kx_0-\omega t)\\&-\frac{H}{2}\frac{\pi}{2}\frac{H}{L}\frac{1}{\sinh^2(kh)}\left[-\frac{1}{2}+\frac{3}{4}\frac{\cosh[2k(z_0+h)]}{\sinh^2(kh)}\right]\sin 2(kx_0-\omega t)\\&+\frac{1}{2}\pi^2\left(\frac{H}{L}\right)^2c\frac{\cosh[2k(z_0+h)]}{\sinh^2(kh)}t\end{aligned} \tag{7.7.31}$$

$$z=z_0+\frac{H}{2}\frac{\sinh[k(z_0+h)]}{\sinh(kh)}\cos(kx_0-\omega t)-\frac{H}{2}\frac{3\pi}{8}\frac{H}{L}\frac{\sinh[2k(z_0+h)]}{\sinh^4(kh)}\cos 2(kx_0-\omega t) \tag{7.7.32}$$

同线性波的水质点运动轨迹相比，斯托克斯二阶波水质点运动轨迹方程增加了二阶附加项。其运动轨迹，在有限深水深时仍近似为椭圆，在深水时仍近似为圆，但迹线不再闭合，如图 7.7.2 所示。

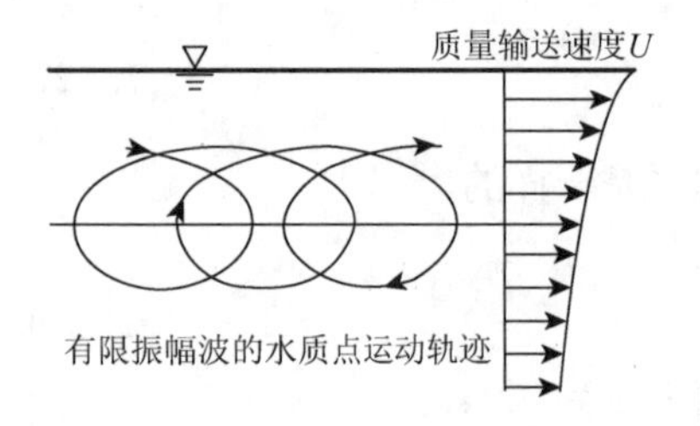

图 7.7.2　斯托克斯二阶波水质点运动轨迹

由式（7.7.31）可知，等号右边第一项是时间 t 的函数，随时间增大而增大，表示斯托克斯二阶波水质点在同一个周期内有一净位移为

$$\Delta x=\frac{1}{2}\pi^2\left(\frac{H}{L}\right)^2c\frac{\cosh[2k(z_0+h)]}{\sinh^2(kh)}T \tag{7.7.33}$$

这种净位移能使水质点发生水平流动，称为漂流或质量输移，在一个波周期内平均输移速度为

$$U=\frac{\Delta x}{T}=\frac{1}{2}\pi^2\left(\frac{H}{L}\right)^2c\frac{\cosh[2k(z_0+h)]}{\sinh^2(kh)} \tag{7.7.34}$$

在深水的情况下，该输移速度可简化为

$$U=\frac{1}{4}H^2k^2c\mathrm{e}^{2kz_0} \tag{7.7.35}$$

5. 二阶波浪波动压力

对斯托克斯波浪中二阶波浪水动压力为

$$p_2=-\rho\left(\frac{\partial\varphi_2}{\partial t}+\frac{1}{2}\left|\nabla\varphi_1\right|^2\right) \tag{7.7.36}$$

代入一阶和二阶速度势，得到二阶波压力为

$$p_2 = \rho g \frac{3\pi H}{8}\frac{H}{L}\frac{\tanh kh}{\sinh^2(kh)}\left\{\frac{\cosh[2k(z_0+h)]}{\sinh^2(kh)} - \frac{1}{3}\right\}\cos 2(kx-\omega t) - \rho g \frac{\pi H}{8}\frac{H}{L}\frac{\tanh kh}{\sinh^2(kh)}\{\cosh[2k(z+h)]-1\} \tag{7.7.37}$$

7.7.3　三阶斯托克斯波浪理论

三阶斯托克斯波浪边界条件方程

$$\begin{aligned}\frac{\partial\varphi_3}{\partial z} - \frac{\partial\eta_3}{\partial t} &= \frac{\partial\eta_1}{\partial x}\frac{\partial\varphi_2}{\partial x} + \frac{\partial\eta_2}{\partial x}\frac{\partial\varphi_1}{\partial x} - \eta_2\frac{\partial^2\varphi_2}{\partial z^2} + \eta_1\frac{\partial\eta_1}{\partial x}\frac{\partial^2\varphi_1}{\partial x\partial z} - \frac{\eta_1^2}{2}\frac{\partial^3\varphi_1}{\partial z^3}\frac{\partial\varphi_3}{\partial t} + g\eta_3 \\ &= -\eta_2\frac{\partial^2\varphi_1}{\partial t\partial z} - \eta_1\frac{\partial^2\varphi_2}{\partial t\partial z} - \frac{\eta_1^2}{2}\frac{\partial^3\varphi_1}{\partial t\partial z^2} - \frac{\partial\varphi_1}{\partial x}\frac{\partial\varphi_2}{\partial x} \\ &\quad - \frac{\partial\varphi_1}{\partial z}\frac{\partial\varphi_2}{\partial z} - \eta_1\left(\frac{\partial\varphi_1}{\partial x}\frac{\partial^2\varphi_1}{\partial x\partial z} + \frac{\partial\varphi_1}{\partial z}\frac{\partial^2\varphi_1}{\partial z^2}\right)\end{aligned} \tag{7.7.38}$$

1. 波面方程

$$\eta = A\cos(kx-\omega t) + \frac{\pi A^2}{L}f_2\left(\frac{h}{L}\right)\cos 2(kx-\omega t) + \frac{\pi^2 A^3}{L^2}f_3\left(\frac{h}{L}\right)\cos 3(kx-\omega t) \tag{7.7.39}$$

式中

$$f_2\left(\frac{h}{L}\right) = \frac{(2+\cosh 2kh)\cosh kh}{2\sinh^3(kh)} \tag{7.7.40}$$

$$f_3\left(\frac{h}{L}\right) = \frac{3}{16}\frac{1+8\cosh^6(kh)}{\sinh^6(kh)} \tag{7.7.41}$$

A 由波高 H 和 kh 的参数决定，其中 $H = 2A + 2\frac{\pi^2 A^3}{L^2}f_3\left(\frac{h}{L}\right)$。

2. 速度势函数

势函数表达式为

$$\varphi = \frac{c}{k}\sum_{n=1}^{3}\frac{1}{n}F_n\cosh nk(z+h)\sin n(kx-\omega t) \tag{7.7.42}$$

式中

$$F_1 = \frac{2\pi A}{L}\frac{1}{\sinh kh} - \left(\frac{2\pi A}{L}\right)^2\frac{\left[1+5\cosh^2(kh)\right]\cosh^2(kh)}{8\sinh^5(kh)} \tag{7.7.43}$$

$$F_2 = \frac{3}{4}\left(\frac{2\pi A}{L}\right)^2\frac{1}{\sinh^4(kh)} \tag{7.7.44}$$

$$F_3 = \frac{3}{64}\left(\frac{2\pi A}{L}\right)^3\frac{11-2\cosh 2kh}{\sinh^7(kh)} \tag{7.7.45}$$

3. 色散关系

$$c^2 = \frac{gL}{2\pi}\tanh kh\left[1+\left(\frac{2\pi A}{L}\right)^2\frac{14+4\cosh^2(2kh)}{16\sinh^4(kh)}\right] \tag{7.7.46}$$

$$L = \frac{gT^2}{2\pi}\tanh kh\left[1+\left(\frac{2\pi A}{L}\right)^2\frac{14+4\cosh^2(2kh)}{16\sinh^4(kh)}\right] \tag{7.7.47}$$

4. 三阶斯托克斯波的流体质点速度和加速度

$$v_x = c\sum_{n=1}^{3}F_n\cosh nk(z+h)\cos n(kx-\omega t) \tag{7.7.48}$$

$$v_z = c\sum_{n=1}^{3}F_n\sinh nk(z+h)\sin n(kx-\omega t) \tag{7.7.49}$$

$$a_x = \frac{\partial v_x}{\partial t} = \omega c\sum_{n=1}^{3}nF_n\cosh nk(z+h)\sin n(kx-\omega t) \tag{7.7.50}$$

$$a_z = \frac{\partial v_z}{\partial t} = -\omega c\sum_{n=1}^{3}nF_n\sinh nk(z+h)\cos n(kx-\omega t) \tag{7.7.51}$$

7.7.4　五阶斯托克斯波浪理论

边界条件方程

$$\begin{aligned}\frac{\partial\varphi_5}{\partial z}-\frac{\partial\eta_5}{\partial t}=&-\eta_4\frac{\partial^2\varphi_1}{\partial z^2}-\eta_3\frac{\partial^2\varphi_2}{\partial z^2}-\eta_2\frac{\partial^2\varphi_3}{\partial z^2}-\eta_1\frac{\partial^2\varphi_4}{\partial z^2}-\frac{\eta_1^2}{2}\frac{\partial^3\varphi_3}{\partial z^3}-\frac{\eta_2^2}{2}\frac{\partial^3\varphi_1}{\partial z^3}\\&-\frac{\eta_1^3}{6}\frac{\partial^4\varphi_2}{\partial z^4}+\frac{\partial\eta_1}{\partial x}\frac{\partial\varphi_4}{\partial x}+\frac{\partial\eta_2}{\partial x}\frac{\partial\varphi_3}{\partial x}+\frac{\partial\eta_3}{\partial x}\frac{\partial\varphi_2}{\partial x}+\frac{\partial\eta_4}{\partial x}\frac{\partial\varphi_1}{\partial x}\\&+\eta_1\frac{\partial\eta_1}{\partial x}\frac{\partial^2\varphi_3}{\partial x\partial z}+\eta_1\frac{\partial\eta_3}{\partial x}\frac{\partial^2\varphi_1}{\partial x\partial z}+\eta_3\frac{\partial\eta_1}{\partial x}\frac{\partial^2\varphi_1}{\partial x\partial z}+\eta_1\frac{\partial\eta_2}{\partial x}\frac{\partial^2\varphi_2}{\partial x\partial z}\\&+\eta_2\frac{\partial\eta_2}{\partial x}\frac{\partial^2\varphi_1}{\partial x\partial z}+\eta_2\frac{\partial\eta_1}{\partial x}\frac{\partial^2\varphi_2}{\partial x\partial z}+\frac{\eta_1^2}{2}\frac{\partial\eta_1}{\partial x}\frac{\partial^3\varphi_2}{\partial x\partial z^2}+\frac{\eta_1^2}{2}\frac{\partial\eta_2}{\partial x}\frac{\partial^3\varphi_1}{\partial x\partial z^2}\\&+\frac{\eta_1^3}{2}\frac{\partial\eta_1}{\partial x}\frac{\partial^3\varphi_1}{\partial x\partial z^2}\end{aligned} \tag{7.7.52}$$

$$\begin{aligned}\frac{\partial\varphi_5}{\partial t}+g\eta_5=&-\frac{\partial\varphi_1}{\partial x}\frac{\partial\varphi_4}{\partial x}-\frac{\partial\varphi_1}{\partial z}\frac{\partial\varphi_4}{\partial z}-\frac{\partial\varphi_2}{\partial x}\frac{\partial\varphi_3}{\partial x}-\frac{\partial\varphi_2}{\partial z}\frac{\partial\varphi_3}{\partial z}\\&-\eta_1\left(\frac{\partial\varphi_1}{\partial x}\frac{\partial^2\varphi_3}{\partial x\partial z}+\frac{\partial\varphi_2}{\partial x}\frac{\partial^2\varphi_2}{\partial x\partial z}+\frac{\partial\varphi_3}{\partial x}\frac{\partial^2\varphi_1}{\partial x\partial z}+\frac{\partial\varphi_1}{\partial x}\frac{\partial^2\varphi_3}{\partial z^2}+\frac{\partial\varphi_2}{\partial x}\frac{\partial^2\varphi_2}{\partial z^2}+\frac{\partial\varphi_3}{\partial x}\frac{\partial^2\varphi_1}{\partial z^2}\right)\\&-\eta_2\left(\frac{\partial\varphi_1}{\partial x}\frac{\partial^2\varphi_2}{\partial x\partial z}+\frac{\partial\varphi_2}{\partial x}\frac{\partial^2\varphi_1}{\partial x\partial z}+\frac{\partial\varphi_1}{\partial z}\frac{\partial^2\varphi_2}{\partial z^2}+\frac{\partial\varphi_2}{\partial z}\frac{\partial^2\varphi_1}{\partial z^2}\right)-\eta_2\left(\frac{\partial\varphi_1}{\partial x}\frac{\partial^2\varphi_1}{\partial x\partial z}+\frac{\partial\varphi_1}{\partial z}\frac{\partial^2\varphi_1}{\partial z^2}\right)\\&-\eta_1\eta_2\left(\frac{\partial^2\varphi_1}{\partial x\partial z}\frac{\partial^2\varphi_1}{\partial x\partial z}+\frac{\partial^2\varphi_1}{\partial z^2}\frac{\partial^2\varphi_1}{\partial z^2}\right)-\eta_1^2\left(\frac{\partial^2\varphi_1}{\partial x\partial z}\frac{\partial^2\varphi_2}{\partial x\partial z}+\frac{\partial^2\varphi_1}{\partial z^2}\frac{\partial^2\varphi_2}{\partial z^2}\right)\end{aligned}$$

$$-\frac{\eta_1^3}{2}\left(\frac{\partial^2\varphi_1}{\partial x\partial z}\frac{\partial^3\varphi_1}{\partial x\partial z^2}+\frac{\partial^2\varphi_1}{\partial z^2}\frac{\partial^3\varphi_1}{\partial z^3}\right)-\eta_1\frac{\partial^2\varphi_4}{\partial t\partial z}-\eta_2\frac{\partial^2\varphi_3}{\partial t\partial z}-\eta_3\frac{\partial^2\varphi_2}{\partial t\partial z}-\eta_4\frac{\partial^2\varphi_1}{\partial t\partial z}-\frac{\eta_1^2}{2}\frac{\partial^3\varphi_3}{\partial t\partial z^2}$$
$$-\frac{\eta_2^2}{2}\frac{\partial^3\varphi_3}{\partial t\partial z^2}-\frac{\eta_1^3}{6}\frac{\partial^4\varphi_2}{\partial t\partial z^2}-\frac{\eta_1^4}{24}\frac{\partial^4\varphi_1}{\partial t\partial z^2} \tag{7.7.53}$$

1. 速度势函数

$$\varphi=\frac{c}{k}\sum_{n=1}^{5}\lambda_n\cosh nk(z+h)\sin n(kx-\omega t) \tag{7.7.54}$$

式中

$$\lambda_1=\lambda A_{11}+\lambda^3A_{13}+\lambda^5A_{15} \tag{7.7.55a}$$
$$\lambda_2=\lambda^2A_{22}+\lambda^4A_{24} \tag{7.7.55b}$$
$$\lambda_3=\lambda^3A_{33}+\lambda^5A_{35} \tag{7.7.55c}$$
$$\lambda_4=\lambda^4A_{44} \tag{7.7.55d}$$
$$\lambda_5=\lambda^5A_{55} \tag{7.7.55e}$$

系数 A 的表达式如下：

$$A_{11}=\frac{1}{s}$$
$$A_{13}=-\frac{c^2(5c^2+1)}{8s^2}$$
$$A_{15}=-\frac{1184c^{10}-1\,440c^8-1\,992c^6+2\,641c^4-249c^2+18}{1\,536s^{11}}$$
$$A_{22}=\frac{3}{8s^2}$$
$$A_{24}=\frac{192c^8-424c^6-312c^4+480c^2-17}{768s^{10}}$$
$$A_{33}=\frac{-4c^2+13}{64s^7}$$
$$A_{35}=\frac{512c^{12}+4\,224c^{10}-6\,800c^8-12\,808c^6+16\,704c^4-3154c^2+107}{4\,096s^{13}(6c^2-1)}$$
$$A_{44}=\frac{80c^6-816c^4+1\,338c^2-197}{1\,536s^{10}(6c^2-1)}$$
$$A_{55}=-\frac{2\,880c^{10}-72\,480c^8+32\,400c^6-43\,2000c^4+163\,470c^2-16\,245}{61\,440s^{11}(6c^2-1)(8c^4-11c^2+3)}$$

式中：取 $c=\cosh kh$， $s=\sinh kh$。

2. 波面方程

对于五阶斯托克斯波浪波面方程，其表达式为

$$\eta=\frac{1}{k}\sum_{n=1}^{5}\lambda_n\cos n(kx-\omega t) \tag{7.7.56}$$

各项系数表达式为

$$\lambda_1=\lambda$$
$$\lambda_2=\lambda^2B_{22}+\lambda^4B_{24}$$
$$\lambda_3=\lambda^3B_{33}+\lambda^5B_{35}$$
$$\lambda_4=\lambda^4B_{44}$$
$$\lambda_5=\lambda^5B_{55}$$

系数 B 的表达式如下：

$$B_{22}=\frac{c(2c^2+1)}{4s^3}$$
$$B_{24}=\frac{(272c^8-504c^6-192c^4+322c^2+21)c}{384s^9}$$
$$B_{33}=\frac{3(8c^6+1)}{64s^6}$$
$$B_{35}=\frac{88\,128c^{14}-208\,224c^{12}+70\,848c^{10}+54\,000c^8-21\,816c^6+6\,264c^4-54c^2-81}{12\,288s^{12}(6c^2-1)}$$
$$B_{44}=\frac{(768c^{10}-488c^8-48c^4+106c^2-21)c}{384s^9(6c^2-1)}$$
$$B_{55}=\frac{192\,000c^{16}-262\,720c^{14}+83\,680c^{12}+20\,160c^{10}-7\,280c^8+7\,160c^6-1\,800c^4-1\,050c^2+225}{12\,288s^{10}(6c^2-1)(8c^4-11c^2+3)}$$

式中：取 $c=\cosh kh$， $s=\sinh kh$ 。

3. 波速 c

色散关系式：

$$kc^2=C_0^2\left(1+\lambda^2C_1+\lambda^4C_2\right) \tag{7.7.57}$$

式中：各项系数的定义如下

$$C_0^2=g\tanh kh \tag{7.7.58a}$$
$$C_1=\frac{8c^4-8c^2+9}{8s^4} \tag{7.7.58b}$$
$$C_2=\frac{3\,840c^{12}-4\,096c^{10}+2\,592c^8-1\,008c^6+5\,944c^4-1\,830c^2+147}{512s^{10}(6c^2-1)} \tag{7.7.58c}$$

注意，在式（7.7.57）中，c 代表波速，而在式（7.7.58）中 $c=\cosh kh$ 。

4. 五阶斯托克斯波的流体质点速度和加速度

$$v_x=\frac{\partial\varphi}{\partial x}=c\sum_{n=1}^{5}n\lambda_n\cosh nk(z+h)\cos n(kx-\omega t) \tag{7.7.59}$$

$$v_z=\frac{\partial\varphi}{\partial z}=c\sum_{n=1}^{5}n\lambda_n\sinh nk(z+h)\sin n(kx-\omega t) \tag{7.7.60}$$

$$a_x=\frac{\partial V_x}{\partial t}=\omega c\sum_{n=1}^{5}n^2\lambda_n\cosh nk(z+h)\sin n(kx-\omega t) \tag{7.7.61}$$

$$a_z = \frac{\partial V_z}{\partial t} = -\omega c\sum_{n=1}^{5} n^2 \lambda_n \sinh nk(z+h)\cos n(kx-\omega t) \tag{7.7.62}$$

7.7.5 极限波陡

在无限水深情况下，波浪的非线性存在极限值，即极限波陡。在深水中，最大破碎波高与波长有关；在有限水深和浅水中，最大破碎波高取决于水深和波长。斯托克斯假定当波陡趋于极限时，波峰附近的波面可以视为直线，取波峰顶的水质点的最大水平速度和波形传播速度相等作为波陡的极限条件。Michell（米歇尔）推导出在无线水深下波陡的极限值为

$$\left(\frac{H_0}{L_0}\right)_{\max} = \frac{1}{7} \approx 0.142 \tag{7.7.63}$$

Havelock（哈夫洛克）证实了 Michell 对无限水深下极限波陡的理论值。对有限水深（水深小于波长的一半），Michell 得出

$$\left(\frac{H_0}{L_0}\right)_{\max} \tanh kh = 0.142\tanh kh \tag{7.7.64}$$

此时，波峰顶角为120°，如图 7.7.3 所示。在实际观测时，无限水深的波陡极限仅为 1/10。

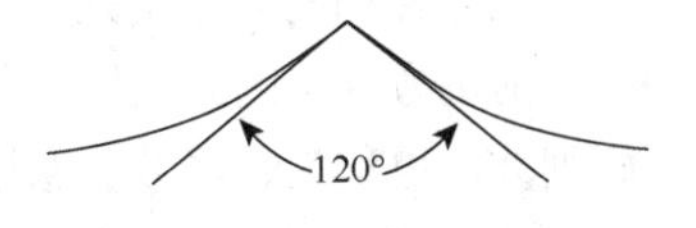

图 7.7.3 极限波峰角

7.8 不规则波的理论基础

7.8.1 不规则波的基本概念

在自然海面上由于风及其他因素的作用而形成的波浪无论在空间和时间上都极不规则，这类波称为不规则波。图 7.8.1 表示实际海上某固定点记录的波面随时间的变化曲线。

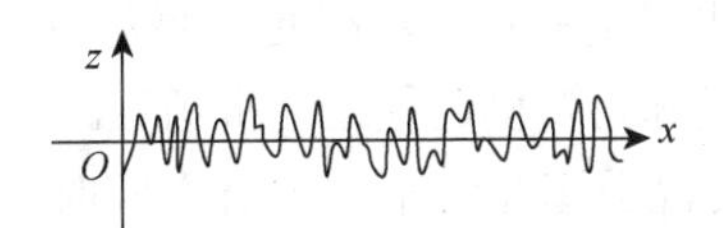

图 7.8.1 不规则波

海波可分为长峰波和短峰波。长峰不规则是二维问题，它只有一个固定的传播方向，可视为由众多方向相同的长峰规则波叠加而成，因为不规则波的函数是随机函数，需要在引入一定的前提条件下，用概率与统计的方法进行分类研究。

1. 确定性关系与统计关系

自然界中存在着两种不同的数量关系。一种是确定性的数量关系，例如求方程 $ax^2+bx+c=0$ 的解；另一种大量存在的是不确定的关系，即所谓统计关系。例如，掷一枚硬币，对于每一次是正面朝上还是反面朝上是难以预料的，但是经过大量的观察和研究表明，当多次投掷后，硬币正面或反面的出现具有一种特殊的规律，即正面朝上与反面朝上的可能性基本相等。

我们所要讨论的不规则波及由不规则波引起的船舶摇荡运动等都属于统计规律的范畴。例如，在某一具体的时间和地点将出现什么样的波高和波长的波浪事先是无法确定的，但经过大量统计观察表明，如果外界条件没有显著变化，波浪的出现则具有一定的规律性。例如，在所有可能出现的波高中，一定的波高占总数的比例会是一个比较稳定的值。所以，只要掌握大量数据所表现出的统计规律，就从总体上掌握了不规则波的特性。对于不规则波所引起的船舶运动及其他特性也是如此。

2. 不规则波的叠加原理

实际海面上的风浪是极其不规则的，每一个波的波高、波长和周期都是随机变化的，因此不能用规则波的固定表达式进行表达。为便于问题的讨论，假定不规则波是由许多不同波长、不同波幅和随机相位的单元波叠加而成的。考虑到相位（相互间的时间差）的随机性，不规则波波面升高的数学表达式可以写成

$$\zeta=\sum_{n=1}^{\infty}\zeta_{An}\cos(k_n x_0-\omega_n t+\varepsilon_n) \qquad (7.8.1)$$

式中：随机相位 ε 可以取 $0\sim2\pi$ 的任意值。正因为如此，波面升高不能看成是位置和时刻的确定函数，而是随机变化的。为了理解这种情况，设想在平静水面的不同位置上投入许多小石子，每个小石子形成一个不同频率的微小的单元波，许多石子形成一系列的波，在某一位置上的波形可以看成是这一系列单元波的叠加。

上述叠加的方法是处理不规则波的思想。为使问题简化，假定组成不规则波的单元波都具有同一前进方向，因此由这些单元波的总和所代表的不规则波也是在同一个方向传播，即二因次不规则波，也称为长峰波，意思是指垂直于波前进方向的波峰线是很长的。当然，在自然界中没有真正的长峰波存在。通常风浪存在主传播方向，用长峰波的概念处理风浪在工程上能得到满意的结果。当不规则波是由不同方向传播的单元波叠加而成时，称为三因次不规则波，也叫作短峰波。

7.8.2 随机过程

1. 随机过程的概念

考察某海区的波面升高 $\zeta(t)$，它每一次都取唯一的但不能预先确定的数值，因此波面升高是一个随机变量。同时，它又随时间连续地变化，这样的随机变量称为随机过程或随机函数。

为研究相同条件海区的风浪特性，设想把同一类型的浪高仪置于海面的不同位置，同时记录波面升高。每一个浪高仪的记录代表一个以时间为变量的随机过程 $\zeta(t)$，它是许多记录中的一个“现实”。所有浪高仪记录的总体表征了整个海区波浪随时间的变化，称为样集，样集是由许多现实组成。对样集的观察，只能通过对每一个现实的记录来实现。如果各浪高仪记录的现实分别为 $\zeta^1(t),\zeta^2(t),\cdots,\zeta^n(t)$，则样集是由 n 个随机过程的现实构成的，如图 7.8.2 所示。为了充分反映海面的情况，浪高仪的个数 n 必须是一个很大的数目。任意一个浪高仪的记录只不过是样集中的一个特例。

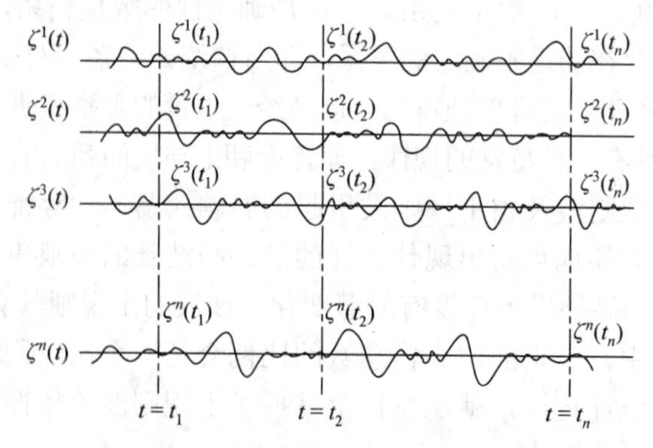

图 7.8.2 浪高仪在整个海区记录的样集

2. 平稳随机过程

从图 7.8.2 可以看出，定义随机过程的统计特性有以下两种可用的方法。

（1）考虑时间 $t=t_1$、$t=t_2$ 等处的统计特性，称为横截样集的统计特性。

（2）考虑随时间而变化的统计特性，称为沿着样集的统计特性。

现在考虑波面升高的横截样集的统计特性。取固定时刻 $t=t_1$，则在每一个现实上得到一个相应的数值，组成一组随机变量，分别为 $\zeta^1(t)$, $\zeta^2(t)$, $\cdots$, $\zeta^n(t)$，它代表了 $t=t_1$ 时刻的横截样集中的一个现实。一般来说，横截样集中的每一现实的统计特性是不同的，它们是时间的函数。如果横截样集中每一现实的统计特性不随时间变化，则称这种随机过程为平稳随机过程。平稳随机过程的统计特性可以用任意横截样集的统计特性来代表。这样就使随机过程统计特性的计算工作大大简化。

在造船工程中，通常把风浪和由此引起的船舶运动等看成是平稳随机过程。迅速增长或衰减的海面不能认为是平稳随机过程。

3. 各态经历性

对平稳随机过程，当样集中每一个现实求得的统计特性都是相等的，而且样集在任一瞬间的所有统计特性等于在足够长时间间隔内单一现实的所有统计特性，满足这样条件的平稳随机过程称为具有各态历经性。具备各态历经性的随机过程，可以用单一记录的时间平均来代替 n 个记录的样集的平均，使随机过程的数据分析工作进一步简化。例如，分析某一海区的风浪特性，根据各态历经性的假定，只要取一个浪高仪足够长时间的记录，如 20 min 的记录，对此进行分析所得的统计特性就能表征整个海区的统计特性。

具备各态历经性的平稳随机过程是风浪和船舶摇荡运动及其他性能统计分析的基本假定。

7.9 波浪谱基础知识

利用谱分析方法预报船舶在不规则波中的性能，首先需要对航行海区的风浪谱密度进行估算。实测一个海区的海浪谱是相当麻烦的工作。为此，海洋工作者和造船工作者根据大量的海上观测和理论工作得到了各种海浪谱的表达式。

7.9.1 波浪谱的概念

对每个线性平面行进波，波面上单位面积的波能

$$E_i(f)=\frac{1}{8}\rho g H_i^2(f)=\frac{1}{2}\rho g A_i^2(f)\quad (\mathrm{J/m^2}) \tag{7.9.1}$$

则海洋随机波单位面积的总波能 E 可写出为

$$E=\sum_{i=1}^{N}E_i(f_i)=\rho g\sum_{i=1}^{N}\frac{1}{2}A_i^2(f_i) \tag{7.9.2a}$$

或

$$\frac{E}{\rho g}=\sum_{i=1}^{N}\frac{1}{2}A_i^2(f_i) \tag{7.9.2b}$$

式中：$\frac{1}{2}A_i^2(f_i)$ 在物理意义上代表规则线性波的能量。

现对海洋波引入一个频率 f 的函数 $S(f)$（或角频率 ω 的函数 $S(\omega)$），使这个函数在所有频率范围内所包围的面积等于 $\sum_{i=1}^{N}\frac{1}{2}A_i^2(f_i)$，即定义

$$\int_0^\infty S(f)\mathrm{d}f=\int_0^\infty S(\omega)\mathrm{d}\omega=\sum_{i=1}^{N}\frac{1}{2}A_i^2(f_i) \tag{7.9.3}$$

因为等式（7.9.3）右端具有水波总能量的物理意义，所以 $S(f)$ 或 $S(\omega)$ 在物理意义上表示不规则水波中各个规则波成分的能量对频率的分布，亦即波谱能量密度分布，简称为频谱或波能谱。不规则海洋波频谱分析，主要是通过海洋波频谱进行分析。如海洋结构物的设计，其自然频率应远离波能谱中峰值部分的频率。其他如不规则波的有义波高（波列中前 1/3 大波波高的平均值）和平均波周期等海浪要素。也可以从波能谱曲线中迅速获得。

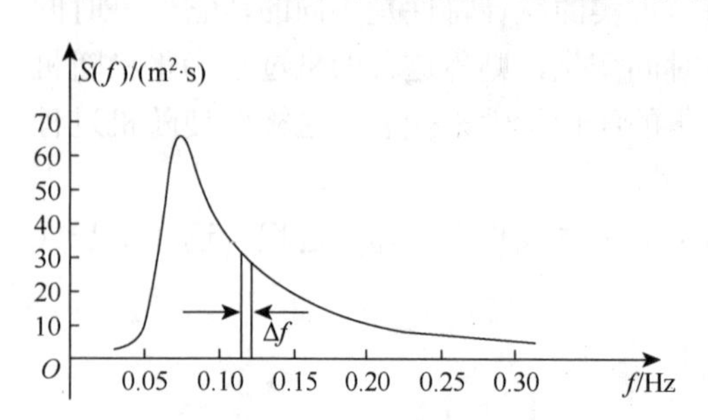

图 7.9.1　海洋波典型的波能谱曲线示意图

通过测量所知，海洋波典型的波能谱曲线如图 7.9.1 所示。因

$$S(f_i)\Delta f=S(\omega_i)\Delta\omega \tag{7.9.4}$$

由于 $\omega=2\pi f$，$\Delta\omega=2\pi\Delta f$，可得

$$S(f)=2\pi S(\omega) \tag{7.9.5}$$

如给出或测得波能谱曲线，则可知波的频率组成，进一步可求得波的总能量及波浪要素。

定义 n 阶波谱矩 $m_n(f)$ 或 $m_n(\omega)$：

$$m_n(f)=\int_0^\infty f^n\cdot S(f)\mathrm{d}f,\quad n=0,1,2,\cdots \tag{7.9.6a}$$

$$m_n(\omega)=\int_0^\infty \omega^n\cdot S(\omega)\mathrm{d}\omega,\quad n=0,1,2,\cdots \tag{7.9.6b}$$

计算零阶波谱矩：

$$m_0=\int_0^\infty S(f)\mathrm{d}f=\int_0^\infty S(\omega)\mathrm{d}\omega \tag{7.9.7}$$

式中：m_0 为波谱曲线下所包的面积。对大多数海洋波谱（为窄波段谱），其有义波高 $H_{\frac{1}{3}}$ 与零阶波谱矩 m_0 有以下近似关系：

$$H_{\frac{1}{3}}=4.0\sqrt{m_0} \tag{7.9.8}$$

并有最大波高 $H_{\max}$ 为

$$H_{\max}=1.8H_{\frac{1}{3}} \tag{7.9.9}$$

再计算二阶波谱矩 $m_2(f)$ 可求得零相交平均波周期为

$$\bar{T}_z=\sqrt{\frac{m_0}{m_2(f)}} \tag{7.9.10}$$

在波谱峰值处波周期 T_P 又有下面近似关系式：

$$T_P=\sqrt{\frac{m_2(f)}{m_4(f)}} \tag{7.9.11}$$

所以，频域分析在海洋工程中被广泛应用。

7.9.2 常用的波浪谱公式

1. P-M 谱

皮尔逊和莫斯科维茨根据在北大西洋一定点上测得的大量数据，1964 年提出了谱公式：

$$S(\omega)=\frac{A}{\omega^5}\exp\left(-\frac{B}{\omega^4}\right) \tag{7.9.12}$$

式中：$A=0.0081g^2$；$B=0.74(g/U)^4$；g 为重力加速度；U 为离海面 19.5 m 处的风速。

目前采用的大多数标准波谱主要是基于皮尔逊-莫斯科维茨波谱（Pierson-Moskowitz spectrum，P-M 谱）的形式建立的。

2. ITTC 谱

虽然海浪的能量来源于风，但是海浪的严重程度更直接与海浪的波高有关，因此用有义波高来描述海浪谱更为合适。零阶谱矩（谱密度曲线下的面积）为

$$m_0=\int_0^{\infty}S(\omega)\mathrm{d}\omega=\int_0^{\infty}\frac{A}{\omega^5}\exp\left(-\frac{B}{\omega^4}\right)\mathrm{d}\omega=\frac{A}{4B} \tag{7.9.13}$$

因 $H_{\frac{1}{3}}=4(m_0)$，所以

$$B=\frac{4A}{H_{\frac{1}{3}}^2} \tag{7.9.14}$$

由于 P-M 谱中 $A=0.0081g^2=0.78$，$B=\dfrac{3.12}{H_{\frac{1}{3}}^2}$，把以上关系代入 P-M 谱中，可得到由有义波高作为参数的海浪谱，表示为

$$S(\omega)=\frac{0.78}{\omega^5}\exp\left(-\frac{3.12}{\left(H_{\frac{1}{3}}\right)^2\omega^4}\right) \tag{7.9.15}$$

在第十一届国际拖曳水池会议（International Towing Tank Conference，ITTC）上曾把上式作为暂定的标准海浪谱公式，简称为 ITTC 单参数谱。当只给出风速而不知道有关波浪的信息时，可以应用 ITTC 推荐的风速和有义波高之间的关系，如表 7.9.1 所示。

表 7.9.1 风速和有义波高之间的关系

风速/kn	20	30	40	50	60
有义波高/m	3.1	5.1	8.1	11.1	14.6

ITTC 单参数谱是以北大西洋充分发展的海浪为背景导出的，在波频 $\omega=1.256\left(H_{\frac{1}{3}}\right)^{0.5}$ 处达到最大值，其值为 $0.25\exp\left[\left(-\frac{5}{4}\right)\left(H_{\frac{1}{3}}\right)^{-2.5}\right]$。很多实测资料表明，在未充分发展的海浪中，波谱峰值位置偏离上述值。为了改善波谱公式，把波浪周期引入到谱公式中。经验表明，海上

目测平均周期与谱心周期T_1比较接近，因此取特征周期T_1作为海浪谱的第二个参数，则有

$$m_1=\int_0^{\infty}S(\omega)\omega\mathrm{d}\omega=\int_0^{\infty}\frac{A}{\omega^4}\exp\left(-\frac{B}{\omega^4}\right)\mathrm{d}\omega=\frac{1}{3}\frac{A}{B^{\frac{3}{4}}}\Gamma\left(1+\frac{3}{4}\right)\tag{7.9.16}$$

式中：Γ 为函数，$\Gamma\left(1+\dfrac{3}{4}\right)=0.919\,06$，因此有

$$m_1=\frac{0.306\,38A}{B^{\frac{3}{4}}}$$

$$T_1=\frac{2\pi m_0}{m_1}=\frac{5.127}{B^{\frac{1}{4}}}\qquad\text{或}\qquad B=691T_1^4$$

$$A=4Bm_0=\frac{B\left(H_{\frac{1}{3}}\right)^2}{4}=\frac{173\left(H_{\frac{1}{3}}\right)^2}{T_1^4}$$

这样便得到由两个参数表示的海浪谱，ITTC 和国际船舶结构会议（International Ship Structure Conference，ISSC）都先后推荐双参数波谱，它的一般形式为

$$S(\omega)=\frac{173\left(H_{\frac{1}{3}}\right)^2}{T_1^4\omega^5}\exp\left(-\frac{691}{T_1^4\omega^4}\right)\tag{7.9.17}$$

对双参数海浪谱，不仅适用于充分发展的海浪，也适用于成长中的海浪或含有涌浪成分的海浪，在波频$\omega=4.849T_1^{-1}$处达到最大值，其值为$0.065\exp\left[\left(-\dfrac{5}{4}\right)\left(H_{\frac{1}{3}}\right)^2T_1\right]$。如果在一定的风速下，经过一定时间，海浪逐渐接近充分发展时，海面从风接收到的能量逐渐传给波长较长的波浪，谱的峰值位置也逐渐向低频方向移动，最后达到充分发展状态，这时峰值位置与单参数谱的位置重合，即

$$4.849T_1^{-1}=1.256\left(H_{\frac{1}{3}}\right)^{0.5}$$

由此得到

$$T_1=3.86\sqrt{H_{\frac{1}{3}}}$$

若把此值代入双参数谱中可得到单参数谱的形式，这表明了单参数谱和双参数谱之间的关系。

以$\dfrac{S(\omega)}{\left(H_{\frac{1}{3}}\right)^2}$和$T_1$为变量的双参数海浪谱的变化趋势如图 7.9.2 所示。

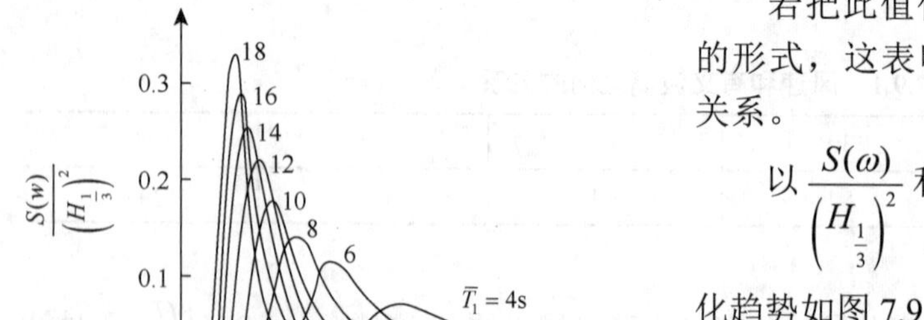

图 7.9.2　双参数海浪谱的变化趋势

在海浪谱的表达式中，有时还考虑其他的波浪特征周期，常用的有以下几种。

（1）有效波周期T_s，表示波列中波高最大的 1/3 波浪周期的平均值。

（2）最大波高周期$T_{\max}$，波列中最大波高的周期值。

（3）谱峰周期T_p，波谱峰值对应的周期。

（4）谱能量周期$T_{-1}=2\pi\dfrac{m_{-1}}{m_0}$。

（5）谱形心周期$T_1=2\pi\dfrac{m_0}{m_1}$。

（6）过零周期$T_z=2\pi\left(\dfrac{m_0}{m_1}\right)^2$。

这些特征周期之间的关系，如特征波高之间的关系一样具有简单的形式，一般由实测资料的统计分析确定，如表7.9.2所示的关系可供参考。

表7.9.2 无限风区实测海浪各种周期的统计关系

项目	T_s/T_p	T_z/T_p	T_1/T_p	$T_{\max}/T_s$
平均值	0.93	0.76	0.78	1.00
标准差	0.03	0.06	0.02	0.03

3. JONSWAP 谱

由“北海波浪联合计划”测量分析得到的JONSWAP（Joint North Sea Wave Project）谱适合像北海那样的风程被限定的海域，其波谱公式有两种表示形式：一种以风速和风程表示；另一种以波高和波浪周期表示。

由风速和风程表示的谱公式：

$$S(\omega)=\frac{\alpha g^2}{\omega^5}\exp\left[-1.25\left(\frac{\omega_p}{\omega}\right)^4\right]\gamma^{\exp\left[-\frac{(\omega-\omega_p)^2}{2(\sigma\omega_p)^2}\right]} \tag{7.9.18}$$

式中：α为无量纲常数，可取$\alpha=0.076\,(gx/U^2)^{-0.22}$；$x$为风区长度（风程）；$U$为平均风速；$\omega_p$为谱峰频率，可取$\omega_p=22\,(g/U)(gx/U^2)^{-0.33}$；$\gamma$为谱峰提升因子，平均值为3.3；$\sigma$为峰形参数，当$\omega\leqslant\omega_p$时，可取$\sigma=0.07$；当$\omega>\omega_p$时，取$\sigma=0.09$。

由波高和波浪周期表示的谱公式（$\gamma=3.3$）为

$$S_\zeta(\omega)=319.34\frac{(H_{1/3})^2}{T_p^4\omega^5}\left[-\frac{1948}{(T_p\omega)^4}\right]3^{\exp\left[-\frac{(0.159\omega T_p-1)^2}{2\sigma^2}\right]} \tag{7.9.19}$$

式中：T_p为谱峰周期，与其他特征周期的关系与无限海域的关系不同，如$T_p=1.280T_z$。

4. 方向谱

长峰不规则波的海浪谱是假定海浪单一方向传播的，实际海浪除了沿主浪向传播外，还向其他方向扩散，称为短峰不规则波。短峰不规则波可以看成由不同传播方向的长峰不规则波叠加而成。描述海浪沿不同方向组成的波谱，称为方向谱。方向谱的表达式通常引入方向扩展函数$D(\omega,\theta)$，即

$$S(\omega,\theta)=S(\omega)D(\omega,\theta) \tag{7.9.20}$$

式中：$S(\omega)$ 为长峰不规则波的海浪谱；θ 为组成波与主浪向的夹角。

其中，$D(\omega,\theta)$ 的一般形式为

$$D(\omega,\theta)=k_n\cos^n\theta \qquad \left(|\theta|\leqslant\frac{\pi}{2}\right) \tag{7.9.21}$$

ISSC 建议采用以下两种 n 值：

$$n=2,\ k_2=\frac{2}{\pi} \tag{7.9.22}$$

$$n=4,\ k_4=\frac{8}{3\pi} \tag{7.9.23}$$

7.10 波浪能的利用

7.10.1 波浪能的储备

波浪能集有许多优点，比如能量密度高、分布面非常广泛、无污染、可再生、储量大等。特别是在能源消耗较多的冬季，可以利用的波浪能能量也最大。随着全球能源需求的增长，许多国家开始着手海洋能源的研究，逐步寻找清洁能源来降低碳排放量。我国拥有广阔的海洋资源，波浪能储量十分巨大，可利用的波能大于 70 GW（$1\ \mathrm{GW}=10^9\ \mathrm{W}$）。我国沿海有效波高为 2～3 m、周期为 9 s 的波列，波浪功率可达 17～39 kW/m，渤海湾更是高达 42 kW/m。

7.10.2 波浪能的应用

波浪能的利用在世界各国很早就已开始，全世界波浪利用的机械设计数以千计，最早的波浪能发电发明专利是 1799 年法国人发明的，在随后的几百年间，各种各样的波浪能发电装置逐步问世，越来越多的国家开始加大对波浪能发电研究的投入。我国波浪发电研究成绩也很显著，1970 年以来，上海、青岛、广州和北京的几家研究单位开展了此项研究。比如，用于航标灯的波力发电装置也投入批量生产，向海岛供电的岸式波力电站也在试验之中。在波浪能发电全球专利申请中，F03B 类（液力机械或液力发动机）占绝大部分，为 39.7%，是主要技术；次之是 H02K 类（电机）、F03D 类（风力发电机）、H02J 类（装置或系统）、B63B 类（船用设备）、E02B 类（水利工程），占比均在 3.4%～4.2%。此外，研发还涉及 F03G 类（发动机）、H02N 类（新型电机）、H02P 类（系统控制与调节）、C02F 类（污水处理）等方面的技术。我国最早申请波浪能发电技术专利的是 1985 年湖南长沙的陈家山，是我国最早开展的振荡浮子式技术研究的学者。

7.10.3 波浪能的主要利用方式

波浪能实质上是吸收了风能的能量，风吹到海面，将自身积聚的能量传递给海浪。风具有巨大的能量，海洋的面积占到地球表面积的 70%左右，因此，海洋能够极好地吸收风带来的能量，在每平方公里的海面上，运动着的海浪约蕴藏 30 万 kW 的能量，全球可供开发的波浪能约 30 亿 kW。波浪的能量与波高的平方、波浪的运动周期及迎波面的宽度成正比，大约 95%的波浪能包含在水面与深度为 1/4 波长的水层里。海浪能发电装置的种类很多，大多是利用波浪运动的位能差、往复力、浮力产生动力，目前国际上主要的利用方法有以下几种。

（1）利用海洋波浪推动转换装置上下运动带动发电机发电。

（2）利用海洋波浪推动转换装置前后摆动带动发电机发电。

（3）把大波浪的低压水变为小体积高压水送入高位水池积蓄起来，再推动下方水轮发电机发电。

7.10.4 波浪能的发电装置

目前应用的发电装置各种各样，但关于波浪能利用装置主要包括以下几种。

1. 振荡水柱式波浪能发电

振荡水柱式波浪能发电是目前应用最广泛的波浪能发电技术，如图 7.10.1 所示，在国内也有很多振荡水柱式波浪能试验电站在运行，此装置的优势在于装置本身的简洁和坚固，机电部分在海面以上不接触海水，故障率低，维护方便，缺点是建造成本高，转换效率低。在波能密度高的一些国家和地区可以适用，比如日本、欧洲等国家能得到广泛运用，但这种高成本、低效率的波浪转换装置在一些能流密度低的国家却并不适用，比如我国很难对波浪能进行较大程度的利用。

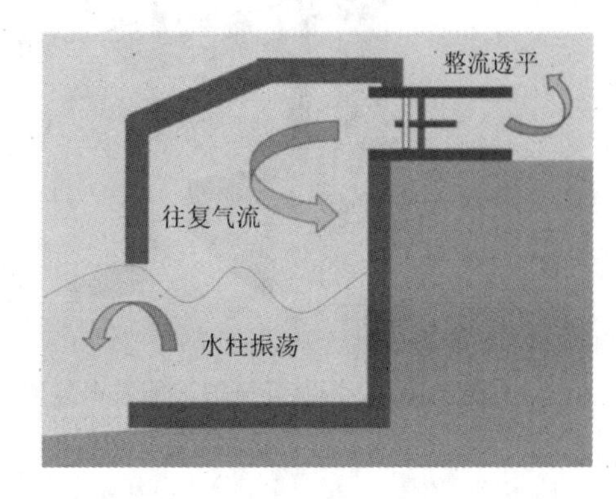

图 7.10.1 振荡水柱式波浪能发电装置

2. 振荡浮子波浪能发电

振荡浮子波浪能发电主要通过漂浮在海面上的浮子在波浪作用下上下运动获得能量，浮子的运动通过绳索带动皮带轮正反转动，绳索振荡浮子波浪能发电装置结构简单，只有棘轮与齿轮机构较复杂。由于框架需要固定，只能用于浅水区，而且要用在水位变化不大的区域，对于一些潮位变化较大的地方则不方便使用，如图 7.10.2 所示。

3. 振荡浮子涡轮波浪能发电

振荡浮子涡轮波浪能发电的装置在浮子上方有发电机，在浮子下面有一根用于上下连接的轴套管，套管中有传动轴，下方涡轮机通过传动轴把旋转机械能传输到浮子上方的发电机，发电机带有增速与飞轮装置，保证发电机高速与匀速旋转发电，如图 7.10.3 所示。

4. 悬挂摆式波浪能发电

悬挂摆式波浪能发电利用海水波动推动摆板来回摆动吸收波浪的能量，如图 7.10.4 所示。当入射波进入水底沉箱后，波浪在上升阶段会冲击摆板，使摆板向后摆动，部分水流穿过摆板底部撞击沉箱后壁，产生反射波，此时入射波进入下降阶段，再加上反射波的作用，使摆板又向前摆动。在波浪不停地运动中，摆板也会随着连续摆动，不断地把波浪能转变为机械能，摆动的机械能可以通过液压系统转变成旋转机械能，液压系统设备与管道内充满了液压油，旋转的机械能通过发电机将机械能转化为电能。

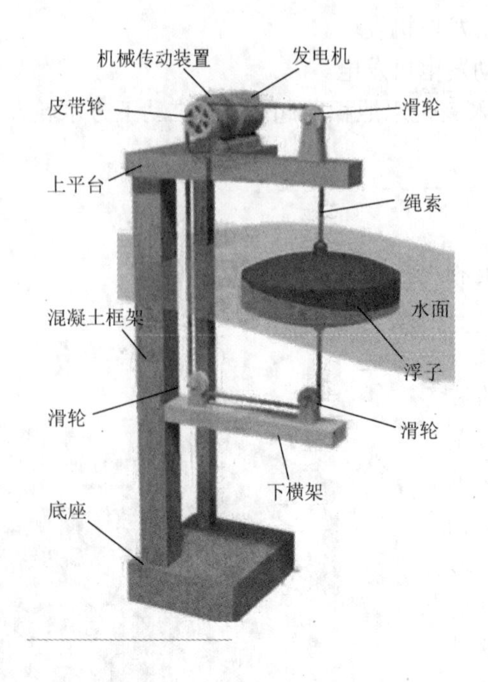

图 7.10.2　振荡浮子波浪能发电装置

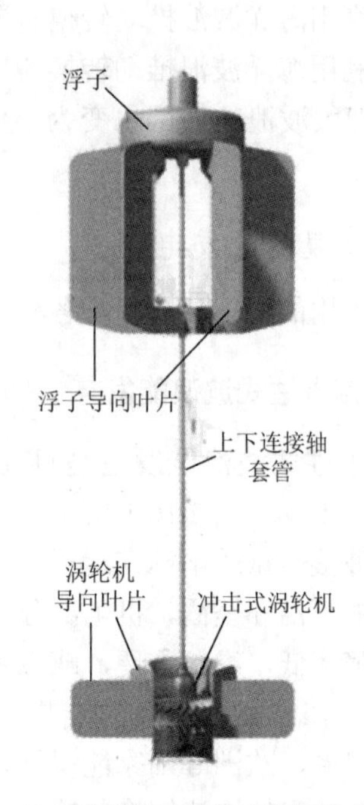

图 7.10.3　振荡浮子涡轮波浪能发电装置

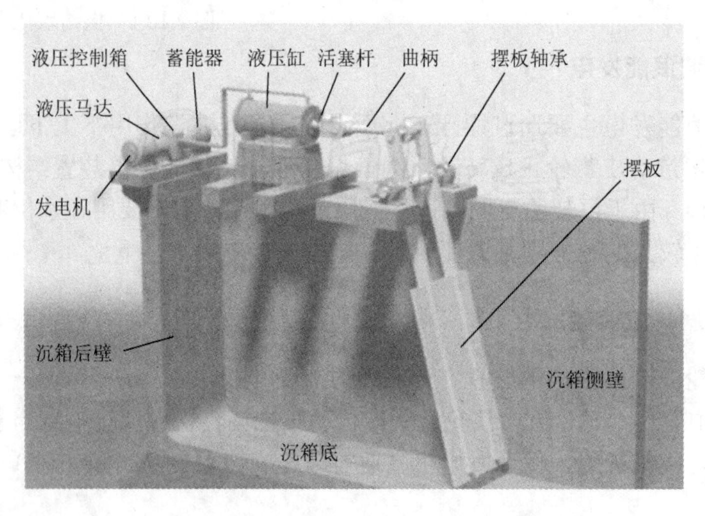

图 7.10.4　悬挂摆式波浪能发电装置

5. 浮力摆式波浪能发电

浮力摆式波浪能发电原理同悬摆式发电一样，都是依靠摆板的摆动来吸收转化波浪的能量，如图 7.10.5 所示。其大部分具有 3～4 级能量转换过程：一级能量转换装置与波浪直接接触，捕获波浪能并转换为装置的机械能；二级能源转换装置通过水力透平、空气透平或液压马达等转换为旋转的动能；三级能源转换装置通过发电机转换为电能。

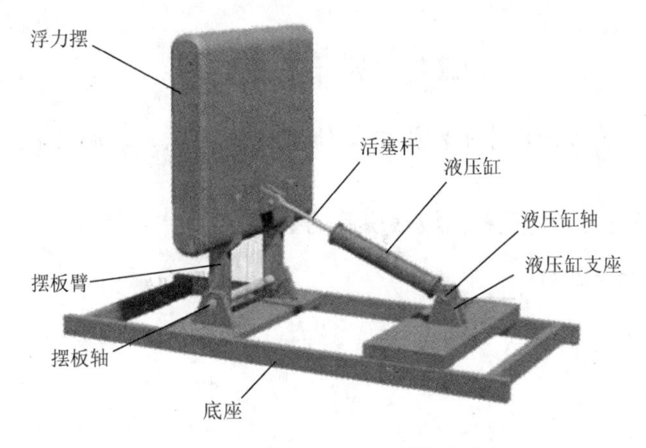

图 7.10.5 浮力摆式波浪能发电装置

6. 筏式波浪能发电

筏式波浪能发电装置由筏体、铰接链、液压系统等组成，筏式波浪能转换装置顺波浪方向布置，筏体随波浪运动，把波浪能转化为筏体运动分机械能，如图 7.10.6 所示。

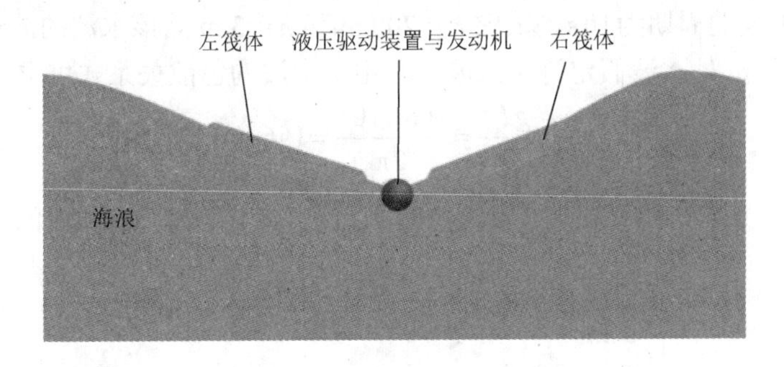

图 7.10.6 筏式波浪能发电装置

7.10.5 波浪能的发展前景

随着人们对海洋的认识逐步加深，对海洋的研究更加深入，海洋波浪能的利用规模将逐渐扩大。虽然大规模的发电暂时还未实现，但随着经济全球化的布局，贸易量增加，海运的方式也在逐步增加，在靠近近海的码头或船坞地区，可加大对波浪能发电装置的运用，建造航灯浮标、灯塔等航海装置。其次，由于工业化加剧，陆地上的化石能源正在逐步衰竭，人们对其他清洁能源的需求逐步上升，波浪能利用技术被大量研究。我国对海洋波浪能的利用开发投入较少，技术水平相比较国外差距很大，短时间超越国外不大可能。但近年来波浪能发电技术发展迅速，各种新技术也随之问世，我国已成为全球波浪能利用新的增长点。目前，我国对波浪能的研究还存在一些问题，比如发电装置的材料问题，必须是耐腐蚀、有较好的耐久性和可靠性，当前使用最广的是在装置外壳涂上防腐涂层，但是这样并不会提高装置的耐久性。因此，提高材料的性能也需要进一步的研究。随着波浪能发电装置高效性、可靠性、生存性、可维护性等技术的日趋成熟完善，波浪能发电与传统能源发电的电力成本差距将会进一步缩小，在适当的区域也会成为替代传统能源发电。波浪能发电技术需要合理有序地规划发展方向，开拓应用领域或者市场，才可长远发展。

7.11 例题选讲

例 7.11.1 某小船在无限深水的波浪中每分钟摇摆 30 次，求波长 L、圆频率 ω、波数 k，以及波形传播速度 c。

解 此时船的航速为零，单纯由波浪引起的摇摆，则

周期 $T=\frac{1}{30}\text{min}=2\ (\text{s})$

圆频率 $\omega=\frac{2\pi}{T}=3.14\ (1/\text{s})$

波数 $k=\frac{\omega^2}{g}=1.006$

波长 $L=\frac{2\pi}{k}=6.26\ (\text{m})$

波形传播速度 $c=\frac{\omega}{k}=3.12\ (\text{m/s})$

例 7.11.2 有一二维推进波，从水深 $h=200$ m 进入到水深 $h=3$ m 的沿岸，假定底面为均匀斜面。给出水波的周期为10 s，试求 $h=200$ m 和 $h=3$ m 处该水波的波速 c 和波长 L？

解 对 $h=200$ m 处水波假定为深水波，则由深水波的色散关系式可求得波长为

$$L=\frac{gT^2}{2\pi}=\frac{9.8\times10^2}{2\pi}=156\ (\text{m})$$

因 $\frac{h}{L}=\frac{200}{156}=1.2821>\frac{1}{2}$，符合深水波设定的条件，所作假定合理。求相应的深水波中波速为

$$c=\frac{gT}{2\pi}\quad（或=\frac{L}{T}）=\frac{9.8\times10}{2\pi}=15.6\ (\text{m/s})$$

对 $h=3$ m 处水波，不妨假定为有限水深水波，则由有限水深的水波色散关系式（7.4.2）求波长 L。这个方程的求解，可用计算机数值迭代解出 $L=53.2$ m，也可用近似式（7.2.4），则

$$L=\frac{gT^2}{2\pi}\sqrt{\tanh\left(\frac{4\pi^2h}{T^2g}\right)}=\frac{9.8\times10^2}{2\pi}\sqrt{\tanh\left(\frac{4\pi^2\times3}{10^2\times9.8}\right)}=54.1\ (\text{m})$$

误差为1.7%。由于 $\frac{1}{20}<\frac{h}{L}=\frac{3}{53.2}=0.056<\frac{1}{2}$，符合有限水深水波条件，所作假定合理。此处相应的波速为

$$c=\frac{L}{T}=\frac{53.2}{10}=5.32\ (\text{m/s})$$

例 7.11.3 在水深 $h=12$ m 的水波中，测得离底面 0.6 m 高度处平均最大压力 $p=124\ \text{kN/m}^2$（表压）和平均波频率 $f=0.066\,66$ Hz，试应用线性波理论估算该水波的波高？

解 由测得的水波频率 f，计算水波的平均周期为

$$T=\frac{1}{f}=\frac{1}{0.066\,66}=15\ (\text{s})$$

假定为有限水深的水波，计算该水波的波长为

$$L=\frac{gT^2}{2\pi}\sqrt{\tanh\left(\frac{4\pi^2}{T^2}\frac{h}{g}\right)}=\frac{9.8\times 15^2}{2\pi}\sqrt{\tanh\left(\frac{4\pi^2}{15^2}\times\frac{12}{9.8}\right)}=161.5\ (\text{m})$$

由于 $\frac{h}{L}=\frac{12}{161.5}=0.074$，属于有限水深波定义范围（$\frac{1}{20}<\frac{h}{L}<\frac{1}{2}$），则假定合理。

根据线性水波压力分布表达式

$$p=\frac{\rho g\cosh k(z+h)}{\cosh kh}A\cos(kx-\omega t)-\rho gz$$

则最大压力

$$p_{\max}=\frac{\rho g\cosh k(z+h)}{\cosh kh}A-\rho gz$$

由题意可知

$$z=-(12-0.6)=-11.4\ \text{m},\quad p_{\max}=124\ (\text{kN/m}^2)$$

将 $k=\frac{2\pi}{L}=\frac{2\pi}{161.5}=0.0389$，$h=12\ \text{m}$，$z=-11.4\ \text{m}$，$p_{\max}=124\times 10^3\ \text{N/m}^2$ 代入上式，即可求得 $A=1.39\ \text{m}$，则 $H=2.78\ \text{m}$。

测 试 题 7

1. 水波的流体是（　）的。

   A. 不可压缩　　B. 可压缩

2. 水波（　）无旋流动。

   A. 是　　B. 不是

3. 水波运动中流体的黏性（　）忽略不计。

   A. 可以　　B. 不可以

4. 水波问题中，拉普拉斯方程（　）基本的求解方程。

   A. 是　　B. 不是

5. 采用势流理论求解水波问题的未知变量（　）波面抬高。

   A. 包括　　B. 不包括

6. 组成光滑水波自由表面的流体质点始终（　）水波表面上。

   A. 在　　B. 不在

7. 水波形成稳定后，自由面上大气压力（　）。

   A. 相等　　B. 不相等

8. 深水波中，水波波长较长，则传播速度较（　）。

   A. 快　　B. 慢

9. 浅水波的波速仅与（　）有关。

   A. 波长　　B. 水深

10. 深水波中，流体质点运动的轨圆半径随着水下深度的增加而（　）。

    A. 增加　　B. 减小

习　题　7

1. 在水深 $h = 10$ m 的水域内有一微幅波，振幅 $A = 10$ m，波数 $k = 0.21$，试求：
（1）波长、波数和周期；
（2）波面方程；
（3）$x_0 = 0$，$z_0 = -5$ m 处水质点的运动轨迹方程。
2. 在无限深水域的波面上，一浮标在一分钟内上升下降 15 次，求波长和波的传播速度。
3. 已知海浪的波高 $H_0 = 2$ m，周期 $T = 8$ s，使用二阶斯托克斯波理论：
（1）分别求水深 $h = 55$ m，10 m，8 m 时，波长和波速 c 的值；
（2）当波浪从 $h = 55$ m 传到浅水，求波高的变化；
（3）绘出波浪的波峰、波谷断面压强、静波压强；
（4）绘制水质点的运动轨迹（选 3 个点）。

拓展题 7

1. 搜集不同的波浪分类及其产生机理。
2. 海洋环境污染与保护。
3. 波浪危害与波能利用。

第 8 章　管路、孔口和管嘴的黏性流动

前面章节介绍了流体力学的基础理论，建立的流体动力学基本方程为求解液体在管道内的流动状态和规律奠定了基础，然而黏性的作用使得这一问题变得复杂起来，同时对于工程管路系统和各类管口的流动，需要根据实际管路建立可行的计算分析方法。

本章首先以雷诺实验为例，描述了黏性引起的两种截然不同的流动状态，即层流和湍流，并介绍了它们的判别标准。随后分析了层流和湍流的流动特性，包括液体在管道内的流动状态、速度分布、能量损失等。然后，根据总流伯努利方程进行了各类管路的水力计算，并讨论了孔口和缝隙的液体出流等问题。

8.1　管道层流流动和湍流流动

本节围绕管道内液体的流动状态进行阐述，为研究管道内的流动状态，科学家进行了雷诺实验，通过改变流体的流速、管道直径和流体的黏性等参数，得出了一个重要的参数，即雷诺数，通过计算雷诺数可以判断管道内的流动状态。

8.1.1　雷诺实验

英国物理学家雷诺于 1883 年开展了管内流动的实验测试和研究，在实验过程中发现不同的实验环境下会呈现出不同的管内流动状态，随后通过大量实验设计和测试明确了不同状态间的转换条件，其所开展的这一经典实验被称为雷诺实验，实验装置如图 8.1.1 所示，不同的流动状态如图 8.1.2 所示。

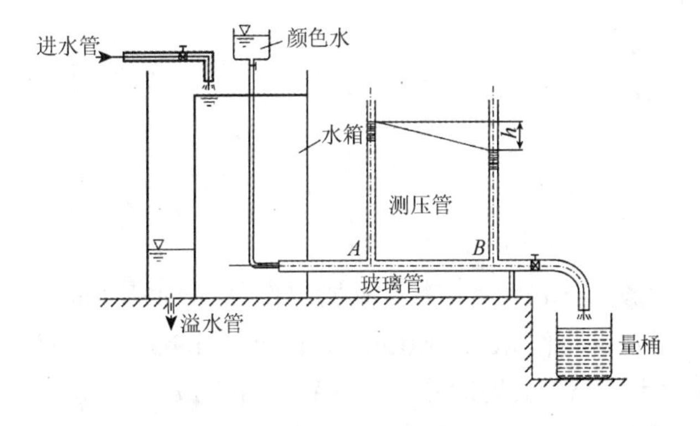

图 8.1.1　雷诺实验装置示意图

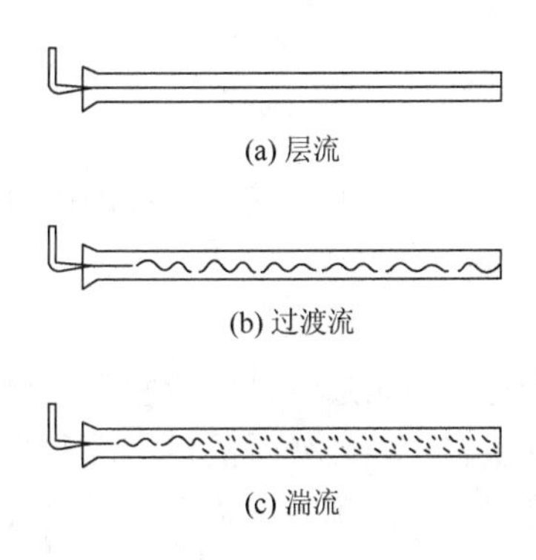

图 8.1.2　雷诺实验显示的流动状态

在雷诺实验开始前，通过图中左侧的进水管控制水箱中的水位保持恒定，同时颜色水出口处的阀门和玻璃管最右侧出口端的阀门均保持关闭状态，此时管内流体不发生流动。当实验正式开始时，逐渐开启位于玻璃管最右侧出口端上的阀门并打开颜色水出口处的阀门，此时颜色水能够通过软管流到玻璃管入口的位置，并与玻璃管内流体一起流动。当玻璃管最右

侧出口端的阀口开启较小时，玻璃管内的流体流动速度较慢，此时颜色水在玻璃管内保持一条明显的水平细线流动［图 8.1.2（a）］，不与细线周围的水互相混杂。颜色水的这一流动状态表明管中流体质点是平稳地沿管轴线方向运动，没有垂直于轴线的横向速度，管内不同高度处的流体就像各自单独分层在流动一样，这样一种流动状态被称为层流。

在此基础上继续缓慢增加阀门的开度，则玻璃管中水的流动速度会加快，可以发现当水的流动流速增加到一定程度以后，玻璃管内原本水平的颜色水开始出现上下摆动的现象而不能够维持原先的水平直线状态［图 8.1.2（b）］，这表明水质点的运动出现了和玻璃管内主流动方向相垂直的横向运动速度。当进一步缓慢增加阀门的开度，水的流动流速增加到一定程度后，原先玻璃管内上下摆动的颜色水线会突然扩散运动开来，与颜色水周围的流体流动相互混杂，并进一步地扩散至整个玻璃管内［图 8.1.2（c）］。这表明此时水质点的流动同时具有纵向和横向的运动速度，没有明显规律处于杂乱无章的不规则状态，这样一种流动状态被称为湍流。

层流流动指的是流体在管道内沿着一定的轨迹流动，流线之间不会相互交错，流速分布均匀。而湍流流动则是流体在管道内出现了涡流和旋涡，流线交错，流速分布不均匀。

如果将阀门从大缓慢关小，则现象以相反的顺序出现，即流动由湍流经过渡状态再恢复到层流状态。通常将由层流转变为湍流状态时的流体流速称为上临界流速 v_c'；而将由湍流转变为层流时的流体流速称为下临界流速 v_c。实验证明，当 $v < v_c$ 时为层流，$v > v_c'$ 时为湍流。$v_c < v < v_c'$ 时，可能是层流，也可能是湍流，属于过渡状态。

8.1.2　层流流动与湍流流动状态判断

实验表明，仅凭借临界速度来确定流体的流动状态是不方便的，因为临界速度随着流体的黏度、密度和管道尺寸的不同而不同。所以如何判断管道中的流动是层流还是湍流需要采用其他方法。雷诺用各种不同管径的圆管重复了上述实验，结果发现流动由层流至湍流的转变与由管内平均流速 v、圆管直径 d、流体密度 ρ 以及流体动力黏度 μ 四个物理量组成的无因次数（或称无量纲数）有关。该无因次数即为雷诺数

$$Re = \frac{\rho v d}{\mu} = \frac{v d}{\nu} \tag{8.1.1}$$

对应于临界流速的雷诺数由此可得

$$Re_{cr} = \frac{\rho v_{cr} d}{\mu} = \frac{v_{cr} d}{\nu} \tag{8.1.2}$$

为纪念雷诺通过试验所发现的这一无因次数，称其为雷诺数，通常写作 Re。同时，将管内流动状态发生转变时的雷诺数称为临界雷诺数，写作 Re_c（critical Reynolds number）。对应于下临界流速的称为下临界雷诺数 Re_c，对应于上临界流速的称为上临界雷诺数 Re_c'。实验测得 $Re_c = 2\,320$，$Re_c' = 13\,800$。当管路中的雷诺数 $Re < Re_c = 2\,320$ 时，流体的流动状态为层流状态，当管路流动的雷诺数 $Re > Re_c' = 13\,800$ 时，流体的流动状态为湍流；当管路流动的雷诺数介于两者之间即 $Re_c < Re < Re_c'$ 时，流体的流动状态有可能是层流状态也可能是湍流状态，处于一种不稳定的过渡状态，工程上通常将过渡状态视为湍流状态来简化处理。而以下临界雷诺数 Re_c 作为判别层流与湍流的标准：$Re < 2\,320$ 为层流，$Re > 2\,320$ 为湍流。

雷诺数是一个无量纲数，它表示了流体惯性力和黏性力之间的相对大小。当雷诺数较小

时，黏性力占主导地位，流动比较稳定；而当雷诺数较大时，惯性力占主导地位，流动比较紊乱。需要注意的是，临界雷诺数并不是一个固定的常数，它会随着实验条件的不同而变化，例如管壁粗糙度和入口处水流的扰动大小等因素。如果扰动较大，那么临界雷诺数就会降低；反之，如果扰动较小，那么临界雷诺数就会增加。因此，在实验中需要对这些因素进行控制，以获得准确的结果。同时利用这一现象，可人为地产生一些扰动以促使湍流的发生。

实际上，黏性流体在流经固体壁面时，会形成一个流速变化的区域，即边界层（详细说明见第 9 章）。当黏性流体从一大容器中经圆弧形进口流进圆管时，受管壁影响，靠近壁面的流动受到阻滞，流速降低，形成边界层。边界层的厚度逐渐增长，导致未受管壁影响的中心部分的流速加快。这种不断改变速度分布的流动一直发展到边界层在管轴处相交，成为充分发展的流动为止。进口段的流动是速度分布不断变化的非均匀流动，进口段以后的流动则是各个截面速度分布均相同的均匀流动，如图 8.1.3 所示。本章所述的沿程损失系数计算公式仅适用于管内流动充分发展的情况，而不适用于管道进口段内速度分布不断变化的流动。

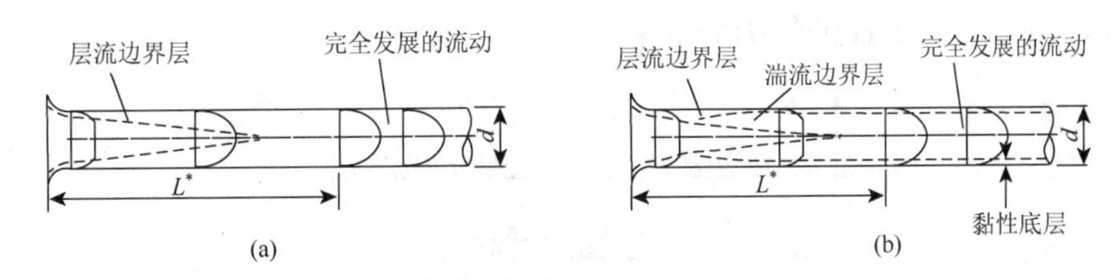

图 8.1.3　圆管进口段的流动

当管内流体流动的雷诺数低于临界值，此时进口段的流动状态为层流。实验测试表明管道进口段（或称起始段）长度用 L^* 表示为

$$L^* \approx 0.05\, dRe \tag{8.1.3}$$

雷诺数表达式（8.1.1）中的 d 代表的是管路的特征尺度，对于圆形断面管，d 是管直径；对于非圆形断面管，可以用水力半径 R 或当量直径 d_H 表示。假设有一种非圆形截面的管道，其过流截面的面积为 A，液体与管道相接触的过流截面的润湿周长为 l。这个润湿周长是指液体能够完全润湿管道表面的周向长度。在液体通过管道时，由于管道的非圆形截面，液体的流动速度和流动方向会发生变化，从而影响管道的流量和压力。所以，在设计和计算管道的流量和压力时，需要考虑管道的非圆形截面和润湿周长等因素的影响。则其水力半径为

$$R = \frac{A}{l} \tag{8.1.4}$$

对于圆管，直径为水力半径的 4 倍。用当量直径的概念可将非圆形管道折算为过流能力相同的圆形管道，所折算的直径称为当量直径，当量直径为

$$d_H = 4R = 4\frac{A}{l} \tag{8.1.5}$$

则雷诺数可以写成

$$Re = \frac{vd_H}{\nu} \tag{8.1.6}$$

式（8.1.6）适用于计算非圆形断面管的雷诺数。

8.2　圆管中的层流流动

本节针对圆管中的层流流动，给出流速分布的计算方法，得到流速分布呈现出一个类似于抛物线的分布规律，流速最大值出现在管道中心，而沿着管道壁面流速为零，并在此基础上得到管内流量和切应力分布。

8.2.1　流速分布

当流体沿圆形直管流动时，其雷诺数小于临界雷诺数，则管中的流动状态就是层流。工程上层流的情况很多，如石油输送管道、化工管道、液压传动、机械润滑、机床静压轴承等。

在研究圆管层流流动时，可以选取一个微小圆柱体作为分析对象，该圆柱体的轴线与管轴线重合。该微小圆柱体的长度为 L，半径为 r，不考虑质量力。在圆柱体的两端面上，压力分别为 p_1 和 p_2。在圆柱体的侧表面上，压力的方向与轴线垂直，而切应力与轴线平行。图 8.2.1 展示了该微小圆柱体的位置和受力情况。

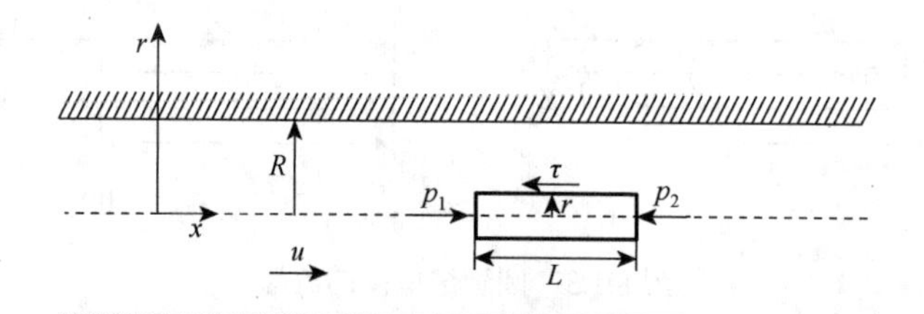

图 8.2.1　圆管中流体的层流流动

当流体在管内流动时，它的流动方式是以圆柱体的轴线为对称轴的轴对称流动。在这种流动状态下，作用在圆柱体表面上的外力是平衡的，即没有净外力作用于圆柱体上，所以

$$\pi r^2(p_1-p_2)-2\pi rL\tau=0 \tag{8.2.1}$$

或

$$\tau=\frac{p_1-p_2}{L}\cdot\frac{r}{2} \tag{8.2.2}$$

考虑牛顿流体的层流流动，根据牛顿内摩擦定律，有

$$\tau=-\mu\frac{\mathrm{d}u}{\mathrm{d}r} \tag{8.2.3}$$

由于 $\mathrm{d}u/\mathrm{d}r$ 为负值，故等式右边加一负号。将式（8.2.3）代入式（8.2.1）得

$$\mu\frac{\mathrm{d}u}{\mathrm{d}r}=-\frac{1}{2L}(p_1-p_2)r \tag{8.2.4}$$

或

$$\frac{\mathrm{d}u}{\mathrm{d}r}=-\frac{1}{2L\mu}(p_1-p_2)r \tag{8.2.5}$$

令 $\Delta p=p_1-p_2$，代入上式，得

$$\frac{\mathrm{d}u}{\mathrm{d}r}=-\frac{\Delta p}{2L\mu}r \tag{8.2.6}$$

求解式（8.2.6）得

$$u=-\frac{\Delta p}{4L\mu}r^2+C_1 \tag{8.2.7}$$

由边界条件确定 C_1，当 $r=R$ 时，即在管壁上，$u=0$，代入式（8.2.7）得

$$C_1=\frac{\Delta p}{4L\mu}R^2 \tag{8.2.8}$$

故圆管过流断面上流速分布为

$$u=\frac{\Delta p}{4L\mu}(R^2-r^2) \tag{8.2.9}$$

这是圆管层流时过流断面上的速度分布公式，该式说明流速沿半径按抛物线规律分布，如图 8.2.2 所示。

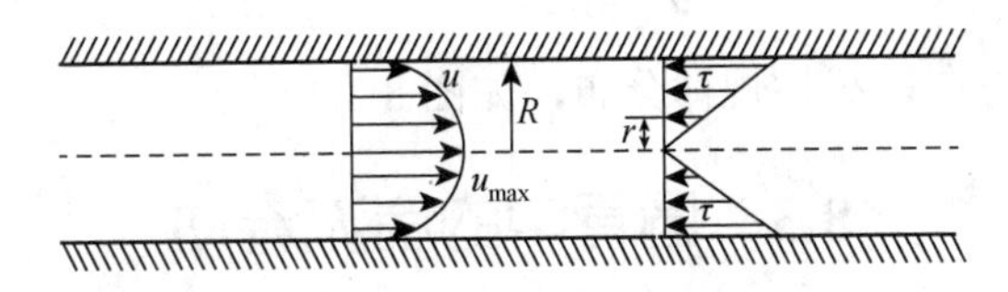

图 8.2.2　圆管内层流状态下的流动速度和切应力分布

在轴线上，$r=0$，此时速度有最大 u_{max}。

$$u_{max}=\frac{\Delta p}{4\mu L}R^2 \tag{8.2.10}$$

沿过流断面速度按式（8.2.9）抛物线规律分布的层流流动通常称为完全发展的层流流动。

8.2.2　流量计算

在管内流动断面上的任一半径为 r 的位置，取一个宽度尺寸为 dr 的圆环微断面如图 8.2.3 所示。由于 dr 为一小量，可将其面上流动速度视为相同，则可计算微元面的面积 $\mathrm{d}A=2\pi r\mathrm{d}r$ 上的流量

$$\mathrm{d}q=u\mathrm{d}A=u2\pi r\mathrm{d}r \tag{8.2.11}$$

通过整个过流断面的流量为

$$\begin{aligned}q&=\int\mathrm{d}q=\int_0^R u2\pi r\mathrm{d}r\\&=\int_0^R\frac{\Delta p}{4\mu L}(R^2-r^2)2\pi r\mathrm{d}r\\&=\frac{\pi R^4}{8\mu L}\Delta p\end{aligned} \tag{8.2.12}$$

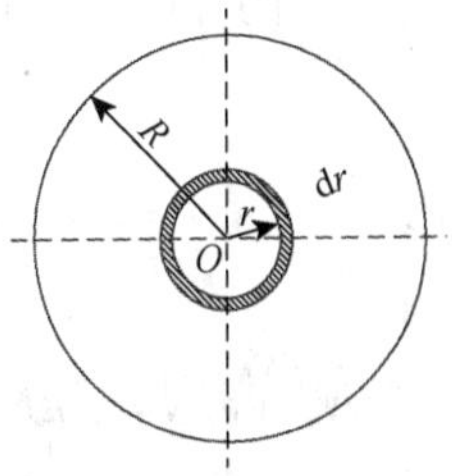

图 8.2.3　流量计算

式（8.2.12）是圆管层流的流量计算公式，它与管径的四次方成正比，可见管径对流量的影响很大。

断面上的平均流速

$$v=\frac{q}{A}=\frac{\Delta pR^2}{8\mu L} \tag{8.2.13}$$

比较式（8.2.10）和式（8.2.13），可得

$$v = \frac{1}{2}u_{\max} \tag{8.2.14}$$

式（8.2.14）说明圆管层流断面上的最大速度是平均速度的 2 倍。

8.2.3　切应力分布

由牛顿内摩擦定律可得切应力应为

$$\tau = -\mu \frac{\mathrm{d}u}{\mathrm{d}r} \tag{8.2.15}$$

将式（8.2.9）代入式（8.2.15），可得

$$\tau = -\mu \frac{\mathrm{d}}{\mathrm{d}r}\left[\frac{\Delta p}{4\mu L}(R^2 - r^2)\right] = \frac{\Delta p}{2L}r \tag{8.2.16}$$

可知切应力沿半径方向呈线性规律分布，如图 8.2.2 所示。

8.3　圆管中的湍流流动

本节主要讲述圆管中的湍流流动，包括时均速度概念、湍流速度分布和湍流应力的描述，以及水力光滑管和水力粗糙管的定义和区别。

8.3.1　时均速度

当流体发生湍流流动时，如果使用瞬时速度测量仪测量圆管中湍流某空间真实速度变化的情况，会发现在不同时刻，经过同一点的运动参数会发生波动，这种现象称为脉动。脉动的结果使得理论上难以描述流体质点的运动规律，所以在实际工程中，需要计算的运动参数均指其时间平均值。因此，研究湍流通常采用时均法。

这种方法将某一点的瞬时流速分为时均速度和脉动速度两部分。时均速度是指在一段时间内，该点流速的平均值，而脉动速度则是指流速在这段时间内的波动情况。通过对时均速度和脉动速度的分析，我们可以更好地了解湍流运动的特性和规律。这一速度关系可以表示为

$$u = \overline{u} + u' \tag{8.3.1}$$

式中：$\overline{u}$ 为时均速度；u 为瞬时速度；u' 是瞬时速度与时均速度的差值，如图 8.3.1 所示。

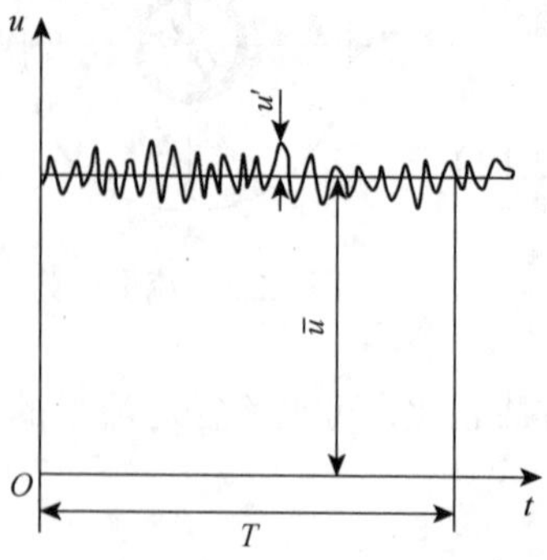

图 8.3.1　湍流速度分布

如取时间间隔 T，瞬时速度在 T 时间内的平均值称为时间平均速度，简称时均速度，即

$$\overline{u} = \frac{1}{T}\int_0^T u\mathrm{d}t \tag{8.3.2}$$

同样，瞬时压力 p 为时均压力和脉动压力之和，时均压力为

$$\overline{p} = \frac{1}{T}\int_0^T p\mathrm{d}t \tag{8.3.3}$$

由以上讨论可知，湍流运动实质是非定常的。实际上也并不存在真正的定常流动。但如果流场中各空间点上的流动参数的时均值不随时间变化，就可认为是定常流动。因此对于湍流，

我们所讨论的定常流动，是指时间平均的定常流动。在工程实际的一般问题中，只需研究各运动参量的时均值，用运动参量的时均值来研究湍流运动即可，由此可使问题大大简化。但在研究湍流运动的物理实质时，就必须考虑脉动的影响。通常只要不混淆，用 v 代表时均速度，用 p 代表时均压力。

8.3.2　圆管湍流速度

实验观察表明，管中出现湍流时，并非全管中都是同样的湍流状态。在靠近管壁处，存在着一薄层，在这一薄层内，由于管壁的摩擦及分子附着力的作用，流体质点的脉动受到很大的限制，近似认为是层流运动。而在管轴中心区域才是做完全的湍流运动。管中湍流的速度结构可以分为三个区域，如图 8.3.2 所示。第一个区域是黏性底层区，它位于靠近管壁的薄层区域内，流体的黏性力起主要作用，速度分布呈线性，速度梯度很大。第二个区域是湍流核心区，它位于管轴中心区域，黏性的影响逐渐减弱，湍流的脉动比较剧烈，速度分布比较均匀，流体处于完全的湍流状态。第三个区域是过渡区，它指处于黏性底层与湍流核心区之间的区域，这一区域范围很小，速度分布与湍流核心区的速度分布规律相接近。总的来说，管中湍流的速度结构是由黏性底层区、湍流核心区和过渡区组成的。

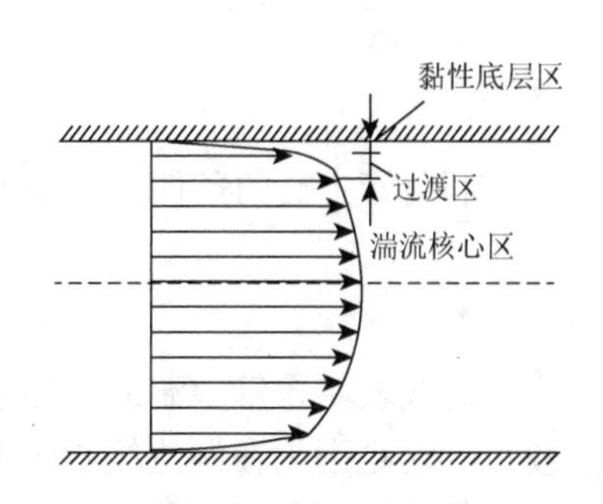

图 8.3.2　湍流的速度结构

黏性底层的厚度 δ 很薄，并且不是固定不变的。它与主流的脉动程度有关，脉动越剧烈，δ 越小，而脉动程度可由 Re 反映，因此 δ 与 Re 成反比，按经验公式有

$$\delta = \frac{32.8d}{Re\sqrt{\lambda}} \tag{8.3.4}$$

式中：d 为管径；λ 为沿程阻力系数。

在黏性底层中有

$$\tau = \mu \frac{\mathrm{d}u}{\mathrm{d}y} \tag{8.3.5}$$

即

$$\mathrm{d}u = \frac{\tau}{\mu}\mathrm{d}y \tag{8.3.6}$$

考虑到黏性底层区域厚度较小，对式（8.3.6）进行积分可以得到

$$u = \frac{\tau_0}{\mu} y \tag{8.3.7}$$

即在黏性底层中，速度分布是线性规律。在湍流核心区中，切应力满足

$$\tau = \rho L^2 \left(\frac{\mathrm{d}u}{\mathrm{d}y}\right)^2 \tag{8.3.8}$$

对于均匀湍流，切应力在沿着半径的方向为线性分布，即

$$\tau = \frac{\tau_0 r}{R} = \tau_0 \left(1 - \frac{y}{R}\right) \tag{8.3.9}$$

式中：y 为距离管壁面的法向距离。

由实验可知混合长度 L 可近似表示为 $L=ky\sqrt{1-y/R}$，其中 k 为常数，将其和式（8.3.9）代入式（8.3.8）得

$$\tau_0\left(1-\frac{y}{R}\right)=\rho k^2 y^2\left(1-\frac{y}{R}\right)\left(\frac{\mathrm{d}u}{\mathrm{d}y}\right)^2 \tag{8.3.10}$$

整理并积分得

$$u=\sqrt{\frac{\tau_0}{\rho}}\frac{1}{k}\ln y+C \tag{8.3.11}$$

利用管中心的条件：$y=R$ 时，$u=u_{\max}$，求出积分常数 C，再代回原式得

$$\frac{u_{\max}-u}{u^*}=\frac{1}{k}\ln\frac{R}{y} \tag{8.3.12}$$

此式表明，管中湍流核心区内的流体速度分布呈对数规律，这种分布的特点是速度梯度较小。这是因为在湍流核心区内，流体质点之间发生了剧烈的掺混作用，使得各质点的速度逐渐趋于均匀化。这种均匀化的现象可以解释为湍流核心区内的流体质点受到的阻力和惯性力相互作用，导致速度的变化趋于平缓。式中，$u^*=\sqrt{\tau_0/\rho}$ 具有速度的量纲，称为剪切速度。

此外湍流速度分布还可以近似表示为指数分布形式（n 分之一定律），即

$$\frac{u}{u_{\max}}=\left(\frac{y}{R}\right)^{1/n} \tag{8.3.13}$$

式中：n 与 Re 有关。根据实验可以得到：当 $Re<10^5$ 时，$n=6$；当 $Re\geqslant10^5$ 时，$n=7$；当 $Re>3.24\times10^6$ 时，$n=9$。

8.3.3　圆管湍流应力

由前面内容可知，湍流速度分布与层流有很大的区别。图 8.3.3 所示为圆管中不同 Re 的速度分布。层流的速度剖面可以描述为一个旋转抛物面，其形状随着 Re 的增大而发生变化。当 Re 增大时，壁面附近的速度梯度逐渐增大，这意味着流体在这个区域内的速度变化非常快。然而，在轴线附近的速度变化相对平缓，这个区域内的流体速度变化不太明显。

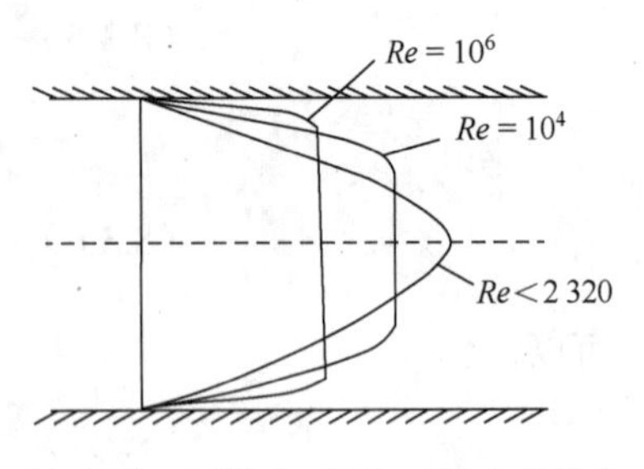

图 8.3.3　圆管中不同 Re 的速度分布

在湍流状态下，流体质点的流动速度和运动方向变化是随机的，除主流动方向的运动，还会存在沿不同方向的脉动。这会导致流体质点在垂直于主流动方向的层间相互掺混，从而引起动量的变化。根据动量原理，这种变化会随着层间沿主流动方向传递，产生附加切应力。

按普朗特混合长度理论，附加切应力为

$$\tau'=\rho L^2\left(\frac{\mathrm{d}u}{\mathrm{d}y}\right)^2 \tag{8.3.14}$$

式中：ρ 为流体的密度；y 为流体质点至管壁的距离；$\dfrac{du}{dy}$ 为时均速度梯度；L 为流体质点的掺混路程，被普朗特理论称为混合长度。

湍流中总的切应力应由黏性切应力和附加切应力两部分组成，即

$$\tau = \mu \frac{du}{dy} + \rho L^2 \left(\frac{du}{dy} \right)^2 \tag{8.3.15}$$

根据湍流速度结构，可以得知在黏性底层中，流体处于层流状态，主要的切应力是黏性切应力，而附加切应力可以不考虑。在湍流核心区，流体质点之间的相互混合导致附加切应力成为主导作用，而黏性切应力可以忽略。在过渡区，黏性切应力和附加切应力的数量级相同，但由于该区域很小，通常将其与湍流核心区一起处理。

8.3.4　水力光滑管　水力粗糙管

由于各种因素（如管子的材料、加工方法、使用条件及锈蚀等）的影响，任何一个管道管壁内的表面总是凹凸不平的，管壁内表面凹凸不平的平均尺寸 Δ 称为绝对粗糙度，如图 8.3.4 所示；而绝对粗糙度 Δ 与管径 d 之比称为相对粗糙度。

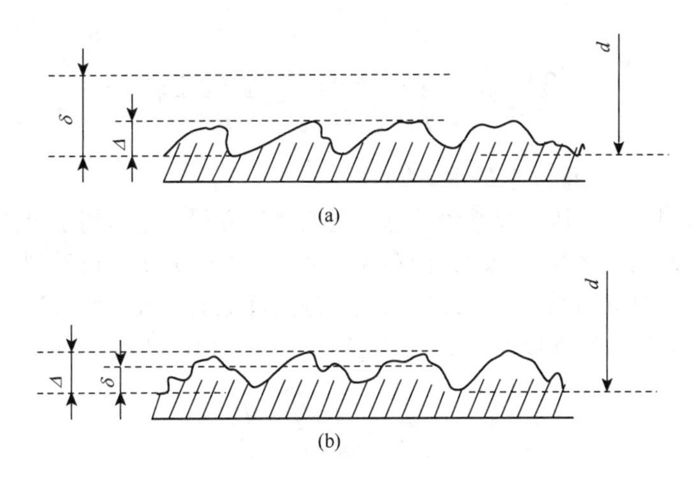

图 8.3.4　水力光滑管管壁与水力粗糙管管壁

当黏性底层的厚度 δ 大于管壁的绝对粗糙度 Δ 时，管壁的凹凸不平部分被完全覆盖，湍流核心区与凸起部分不接触，流动不受管壁粗糙度的影响，因此流动的能量损失也不受管壁粗糙度的影响。这种管道被称为水力光滑管，而这种流动被称为水力光滑的流动。

当黏性底层的厚度 δ 小于管壁的绝对粗糙度 Δ 时，管壁的凹凸不平部分会暴露在黏性底层之外，导致流体冲击凸起部分，不断产生新的旋涡，加剧紊乱程度，增大能量损失，这种管道称为水力粗糙管，流动称为水力粗糙的流动。当黏性底层的厚度 δ 与管壁的绝对粗糙度 Δ 近似相等时，一般也归入粗糙管的范围。水力光滑管和水力粗糙管的概念是相对的，随着流动情况的改变，Re 在变化，δ 也在变化，因此对同一管道（Δ 固定不变），Re 小时就可能是光滑管，Re 大时就可能是粗糙管了。

8.4 黏性总流伯努利方程与水头损失

黏性总流伯努利方程是流体力学中的一个重要方程，它描述了黏性流体在流动过程中的能量守恒。该方程考虑了黏性流体的内部摩擦力和流体的惯性力，因此可以用来分析高速流动和复杂流动的情况。在实际应用中，黏性总流的伯努利方程常用于计算管道、水泵、风扇等设备的性能参数，以及分析流体在管道中的压力变化和速度分布等问题。然而，在实际流动过程中，由于管道摩擦、弯曲、扩散等因素的影响，流体的能量会发生损失，这种损失被称为能量损失水头。能量损失水头是流体力学中的一个重要概念，它描述了流体在流动过程中由于各种因素而失去的能量。能量损失水头的大小取决于流体的速度、管道的形状和材料、管道内壁的粗糙度等因素。在实际应用中，为了减小能量损失水头，可以采取一些措施，如增加管道的直径、改善管道内壁的光滑度、减小管道的弯曲程度等。

8.4.1 黏性总流伯努利方程

黏性流体在管内流动时其机械能必定逐渐减少。不可压缩黏性流体的绝热流动中，流体内部切向应力所产生的摩擦功将会使流体的机械能转化为热能，从而增加流体的热力学能，有

$$\frac{\alpha_1 v_1^2}{2g}+z_1+\frac{p_1}{\rho g}=\frac{\alpha_2 v_2^2}{2g}+z_2+\frac{p_2}{\rho g}+h_f \tag{8.4.1}$$

式中：h_f表示从截面 1 到截面 2 总的水头损失。

这就是重力作用下不可压缩黏性流体总流的伯努利方程，它适用于该流动的任意两个缓变流截面，不必顾及它们之间有无急变流存在。从式（8.4.1）中可以看到，为了克服黏性阻力，总流的机械能总是逐渐减小的，总水头线是逐渐降低的。式（8.4.1）中的动能修正系数在设计工业管道时，通常均近似地取 $\alpha=1$，且以 v 代表管内流体流动的平均流速，表达如下

$$\frac{v_1^2}{2g}+z_1+\frac{p_1}{\rho g}=\frac{v_2^2}{2g}+z_2+\frac{p_2}{\rho g}+h_f \tag{8.4.2}$$

8.4.2 能量损失水头

当黏性流体在管路中流动时，它必须克服内摩擦力等阻碍流体质点运动的力，这导致一部分机械能被消耗并转化为热量而散失。这种机械能的消耗被称为能量损失，而单位重量流体所损失的机械能则被称为能头损失（或水头损失）。管道流动中，流体在时间和空间上变化缓慢的流动状态被称为缓变流，其特点是流速和流量变化缓慢。急变流则是指流体在时间和空间上变化迅速的流动状态，其特点是流动环境变化剧烈，例如弯头、阀门位置等。在实际应用中，流体阻力可以根据产生的原因分为沿程阻力和局部阻力。

1. 沿程水头损失

当流体在管道中流动时，由于黏附作用和内摩擦力等因素，会阻碍流体的运动，这种阻

力被称为沿程阻力。为了克服这种阻力，需要消耗机械能，这种消耗的能量被称为沿程能量损失。沿程水头损失是指单位重量流体在管道中流动时的沿程能量损失，通常用 h_λ 表示。理论和实验都表明，沿程水头损失与管道长度 L 成正比，与管径 d 成反比，即

$$h_\lambda = \lambda \frac{L}{d}\frac{v^2}{2g} \tag{8.4.3}$$

式（8.4.3）称为达西（Darcy）公式，它是用于计算沿程水头损失的公式。式中，沿程水头损失系数 λ 与流动状态、管壁粗糙度等因素有关，g 为重力加速度，v 为管中平均流速。沿程水头损失是整个缓变流程中发生的能量损失，由流体的黏滞力引起。流体的流动状态（层流或湍流）与损失的大小密切相关。在相同的条件下，管道越长，损失的能量越大，这是沿程损失的特点。

2. 局部水头损失

当流体在管道中流动时，如果经过弯管、流道突然扩大或缩小、阀门、三通等局部区域，流速大小和方向会急剧地变化，导致流体质点相互撞击，形成涡旋。由于黏性的作用，质点间发生剧烈的摩擦和能量交换，从而阻碍着流体的运动，这种在局部障碍处产生的阻力被称为局部阻力。流体为克服局部阻力而消耗的机械能被称为局部能量损失，单位重量流体的局部能量损失被称为局部水头损失，通常用 h_ζ 表示，其表达式为

$$h_\zeta = \zeta \frac{v^2}{2g} \tag{8.4.4}$$

式中，ζ 为局部水头损失系数，它的大小与局部结构形式的变化情况有关；v 为管中的平均流速，通常指局部变化以后的流体速度。

在实际工程中，许多管道系统由多个直管段组成，这些直管段通过管件（如变径管、接头、阀门等）连接。当流体在管道中流动时，会产生沿程能量损失和局部能量损失。整个管道的能量损失是由各段管道的能量损失叠加而成的。因此，在某一段管道上，流体的总能量损失应该是该段管道上所有沿程能量损失和局部能量损失的总和，可以用公式表示为

$$h_f = \sum h_\lambda + \sum h_\zeta \tag{8.4.5}$$

8.5　管流水头损失系数

沿程水头损失系数和局部水头损失系数是流体力学中常用的两个概念，两者都是影响流体流动能量损失的重要因素。在实际工程中，需要对这些因素进行精确的计算和分析，以确保流体能够在管道中稳定流动，同时减少能量损失和资源浪费。

8.5.1　沿程水头损失系数

湍流沿程水头损失的计算公式与式（8.4.3）一样，为

$$h_\lambda = \lambda \frac{L}{d}\frac{v^2}{2g} \tag{8.5.1}$$

只是沿程水头损失系数 λ 的取值方法不同。由于湍流运动很复杂，很难用理论方法直接推导求得，实际上都是采用实验数据和经验公式来求得 λ 的值，常用方法有以下几种。

1. 用经验公式计算

（1）对于湍流水力光滑管，雷诺数范围为 $4\,000<Re<3\times10^6$。

当 $4\,000<Re<10^5$ 时，可用布拉休斯公式

$$\lambda=\frac{0.316\,4}{Re^{0.25}} \tag{8.5.2}$$

当 $10^5<Re<3\times10^6$ 时，可用尼古拉兹公式

$$\lambda=0.003\,2+\frac{0.221}{Re^{0.237}} \tag{8.5.3}$$

当 $Re>4\,000$ 时，也可用卡门-普朗特方程计算

$$\frac{1}{\sqrt{\lambda}}=2\lg(Re\sqrt{\lambda})-0.8 \tag{8.5.4}$$

（2）对于粗糙管，λ 可由下面公式计算

$$\lambda=\frac{1}{\left(1.74+2\lg\frac{d}{2\varDelta}\right)^2} \tag{8.5.5}$$

由式（8.5.5）可以看出湍流的水力粗糙管的沿程水头损失系数 λ 与 Re 无关。

2. 查曲线图求得

（1）尼古拉兹图。尼古拉兹实验曲线是尼古拉兹在 1933 年发表的实验结果，是用粒径不同的均匀砂粒，均匀地黏在管道内壁上，构成人工均匀粗糙管，砂粒粒径 $\varDelta$ 代表粗糙度。在不同粗糙度（$\varDelta$）下和不同相对粗糙度下进行了大量的实验，得出了 λ 与 Re 之间的关系曲线，如图 8.5.1 所示。这些曲线大致可以划分为如下 5 个区域：

①层流区，直线 ab，$Re<2\,320$；

②层流到湍流过渡区，曲线 bc，$2\,320<Re<4\,000$；

③水力光滑区，直线 cd，$4\,000<Re<26.98(d/\varDelta)^{8/7}$；

④湍流粗糙管过渡区，直线 cd 和 ef 所夹区域，$26.98(d/\varDelta)^{8/7}<Re<4160\left[d/(2\varDelta)\right]^{0.85}$；

⑤水力粗糙区，又称阻力平方区，直线 ef 右侧，$Re>4160\left[d/(2\varDelta)\right]^{0.85}$。

（2）莫迪图。工业管道中粗糙度大小、形状和分布是不规则的。莫迪于 1944 年提供了工业管道 λ 与 Re、$\varDelta/d$ 之间的关系图，称为莫迪图，如图 8.5.2 所示。该图分为 5 个区域，图中编号依次为层流区、临界区（相当于尼古拉兹图的层流到湍流过渡区）、光滑管区、过渡区（相当于尼古拉兹曲线的湍流粗糙管过渡区）、完全湍流粗糙管区（尼古拉兹曲线的阻力平方区）。

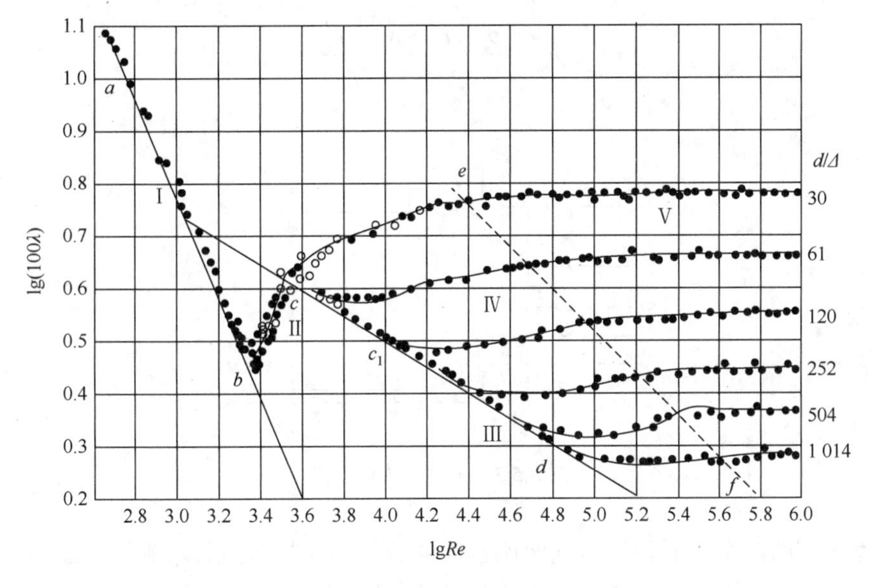

图 8.5.1　尼古拉兹实验曲线

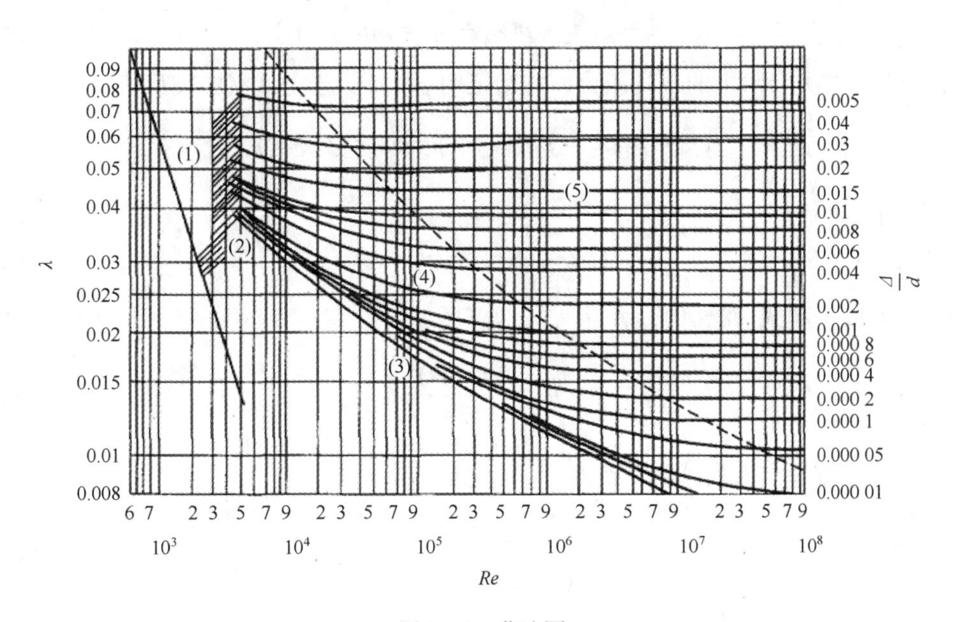

图 8.5.2　莫迪图

8.5.2　局部水头损失系数

1. 断面突然扩大的局部阻力系数

考虑如图 8.5.3 所示的断面突然扩大管道，以 1-1 和 2-2 两个缓变流体流过的断面为对象，将管轴线所在断面作为基准面，给出总流伯努利方程关系如下

$$z_1+\frac{p_1}{\rho g}+\frac{\alpha_1 v_1^2}{2g}=z_2+\frac{p_2}{\rho g}+\frac{\alpha_2 v_2^2}{2g}+h_f \tag{8.5.6}$$

式中：$z_1=z_2$，取 $\alpha_1=\alpha_2=1$，不计沿程损失，仅考虑局部的能量损失，有

$$h_\zeta = \frac{p_1 - p_2}{\rho g} + \frac{v_1^2 - v_2^2}{2g} \tag{8.5.7}$$

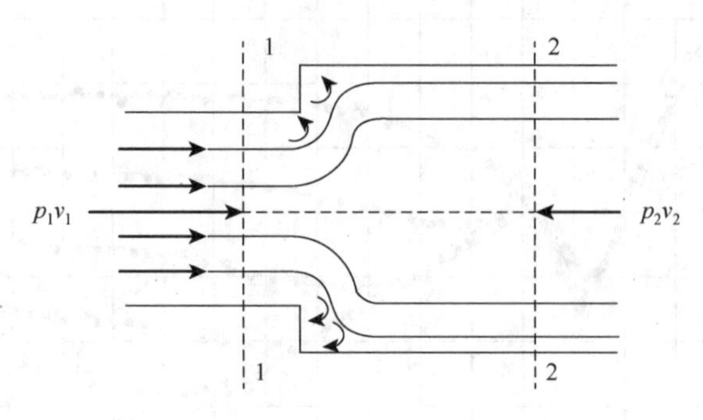

图 8.5.3　突然扩大的管道

以管道内部的两个截面和管道壁面所包围的流体为控制体，忽略管道壁面侧面的摩擦切应力，然后列出沿着管道轴线方向的动量方程式，有

$$p_1A_1 - p_2A_2 + p(A_2 - A_1) = \rho q(v_2 - v_1) \tag{8.5.8}$$

式中：p 为突然扩大台阶上的平均压力，实验证明 $p \approx p_1$，于是式（8.5.8）可写成

$$(p_1 - p_2)A_2 = \rho q(v_2 - v_1) = \rho A_2 v_2 (v_2 - v_1) \tag{8.5.9}$$

或

$$(p_1 - p_2) = \rho v_2 (v_2 - v_1) \tag{8.5.10}$$

由式（8.5.7）和式（8.5.10）可得

$$h_\zeta = \frac{(v_1 - v_2)^2}{2g} \tag{8.5.11}$$

根据连续性方程，上式可以变换为

$$h_\zeta = \left(1 - \frac{A_1}{A_2}\right)^2 \frac{v_1^2}{2g} = \zeta_1 \frac{v_1^2}{2g} \tag{8.5.12}$$

或

$$h_\zeta = \left(\frac{A_2}{A_1} - 1\right)^2 \frac{v_2^2}{2g} = \zeta_2 \frac{v_2^2}{2g} \tag{8.5.13}$$

式中：$\zeta_1 = (1 - A_1/A_2)^2$ 对应于小截面速度的局部水头损失系数；$\zeta_2 = (A_2/A_1 - 1)^2$ 对应于大截面速度的局部水头损失系数。

2. 常见障碍的局部水头损失系数

除断面突然扩大的局部障碍外，对工程实际中遇到的各种形式局部障碍的 ζ 值，可查阅有关资料和相关手册。这里给出一些常见局部水头损失系数，如表 8.5.1 和表 8.5.2 所示。

表 8.5.1　常见局部障碍的局部水头损失系数

局部障碍名称	简图	局部水头损失系数
逐渐扩大	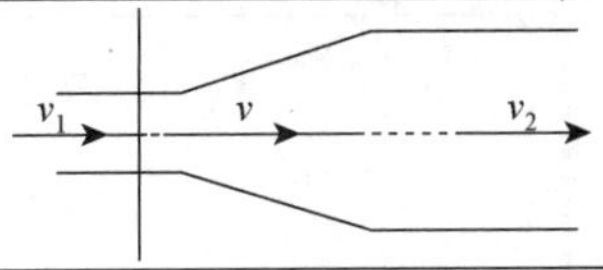	$\zeta = 0.2 \sim 0.72$
突然缩小	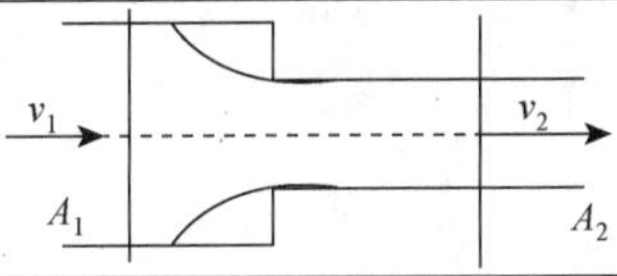	$\zeta = 0.5\left(1 - \dfrac{A_2}{A_1}\right)$
逐渐缩小	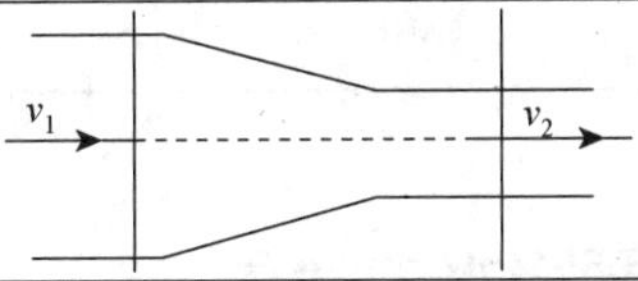	$\zeta = 0.01 \sim 0.05$
等径三通	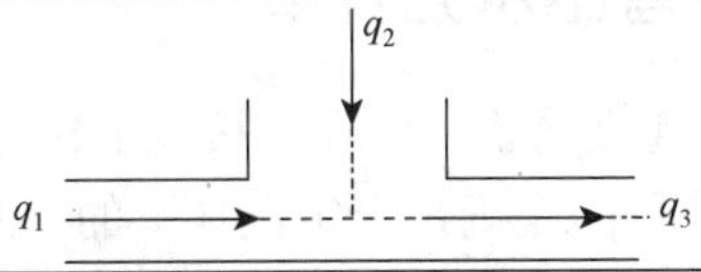	$q_2 = q_3$ 时，$\zeta = 1.5$ $q_2 = 0$ 时，$\zeta = 0.1$
	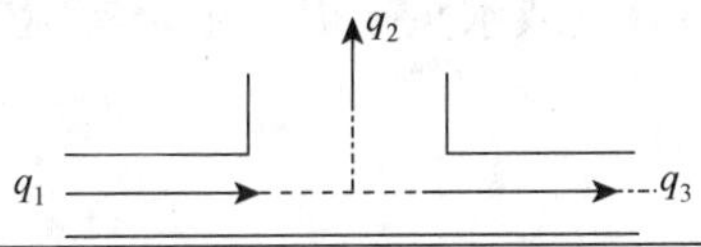	$q_1 = q_2$ 时，$\zeta = 1.5$ $q_1 > q_2$ 时，$\zeta = 0.1$
	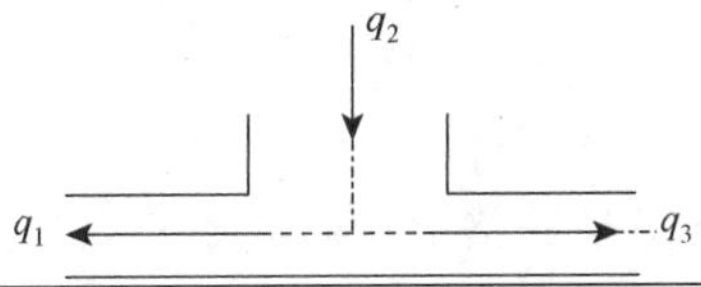	$\zeta = 1.5$
Y 形叉管	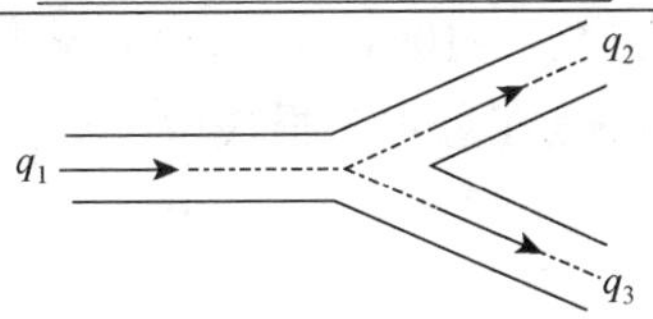	$\zeta = 1.0$
	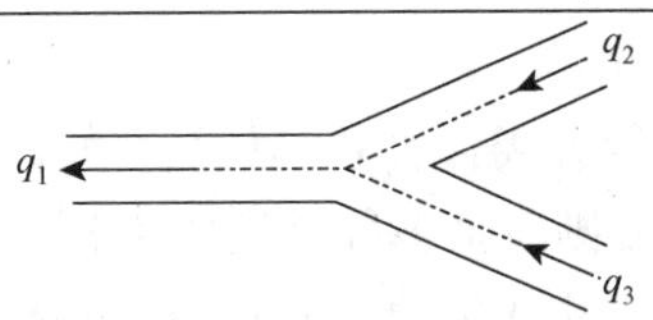	$\zeta = 1.5$
折角圆弯管	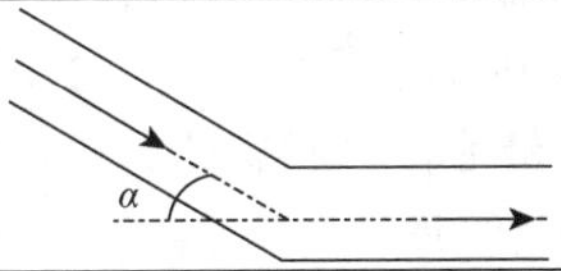	$\zeta = 0.946\sin^2\left(\dfrac{\alpha}{2}\right) + 2.047\sin^4\left(\dfrac{\alpha}{2}\right)$
90°圆弯管	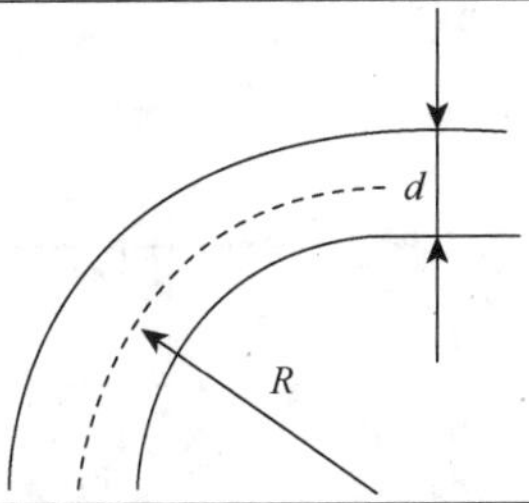	$\zeta = 0.131 + 0.16\left(\dfrac{d}{R}\right)^{3.5}$

表 8.5.2 常见液压附件的局部水头损失系数

局部障碍名称	局部水头损失系数	局部障碍名称	局部水头损失系数
直角弯头	$\zeta=0.9\sim1.2$	粗滤油器	$\zeta=1\sim3$
45°弯头	$\zeta=0.42$	油管出口	$\zeta=1$
节流阀	$\zeta=3\sim10$	三通接口	$\zeta=1.5\sim1.8$
油管入口	$\zeta=0.5$	单向阀	$\zeta=3\sim16$
直角弯管	$\zeta=0.3\sim0.6$	精滤油器	$\zeta=3\sim17$
45°长弯管	$\zeta=0.25$	阀体上的油路	$\zeta=1.5\sim2.3$

8.6 复杂管路水力计算

管路计算是工程流体力学应用中的一个重要方面，它在机械、土建、石油、化工、水利、液压传动等各个领域都有应用。管路计算的目的是确定一定流量下的管路尺寸，或在已知管路系统的几何尺寸的情况下，确定管路中的流量或水头损失。由于实际管路中流体流动多属于稳定流动，所以本节只讨论定常流动。

8.6.1 管路分类

1. 长管 短管

管路计算可以分为两种情况。第一种情况是管路中流体流动的局部能量损失与沿程能量损失相比所占比例很小，一般小于沿程损失的5%～10%。在这种情况下，通常不考虑局部损失，这样的管路被称为水力长管。第二种情况是在总水头损失中，局部损失与沿程损失均占相当的比例，都不能忽略。这种管路被称为水力短管。

2. 简单管路 复杂管路

管路可以根据其结构特点或组成结构进行分类，主要包括简单管路和复杂管路。简单管路是指等径、无分支的管路系统。而复杂管路则包括多种类型如图 8.6.1 所示，如串联管路、并联管路、分支管路和网状管路。串联管路是由不同直径管段首尾相接组成的管路系统，而并联管路则是由有共同起始及汇合点的管段所组成的管路系统。分支管路则是各支管只在流体入口或出口处连接在一起，另一端不相连。最后，网状管路是由若干管道相互连接组成一些环形回路，而节点处流出的流量来自几个回路管道。

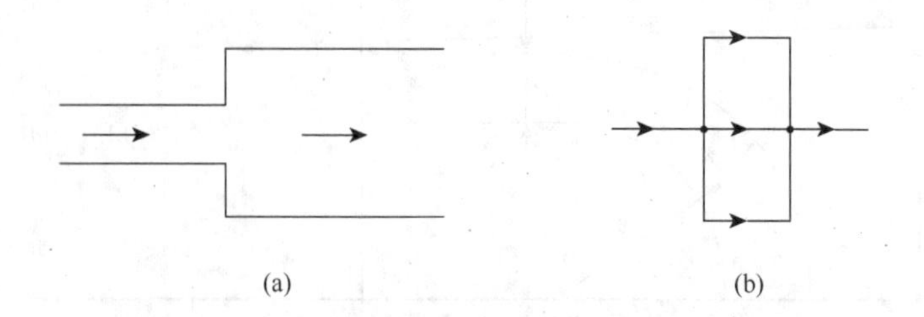

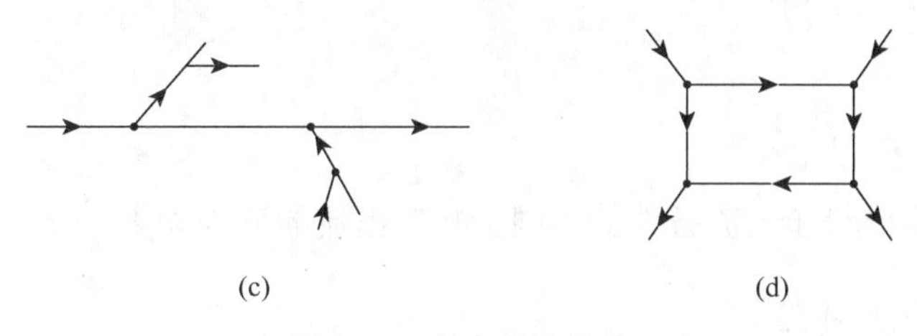

图 8.6.1　复杂管路分类

（a）串联管路；（b）并联管路；（c）分支管路；（d）网状管路

8.6.2　串联管路

管径不同的几根管道顺次连接而成的管路称为串联管路，如图 8.6.2 所示，其特点有以下几点。

（1）若连接点处无泄漏，则各段流量相等，即

$$q_1 = q_2 = q_3 \tag{8.6.1}$$

若连接点处有泄漏，则

$$q_2 = q_1 - q_1', \qquad q_3 = q_2 - q_2' \tag{8.6.2}$$

（2）总水头损失为各段损失之和，即

$$h_f = \sum h_\lambda + \sum h_\zeta \tag{8.6.3}$$

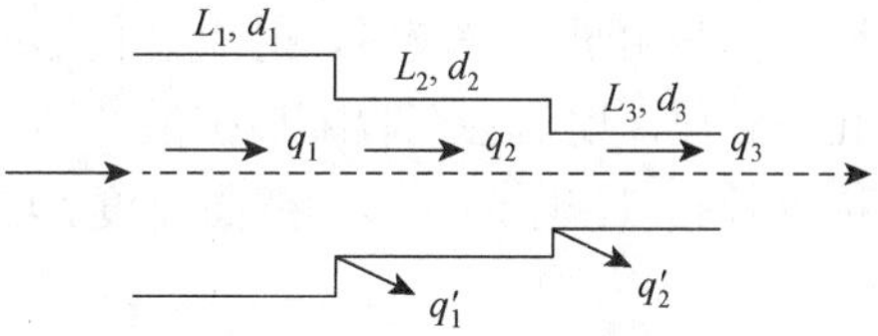

图 8.6.2　串联管路

8.6.3　并联管路

不同直径、不同长度的管道并列连接而成的管路称为并联管路，如图 8.6.3 所示，其特点有以下几点。

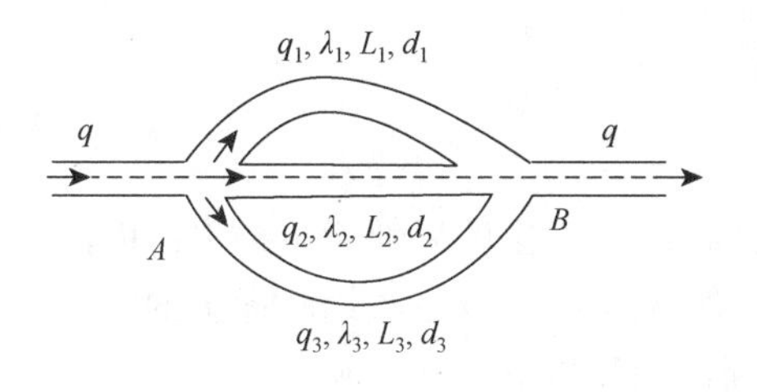

图 8.6.3　并联管路

（1）由流量连续性原理可知，总流量等于各分支点流量之和，即

$$q = q_1 + q_2 + q_3 \tag{8.6.4}$$

（2）并联管段各分段管程的水头损失相等（不计局部能量损失，并联管段具有共同的连接点，连接点间的压力差即为各并联管路的水头损失），即有

$$h_{\lambda 1} = h_{\lambda 2} = h_{\lambda 3} = \lambda_i \frac{L_i}{d_i} \frac{v_i^2}{2g} \quad (i = 1, 2, 3) \tag{8.6.5}$$

需要注意的是，并联管段上的水头损失相等，并不意味着各管段上的能量损失也相等。因为各段阻力不同，流量也不同，以同样的水头损失乘以不同的质量流量所得到的各段能量损失是不同的。

8.7　孔口和管嘴出流

孔口出流是指流体通过孔口流动的现象，这种现象在许多工程领域中都非常常见。例如，水力采煤使用的水枪、消防使用的水龙头、柴油机的喷嘴，以及液压技术中油液流经锥阀和阻尼孔等都可以归纳为孔口出流问题。在孔口出流中，流体的速度和压力分布会受到孔口形状、孔口尺寸、流体的物理性质等因素的影响。因此，对孔口出流的研究和分析对于工程设计和实际应用都具有重要意义。

8.7.1　孔口出流的分类

根据孔口的结构形状和出流条件的不同，孔口出流的分类如下。

1. 薄壁孔口和厚壁孔口

薄壁孔口如图 8.7.1（a）所示，当液流从孔口出流时，由于惯性作用，流线不能在孔口处急剧地改变方向，所以液流在出孔口后有收缩现象，在出孔口后约 $d/2$ 处，收缩完毕。该处的过水断面叫作收缩断面，如图中的 c-c 断面。薄壁孔口的壁面厚度 l 与孔口直径 d 的比值小于或等于 2，即 $l/d \leqslant 2$。

厚壁孔口如图 8.7.1（b）所示，其存在会导致液体流出时形成射流。虽然孔口有尖锐的边缘，但是由于孔壁较厚，射流会收缩成一个较小的断面，如图中的 c-c 断面所示。然而，由于孔壁较厚，射流会在收缩后扩散并附着在孔壁上，这种孔口被称为厚壁孔口或外伸管嘴，也被称为长孔口。厚壁孔口的壁面厚度 l 与孔口直径 d 的比值大于 2 而小于或等于 4，即 $2 < l/d \leqslant 4$。

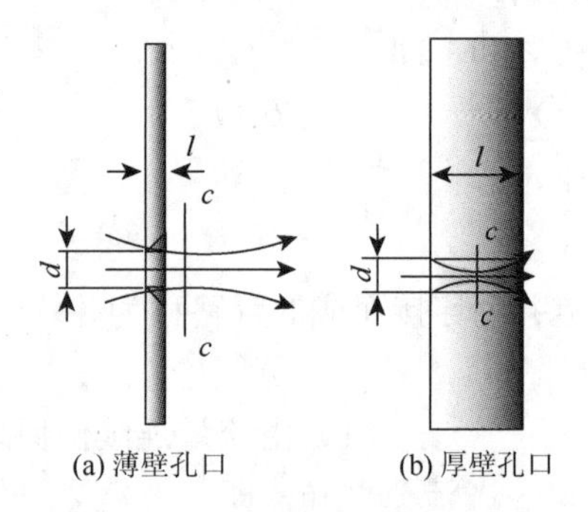

图 8.7.1　薄壁孔口和厚壁孔口

液体从薄壁孔口出流时，可忽略沿程能量损失，只计收缩时产生的局部能量损失；而液体从厚壁孔口出流时不仅有收缩的局部能量损失，而且还有沿程损失。c-c 收缩断面上的流线几乎已达到平行状态，若收缩断面面积以 A_c 表示，孔口断面面积以 A 表示，则有

$$\frac{A_c}{A} = C_c \tag{8.7.1}$$

式中：C_c 为收缩系数，因为 $A_c < A$，所以 $C_c < 1$。收缩系数的大小，与孔口边缘的情况和孔口离容器侧壁和底边的距离有关。锐缘孔口的收缩系数最小，圆边孔口的收缩系数较大，有时甚至达到 1。

实验证明，孔口所在位置不同，收缩状况也会有所不同。若孔口的全部边界都不与容器侧壁和底边重合，其四周的流线都会发生收缩，称为全部收缩孔口；反之，若孔口的部分边界与容器侧壁或底边重合，则为部分收缩孔口。若孔口的全部边界与容器侧壁和底边的距离都大于 3 倍的孔径，称为完善收缩；反之，则为不完善收缩。

2. 大孔口和小孔口

孔口的大小可以根据孔口断面上流速分布的均匀性来进行衡量。如果孔口断面上各点的流速是均匀分布的，那么这个孔口就被称为小孔口。小孔口的水头 H 必须大于孔径 d 的 10 倍，即 $\frac{H}{d}>10$。相反，如果孔口断面上各点的流速相差较大，不能按均匀分布计算，那么这个孔口被称为大孔口。大孔口的水头 H 必须小于或等于孔径 d 的 10 倍，即 $\frac{H}{d}\leqslant 10$。因此，孔口的大小不仅取决于孔径大小，还取决于孔口断面上流速分布的均匀性。

3. 定常出流和非定常出流

根据孔口的流量和流速的定常性来衡量，如果在孔口出流过程中容器内液面位置保持不变，也就是孔口的流量和流速都不会随时间变化，那么这种情况被称为孔口的定常出流；而如果在孔口出流过程中容器内液面位置发生变化，也就是孔口的流量和流速都会随时间变化，那么这种情况被称为孔口的非定常出流。

4. 自由出流和淹没出流

根据出流的下游条件来判断，如果流体从孔口出流后不受下游水位的影响，流出到大气中，则称为自由出流；如果流体出流到充满液体的空间中，则称为淹没出流。尽管出流条件不同，自由出流和淹没出流的流动特征和计算方法完全相同。

8.7.2　薄壁孔口的定常自由出流

现应用伯努利方程推导薄壁小孔口的自由出流流量公式。如图 8.7.2 所示，孔口中心的水头 H 保持不变，孔径较小可以忽略孔径直径对水头的影响，认为孔口各处的水头均为 H，收缩断面 c-c 位置处的水流与大气接触，上面各点的动水压力 p_c 等于大气压力 p_a。

以通过孔口的中心线 b-b 为基准面，对断面 s-s 与断面 c-c 列总流伯努利方程

$$H+\frac{p_a}{\rho g}+\frac{\alpha_0 v_0^2}{2g}=0+\frac{p_c}{\rho g}+\frac{\alpha_c v_c^2}{2g}+h_f \qquad (8.7.2)$$

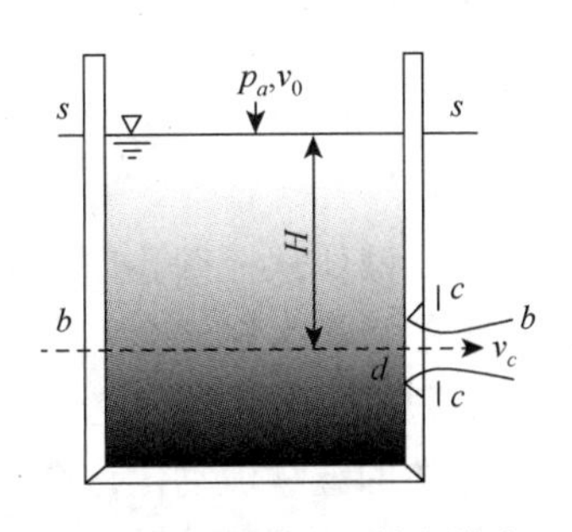

图 8.7.2　薄壁孔口的定常自由出流

式中：$v_0=0$；v_c 是出孔后收缩断面处的平均流速；α_0、α_c 为动能修正系数，因为流速分布较均匀，故取 $\alpha_0=\alpha_c=1$。由于沿程损失很小，可忽略，故水头损失只计流经孔口的局部损失，则有

$$h_f=\zeta\frac{v_c^2}{2g} \qquad (8.7.3)$$

式中：ζ 为局部水头损失系数。则式（8.7.2）可改写为

$$H=(1+\zeta)\frac{v_c^2}{2g} \qquad (8.7.4)$$

从而得

$$v_c=\frac{1}{\sqrt{1+\zeta}}\sqrt{2gH}=C_v\sqrt{2gH} \qquad (8.7.5)$$

式中：$C_v=1/\sqrt{1+\zeta}$，为流速系数。

将所得的流速乘以收缩断面面积，即得流量

$$q = A_c v_c = AC_c C_v \sqrt{2gH} = AC_r \sqrt{2gH} \tag{8.7.6}$$

式中：$C_r = C_c C_v$ 为孔口自由出流的流量系数。流量系数 C_r 决定于局部水头损失系数 ζ 和收缩系数 C_c。根据实验资料，对于完善、全部收缩情况下的薄壁小孔口 $\zeta = 0.05 \sim 0.06$，$C_c = 0.63 \sim 0.64$，$C_v = 0.97 \sim 0.98$，$C_r = 0.60 \sim 0.62$。

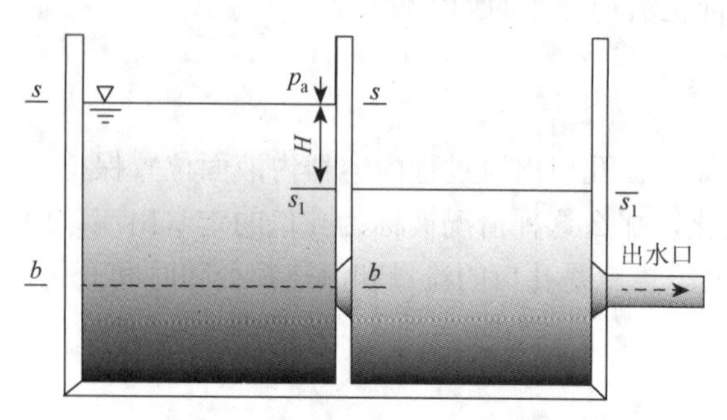

图 8.7.3　薄壁孔口对应的定常淹没出流

大孔口自由出流的流量关系式与式（8.7.6）的形式一样，只是流量系数 C_r 值不同。由于水头较小，大孔口的收缩系数较大，所以 C_r 值较大。例如，矩形大孔口的流量系数 C_r 值为 0.70～0.90。

如图 8.7.3 所示的薄壁孔口对应的定常淹没出流，其流动特性与自由出流相同，因此流速和流量也采用式（8.7.5）和式（8.7.6）来计算，其中 H 为左右两容器液面的高度差。实验证明，孔口淹没出流的流量系数与自由出流时完全一样。

8.7.3　厚壁孔口的定常自由出流

图 8.7.4 为带有外伸圆柱形厚壁孔口的容器，取 b-b 为基准面，对 s-s 与 s_1-s_1 两断面列总流伯努利方程

$$H + \frac{p_a}{\rho g} + \frac{\alpha_0 v_0^2}{2g} = 0 + \frac{p_1}{\rho g} + \frac{\alpha_1 v_1^2}{2g} + h_f \tag{8.7.7}$$

式中：$p_1 = p_a$，$\alpha_0 = \alpha_1 = 1$，$v_0 = 0$，则式（8.7.7）可改写为

$$H = \frac{v_1^2}{2g} + h_f \tag{8.7.8}$$

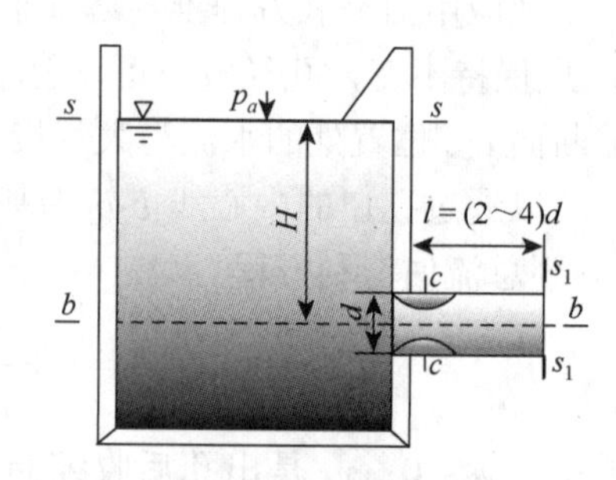

图 8.7.4　厚壁孔口对应的定常自由出流

当液体从厚壁孔口自由出流时，如果进口处边界是尖锐的，那么射流会发生收缩，这是因为流体受到了边界的限制，导致流速增加从而形成了一个收缩断面。随着流体的继续流动，这个收缩断面会逐渐扩大，最终充满整个管道。然而，即使在液体充满全管的情况下，厚壁孔口内部仍然存在一个收缩断面，这也是厚壁孔口与薄壁孔口的区别之一。厚壁孔口水头损失有三个组成部分。第一个部分是局部水头损失，指的是水流通过孔口时由于摩擦和阻力等因素导致的能量损失。第二个部分是突然扩大水头损失，指的是在断面 c-c 处孔口的截面积突然扩大，导致水流速度减缓，从而产生的能量损失。第三个部分是沿程水头损失，指的是水流通过孔口后在管道内部沿程中由于摩擦和阻力等因素导致的能量损失。因此，其水头损失表达式为

$$h_f = \frac{\zeta v_c^2}{2g} + \frac{\zeta_1 v_1^2}{2g} + \lambda \frac{l/2}{d} \cdot \frac{v_1^2}{2g} \tag{8.7.9}$$

式（8.7.9）中突然扩大对应的局部水头损失系数 ζ_1 应按下式计算

$$\zeta_1 = \left(\frac{A}{A_c} - 1\right)^2 \tag{8.7.10}$$

因有 $v_c = Av_1/A_c = v_1/C_c$，故得

$$H = \left(1 + \frac{\zeta}{C_c^2} + \zeta_1 + \lambda\frac{l}{2d}\right)\frac{v_1^2}{2g} \tag{8.7.11}$$

$$v_1 = \sqrt{2gH}\Big/\sqrt{1 + \zeta/C_c^2 + \zeta_1 + \lambda l/2d} = C_v\sqrt{2gH} \tag{8.7.12}$$

则流量

$$q = Av_1 = AC_v\sqrt{2gH} = AC_r\sqrt{2gH} \tag{8.7.13}$$

式中：$C_r = C_v$，C_v 为厚壁孔口流速系数；C_r 为厚壁孔口流量系数。

由以上可知，厚壁孔口流速和流量计算公式在形式上与薄壁孔口的计算公式完全相同。按 $\zeta = 0.06$，$C_c = 0.64$，$\lambda = 0.02$，$l/(2d) = 2$ 来计算，则得流量系数 $C_r = 0.82$，这个数值已被实验所证实。

8.7.4　各类型孔口出流性能比较

在工程中，常用的孔口包括图 8.7.5 中的薄壁孔口、厚壁孔口或外伸管嘴、内伸管嘴、收缩管嘴、扩张管嘴和流线型管嘴。

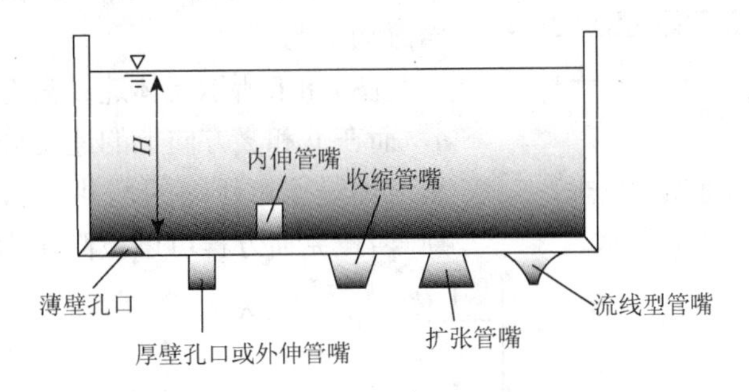

图 8.7.5　厚壁孔口的定常自由出流

假设这些孔口在容器壁面上的面积 A 相同，为了进行比较开展了实验并测得它们的出流系数，这些系数都是对应于出口断面上的数值。需要注意的是，这些物体的出口断面面积并不完全相同，因此在比较它们的出流系数时需要考虑这一因素。表 8.7.1 列出了各类孔口测得的出流系数。

表 8.7.1　各类孔口出流系数

名称	收缩系数 C_c	流速系数 C_v	流量系数 C_r
薄壁孔口	0.64	0.97	0.62
厚壁孔口（外伸管嘴）	1	0.82	0.82
内伸管嘴	1	0.71	0.71
收缩管嘴	0.98	0.96	0.95
扩张管嘴	1	0.45	0.45
流线型管嘴	1	0.98	0.98

上述每种管嘴都有其特点和适用场合。例如，厚壁孔口的流量系数大，但需要满足一定条件才能保持真空度；收缩管嘴的出口速度最高，适用于需要大动能而不需要大流量的场所；扩张管嘴的真空度大，具有更大的抽吸能力，适用于大流量而低流速的场所。流线型管嘴具有最小的阻力，适用于减小阻力和减小干扰等情况，但需要进行圆滑的加工。

8.8 缝隙流动

机械设备中存在的各种形式的配合间隙，这些缝隙虽然尺寸不大，但为液体流动提供了条件。研究缝隙中液体的流动规律对于机械系统和液压元件的设计与分析具有实际意义。由于缝隙较小，液体自身又有一定的黏性，所以流体在缝隙中流动时的雷诺数很小，一般认为属于层流。本节主要研究平行平板缝隙之间的流动，它是讨论各种缝隙流动的基础。在缝隙流中由缝隙两端的压差引起的流动通常称为压差流；由配合机件间的相对运动引起的流动通常称为剪切流。

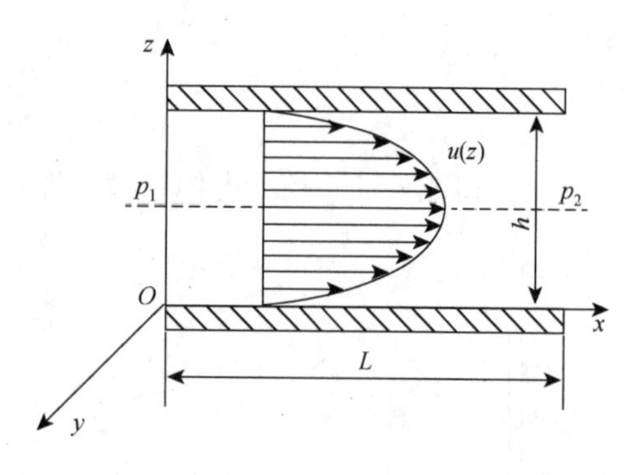

图 8.8.1　固定平行平板缝隙流动

8.8.1　两固定平行平板间的缝隙流动

考虑两平行平板长为 L，宽为 B，缝隙高度为 h，如图 8.8.1 所示，同时假设两平行平板间的距离 h 远小于其宽度 B，不考虑流体沿宽度（垂直纸面）方向的流动，分析由于缝隙两端的压力差 Δp 而导致的压差流动情况。

图 8.8.1 所示流体速度只有沿着 x 轴方向的分量 u，而在 y 和 z 方向上的速度分量 v 和 w 均为 0。由于流体是不可压缩的，并且忽略了质量力，所以纳斯-斯托克斯方程可以被简化为更简单的形式如下

$$\begin{cases} -\dfrac{1}{\rho}\dfrac{\partial p}{\partial x}+\nu\dfrac{\partial^2 u}{\partial z^2}=0 \\ -\dfrac{1}{\rho}\dfrac{\partial p}{\partial y}=0 \\ -\dfrac{1}{\rho}\dfrac{\partial p}{\partial z}=0 \end{cases} \tag{8.8.1}$$

上述关系表明压力 p 仅沿着 x 方向发生变化而与 y、z 两个方向没有关系，所以

$$\frac{\partial p}{\partial x}=\frac{\mathrm{d}p}{\mathrm{d}x}=-\frac{\Delta p}{L} \tag{8.8.2}$$

由于流动速度 u 仅为 z 坐标的函数，所以 $\dfrac{\partial^2 u}{\partial z^2}$ 可以直接写成 $\dfrac{\mathrm{d}^2 u}{\mathrm{d}z^2}$，于是上述表达式变为

$$\frac{\mathrm{d}^2 u}{\mathrm{d}z^2}=\frac{1}{\rho\nu}\frac{\mathrm{d}p}{\mathrm{d}x}=\frac{1}{\mu}\frac{\mathrm{d}p}{\mathrm{d}x}=-\frac{\Delta p}{\mu L} \tag{8.8.3}$$

即得到固定平行平板缝隙中流体层流运动下的常微分方程表达式。对式（8.8.3）进行积分可得到

$$u=\frac{1}{2\mu}\frac{\mathrm{d}p}{\mathrm{d}x}z^2+C_1z+C_2 \tag{8.8.4}$$

利用已知的边界条件：当 $z=0$ 时，$u=0$；当 $z=h$ 时，$u=0$，可求得 $C_1=-\frac{1}{2\mu}\frac{\mathrm{d}p}{\mathrm{d}x}h$，$C_2=0$，从而可以得到沿断面速度分布规律为

$$u=\frac{1}{2\mu}\left(-\frac{\mathrm{d}p}{\mathrm{d}x}\right)(h-z)z=\frac{\Delta p}{2\mu L}(h-z)z \tag{8.8.5}$$

通过上述推导可以看到，该缝隙压差流动中的速度 u 沿缝隙高度方向是按照抛物线规律分布的，其速度分布呈二次抛物曲面如图 8.8.1 所示。

对式（8.8.5）求一阶导数并令其为零，得到最大流动速度为

$$u_{\max}=\frac{\Delta p}{8\mu L}h^2 \tag{8.8.6}$$

通过缝隙的流量为

$$q=B\int_0^h u\mathrm{d}z=\frac{B\Delta p}{2\mu L}\int_0^h(hz-z^2)\mathrm{d}z=\frac{Bh^3\Delta p}{12\mu L} \tag{8.8.7}$$

可以看到，两固定平行平板间隙的流量 q 与间隙高度 h 的三次方成正比。

平均流速

$$v=\frac{q}{A}=\frac{q}{hB}=\frac{h^2\Delta p}{12\mu L} \tag{8.8.8}$$

与式（8.8.6）比较得

$$v=\frac{2}{3}u_{\max} \tag{8.8.9}$$

压力改变可由式（8.8.7）得到

$$\Delta p=\frac{12\mu Lq}{Bh^3} \tag{8.8.10}$$

8.8.2　具有相对运动的两平行平板间的缝隙流动

在具有相对运动的壁面之间的缝隙中，常会存在着润滑剂或密封剂，以减少摩擦和磨损，同时也能够防止外部杂质进入，保证机械设备的正常运转。在设计和制造这些机械设备时，需要考虑缝隙的大小、形状和位置，以确保其能够满足机械设备的要求。此外，在使用过程中，还需要定期检查和维护缝隙，以确保其正常运行和延长机械设备的使用寿命。

针对平行板间的纯剪切流动问题。假设上平板以等速度 U 运动，下平板不动，两端无压差。在平板间的缝隙中，油液受到运动壁面的作用而产生纯剪切流动。根据边界条件，即 $z=h$ 时速度为 U，$z=0$ 时速度为 0，可以确定积分常数，从而得到速度分布规律为

$$u=\frac{U}{h}z \tag{8.8.11}$$

式（8.8.11）即平行平板缝隙内纯剪切情况下流体流动时的速度分布规律。由表达式可知，流速沿 z 方向线性变化。

由速度分布，求得流量

$$q = B\int_0^h u\mathrm{d}z = \frac{UBh}{2} \tag{8.8.12}$$

当缝隙中的流体既受压差作用又受剪切作用而流动时，缝隙中流体的流速 u 和流量 q 将是这两种运动的叠加，即

$$u = \frac{\Delta p}{2\mu L}(h-z)z \pm \frac{U}{h}z \tag{8.8.13}$$

$$q = \frac{Bh^3\Delta p}{12\mu L} \pm \frac{UBh}{2} \tag{8.8.14}$$

相对运动的方向与缝隙中压差流动方向相同时［图 8.8.2（a）］，式（8.8.13）和式（8.8.14）的第二项取正号，相对运动的方向与缝隙中压差流动方向相反时如图 8.8.2（b），则式（8.8.13）和式（8.8.14）的第二项取负号。

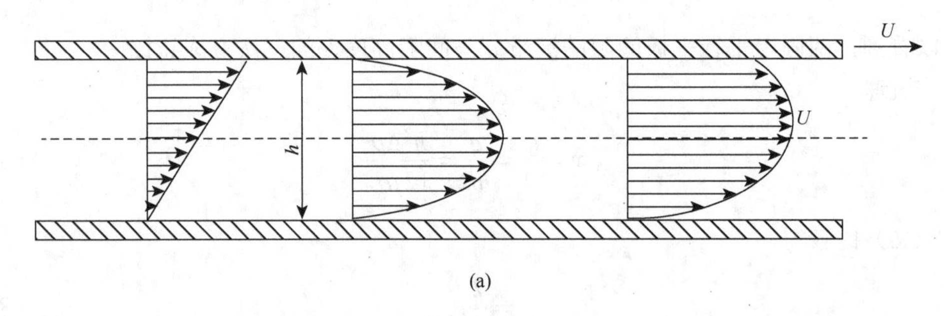

(a)

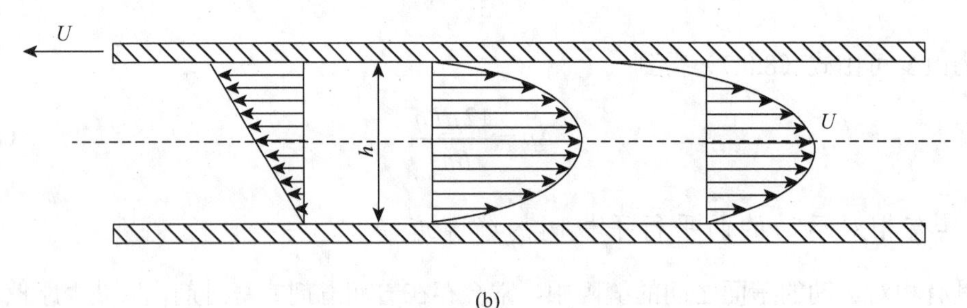

(b)

图 8.8.2　压差和剪切情况同时发生时的流速分布

8.9　管路中的水击现象

本节研究管道阀门突然关闭时，液体压强的变化情况，这种现象称为水击。水击会引起管道内液体压强大幅度波动，伴随着很大的噪声和振动，甚至会对管道产生破坏。因此，了解水击的本质，估算压强峰值并研究抑制措施是非常必要的。在分析水击现象时必须考虑液体的可压缩性问题。

8.9.1　水击波的传播

考虑如图 8.9.1 所示的一根等径直管，上游与一固定水面的大水池相连，出口经一阀门和大气连通，设管长为 l，管径为 d。在阀门正常开启情况下，管中的流速为 u_0，压强为 p，忽略沿程损失。

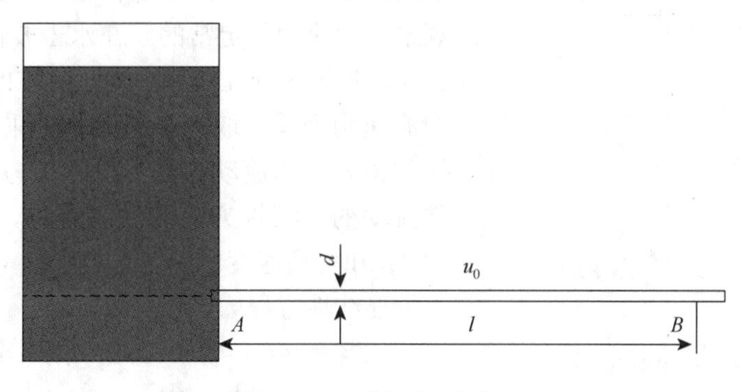

图 8.9.1　水击波的传播

（1）当阀门由开启状态突然关闭，则靠近阀门位置的流体流动速度由 u_0 突然变为零，会导致压力由 p 增至 $p+\Delta p$，形成高压区，同时管内水的密度也由 ρ 增加到 $\rho+\Delta\rho$，考虑管壁的弹性变形，其截面积会从 A 增加至 $A+\Delta A$。随着关闭阀门后时间的推移，在阀门附近这一高压区域的范围逐渐扩大，而高压区和低压区的分界面称为水击波面，此波面以速度 c 向上游传播。在这一过程中 Δp 称为水击压强，c 称为水击波传播速度。

（2）当时刻 $t_1=l/c$ 时，水击波传播到达入口 A，即高压区扩展至入口 A，此时整个管道内的流体流速均降至 0，压力均增加至 $p+\Delta p$，整个管内均为高压区。在 A 位置处，其右侧的压力高于其左侧的压力，在压差的作用下，A 位置处的流体会产生流动速度并从管内向水池内作反方向的流动，同时会导致压力从 $p+\Delta p$ 降至 p，流体的密度和管道面积也分别恢复至初始状态，随着反向流动的区域逐渐扩大，水击波以速度 c 向图中管右侧阀门方向反射传播。

（3）当时刻 $t_2=2l/c$ 时，水击波传播到达 B 位置处，即管内压力恢复为初始状态。此时管道内的流体流速皆为初始流速 u_0，但其流动方向均朝向水池方向，管内压强、流体密度和管道面积皆恢复为初始状态。在 B 位置处由于此时阀门依然为关闭状态，阀门右侧没有流体能够回流，导致 B 位置的流体被迫停止向水池倒流，从而使得流体的密度从 ρ 减小至 $\rho-\Delta\rho$，压力也降至 $p-\Delta p$，形成低压区，截面积减小为 $A-\Delta A$。随着低压区逐渐扩大，水击波以速度 c 向管左侧传播。

（4）当时刻 $t_3=3l/c$ 时，水击波传播至 A 位置处，管道内均为低压区，流速皆为 0。流体密度和压力减小为 $\rho-\Delta\rho$ 和 $p-\Delta p$。A 位置处左侧边的压力高于右侧压力，流体受压力差的作用产生流动速度 u_0，向阀门 B 位置的方向开始流动，形成压力恢复区。

（5）当时刻 $t_4=4l/c$ 时，水击波传播到达 B 位置处。管道内的流速皆为 u_0，方向朝阀门方向，管内的压力、流体密度和管道面积皆恢复为 p、ρ、A。由于阀门仍然保持关闭状态，将重复上述的 4 个过程。

从这一水击波传播过程可以看到，阀门处的压力由大到小变换一次的时间是 $t_0=2l/c$，故压力变化的周期为 $T=2l/c$。

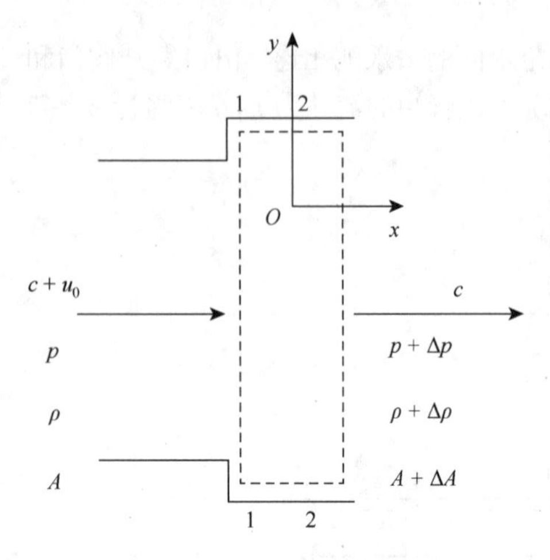

图 8.9.2　水击波控制体

8.9.2 最大压力和传播速度

水击波的传播是一个非定常过程，但如果采用一个随波面一起运动的动坐标系，那么在此动坐标系上观察到的流动是定常的。在水击波传播的第一阶段，波面以速度 c 向左传播，波面前方的流速为 u_0，后方的流速则为零。取一个控制体，采用动坐标 x、y 则控制体表面的流动参数如图 8.9.2 所示。通过应用定常流动的连续性方程和动量方程，可以求出水击压力 Δp 和传播速度 c。

连续性方程

$$\rho q=\rho(c+u_0)A=(\rho+\Delta\rho)c(A+\Delta A) \tag{8.9.1}$$

略去二阶微量，得

$$\frac{u_0}{c}=\frac{\Delta\rho}{\rho}+\frac{\Delta A}{A} \tag{8.9.2}$$

动量方程

$$p(A+\Delta A)-(p+\Delta p)(A+\Delta A)=\rho q\left[c-(c+u_0)\right] \tag{8.9.3}$$

以 $\rho q=(\rho+\Delta\rho)c(A+\Delta A)$ 代入式（8.9.3）并化简，得

$$\Delta p=\left(1+\frac{\Delta\rho}{\rho}\right)\rho cu_0 \tag{8.9.4}$$

由于 $\Delta\rho/\rho\ll 1$，所以

$$\Delta p=\rho cu_0 \tag{8.9.5}$$

这就是水击压力的计算公式。

为了推导 c 的计算公式，先从连续性方程（8.9.2）中得到 $\Delta\rho$ 和 ΔA 与 Δp 的关系。密度的增加必然引起压力的增大，根据液体的体积模量 E 的定义有

$$\frac{\Delta\rho}{\rho}=\frac{\Delta p}{E} \tag{8.9.6}$$

管道内流体压力增加时，管壁受到拉伸导致横截面面积增加。通过截取单位长度的管段进行受力分析，如图 8.9.3 所示用一个过管轴线的平面将管段切开，拉力 T 等于管壁受到的拉应力 σ 与管壁切面的面积乘积，可得到管内压力 Δp 和管壁拉力 T 之间的关系。设管壁厚度为 δ，则 $T=\sigma\delta$，于是

$$\mathrm{d}\Delta p=2\sigma\delta \tag{8.9.7}$$

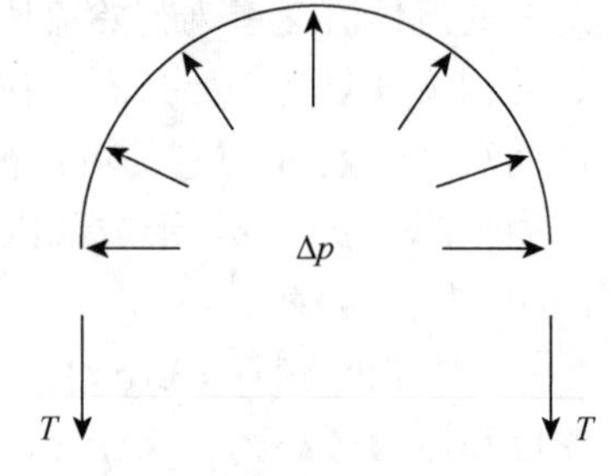

图 8.9.3　管壁受力

同时管壁受到的拉应力 σ 与管壁自身的伸长率有关，$\sigma=K\varepsilon$，K 为管壁材料的弹性模量，ε 是管道横截面的伸长率。周长 $S=2\pi r$，因此伸长率

$$\varepsilon=\frac{\Delta S}{S}=\frac{\Delta r}{r} \tag{8.9.8}$$

管道的横截面积为 $A=\pi r^2$，面积的变化率为

$$\frac{\Delta A}{A}=\frac{2\Delta r}{r} \tag{8.9.9}$$

所以

$$d\Delta p=2K\delta\frac{2\Delta r}{r}=K\delta\frac{\Delta A}{A} \tag{8.9.10}$$

即

$$\frac{\Delta A}{A}=\frac{d\Delta p}{K\delta} \tag{8.9.11}$$

这样连续性方程（8.9.2）可以写成

$$\frac{u_0}{c}=\left(\frac{1}{E}+\frac{d}{K\delta}\right)\Delta p \tag{8.9.12}$$

将式（8.9.5）代入上式，化简后就得到水击波传播的速度

$$c=\sqrt{\frac{E/\rho}{1+\dfrac{Ed}{K\delta}}} \tag{8.9.13}$$

式中：ρ 为流体密度；K 为管壁材料的弹性模量；δ 为管壁厚度；d 为管道直径。

8.10　例题选讲

例 8.10.1　已知某一圆管的管径 $d=150\text{ mm}$，管内液体流量 $q=0.015\text{ m}^3/\text{s}$，液体温度为 10℃，其运动黏度系数 $\nu=0.415\text{ cm}^2/\text{s}$。试确定：（1）在此温度下，管内液体的流动状态如何？（2）在此温度下，管内流动的临界速度是多少；（3）如果过流面积改为面积相等的正方形管道，则管内流体的流动状态又如何变化？

解　（1）设管中平均速度为 v，有 $v\dfrac{\pi d^2}{4}=q$ 得

$$v=\frac{4q}{\pi d^2}=\frac{4\times 15\times 10^{-3}}{\pi\times 0.15^2}=0.85(\text{m/s})$$

流动的雷诺数

$$Re=\frac{vd}{\nu}=\frac{0.85\times 0.15}{0.415\times 10^{-4}}=3\,072>2\,320$$

可知在此温度下的流动状态为湍流。

（2）当 $Re=2\,320$ 时，为层流、湍流的界限，临界流速为

$$v_c=\frac{Re\cdot\nu}{d}=\frac{2\,320\times 0.415\times 10^{-4}}{0.15}=0.64(\text{m/s})$$

即此温度下的临界流速为 $v_c=0.64\text{ m/s}$。

（3）设正方形管道边长为 a，由题设

$$a^2=\frac{1}{4}\pi d^2,\qquad a=\frac{1}{2}d\sqrt{\pi}=0.133(\text{m})$$

当量直径

$$d_H = 4\frac{A}{l} = \frac{4a^2}{4a} = a = 0.133(\text{m})$$

所以

$$Re = \frac{vd_H}{\nu} = \frac{0.85\times 0.133}{0.415\times 10^{-4}} = 2\,724 > 2\,320$$

即流动状态仍为湍流。

例 8.10.2 设有一恒定有压均匀管流且已知管的直径 $d = 20$ mm，管长 $l = 20$ m，管中水流流速 $u = 0.12$ m/s，水温 $t = 10$℃时水的运动黏度 $\nu = 1.306\times 10^{-6}$ m²/s。求沿程水头损失。

解 $Re = \frac{ud}{\nu} = \frac{0.12\times 0.02}{1.306\times 10^{-6}} = 1\,838 < 2\,320$（层流）

所以

$$\lambda = \frac{64}{Re} = \frac{64}{1\,838} = 0.035$$

$$h_\lambda = \lambda\frac{l}{d}\frac{v^2}{2g} = 0.035\times\frac{20}{0.02}\times\frac{0.12^2}{2\times 9.8} = 0.026(\text{m})$$

例 8.10.3 某并联管路如图 8.10.1 所示，已知 $L_1 = 1\,100$ m，$d_1 = 350$ mm，$L_2 = 800$ m，$d_2 = 300$ mm，$L_3 = 900$ m，$d_3 = 400$ mm，各段沿程水头损失系数均为 $\lambda = 0.02$，局部水头损失可忽略不计。若总流量 $q = 0.6$ m³/s，求各分支管的流量及 AB 两点间的水头损失。

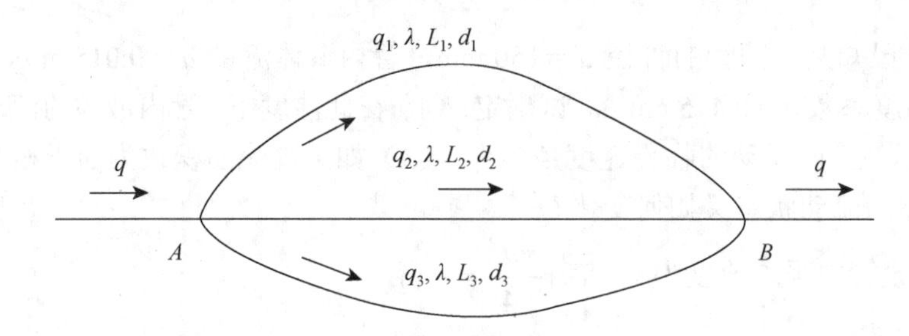

图 8.10.1 某并联管路

解 根据并联管路的特点，设各支管的流量分别为 q_1、q_2、q_3 则有

$$\begin{cases} q = q_1 + q_2 + q_3 \\ h_{fAB} = h_{\lambda 1} = h_{\lambda 2} = h_{\lambda 3} \end{cases}$$

即

$$\lambda\frac{L_1}{d_1}\frac{v_1^2}{2g} = \lambda\frac{L_2}{d_2}\frac{v_2^2}{2g}, \qquad \lambda\frac{L_1}{d_1}\frac{v_1^2}{2g} = \lambda\frac{L_3}{d_3}\frac{v_3^2}{2g}$$

而

$$v_1 = \frac{4q_1}{\pi d_1^2}, \quad v_2 = \frac{4q_2}{\pi d_2^2}, \quad v_3 = \frac{4q_3}{\pi d_3^2}$$

代入以上各式并整理得

$$q_2 = q_1\sqrt{\frac{L_1 d_2^5}{L_2 d_1^5}}, \qquad q_3 = q_1\sqrt{\frac{L_1 d_3^5}{L_3 d_1^5}}$$

联立求解各式得

$$q_1 = 0.179\,6\ \mathrm{m^3/s}, \quad q_2 = 0.143\,2\ \mathrm{m^3/s}, \quad q_3 = 0.277\,2\mathrm{m^3/s}$$

AB 间的水头损失为

$$h_{fAB} = h_{\lambda 1} = \lambda\frac{L_1}{d_1^5}\frac{8q_1^2}{\pi^2 g} = 0.02\times\frac{1100}{0.35^5}\times\frac{8\times 0.179\,6^2}{\pi^2\times 9.81} = 11.16(\mathrm{m})$$

例 8.10.4　如图 8.10.2 所示的水泵抽水系统，流量 $q = 0.062\,8\ \mathrm{m^3/s}$，水的运动黏度系数 $\nu = 1.519\ \mathrm{mm^2/s}$，管径 $d = 200$ mm，绝对粗糙度 $\varDelta = 0.4$ mm，$h_1 = 3$ m，$h_2 = 17$ m，$h_3 = 15$ m，$L_2 = 12$ m，各处局部水头损失系数为 $\zeta_1 = 3$，ζ_2（直角弯管 $d/R = 0.8$），ζ_3（光滑弯管 $\theta = 30°$），$\zeta_4 = 1$。求：(1) 管路的沿程水头损失系数；(2) 水泵的扬程，(3) 水泵的有效功率（$P = \rho gHq$）。

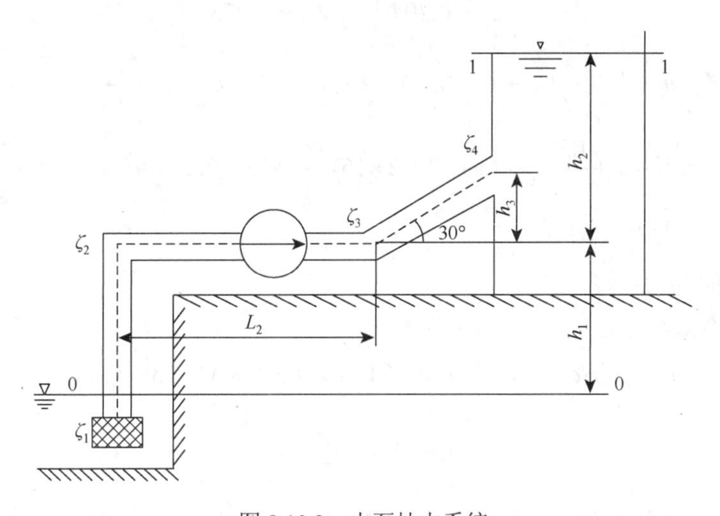

图 8.10.2　水泵抽水系统

解　(1) 求管路的沿程水头损失系数。

管中平均速度

$$v = \frac{4q}{\pi d^2} = \frac{4\times 0.062\,8}{\pi\times 0.2^2} = 2(\mathrm{m/s})$$

管中流动的雷诺数

$$Re = \frac{vd}{\nu} = \frac{2\times 0.2}{1.519\times 10^{-6}} = 2.63\times 10^5$$

相对粗糙度

$$\frac{\varDelta}{d} = \frac{0.4\times 10^{-3}}{0.2} = 2\times 10^{-3}$$

根据 Re 及 Δ/d 值，查莫迪图可知 $\lambda=0.024\,2$。

（2）求水泵扬程。取 0-0、1-1 两缓变过流断面，并以 0-0 为基准面，列总流伯努利方程。考虑到 0-0、1-1 两断面间有泵，流体获得能量，设扬程为 H，则

$$z_0+\frac{p_0}{\rho g}+\frac{\alpha_0 v_0^2}{2g}+H=z_1+\frac{p_1}{\rho g}+\frac{\alpha_1 v_1^2}{2g}+h_f$$

式中：$z_0=0, z_1=h_1+h_2, p_0=p_1=0$，取 $\alpha_0=\alpha_1=1, v_0=v_1=0$。即

$$H=h_1+h_2+h_f$$

$$h_f=\sum h_\lambda+\sum h_\zeta$$

$$\sum h_\lambda=\lambda\frac{h_1}{d}\frac{v^2}{2g}+\lambda\frac{L_2}{d}\frac{v^2}{2g}+\lambda\frac{2h_3}{d}\frac{v^2}{2g}=\frac{\lambda}{d}(h_1+L_2+2h_3)\frac{v^2}{2g}$$

$$\sum h_\zeta=\sum_{i=1}^{4}\zeta_i\frac{v^2}{2g}=(\zeta_1+\zeta_2+\zeta_3+\zeta_4)\frac{v^2}{2g}$$

查表 8.5.1 得

$$\zeta_2=0.204,\qquad \zeta_3=0.073$$

$$\begin{aligned}H&=h_1+h_2+\frac{\lambda}{d}(h_1+L_2+2h_3)\frac{v^2}{2g}+(\zeta_1+\zeta_2+\zeta_3+\zeta_4)\frac{v^2}{2g}\\&=3+17+\frac{0.024\,2}{0.2}(3+12+2\times 15)\frac{2^2}{2g}+(3+0.204+0.073+1)\frac{2^2}{2g}\\&=21.98\ (\text{m})\end{aligned}$$

此即为水泵的有效扬程。

（3）水泵的有效功率

$$P=\rho gHq=1\,000\times 9.81\times 21.98\times 0.062\,8\,\text{W}=13.54\ (\text{kW})$$

测 试 题 8

1. 两个管径不同的管道内通过不同黏性的流体，它们的临界雷诺数（　　）。

A. 相同　　B. 不同　　C. 不能确定是否相同

2. 水在直径为 $d=100$ mm 的管中流动，流速是 $v=0.5$ m/s，水的运动黏度是 $\nu=1\times 10^{-6}$ m²/s，则水在管中呈何种流动状态（　　）。

A. 层流　　B. 湍流　　C. 过渡流　　D. 可能层流可能湍流

3. 在圆管中层流流动时，流速分布的形式是（　　）。

A. 均匀分布　　B. 线性分布　　C. 抛物线分布　　D. 指数分布

4. 管路中并联各分段管程的（　　）相等。

A. 黏性水头损失　　B. 局部水头损失　　C. 沿程水头损失　　D. 流量

5. 一条长为 1 000 m 的管道，内径为 0.5 m，流量为 0.1 m³/s，沿程水头损失系数为 0.02，管道中有 5 个弯头和 2 个放水阀门，每个弯头的局部水头损失系数为 0.5，每个放水阀门的局部水头损失系数为 1.0。则在管道末端的压力与管道入口的压力之差为（　　）。

A. 0.02 kPa　　B. 0.2 kPa　　C. 0.02 MPa　　D. 0.2 MPa

6. 实际流体的总水头沿程总是（　　）的。

A. 增加　　B. 不变　　C. 下降　　D. 不确定

7. 厚壁孔口一般指壁面厚度或管嘴长度 L 和孔口直径 d 的比值 L/d 在（　　）范围内的孔口。

A. 0.3～0.4　　B. 3～4　　C. 30～40　　D. 300～400

8. 薄壁孔口一般指壁面厚度 l 和孔口直径 d 的比值 l/d 小于或等于（　　）的孔口。

A. 0.2　　B. 2　　C. 20　　D. 200

9. 两块平行的平板之间有一小缝隙，缝隙宽度为 5 mm。在缝隙内有水。当两侧的压力差为 0.05 MPa 时，流体在缝隙内的流速为 1 m/s。若将缝隙的宽度变为原来的两倍，则下列哪个选项描述的现象是正确的？

A. 流速变为原来的一半，流量不变　　B. 流速不变，流量不变

C. 流速不变，流量变为原来的两倍　　D. 流速和流量均变为原来的两倍

10. 在水管中发生水击现象时，（　　）最能有效地降低水击压力。

A. 增大水管的直径　　B. 减小水管的直径　　C. 增大水流速度　　D. 减小水流速度

习　题　8

1. 如题图 8.1 所示雷诺实验装置，当阀门开度减小时，两个测压管的液面高 h_1 和 h_2 如何变化？为什么？

2. 有一圆管，直径为 20 mm，断面平均流速为 0.13 m/s，水温为 10℃，试判别水流状态。若直径改为 45 mm，水温和流速不变，问流动状态如何？若直径仍为 20 mm，水温保持不变，问流动状态由湍流变为层流时的流量为多少？

3. 如题图 8.2 所示，水池中的水经水平管 AB 和倾斜管 BC 流入大气，已知管道直径 $d = 200$ mm，水平段 AB 和倾斜段 BC 的长度均为 $l = 150$ m，高度 $h_1 = 2$ m，$h_2 = 18$ m，BC 段内设有阀门，沿程水头损失系数 $\lambda = 0.025$，进口 A 局部水头损失系数为 $\xi_{进} = 0.5$，弯管 B 处局部水头损失系数为 $\xi_{弯} = 0.48$，阀门局部水头损失系数为 $\xi_{阀} = 3.0$，求管道 C 处出口体积流量。

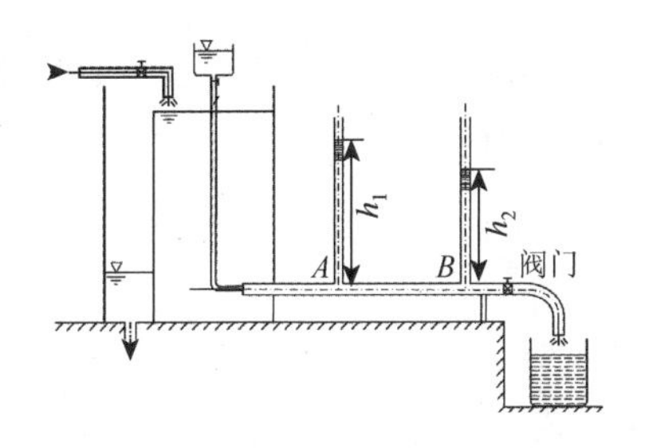

题图 8.1　题 1 附图

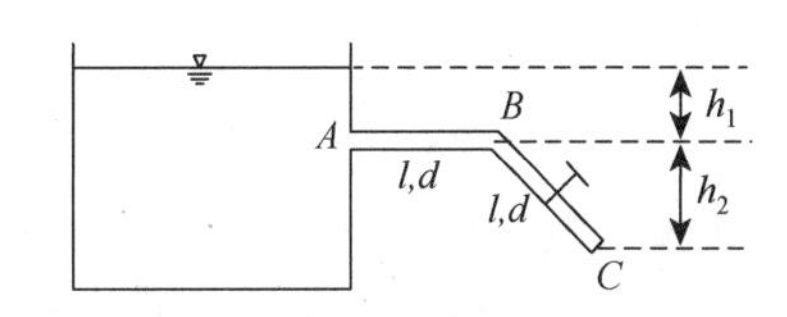

题图 8.2　题 3 附图

4. 如题图 8.3 所示，已知两水池由粗细三根水管相连，粗管长 $l_1 = 100$ m，直径 $d_1 = 100$ mm，细管长 $l_2 = 100$ m，$l_3 = 100$ m，直径 $d_2 = 50$ mm，$d_3 = 50$ mm，两水池液面差 $h = 10$ m。90°弯头的局部水头损失系数为 $\zeta_{弯头} = 0.15$，进口局部水头损失系数为 $\zeta_{进} = 0.5$，出口局部水头损失系数为 $\zeta_{出} = 1.0$，细管进入粗管流动处突然扩大的局部水头损失系数为 $\zeta_{扩} = 3.0$（相对粗管流速），所有管的沿程水头损失系数均为 $\lambda = 0.03$，求管内流量。

5. 如题图 8.4 所示测量圆管突然扩大的局部水头损失系数，细管直径 $d = 0.2$ m，粗管直径 $D = 0.3$ m，$l_1 = 1.2$ m，$l_2 = 3$ m，三个测压管上端均与大气连通，读数分别为：$h_1 = 0.08$ m，$h_2 = 0.162$ m，$h_3 = 0.152$ m，管路水流流量 $Q = 0.06$ m^3/s，取水的密度 $\rho_{水} = 1\,000$ kg/m^3。求：（1）A、B、C 处的流体相对压力和速度；（2）圆管突然扩大（AB 中点位置 E）局部水头损失系数 ζ。

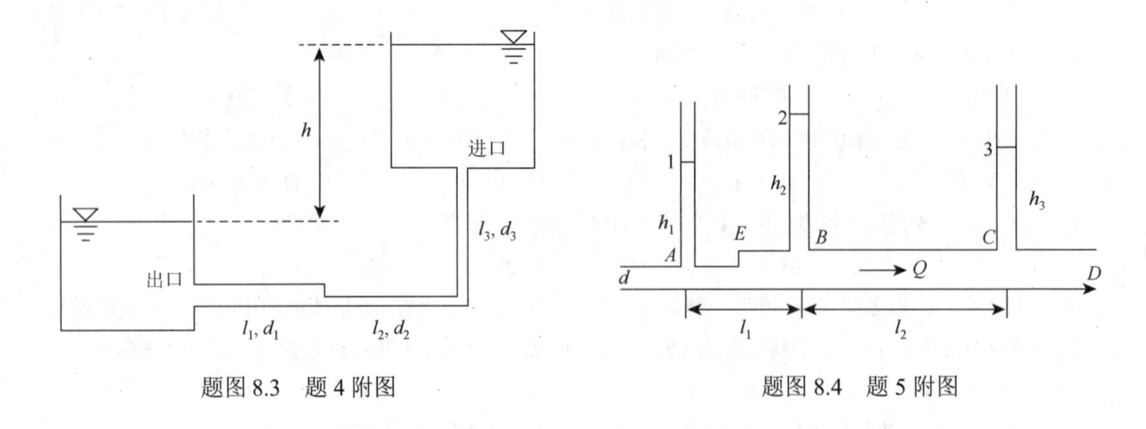

题图 8.3　题 4 附图　　　　题图 8.4　题 5 附图

6. 如题图 8.5 所示，已知水管上有直径 $d_1 = 30$ cm，$d_2 = 40$ cm 的两管路 AB 并联，并联管长 $l_1 = l_2 = 1\ 200$ m，各管的沿程损失系数均为 $\lambda = 0.02$。在其中一个支管上安装有阀门，阀门局部损失系数为 $k = 1.0$。管道总流量 $Q = 0.2\ \text{m}^3/\text{s}$，不考虑其他位置的局部损失系数。求管道通过的流量 Q_1、Q_2 和 AB 之间的水头损失。

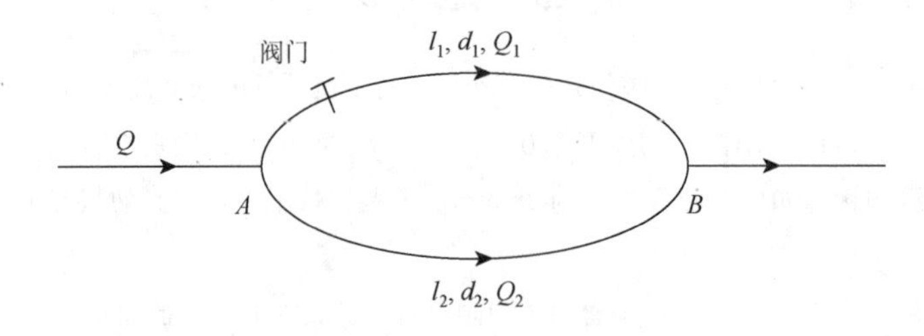

题图 8.5　题 6 附图

7. 一薄壁圆形孔口恒定射流，孔口直径 $d = 10$ mm，水头 $H = 2$ m，收缩系数 $C_c = 0.63$，流速系数 $C_v = 0.97$，求流量 Q。

8. 已知两固定平行平板间隙 $\delta = 80$ mm，动力黏度 $\mu = 1.96$ Pa·s 的油在其中作层流运动，最大流速为 1.5 m/s，求：（1）通过单位宽度断面上的流量；（2）平板上的切应力和速度梯度。

拓 展 题 8

1. 雷诺数有什么物理意义？为什么能起到判别流动状态的作用？

2. 管径、管长和粗糙度不变，沿程水头损失系数是否随流量的增大而增加？沿程水头损失是否随流量的增大而增加？

3. 是否表面上几何光滑的管子一定是“水力光滑”管，而表面上几何粗糙的管子一定是“水力粗糙”管？

第 9 章　黏性流体绕流流动

实际流体具有黏性，黏性流体绕流问题是自然界、日常生活和工业应用中的常见问题，如潜艇在海洋中航行，风吹过高楼，飞机在空中飞行等。在黏性流体绕流问题中，物体所受到的阻力包含压差阻力，以及由流体黏性产生的黏性阻力，即使对于黏性很小的流体，在各类绕流问题的物体边界附近及其尾涡区域黏性的影响也不可忽略。本章主要讨论流体黏性影响的边界层理论、边界层基本概念、边界层方程及边界层分离现象，以及一些常见的黏性流体绕流现象及减阻方法。

9.1　边界层基本概念及特征

边界层理论由普朗特于 1904 年提出，边界层理论表明分析高雷诺数黏性流体绕流问题时，可以将物体表面外的流场划分为两个区域，在紧靠绕流物体表面的薄层内，流体速度将由物体表面速度快速变化到与来流速度同数量级大小，这一薄层称为边界层。由于边界层内物面法线方向速度快速变化，速度梯度很大，产生的黏性力也较大，因而不可忽略其造成的影响。在边界层外，由于速度梯度小，对应黏性力也较小，所以在边界层以外采用无黏流体分析方法也能得到准确的解。

图 9.1.1 为平板边界层示意图。需要注意的是，边界层没有明显的内外分界线，边界层的外边界也不与流线重合。此外，由于进入边界层的流动受黏性影响，流速降低，故根据质量守恒定律，实际流线相对于无黏性时的流线必发生向外排挤现象。边界层的厚度很小，实际应用中规定沿着物体壁面外法线方向，流动速度达到来流速度的 99%时，此处到物体壁面的距离为边界层名义厚度，用符号 δ 表示。边界层厚度 δ 与三个因素有关：

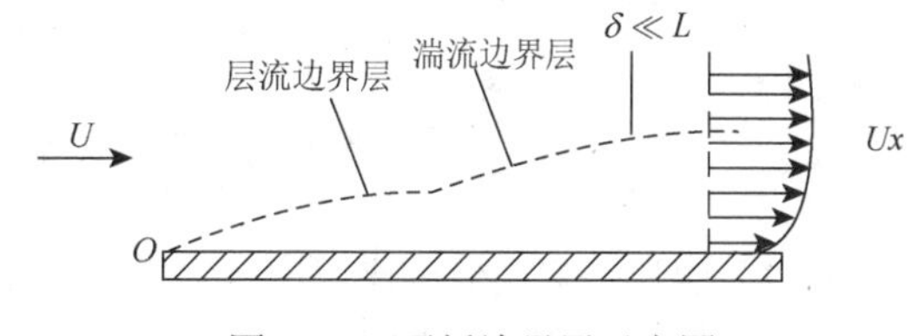

图 9.1.1　平板边界层示意图

（1）与流体黏性（运动黏性系数 ν ）的大小成比例；

（2）与离物体前缘的距离（ x ）成比例；

（3）与来流速度（ U ）大小成反比。

即

$$\delta = f(U, x, \nu) \tag{9.1.1}$$

由量纲分析可知

$$\frac{\delta}{x} \sim \sqrt{\frac{\nu}{Ux}} \tag{9.1.2a}$$

或

$$\delta \sim \sqrt{\frac{\nu x}{U}} = \frac{x}{\sqrt{Re_x}} \tag{9.1.2b}$$

式中：$Re_x = Ux/\nu$ 为沿物面离前缘距离 x 处雷诺数。由式（9.1.2）可知，Re_x 愈大，则 δ 愈小。要注意的是以上分析仅考虑了分子黏性 ν 的扩散效应，没有计极湍流脉动的扩散作用。因此式（9.1.2）只适合于层流，对于湍流，脉动扩散边界层将厚些。

边界层内的流动状态也有层流边界层和湍流边界层之分。边界层内流体质点成层地有规则地互不混杂地流动，称为层流边界层；边界层内流体质点以不规则的脉动为主要特性的流动，则称为湍流边界层。通常，在物体前缘附近的边界层总是层流状态，而在其下游随着 Re_x 的增大可发展为湍流边界层。对平板边界层，试验表明，层流转变为湍流边界层的临界雷诺数为

$$\left(Re_x\right)_{\mathrm{cr}} = \left(\frac{Ux}{\nu}\right)_{\mathrm{cr}} = 5\times10^5 \sim 3\times10^6 \tag{9.1.3}$$

不同湍流度的气流有不同临界雷诺数。工程上通常取 $(Re_x)_{\mathrm{cr}} = 5\times10^5$ 作为沿平板绕流边界层的临界雷诺数。

以不规则脉动为主要特性的湍流边界层，区别于层流边界层的主要有以下方面。

（1）速度分布较为均匀，层流边界层和湍流边界层有不同的速度分布律，如图 9.1.2 所示。

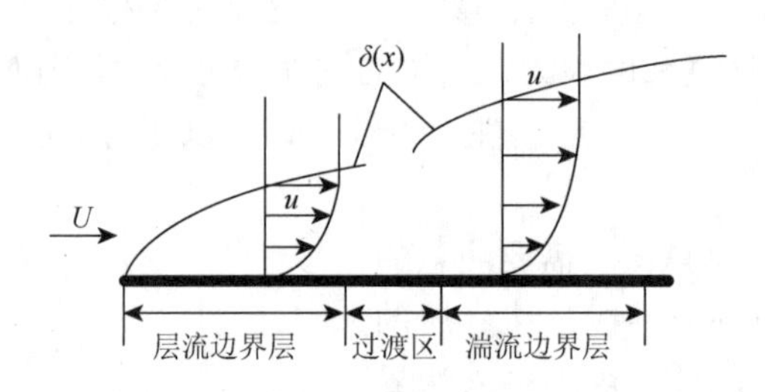

图 9.1.2　湍流边界层和层流边界层区别示意图

（2）湍流边界层厚度比层流时大得多（见图 9.1.2），并有更大的扩散性能（散热、耗能等），这也是湍流脉动现象所造成的。

（3）湍流边界层与物面接触处极薄一层虽然也基本是层流状态，称为黏性底层，但由于黏性底层内速度梯度要比层流边界层时大得多，所以湍流边界层中不仅在湍流核心区，其湍流切应力比黏性切应力占优，并在壁面处黏性摩擦力也比层流边界层时大得多。

（4）物面粗糙度对湍流边界层有很大影响。因为湍流边界层中黏性底层很薄，物面粗糙度将破坏黏性层，使速度分布发生很大变化。物面粗糙对层流边界层虽然影响不大，但对层流边界层转变为湍流边界层能起很大促进作用。增加物面粗糙度（如人工加入金属丝、铆钉之类）可使湍流提早发生，具有实用意义。例如在船模试验中，因船模雷诺数比实船小，湍流边界层发生在船模后面的位置，而在实船上湍流边界层在船头稍后便发生了，故船模试验中为模拟相似流态，常在船模前部人为地加上“激流丝”，促使层流边界层转捩为湍流边界层。至于层流边界层转变为湍流边界层的机理，则同管流中层流转变为湍流的机理一样，也是一个有待完善解决的学术问题。

综上所述，边界层的主要特征包括：①与绕流问题的特征尺寸相比，边界层厚度很小；②边界层的厚度与流体黏性的大小成比例，与离物体前缘的距离成比例，与来流速度大小成

反比；③边界层的外边界不与流线重合；④边界层内，沿物体壁面法线方向速度梯度很大；⑤边界层内流体的流动也有层流和湍流两种流动状态。

9.2　边界层微分方程

9.1 节介绍了边界层的基本特征，本节将基于 N-S 方程，通过量级分析得到边界层方程。针对黏性不可压缩流体，考虑二维、定常且忽略体积力的流动，其连续性方程和动量方程为

$$\frac{\partial v_x}{\partial x}+\frac{\partial v_y}{\partial y}=0 \tag{9.2.1}$$

$$v_x\frac{\partial v_x}{\partial x}+v_y\frac{\partial v_x}{\partial y}=-\frac{1}{\rho}\frac{\partial p}{\partial x}+\nu\left(\frac{\partial^2 v_x}{\partial x^2}+\frac{\partial^2 v_x}{\partial y^2}\right) \tag{9.2.2}$$

$$v_x\frac{\partial v_y}{\partial x}+v_y\frac{\partial v_y}{\partial y}=-\frac{1}{\rho}\frac{\partial p}{\partial y}+\nu\left(\frac{\partial^2 v_y}{\partial x^2}+\frac{\partial^2 v_y}{\partial y^2}\right) \tag{9.2.3}$$

针对平板边界层流动，比较以上方程组中各项的数量级并忽略次要项，简化方程组。为进行数量级比较，首先确定平板边界层流动中几个重要的物理量，包括来流速度 U，平板上某位置到平板前缘距离 L，以及边界层厚度 δ。根据平板边界层特征，这些物理量与上述方程中变量量级的对应关系为

$$v_x \sim U,\ x\sim L,\ y\sim\delta \tag{9.2.4}$$

首先分析连续性方程，将连续性方程中各变量用对应量级的物理量表示，可得到连续性方程中两项对应量级为

$$\frac{\partial v_x}{\partial x}\sim\frac{U}{L},\qquad \frac{\partial v_y}{\partial y}\sim\frac{v}{\delta} \tag{9.2.5}$$

根据连续性方程可知这两项之和为零，因此这两项为同一量级，则有 $v\sim\dfrac{\delta}{L}U$。由于边界层很薄，即 $\delta\ll L$，或 $\dfrac{\delta}{L}\ll 1$，所以，根据连续性方程的量级分析可以得出 $v\ll U$，边界层流向速度远大于法向速度。通过同样的方法分析动量方程，得到如下关系：

$$\begin{cases} v_x\dfrac{\partial v_x}{\partial x}+v_y\dfrac{\partial v_x}{\partial y}=-\dfrac{1}{\rho}\dfrac{\partial p}{\partial x}+\dfrac{\mu}{\rho}\left(\dfrac{\partial^2 v_x}{\partial x^2}\right)+\dfrac{\mu}{\rho}\left(\dfrac{\partial^2 v_x}{\partial y^2}\right)\\ \dfrac{U^2}{L}\qquad \dfrac{U^2}{L}\qquad\qquad\quad \dfrac{1}{Re}\dfrac{U^2}{L}\qquad \dfrac{1}{Re}\dfrac{U^2}{L}\dfrac{L^2}{\delta^2}\end{cases} \tag{9.2.6}$$

$$\begin{cases} v_x\dfrac{\partial v_y}{\partial x}+v_y\dfrac{\partial v_y}{\partial y}=-\dfrac{1}{\rho}\dfrac{\partial p}{\partial y}+\dfrac{\mu}{\rho}\left(\dfrac{\partial^2 v_y}{\partial x^2}\right)+\dfrac{\mu}{\rho}\left(\dfrac{\partial^2 v_y}{\partial y^2}\right)\\ \dfrac{\delta}{L}\dfrac{U^2}{L}\quad \dfrac{\delta}{L}\dfrac{U^2}{L}\qquad\qquad \dfrac{\delta}{L}\dfrac{1}{Re}\dfrac{U^2}{L}\quad \dfrac{\delta}{L}\dfrac{1}{Re}\dfrac{U^2}{L}\dfrac{L^2}{\delta^2}\end{cases} \tag{9.2.7}$$

在边界层中，黏性力的作用不可忽略且和当地惯性力的量级相同，才能保证流动平衡，根据对 x 方向动量方程的量纲分析，惯性力与黏性力的量级分别为 $\dfrac{U^2}{L}$ 及 $\dfrac{1}{Re}\dfrac{U^2}{L}\dfrac{L^2}{\delta^2}$，这两项量级相同，则有

$$\frac{\delta}{L} \sim \frac{1}{\sqrt{Re}} \tag{9.2.8}$$

从以上分析也可以发现，当雷诺数很大时，边界层厚度δ远小于物体特征长度L。同时，将这个关系代入到式（9.2.6）和式（9.2.7）中，有

$$\begin{cases} v_x \dfrac{\partial v_x}{\partial x} + v_y \dfrac{\partial v_x}{\partial y} = -\dfrac{1}{\rho}\dfrac{\partial p}{\partial x} + \dfrac{\mu}{\rho}\left(\dfrac{\partial^2 v_x}{\partial x^2}\right) + \dfrac{\mu}{\rho}\left(\dfrac{\partial^2 v_x}{\partial y^2}\right) \\ \dfrac{U^2}{L} \qquad \dfrac{U^2}{L} \qquad\qquad\qquad \dfrac{\delta^2}{L^2}\dfrac{U^2}{L} \qquad\qquad \dfrac{U^2}{L} \end{cases} \tag{9.2.9}$$

$$\begin{cases} v_x \dfrac{\partial v_y}{\partial x} + v_y \dfrac{\partial v_y}{\partial y} = -\dfrac{1}{\rho}\dfrac{\partial p}{\partial y} + \dfrac{\mu}{\rho}\left(\dfrac{\partial^2 v_y}{\partial x^2}\right) + \dfrac{\mu}{\rho}\left(\dfrac{\partial^2 v_y}{\partial y^2}\right) \\ \dfrac{\delta}{L}\dfrac{U^2}{L} \quad \dfrac{\delta}{L}\dfrac{U^2}{L} \qquad\qquad \dfrac{\delta^3}{L^3}\dfrac{U^2}{L} \qquad \dfrac{\delta}{L}\dfrac{U^2}{L} \end{cases} \tag{9.2.10}$$

在式（9.2.9）和式（9.2.10）中，将对应数量级比 1 小的各项全部略去（即含有δ/L及其平方、立方的项），可以得到边界层微分方程组：

$$\begin{cases} \dfrac{\partial v_x}{\partial x} + \dfrac{\partial v_y}{\partial y} = 0 \\ v_x \dfrac{\partial v_x}{\partial x} + v_y \dfrac{\partial v_x}{\partial y} = -\dfrac{1}{\rho}\dfrac{\partial p}{\partial x} + \dfrac{\mu}{\rho}\left(\dfrac{\partial^2 v_x}{\partial y^2}\right) \\ \dfrac{\partial p}{\partial y} = 0 \end{cases} \tag{9.2.11}$$

由边界层y方向动量方程可见，边界层内的压力梯度沿壁面法线为零，即边界层内压力在法线方向无变化，都等于该处边界层外边界上的压强P，预示着压力只与x方向相关，因此x方向动量方程中的压力梯度项可以写成常微分形式。边界层外的流动可作为无年流动考虑，压力变化用速度变化表示为$-\dfrac{1}{\rho}\dfrac{\mathrm{d}P}{\mathrm{d}x} = U\dfrac{\partial U}{\partial x}$，边界层$x$方向动量方程可以写为

$$v_x \frac{\partial v_x}{\partial x} + v_y \frac{\partial v_x}{\partial y} = U\frac{\partial U}{\partial x} + \frac{\mu}{\rho}\left(\frac{\partial^2 v_x}{\partial y^2}\right) \tag{9.2.12}$$

以上边界层方程组的边界条件为：当$y=0$时，$v_x=0$，$v_y=0$；当$y\to\infty$，$v_x=U$，即静止壁面处，速度矢量为零；远离壁面处，理论上黏性影响范围扩展至无穷远处，y趋向于无穷时，速度趋近流速U。

9.3　平板边界层流动

9.2 节建立了边界层微分方程组，相较于 N-S 方程，边界层方程简化了许多，但是由于非线性项（惯性力项）的存在，获得其解析解依然很困难，只有在一些特定的条件下能求得其解析解。本节将介绍对于顺流向放置的平板层流边界层的解析解，这一解析解由布拉休斯提出，因此也称为布拉休斯解，其准确性得到了实验很好的验证。

布拉休斯引入流函数ψ表示速度分量$v_x=\partial\psi/\partial y$，$v_y=-\partial\psi/\partial x$，对应边界条件为当$y=0$时，$\partial\psi/\partial y=0$，$\partial\psi/\partial x=0$；当$y\to\infty$时，$\partial\psi/\partial y=U$。同时引入无量纲自相似变量

$\eta = y\sqrt{\dfrac{U}{x\nu}}$，通过量纲分析将流函数写为$\psi(x,y)=\sqrt{\nu Ux}f(\eta)$，根据流函数表达式，可以分别写出 x 和 y 方向速度分量的表达式$v_x=\dfrac{\partial\psi}{\partial y}=Uf'(\eta)$，$v_y=-\dfrac{\partial\psi}{\partial x}=\dfrac{1}{2}\sqrt{\dfrac{\nu U}{x}}(\eta f'-f)$。通过上述关系，可将偏微分边界层方程转化为常微分方程$2f'''+ff''=0$，其中 f 为 $f(\eta)$，是η 的特定函数。这个方程也称为布拉休斯方程。由于该方程仍然是非线性的，获得解析解仍需要进行很大调整，布拉休斯通过级数展开得到了该方程的解析解。如今借助数值方法也可以得到该方程的数值解，解析解与实验结果比较如图 9.3.1 所示。

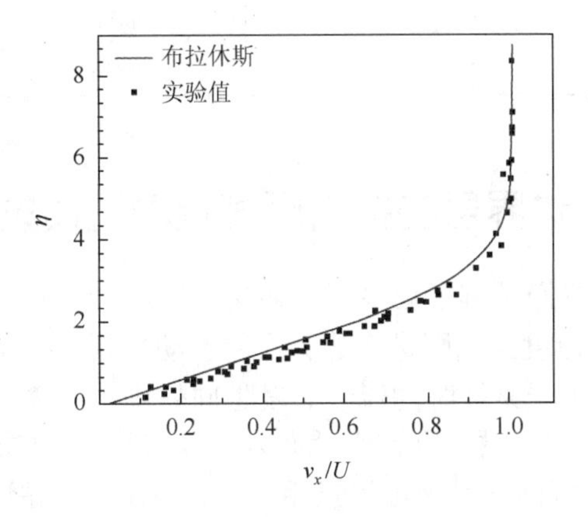

图 9.3.1　布拉休斯解与实验值比较

数值解具体值如表 9.3.1 所示，其中边界层内速度 v_x 的分布，已经统一以η 表示，与坐标(x,y)无关，表明边界层内速度有自相似性。根据边界层厚度δ 的定义：$v_x(\delta)/U=0.99$，从表 9.3.1 中查出$\eta=5.0$ 处$v_x/U=0.9915$，使$y=\delta$，即$\eta=\delta\sqrt{U/\nu x}=5.0$，由此可得边界层厚度$\delta$ 的计算式：

$$\frac{\delta}{x}=\frac{5.0}{\sqrt{Re_x}} \tag{9.3.1}$$

表 9.3.1　布拉休斯方程数值解

$\eta=y\sqrt{\dfrac{U}{\nu x}}$	$f(\eta)$	$f'(\eta)=\dfrac{\mathrm{d}f}{\mathrm{d}\eta}=\dfrac{v_x}{U}$	$f''(\eta)=\dfrac{\mathrm{d}^2f}{\mathrm{d}\eta^2}$
0	0	0	0.332 1
0.5	0.004 15	0.165 9	0.330 9
1.0	0.165 6	0.329 8	0.323 0
1.5	0.370 0	0.486 8	0.302 6
2.0	0.650 0	0.629 8	0.266 8
2.5	0.996 3	0.751 3	0.217 4
3.0	1.396 8	0.846 0	0.161 4
3.5	1.837 7	0.913 0	0.107 8
4.0	2.305 7	0.955 5	0.064 2

续表

$\eta = y\sqrt{\frac{U}{\nu x}}$	$f(\eta)$	$f'(\eta) = \frac{\mathrm{d}f}{\mathrm{d}\eta} = \frac{v_x}{U}$	$f''(\eta) = \frac{\mathrm{d}^2 f}{\mathrm{d}\eta^2}$
4.5	2.790 1	0.979 5	0.034 0
5.0	3.283 3	0.991 5	0.015 9
5.5	3.780 6	0.996 9	0.006 6
6.0	4.279 6	0.999 0	0.002 4
6.5	4.779 3	0.999 7	0.000 8
7.0	5.279 2	0.999 9	0.000 2
7.5	5.779 2	1.000 0	0.000 1
8.0	6.279 2	1.000 0	0.000 0

9.4　边界层的排挤厚度及动量损失厚度

介绍边界层特性时，我们了解了边界层的名义厚度，实际应用中常用的还有边界层排挤厚度 δ^* 和边界层动量损失厚度 θ。因进入边界层的流动受黏性影响，流速降低，故根据质量守恒定律，实际流线相对于无黏性时的流线必发生向外排挤现象。假设平板前端有流体流过 $y=h$ 厚度的截面（考虑单位宽度，垂直于纸面方向），若无黏性影响，则该部分流体流经下游时仅需通过 $y=h$ 厚度的截面就能保证流量相同。然而在实际黏性流体流动时，由于黏性影响，壁面速度降低，同样厚度内流量必然减少，或者说黏性影响使得该区域的质量流量亏损了 $\int_0^\delta \rho(U-v_x)B\mathrm{d}y$，其中 B 表示平板宽度。假设这部分亏损的流量以来流速度流过，对应所需厚度定义为排挤厚度 δ^*，即

$$\rho UB\delta^* = \int_0^\delta \rho(U-v_x)B\mathrm{d}y \tag{9.4.1}$$

排挤厚度为

$$\delta^* = \int_0^\delta \left(1-\frac{v_x}{U}\right)\mathrm{d}y \tag{9.4.2}$$

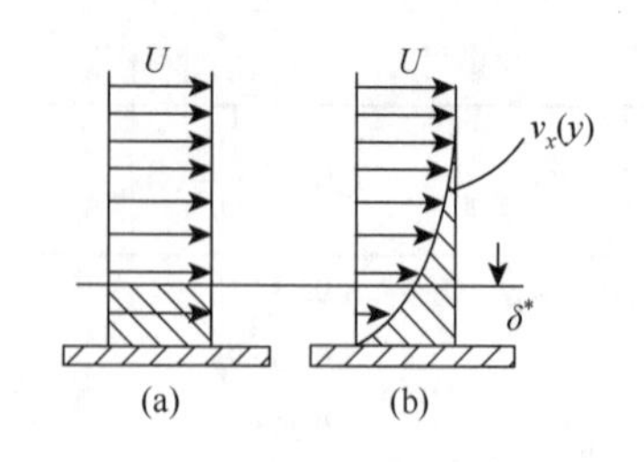

图 9.4.1　边界层排挤厚度示意图

δ^* 代表理想流体的流线在边界层外部边界上由于黏性的作用向外偏移的距离，所以 δ^* 称为排挤厚度或位移厚度，如图 9.4.1 所示。由于黏性的作用，通过该区域的动量会产生一个动量损失，这部分动量损失，也可以用以理想流体的速度 U 流过某层厚度为 θ 的截面的流体动量来代替，由此可以定义边界层的动力损失厚度：

$$\rho UUB\theta = \int_0^\delta \rho u(U-v_x)B\mathrm{d}y \tag{9.4.3}$$

动量损失厚度为

$$\theta = \int_0^\delta \frac{v_x}{U}\left(1-\frac{v_x}{U}\right)\mathrm{d}y \tag{9.4.4}$$

为了计算的方便，有时将 δ^* 和 θ 的积分上限由 δ 改变为∞，因为边界层厚度以外该积分项为零，所以将积分上限由 δ 改变为∞对结果无影响，即

$$\delta^* = \int_0^\infty \left(1 - \frac{v_x}{U}\right) dy \tag{9.4.5}$$

$$\theta = \int_0^\infty \frac{v_x}{U}\left(1 - \frac{v_x}{U}\right) dy \tag{9.4.6}$$

三个边界层的厚度定义：名义厚度 δ、排挤厚度 δ^* 和动量损失厚度 θ。它们具有相同的量阶，但 δ^* 和 θ 都小于 δ，分别约为 δ 的 1/3 和 1/8。

9.5　边界层积分方程

9.2 节和 9.3 节介绍了边界层微分方程的建立和求解，虽然边界层微分方程相较于 N-S 方程要简单，但很多情况下要获得它的解析解仍然十分困难。除通过边界层微分方程分析边界层流动，还可以通过边界层积分关系来分析边界层流动，这一理论是由冯·卡门于 1912 年提出。

对二维不可压缩黏性流体沿平板的定常流动，流体沿着壁面流动，其 x 方向动量方程可写为

$$-\nu \frac{\partial^2 v_x}{\partial y^2} = U\frac{dU}{dx} - v_x\frac{\partial v_x}{\partial x} - v_y\frac{\partial v_x}{\partial y} \tag{9.5.1}$$

对上式积分有

$$-\int_0^\infty \nu \frac{\partial^2 v_x}{\partial y^2} = \int_0^\infty \left[U\frac{dU}{dx} - v_x\frac{dU}{dx} + v_x\frac{dU}{dx} - v_x\frac{\partial v_x}{\partial x} - x_y\frac{\partial v_x}{\partial y}\right] dy \tag{9.5.2}$$

式（9.5.2）中 $-\int_0^\infty \nu \frac{\partial^2 v_x}{\partial y^2} dy = -\nu \frac{\partial v_x}{\partial y}\bigg|_0^\infty$，其中 $-\nu\frac{\partial v_x}{\partial y}\bigg|_\infty = 0$，$-\nu\frac{\partial v_x}{\partial y}\bigg|_0 = -\frac{1}{\rho}\mu\frac{\partial v_x}{\partial y}\bigg|_{wall} = \frac{\tau_{wall}}{\rho}$。

此外，上述方程右边前两项：

$$\int_0^\infty \left(U\frac{dU}{dx} - v_x\frac{dU}{dx}\right) dy = U\frac{dU}{dx}\int_0^\infty \left(1 - \frac{v_x}{U}\right) dy \tag{9.5.3}$$

可见其中 $\int_0^\infty \left(U\frac{dU}{dx} - v_x\frac{dU}{dx}\right) dy = U\frac{dU}{dx}\delta^*$，$\delta^* = \int_0^\delta \left(1 - \frac{v_x}{U}\right) dy$ 为边界层排挤厚度。在方程右边 $\int_0^\infty \left(v_x\frac{dU}{dx} - v_x\frac{\partial V_x}{\partial x}\right) dy$ 项中，因为 U 及 $\frac{dU}{dx}$ 与 y 无关，这一项可写为

$$\int_0^\infty \left(v_x\frac{dU}{dx} - v_x\frac{\partial v_x}{\partial x}\right) dy = \int_0^\infty v_x\frac{\partial}{\partial x}(U - v_x) dy \tag{9.5.4}$$

至此，还有方程右边最后一项 $\int_0^\infty -v_y\frac{\partial v_x}{\partial y} dy$ 未考虑。由于边界层中 $\frac{\partial U}{\partial y} = 0$，有

$$\begin{aligned}\int_0^\infty -v_y\frac{\partial v_x}{\partial y} dy &= \int_0^\infty v_y\frac{\partial}{\partial y}(U - v_x) dy \\ &= \int_0^\infty \frac{\partial}{\partial y}\left[(U - v_x)v_y\right] dy - \int_0^\infty (U - v_x)\frac{\partial v_y}{\partial y} dy\end{aligned} \tag{9.5.5}$$

根据连续性方程 $\frac{\partial v_x}{\partial x} + \frac{\partial v_y}{\partial y} = 0$，可知 $\frac{\partial v_y}{\partial y} = -\frac{\partial v_x}{\partial x}$，因此式（9.5.5）中

$$-\int_0^\infty (U - v_x)\frac{\partial v_y}{\partial y} dy = \int_0^\infty \left[(U - v_x)\frac{\partial v_x}{\partial x}\right] dy \tag{9.5.6}$$

式（9.5.6）中，$\int_0^\infty \frac{\partial}{\partial y}\left[(U-v_x)v_y\right]\mathrm{d}y$ 在 ∞ 为 0，在壁面处也为 0。

将上述分析中各项代入原积分方程可得

$$\frac{\tau_{\mathrm{wall}}}{\rho}=U\frac{\mathrm{d}U}{\mathrm{d}x}\delta^*+\int_0^\infty v_x\frac{\partial}{\partial x}(U-v_x)\,\mathrm{d}y+\int_0^\infty (U-v_x)\frac{\partial u}{\partial x}\mathrm{d}y \tag{9.5.7}$$

整理上式可得

$$\frac{\tau_{\mathrm{wall}}}{\rho}=U\frac{\mathrm{d}U}{\mathrm{d}x}\delta^*+\frac{\partial}{\partial x}\int_0^\infty v_x(U-v_x)\,\mathrm{d}y \tag{9.5.8}$$

$$\frac{\tau_{\mathrm{wall}}}{\rho}=U\frac{\mathrm{d}U}{\mathrm{d}x}\delta^*+\frac{\partial}{\partial x}\left[U^2\int_0^\infty \frac{v_x}{U}\left(1-\frac{v_x}{U}\right)\mathrm{d}y\right] \tag{9.5.9}$$

根据排挤厚度及动量损失厚度定义，边界层动量积分关系式可写为

$$\frac{\tau_{\mathrm{wall}}}{\rho}=U\frac{\mathrm{d}U}{\mathrm{d}x}\delta^*+\frac{\partial}{\partial x}\left[U^2\theta\right] \tag{9.5.10}$$

这就是冯・卡门边界层动量积分方程（integral equation），该方程可用于层流边界层以及湍流边界层。这一方程中有三个未知量，分别为 τ_{wall}，δ^*，θ，因此需要补充其他已知关系与该方程联立求解。通常情况下补充边界层内速度分布。

9.6 平板层流边界层

当平板长度 $L<x_{\mathrm{cr}}=5\times10^5\frac{\nu}{U}$，则整个平板边界层的流动状态为层流。

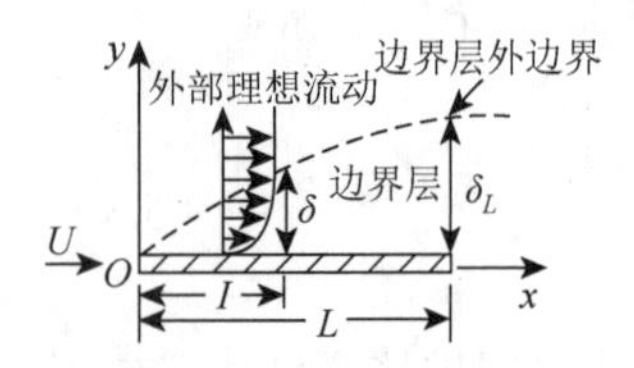

图 9.6.1　二维平板边界层

如图 9.6.1 所示的二维平板边界层，来流以均匀速度 U 沿平板方向流动。现在用边界层动量积分方程来求解平板边界层厚度以及摩擦阻力系数。

由于平板很薄，可认为平板的存在不影响其边界层外部的流动。所以我们认为边界层外边界上的速度处为 U（常数），即 $\frac{\mathrm{d}U}{\mathrm{d}x}=0$。因此平板边界层动量积分方程简化为

$$\frac{\mathrm{d}\theta}{\mathrm{d}x}=\frac{\tau_0}{\rho U^2} \tag{9.6.1}$$

式（9.6.1）为不可压缩流体平板边界层的动量积分方程，对于层流和湍流同样适用。假设平板层流边界层中具有如式（9.6.2）所示的二次抛物线速度分布规律：

$$\frac{v_x}{U}=2\frac{y}{\delta}-\frac{y^2}{\delta^2} \tag{9.6.2}$$

可验证上述速度分布满足边界层上下边界的边界条件：$y=0$ 时，$v_x=0$ 和 $y=\delta$ 时 $v_x=U$。将式（9.6.2）代入边界层动量损失厚度表达式（9.4.4）中可得

$$\theta=\int_0^\delta \frac{v_x}{U}\left(1-\frac{v_x}{U}\right)\mathrm{d}y=\int_0^\delta 2\left(\frac{y}{\delta}-\frac{y^2}{\delta^2}\right)\left(1-2\frac{y}{\delta}+\frac{y^2}{\delta^2}\right)\mathrm{d}y \tag{9.6.3}$$

所以

$$\theta=\frac{2}{15}\delta \tag{9.6.4}$$

再将速度分布式（9.6.2）代入边界层排挤厚度表达式（9.4.2）中可得

$$\delta^* = \int_0^\delta \left(1-\frac{v_x}{U}\right)\mathrm{d}y = \int_0^\delta \left(1-2\frac{y}{\delta}+\frac{y^2}{\delta^2}\right)\mathrm{d}y \tag{9.6.5}$$

所以
$$\delta^* = \frac{1}{3}\delta \tag{9.6.6}$$

可见在层流边界层中，对不同的 x，θ 和 δ^* 相对于 δ 有如式（9.6.4）和式（9.6.6）所示的确定比例。

为计算边界层的厚度，将速度分布式（9.6.2）代入牛顿内摩擦定律得

$$\tau_0 = \mu\frac{\partial v_x}{\partial y}\bigg|_{y=0} = \mu U\left(\frac{2}{\delta}-\frac{2y}{\delta^2}\right)\bigg|_{y=0} = 2\mu\frac{U}{\delta} \tag{9.6.7}$$

将式（9.6.4）与式（9.6.7）代入平板边界层的动量积分方程式（9.6.1）得

$$\frac{2}{15}\frac{\mathrm{d}\delta}{\mathrm{d}x} = 2\mu\frac{U/\delta}{\rho U^2} \tag{9.6.8}$$

所以
$$\delta = 5.49\sqrt{\frac{\nu x}{U}} \tag{9.6.9}$$

可见 δ 和 x 的平方根成正比。

由此，可得板面上局部摩擦切应力为

$$\tau_0 = 0.365\mu U\sqrt{\frac{U}{\nu x}} = \frac{0.365\rho U^2}{\sqrt{Re_x}} \tag{9.6.10}$$

可见 τ_0 和 x 的平方根成反比，即 τ_0 随 x 增加而减小。这是因为速度由在静止壁面上由零变化到边界层外边界上速度为 U，当 x 增加时，边界层厚度是增加的，这样速度梯度 $\dfrac{\partial v_x}{\partial y}$ 将减小，所以 τ_0 便减小了。

现在我们来讨论平板的摩擦阻力系数。薄平板在流体中本来是上下两表面均受摩擦阻力的作用，但我们在这里仅考虑一个表面受力的情况。设板长为 L，板宽为 b，则在这种情况下，平板的摩擦阻力为

$$R_\mathrm{f} = \int_0^L \tau_0\mathrm{d}A = \int_0^L \tau_0 b\mathrm{d}x = \int_0^L 0.365\mu U\sqrt{\frac{U}{\nu x}}b\mathrm{d}x = 0.73\rho bLU^2\sqrt{\frac{\nu}{UL}} \tag{9.6.11}$$

则摩擦阻力系数为

$$C_\mathrm{f} = \frac{R_\mathrm{f}}{\frac{1}{2}\rho U^2 bL} = \frac{1.462}{\sqrt{Re}} \tag{9.6.12}$$

式中：Re 为按板长计算的雷诺数，$Re = \dfrac{UL}{\nu}$。

式（9.6.12）与层流边界层的布拉休斯精确解 $C_\mathrm{f} = \dfrac{1.328}{\sqrt{Re}}$ 亦比较接近。

9.7　平板湍流边界层

当 $L \gg x_\mathrm{cr} = 5\times10^5\dfrac{\nu}{U}$，此时层流段变得较短，湍流段占据绝大部分，我们可以假设整个边界层都是湍流，称为湍流边界层。为了计算方便，我们采用 $1/n$ 次方定律来表示平板湍流。

为求解湍流边界层，仍需补充以下两个条件。

（1）湍流边界层内速度分布：

湍流边界层内的速度分布取决于 Re，现采用 $1/n$ 次方定律求解：

$$\frac{v_x}{U}=\left(\frac{y}{\delta}\right)^{1/n} \tag{9.7.1}$$

由相关实验结果得出，对于不同 Re，n 的取值如式（9.7.2）和式（9.7.3）所示：

$$Re=10^6\sim2\times10^7,\quad n=7$$

$$Re=3\times10^7\sim3\times10^8 n=8 \tag{9.7.2}$$

$$Re=2\times10^8\sim10^{10} n=9 \tag{9.7.3}$$

根据相关实验结果 τ_0 可表示为

$$\tau_0=\zeta\frac{\rho U^2}{2}\left(\frac{U\delta}{\nu}\right)^{-m} \tag{9.7.4}$$

式中：ζ 和 m 为与 Re 有关的常数，可由边界层实验来测定。

$$Re=10^6\sim2\times10^7,\quad \zeta=0.045,\quad m=1/4 \tag{9.7.5}$$

$$Re=3\times10^7\sim3\times10^8,\quad \zeta=0.039,\quad m=2/9 \tag{9.7.6}$$

$$Re=3\times10^8\sim10^{10},\quad \zeta=0.032,\quad m=1/5 \tag{9.7.7}$$

假设边界层前端层流部分可以略去不计，而 $Re=2\times10^7$，这时湍流边界层的 $\frac{v_x}{U}$ 和 τ_0 如式（9.7.8）和式（9.7.9）所示：

$$\frac{v_x}{U}=\left(\frac{y}{\delta}\right)^{1/7} \tag{9.7.8}$$

$$\tau_0=0.022\,5\rho\frac{\nu^{\frac{1}{4}}U^{\frac{7}{4}}}{\delta^{\frac{1}{4}}} \tag{9.7.9}$$

由此可以求得 θ 和 δ^*：

$$\theta=\int_0^\delta\frac{v_x}{U}\left(1-\frac{v_x}{U}\right)\mathrm{d}y=\int_0^\delta\left(\frac{y}{\delta}\right)^{1/n}\left[1-\left(\frac{y}{\delta}\right)^{1/n}\right]\mathrm{d}y \tag{9.7.10}$$

所以

$$\theta=\frac{1}{72}\delta \tag{9.7.11}$$

$$\delta^*=\int_0^\delta\left(1-\frac{v_x}{U}\right)\mathrm{d}y=\int_0^\delta\left[1-\left(\frac{y}{\delta}\right)^{1/n}\right]\mathrm{d}y \tag{9.7.12}$$

$$\delta^*=\frac{1}{1+n}\delta\quad 或\quad \delta^*=\frac{1}{8}\delta \tag{9.7.13}$$

将 θ 和 τ_0 代入平板边界层动量积分方程，即

$$\frac{\mathrm{d}\theta}{\mathrm{d}x}=\frac{\tau_0}{\rho U^2} \tag{9.7.14}$$

可得

$$\frac{7}{72}\delta^{1/4}\mathrm{d}\delta=0.022\,5\left(\frac{\nu}{U}\right)^{1/4}\mathrm{d}x$$

所以

$$\delta = 0.37\left(\frac{\nu}{U}\right)^{1/5} x^{\frac{4}{5}} = \frac{0.37x}{Re_x^{0.2}} \tag{9.7.15}$$

通过比较式（9.6.9）和式（9.7.15），可知在层流流动中 $\delta \sim x^{\frac{1}{2}}$，而在湍流流动中 $\delta \sim x^{\frac{4}{5}}$，即湍流中 δ 的扩展大得多。这是因为在湍流流动中流体的混合能力较强，所以边界层影响扩展较快。

将 δ 的表达式（9.7.15）代回 τ_0 的表达式（9.7.9）可得

$$\tau_0 = 0.028\rho U^2\left(\frac{\nu}{Ux}\right)^{1/5} \tag{9.7.16}$$

可见在层流中 $\tau_0 \sim x^{-1/2}$，而在湍流中 $\tau_0 \sim x^{-1/5}$，即湍流中 τ_0 的减小较为缓慢。这是因为湍流边界层的速度分布曲线较为丰满，使得近壁处 $\frac{\partial v_x}{\partial x}$ 减小更为缓慢。

（2）求解平板湍流边界层的摩擦阻力系数。将 τ_0 在板面上积分得

$$R_{\mathrm{f}} = \int_0^L \tau_0 b \mathrm{d}x = 0.036\rho bLU^2\left(\frac{\nu}{UL}\right)^{-1/5} \tag{9.7.17}$$

因此平板的摩擦阻力系数为

$$C_{\mathrm{f}} = \frac{R_{\mathrm{f}}}{\frac{1}{2}\rho U^2 bL} = \frac{0.072}{Re^{1/5}} \tag{9.7.18}$$

如将式（9.7.16）中的系数 0.072 修正为 0.074，则计算结果将和实验数据更为符合，即

$$C_{\mathrm{f}} = \frac{0.074}{Re^{1/5}} \tag{9.7.19}$$

实验证明，上式的适用范围为 $Re = 5\times10^5 \sim 2\times10^7$。当 $Re > 2\times10^7$ 时，常用普朗特和施利希廷总结出的经验公式如式（9.7.20）所示

$$C_{\mathrm{f}} = \frac{0.455}{(\lg Re)^{2.58}} \tag{9.7.20}$$

综上所述，相较于层流边界层，湍流边界层具有以下特点。

（1）湍流边界层的厚度比层流边界层的厚度增长得更快。

（2）在平板壁面处的湍流边界层沿截面法向速度增加得比层流边界层更快。

（3）在其他条件相同的情况下，湍流边界层中的切应力沿壁面方向的减小速度要比层流边界层中减小得更慢一些。

9.8　平板混合边界层

当 $L > x_{\mathrm{Cr}} = 5\times10^5\frac{\nu}{U}$ 时，边界层为如图 9.8.1 所示的混合边界层。混合边界层前段为层流边界层，后段为湍流边界层，它们中间存在一个过渡区。计算混合边界层时，引入两个假设：

（1）层流转变为湍流是瞬时发生，没有过渡区；

（2）混合边界层的湍流区可以看作是自 O 点开始的湍流边界层的一部分，如图 9.8.1（b）所示。有了以上假设，我们就能采用上节的结果来计算湍流区的厚度和摩擦切应力。

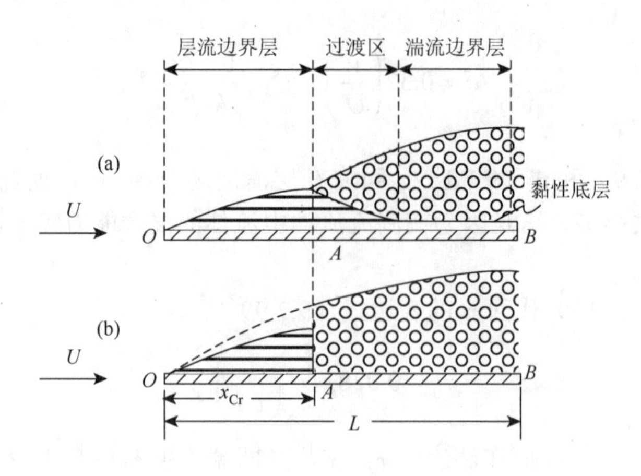

图 9.8.1　层流和湍流边界层示意图

根据以上假设，整个平板的摩擦阻力由 OA 段层流边界层的摩擦阻力和 AB 段湍流边界层的摩擦阻力两部分所组成，即

$$\begin{aligned} R_{\mathrm{f}} &= R''_{\mathrm{f}AB} + R'_{\mathrm{f}OA} = (R''_{\mathrm{f}OB} - R''_{\mathrm{f}OA}) + R'_{\mathrm{f}OA} \\ R_{\mathrm{f}} &= R''_{\mathrm{f}OB} - (R''_{\mathrm{f}OA} + R'_{\mathrm{f}OA}) \end{aligned} \tag{9.8.1}$$

式（9.8.1）中 R'' 为湍流边界层，R' 为层流边界层。将对应的摩擦阻力系数代入上式，化简可得

$$\begin{aligned} C_{\mathrm{f}} \cdot \frac{1}{2}\rho U^2 L &= C''_{\mathrm{f}OB} \cdot \frac{1}{2}\rho U^2 L - (C''_{\mathrm{f}OA} - C'_{\mathrm{f}OA}) \cdot \frac{1}{2}\rho U^2 x_{\mathrm{Cr}} \\ C_{\mathrm{f}} &= C''_{fOB} - (C''_{fOA} - C'_{fOA}) \frac{x_{\mathrm{Cr}}}{L} \end{aligned} \tag{9.8.2}$$

将前面对应阻力系数代入式（9.8.2）中，最后可得到平板混合边界层的摩擦阻力系数为

$$C_{\mathrm{f}} = \frac{0.074}{Re^{1/5}} - \left(\frac{0.074}{Re_{\mathrm{Cr}}^{1/5}} - \frac{1.328}{Re_{\mathrm{Cr}}^{1/2}} \right) \frac{Re_{\mathrm{Cr}}}{Re} \tag{9.8.3}$$

或

$$C_{\mathrm{f}} = \frac{0.074}{Re^{1/5}} - \frac{A}{Re} \tag{9.8.4}$$

式中：$A = 0.074\,Re_{\mathrm{Cr}}^{4/5} - 1.328\,Re_{\mathrm{Cr}}^{1/2}$，$A$ 的值可由表 9.8.1 中查得。

表 9.8.1　A 的取值

Re_{Cr}	10^5	3×10^5	5×10^5	10^6	3×10^6
A	320	1 050	1 700	3 300	8 700

如果用对数公式代替指数公式，则有相应的混合边界层公式：

$$C_{\mathrm{f}} = \frac{0.455}{(\lg Re)^{2.58}} - \frac{A}{Re} \tag{9.8.5}$$

式中：$A = 1\,700$。

9.9 边界层分离

9.9.1 边界层分离的概念

边界层分离是十分重要的流动现象，边界层分离指原本紧贴物体表面流动的边界层在流体粘性和逆压梯度作用下，产生回流或主流远离壁面方向的流动，最终边界层会脱离物体表面。例如我们见到水流绕过桥墩的流动，桥墩截面后半部分为逆压区，水流在桥墩后半部分发生回流或是产生涡旋。再如机翼绕流流动的攻角很小时，观察到的边界层是紧贴机翼很薄的一层，当攻角增大到一定程度时，边界层后段产生漩涡，并发生主流远离壁面的流动，这些都是边界层分离的现象。

如图 9.9.1 所示，当流动分离发生时，沿流动方向壁面附近区域的流速逐渐降低，在向下游流动过程中，逐步停滞并出现回流。使边界层分离的因素有两个，分别是黏性作用和逆压梯度（$\dfrac{\mathrm{d}p}{\mathrm{d}x}>0$，压强沿流向增大)。这两个因素分别产生何种影响？首先，假设没有逆压梯度，只有黏性产生的摩擦作用，摩擦能够使流速减低，但无法使流体回流，因此只有黏性力作用无法产生边界层分离。另一种情况，只有逆压梯度作用，没有黏性，则最大逆向压差就是由流体减速产生，最多减速到零且不会产生回流。因此，边界层分离的必要条件是黏性作用和逆压梯度同时存在。

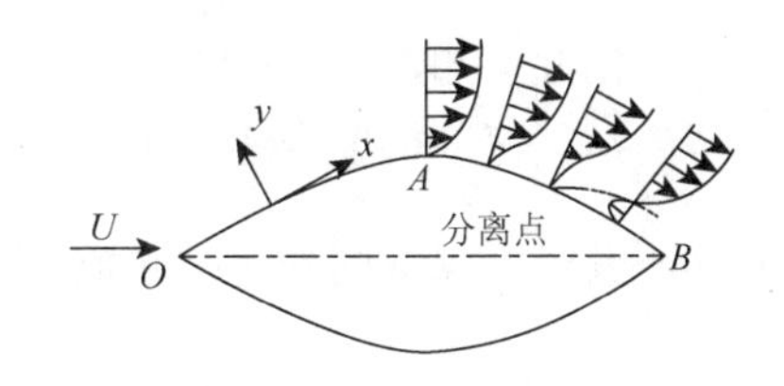

图 9.9.1　边界层分离过程示意图

由上述分析可知，流动分离前同样为逆压区，取与物面相切和方向的局部坐标(x,y)，相应的坐标方向的速度分量记为(v_x,v_y)，忽略重力项，对二维定常不可压缩流体边界层方程可写出为

$$
\begin{aligned}
&\frac{\partial v_x}{\partial x}+\frac{\partial v_y}{\partial y}=0\\
&v_x\frac{\partial v_x}{\partial x}+v_y\frac{\partial v_x}{\partial y}=-\frac{1}{\rho}\frac{\mathrm{d}p}{\mathrm{d}x}+\nu\frac{\partial^2 v_x}{\partial y^2}
\end{aligned}
\tag{9.9.1}
$$

这个方程的边界条件为 $y=0$ 处 $v_x=v_y=0$ 和 $y=\infty$ 处（或 $y=\delta$，δ 为边界层厚度）$v_x=U_e(x)$，其中 U_e 为绕流的势流速度分布（亦即边界层外势流速度分布），即 $y=\delta$ 处 $v_x=U_e(x)$。在边界层内速度分布的边界条件为 $y=0$ 处 $v_x=0$ 和 $y=\delta$ 处 $v_x=U_e(x)$，以及在壁面处 $y=0$，由边界层方程（9.9.1）可知

$$
\nu\frac{\partial^2 v_x}{\partial y^2}=\frac{1}{\rho}\frac{\mathrm{d}p}{\mathrm{d}x},\quad y=0 \tag{9.9.2}
$$

对逆压梯度的壁面，因 $\dfrac{\mathrm{d}p}{\mathrm{d}x}>0$，故 $\left(\dfrac{\partial^2 v_x}{\partial y^2}\right)_{y=0}>0$，而在边界层外区的速度梯度 $\dfrac{\partial v_x}{\partial y}$ 是逐渐减小的，在 $y=\delta$ 处有 $\dfrac{\partial v_x}{\partial y}\to 0$ 和 $\left(\dfrac{\partial^2 v_x}{\partial y^2}\right)_{y=\delta}<0$。故在逆压梯度的边界层内，有 $\left(\dfrac{\partial^2 v_x}{\partial y^2}\right)_{y=0}>0$

到$\left(\frac{\partial^2 v_x}{\partial y^2}\right)_{y=\delta}<0$的变化，由于其变化的连续性，则必有一处$\left(\frac{\partial^2 v_x}{\partial y^2}\right)_{y=y_0}=0$，边界层内速度分布将出现拐点，即图 9.9.2 中虚线位置 $y=y_0$ 为拐点位置。

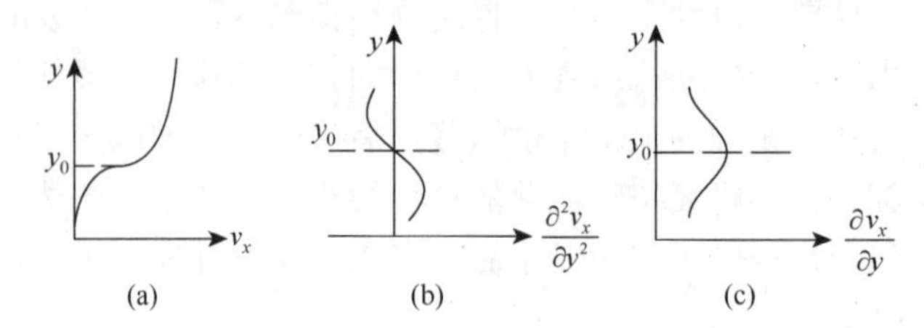

图 9.9.2　逆压梯度区边界层内速度变化示意图

由此可知，在 $y=0$ 到 $y=y_0$ 之间的速度分布曲线如图 9.9.2（a）所示，必是向上升并向下弯的，其速度梯度为递增函数；在 $y=y_0$ 到 $y=\delta$ 之间的速度分布曲线，则是向上升并向上弯的，其速度梯度则为递减函数，在 $y=y_0$ 处存在 $\frac{\partial^2 v_x}{\partial y^2}=0$。

在逆压梯度区边界层内速度变化的一阶导数$\frac{\partial v_x}{\partial y}$和二阶导数$\frac{\partial^2 v_x}{\partial y^2}$的变化，分别如图 9.9.2（c）和图 9.9.2（b）所示。通过以上分析可知，在逆压梯度区边界层的速度分布曲线，于壁面附近必将比无压力梯度和顺压梯度区中更为瘦削，从而可以导致在紧贴壁面处速度都近似为零（即在壁面处速度梯度为零或 $\tau_w=0$），流体就不能继续向前流动了，并在前方逆压的作用下开始发生回流，产生大大小小的旋涡，形成边界层分离的流动现象。

9.9.2　圆柱体绕流和卡门涡街

圆柱体绕流时，边界层分离现象具有典型性，下面重点讨论。设圆柱直径为d，来流速度为U，定义 $Re_d=\frac{Ud}{\nu}$，圆柱绕流的临界 Re 为$(2\sim5)\times10^5$。当 $Re_d<2\times10^5$ 时，绕圆柱流动为层流边界层；当 $Re_d>5\times10^5$ 时，则绕圆柱流动为湍流边界层。根据势流理论，圆柱绕流为势流流动时，物面上压力系数为

$$C_p=\frac{p-p_\infty}{\frac{1}{2}\rho U^2}=1-4\sin^2\theta$$

其分布曲线如图 9.9.3 中理论值所示。圆柱前驻点O（$\theta=0$）处$(C_p)_{\mathrm{O}}=1$，后驻点 B（$\theta=180°$）处$(C_p)_{\mathrm{B}}=1$；A 点（$\theta=90°$）处压力系数最小$(C_p)_{\mathrm{A}}=-3$，所以在绕圆柱流动的边界层内，沿圆柱壁面从O到 A 为顺压流动区，从 A 到 B 为逆压流动区。边界层在逆压梯度区会发生分离，经实验测定，层流边界层绕圆柱流动的分离点约为$\theta_s\approx90°$；边界层分离发生后，在圆柱后面有交替下泄的涡列出现，沿圆柱表面压力分布曲线将改变为图 9.9.3 中计算值所示，这时在圆柱前后壁面压力差作用下，其阻力系数C_D可达1.2（$C_D=F_D\Big/\left(\frac{1}{2}\rho U^2 A\right)$，$F_D$为阻力，$A$为圆柱在来流方向投影面积，$C_D$中包括物面摩擦阻力，而摩擦阻力系数只占 1%）。

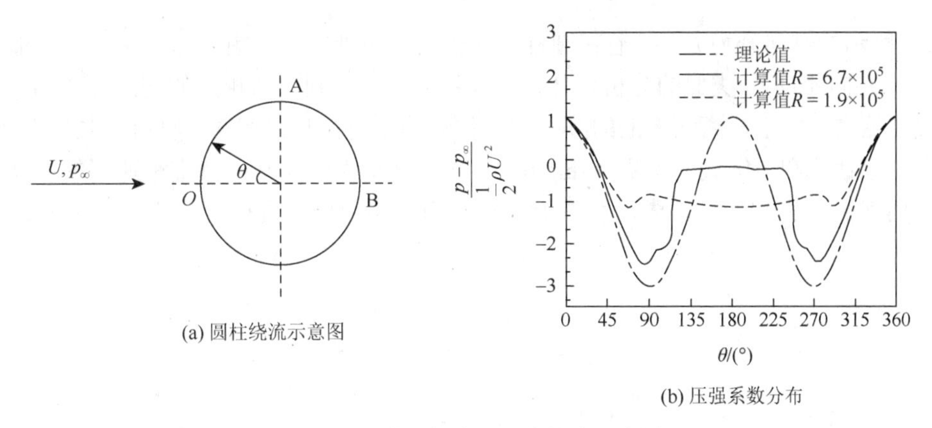

(a) 圆柱绕流示意图

(b) 压强系数分布

图 9.9.3　绕圆柱流动压力分布示意图

湍流边界层的分离点可推迟发生在$\theta_s = 120°\sim140°$处，流动分离区将明显缩小，并且在圆柱后交叉下泄的涡列也会消失，其阻力系数可降低到$C_D = 0.3\sim0.4$。但随着 Re 继续增大，$Re_d > 6\times10^5$，圆柱阻力系数C_D又会继续增大到$C_D = 0.6$，圆柱后方交替下泄的涡列亦恢复。

根据实验观察发现，圆柱体绕流边界层分离所下泄的涡迹，在圆柱后形成两排非对称涡列，在跨度相当大的雷诺数范围内（$47 < Re_d < 10^7$）呈现交叉分布，被称为冯卡门涡街，通常称为卡门涡街。关于卡门涡街的发现，相传 1911 年普朗特在德国哥廷根大学，做边界层分离问题时研究，他要一位博士生在水槽中做一个圆柱绕流的实验，以验证边界层理论确定的分离点。这位博士生做实验时发现圆柱后边界层分离很不稳定，左右两侧的分离涡也不对称，他去问导师普朗特，普朗特也认为要排除圆柱的不对称或水槽不对称产生的影响，要这位博士生制作对称的圆柱和水槽后再试试。那时，冯·卡门已在普朗特那里做助教，与这位博士生所做的课题无关，但他每天上班经过实验室总看到这位博士生在修正这个实验，冯·卡门问修正实验结果怎样，得到的结果总是说不理想。经过一段时间后，冯·卡门就在想这是不是另外还有什么原因？因此他对圆柱后面两排涡列做粗略的计算：先假定两排涡列在圆柱后对称分布，然后移动其中一个涡旋，它们的相互影响使这个涡旋不再回复到原先位置。这就是说，圆柱后两排对称分布的涡列是不稳定的，现实中是不会存在的。而对两排交叉分布的涡列，通过相同的计算，虽然也不稳定，但两排涡列交叉分布的点涡间距 p 和两排涡列间距 w（如图 9.9.4）的比值 w/p 在一定条件下，是可以稳定的。所以绕圆柱流动边界层分离所下泄的涡列，在现实中就应该是呈现非对称的交叉分布的形态。冯·卡门便带着这个问题，与普朗特探讨，普朗特听后认为有些道理，让冯·卡门将其写出，并将这篇文章提交学院区发表。冯·卡门写完这篇文章后，又觉得其中有的计算不够严谨，接着他又作出较精确的计算，得到交叉分布两列涡之间的间距 $w/p = 0.281$ 时是稳定的结论。后来的确被实验所证实。因此，后人为纪念冯·卡门这一发现，于是把这种现象命名为“卡门涡街”。

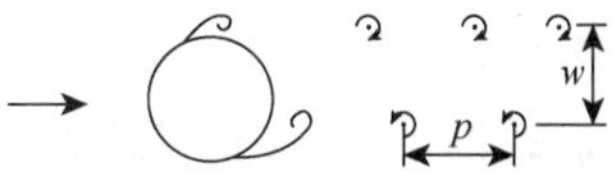

图 9.9.4　圆柱后交叉分布的涡列示意图

分析实际黏性流体绕圆柱体流动，对分离涡从圆柱体两侧交替下泄的卡门涡街，当一侧有涡下泄时（如图 9.9.5（a），设下泄涡的速度环量为$\varGamma$），柱体出现不对称流型，根据边界层外的势流理论，圆柱体将产生反向速度环量，与来流叠加后改变两侧压力分布，产生如图 9.9.5 所示的侧向升力L，接着在圆柱另一侧有涡下泄时（如图 9.9.5（b），设下泄涡速度环量为Γ，方向相反），类似的分析可知，圆柱将交替地受到方向相反的侧向力作用，从而可使柱体发生振动。如果分离涡下泄的频率与柱体结构物自振频率相同，将引起共振造成危险。例如，空中电话线和电缆线的鸣唱（singing），以及汽车天线在某一特定车速下的振动，它们都是由卡门涡街所引起的。水中潜艇的潜望镜和海洋平台中缆绳受力分析也都要考虑卡门涡街的作用。

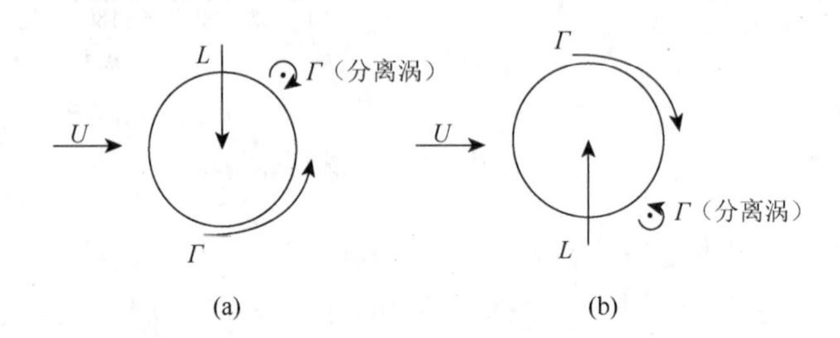

图 9.9.5　分离涡对柱体产生升力示意图

（a）为上侧涡下泄；（b）为下侧涡下泄

对来流速度为U绕圆柱体（直径为d）下泄的卡门涡街，其分离涡下泄频率f，根据实验可知，无量特征数$St = fd/U$（称为施特鲁哈尔数，Strouhal number），在相当大Re_d（$Re_d = 10^2 \sim 10^5$）范围内，St（$St = 0.2 \sim 0.21$）几乎是常数，并有经验公式：

$$St = 0.198\left(1 - \frac{19.7}{Re_d}\right), \quad 250 < Re_d < 2\times10^5 \tag{9.9.3}$$

工程上还利用这一特性来研制流量计，通过测定圆柱后方下泄涡的频率f，计算来流速度和流量，特别是用于测定熔融金属的流量具有优越性。

以上所述卡门涡街现象，不仅在圆柱体绕流中可以产生，在其他截面的柱形体（如各种钝体）和结构物（如桥梁、建筑物）的绕流中都可能出现。在高层建筑物的建造过程中，建筑物后的卡门涡街对周围环境的影响，也是设计者需要加以分析和考虑的问题。

9.9.3　球的空气动力学

各类球（足球、乒乓球、棒球、高尔夫球等）的曲线运动，可作为球空气动力学问题的典型。如图 9.9.6 所示，球在空气中以速度$\boldsymbol{u}$运动时，受空气阻力$\boldsymbol{D}$（方向与$\boldsymbol{u}$相反）和重力$m\boldsymbol{g}$（m为球质量，$\boldsymbol{g}$为重力加速度）外，如果球在运动过程中还具有旋转角速度$\boldsymbol{\omega}$，则该球体还同时存在一种横向力或升力（通常称为马格努斯力）$\boldsymbol{F}_\mathrm{M}$的作用，马格努斯力的方向与$\boldsymbol{u}$正交，指向$\boldsymbol{\omega}\times\boldsymbol{u}/|\boldsymbol{\omega}\times\boldsymbol{u}|$。球的阻力$\boldsymbol{D}$通常可写为

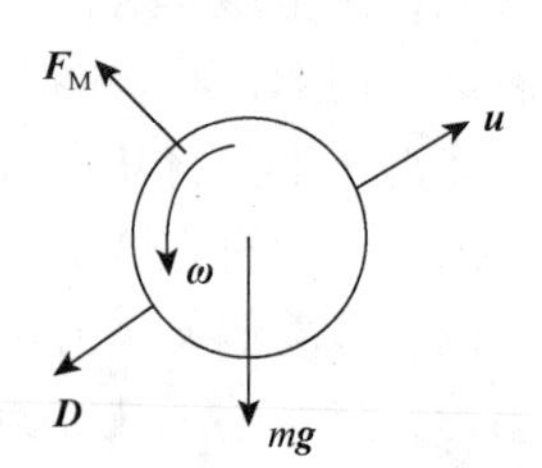

图 9.9.6　球在空气中运动受力分析示意图

$$D = C_D \cdot \frac{1}{2}\rho A|\boldsymbol{u}|^2 \cdot \frac{u}{|\boldsymbol{u}|} \tag{9.9.4}$$

式中：A为球在运动方向投影的横截面积；C_D为阻力系数，它与球体运动雷诺数$Re=\frac{|\boldsymbol{u}|\cdot d}{\nu}$（$d$为球直径）和球体表面相对粗糙度$\frac{k_s}{d}$有关，即$C_D=C_D\left(Re,\frac{k_s}{d}\right)$，由实验数据确定。球的阻力包括表面摩擦阻力和边界层分离产生压差阻力，即形状阻力两部分组成，其中摩擦阻力只占很小一部分。各类球运动的Re范围为4×10^4～2×10^6。

对于光滑球体的阻力系数$C_D=C_D(Re)$的试验曲线如图9.9.7所示，可将它分为三个具有不同特性范围：光滑球体的临界雷诺数为

$$Re_{\text{cr}}=(3\sim4)\times10^5 \tag{9.9.5}$$

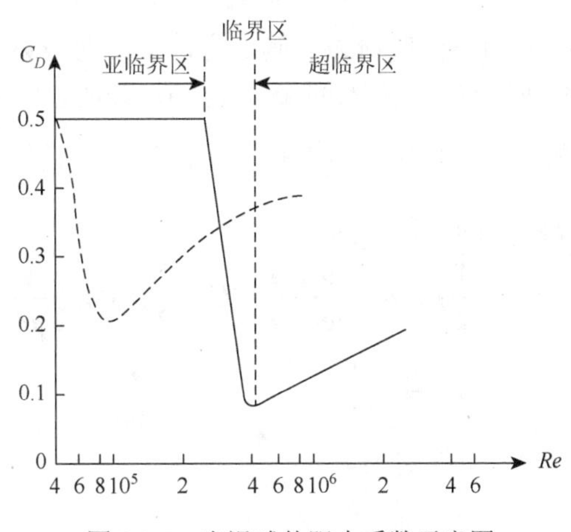

图9.9.7　光滑球体阻力系数示意图

———光滑球　- - - - - - -高尔夫球

当流动的$Re_{\text{cr}}<3\times10^5$时，流体流动为层流边界层流动，边界层分离点在$\theta_s=80°$左右（假定前驻点处$\theta=0$），分离区较大，阻力系数$C_D$几乎与$Re$无关，$C_D=0.5$，对这一区域称为亚临界区；在$3\times10^5<Re<4\times10^5$为光滑球的临界区，层流边界层转变为湍流边界层，因湍流边界层发生后分离点后移到$\theta_s=120°$，分离区突然缩小，球体阻力系数C_D急剧下降到0.07，被称为在临界区出现“失阻”现象（指阻力突降的一种现象，亦称它为“阻力危机”现象）；此后，$Re>4\times10^5$，阻力系数C_D又会随Re增大而增大，这个区域称为超临界区。

对不同粗糙度的球，球的临界雷诺数各不相同，增加粗糙度使球的临界雷诺数减小，如足球的临界雷诺数大约为2.2×10^5，高尔夫球的临界雷诺数约为$(5\sim8)\times10^4$。足球在亚临界区阻力系数$C_D=0.50$，在超临界区阻力系数$C_D=0.15$，发生失阻时可降到$C_D=0.07$。高尔夫球是表面粗糙度最大的一种球，大多数高尔夫球表面由300～450个酒窝形（圆形或三角形等）微凹的表面所构成，图9.9.7中虚线是高尔夫球的阻力系数曲线，通过与光滑球阻力系数曲线比较可知，高尔夫球直径43 mm，典型球速60 m/s，有代表性的雷诺数$Re=1.72\times10^5$，所以它比光滑球阻力系数小很多因而可以打得更远。

对球的马格努斯力$\boldsymbol{F}_{\text{M}}$，通常写为

$$F_M = C_M \cdot \frac{1}{2}\rho A|\boldsymbol{u}|^2 \cdot \frac{\boldsymbol{\omega}\times\boldsymbol{u}}{|\boldsymbol{\omega}\times\boldsymbol{u}|} \tag{9.9.6}$$

式中：C_M为马格努斯力系数，主要与球体旋转参数S有关，由试验数据确定，球的表面粗糙度对马格努斯力的增大有一定影响，但影响不大。旋转参数S定义为

$$S = \frac{\boldsymbol{\omega}\cdot d}{|u|} \tag{9.9.7}$$

式中：S为无量纲数。体育运动中各种球类的旋转参数的范围一般为$S = 0.1 \sim 0.5$，常可用近似关系式$C_M \approx S$对实际问题做分析，也有一些经验公式，如式（9.9.8）所示。

$$C_M = \begin{cases} 0.5S, & S < 0.1 \\ 0.09 + 0.6S, & S > 0.1 \end{cases} \tag{9.9.8}$$

有了球体在空气中的阻力和马格努斯力的确定方法后，对球体在空气中运动迹线（研究各种曲线球）就可作出分析或计算。设球体的质量为 m，球心在空中坐标矢量以 $\boldsymbol{r}$ 表示，球的线速度为$\boldsymbol{u} = \frac{\mathrm{d}\boldsymbol{r}}{\mathrm{d}t}$，假定球的旋转角速度$\boldsymbol{\omega}$在球体运动过程中近似地保持不变，则由牛顿第二定律可写出求解球心运动迹线的方程式为

$$m\frac{\mathrm{d}^2\boldsymbol{r}}{\mathrm{d}t^2} = C_M \cdot \frac{1}{2}\rho A|\boldsymbol{u}|^2 \cdot \frac{\boldsymbol{\omega}\times\boldsymbol{u}}{|\boldsymbol{\omega}\times\boldsymbol{u}|} - C_D \cdot \frac{1}{2}\rho A|\boldsymbol{u}|^2 \cdot \frac{\boldsymbol{u}}{|\boldsymbol{u}|} + m\boldsymbol{g} \tag{9.9.9}$$

令

$$k_M = \frac{\rho A}{2M}C_M, \qquad k_D = \frac{\rho A}{2M}C_D$$

则求解球体运动方程式（9.9.9）可简写为

$$\ddot{\boldsymbol{r}} = k_M|\boldsymbol{u}|^2 \cdot \frac{\boldsymbol{\omega}\times\boldsymbol{u}}{|\boldsymbol{\omega}\times\boldsymbol{u}|} - k_D|\boldsymbol{u}|^2 \cdot \frac{\boldsymbol{u}}{|\boldsymbol{u}|} + \boldsymbol{g} \tag{9.9.10}$$

式中：$\ddot{\boldsymbol{r}} = \frac{\mathrm{d}^2\boldsymbol{r}}{\mathrm{d}t^2}$为球体加速度矢量。给出初始值（$\boldsymbol{r}_0, \boldsymbol{u}_0, \boldsymbol{\omega}_0$），每进一时间步得，球的位置矢量和速度矢量都可一步步计算出来。

前面讨论了边界层分离的概念及相关现象，边界层分离可导致流动能量损失并导致流动的不均匀性，为改进流动性（气动特性或水动力性能），边界层分离的控制技术，已有很多研究和发展，这是一个有实际意义的专题，我们在这里只作一些简要引述。

边界层流动分离的控制，通常分被动控制（不需要另外的动力输入）和主动控制（需要另外的动力输入）两大类型。

例如，通过对流道线型设计的改进，消除或推迟边界层分离，以及安装涡发生器延迟边界层分离的发生，这些方法就是属于被动控制的类型。所谓涡发生器是一种由小叶片或突出物安装在流动分离前的物面上，可使流动通过时产生涡流，这些涡流把能量加入边界层内流体中，可推迟流动分离和机翼失速现象的发生。现实生活中可观察到，飞机机翼和小轿车上可看到这种涡发生器。在飞机机翼上涡发生器大约装在离机翼前缘 1/3 弦长处。它们是一些矩形、楔形或三角形小叶片，其高度取所在位置边界层厚度的80%或更小，其方向与当地局部气流的偏角取$15^\circ \sim 30^\circ$，使小叶片产生较强的梢涡以控制边界层分离。在小轿车上的涡发生器，一般装在尾部线型突变处前方，通过涡发生器产生的涡流能缩小流动分离区以降低阻力。

9.10　绕物体流动的阻力

黏性流体绕物体流动时，物体受到与来流方向一致的作用力 $\boldsymbol{F}_D$ 及垂直于来流方向的升力 $\boldsymbol{F}_L$。因 $\boldsymbol{F}_D$ 与物体运动方向相反，起着阻碍物体运动的作用，故称为物体阻力。

物体阻力可分为摩擦阻力与压差阻力两部分。摩擦阻力是作用在物体表面的摩擦切应力在来流方向的投影的总和，是黏性的直接结果；压差阻力则是作用在物体表面的压力在来流方向的投影的总和。理想流体绕物体流动时不存在压差阻力。只有黏性流体绕物体流动在物体后部逆压梯度区域内出现边界层分离，产生旋涡，使压力降低恢复不到理想流体绕流时压力应有的数值，因而才有压差阻力。因此压差阻力是黏性间接作用的结果。也可以把摩擦阻力和压差阻力合称为黏性阻力。

虽然物体阻力的形成过程，从物理的观点看比较清楚。但从理论上来确定一个任意形状物体的阻力，至今还是十分困难的。物体的阻力最好采用实验测得或通过数值计算获取。

9.10.1　钝体阻力

图 9.10.1 给出了圆球、圆盘和圆柱体的阻力系数与雷诺数的关系曲线。当雷诺数较低时，边界层是层流，这时边界层的分离点在物面最大截面的附近，并且在物体后面形成较广的尾涡区，从而产生很大的压差阻力。当 Re 增加到 $2\times10^3\sim2\times10^5$ 时，圆球阻力系数稳定在 0.4 左右。但当 Re 增加到 3×10^5 时，阻力系数从大约 0.4 突然急剧下降到 0.1 以下。这一现象在当时尚未得到很好的解释，被称为“阻力危机”。其实，这是因为雷诺数增到 3×10^5 时，边界层由层流到湍流转变的转捩点逐步前移到分离点之前。由于湍流边界层中流体的动能较大，使分离点沿物面向后移动一段距离，尾涡区大大变窄，从而使阻力系数显著降低。这就是出现“阻力危机”的原因。普朗特用“人工激流”的方法证实了这一现象。他在紧靠圆球表面层流分离点稍前的地方套一圈金属丝，人工地把层流边界层转变为湍流边界层，则在 Re 小于 3×10^5 时，就出现阻力系数急剧降低的现象。这时，分离点从原来在圆球前表面驻点后约 80°处向后移到 60°～120°的位置，如图 9.10.2 所示。

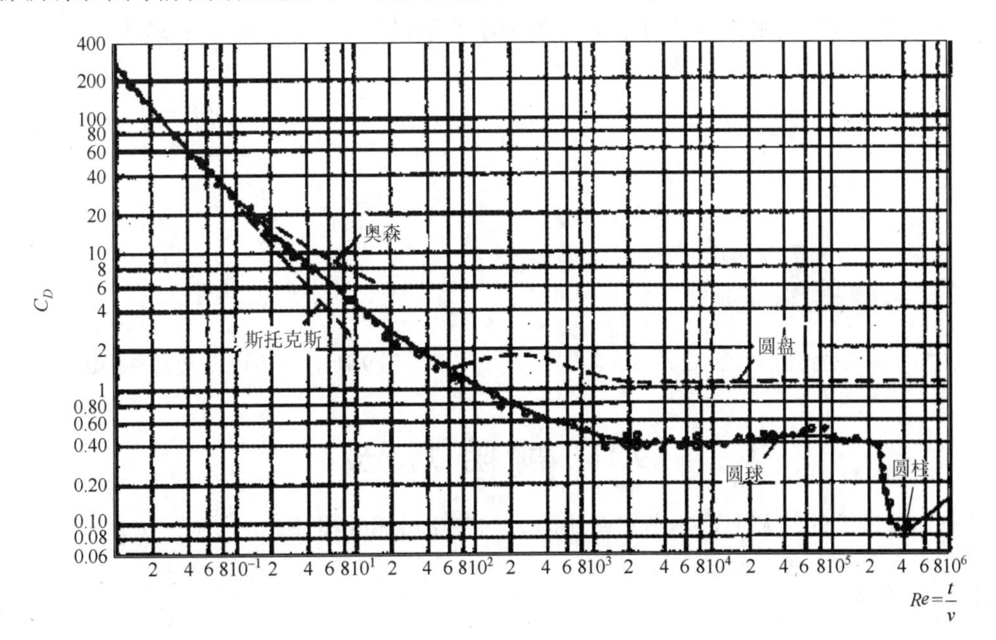

图 9.10.1　圆球、圆盘和圆柱体的阻力系数与雷诺数的关系曲线

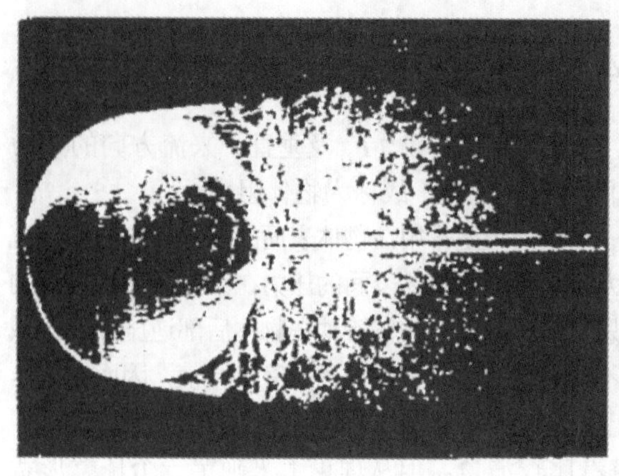
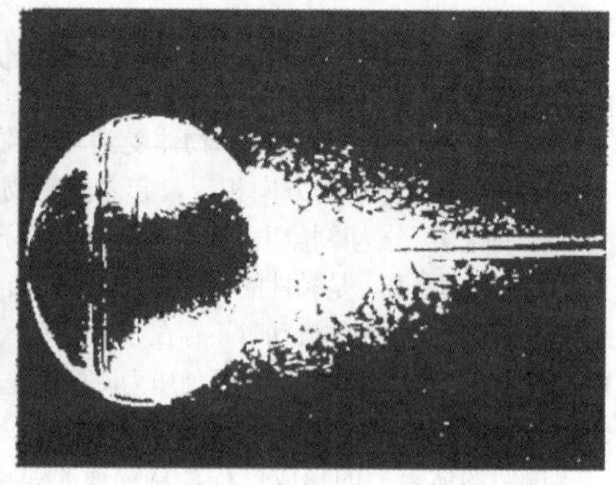

图 9.10.2　圆球绕流流动分离示意图

9.10.2　流线型物体阻力

理想流体绕流流线型物体时，尾端速度为零，压力达极大值，和前面的最大压力相互平衡，因此阻力为零。在真实流体中，存在边界层，其流动图形如图 9.10.3 所示，在尾缘上方的边界层边界上 B'点的速度不为零，从拉格朗日方程可知，该处压力不是极大值。由于压力沿边界层的厚度是不变的，尾端 B 的压力等于边界层边界上 B'的压力，所以 B 点的压力也不能达到极大值。所以，流线型物体虽然没有出现边界层分离现象，但尾部的压力仍然降低，从而平衡不了前部的最大压力，同样会产生压差阻力，即形状阻力。

流线型物体虽然增加了浸润面积、摩擦阻力，但延缓了边界子层分离，大大降低压差阻力，因而减小了总阻力。例如，圆柱体的阻力系数为 1.2，而一个优良流线型柱体仅为 0.065。

对流线型物体“阻力危机”现象不像圆球那样显著，如图 9.10.4 所示。其原因在于对流线型物体，本来层流边界层分离较晚，尾流区较小，其压差阻力不大，故边界层由层流转换为湍流时，因压差阻力的减少而使总阻力的减小并不显著，故阻力曲线比较平坦，不像圆球或圆柱体那样有突然降低。

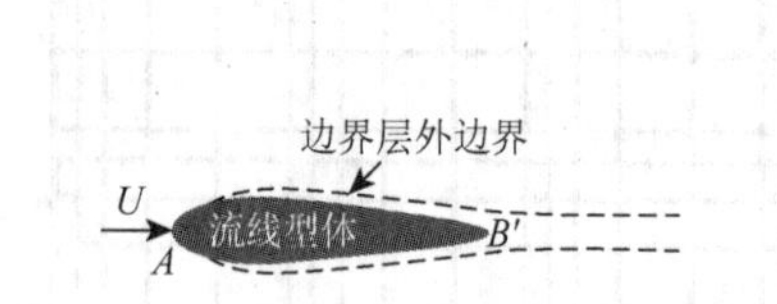

图 9.10.3　流线型结构物绕流边界层示意图

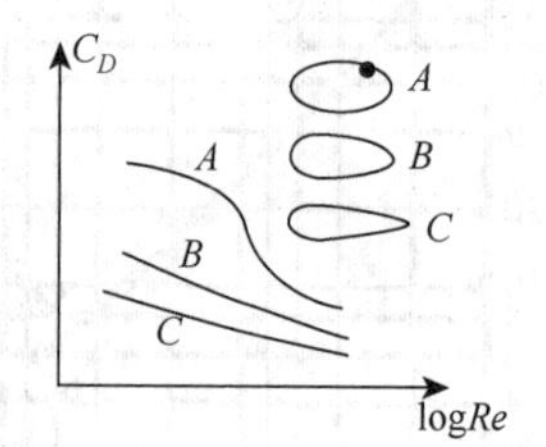

图 9.10.4　不同外形的阻力系数对比

9.11　减阻方法

在前几节讨论的基础上，本节对减小阻力的方法做相关概述。

9.11.1　流线型设计

将物体外形设计成流线型，使物体后部细长，减小反向压力差，以推迟或避免边界层分离，达到减小阻力的目的。潜艇、翼型、舵以及飞机机身都比较接近流线型。

研究人员测量了一条鲟鱼鱼身的各个横截面上的周长，除以 3 后就得到图 9.11.1 所示的纵截面形状。从图 9.11.1 中可以看出，截面形状几乎可以跟某些现代的低阻力对称翼型完全相合，这一点是值得注意的。

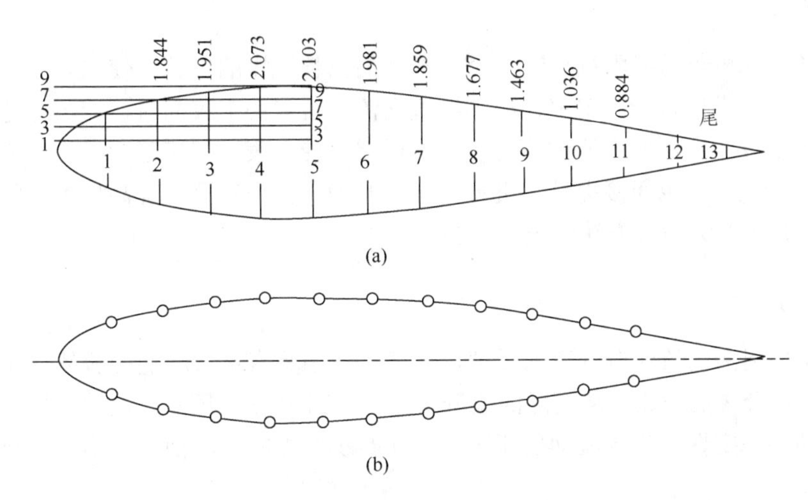

图 9.11.1　鲟鱼鱼身横截面与现代低阻力翼型的比较

（a）手绘的鲟鱼横截面图；（b）现代低阻力翼型与鲟鱼横截面图的比较

9.11.2　避免尖点

物体外形的尖点后会出现很强的反向压力差，使边界层立即在尖点处分离，如图 9.11.2 所示，因此应尽可能避免。

9.11.3　加导流片

流动中的弯道加导流片，可以减小旋涡区，达到减小旋涡阻力的目的。图 9.11.3（a）（b）为弯道未加导流片和加装了导流片时的流动图形。可以看出加装导流片后在拐角后的旋涡区明显减小。图 9.11.3（c）中所示的导流片，已应用于风洞和循环水槽。

图 9.11.2　具有尖点的物体外流场示意图

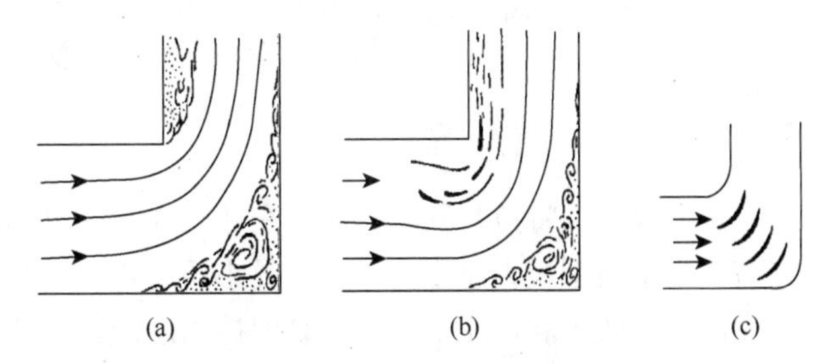

图 9.11.3　导流片流动弯道中应用示意图

（a）未加导流片；（b）加装了导流片；（c）导流片

9.11.4　边界层控制

边界层控制不但可以减小黏性阻力，还可以增大机翼的最大升力，增加船用舵的侧向力等。边界层控制的方法有下面几种。

1. 前缘缝翼

前缘缝翼是在机翼前缘附近加装一个或多个的弦长较短的机翼，使二者之间有一条小缝隙。这个缝隙由于进口宽、出口窄，流体经过它流向机翼的上表面时，流体流速增加，于是便增加了机翼上表面边界层内流体的动能。这样就能使上表面气流延后发生分离，延缓升力急剧下降的失速现象，也间接提升了机翼的最大升力。前缘缝翼是提高机翼（包括船用舵，水翼和风帆）最大升力较好方法之一，如图 9.11.4 所示。

2. 抽吸作用

将边界层内迟滞的流体在分离前吸掉，以便来流中具有更大动能的流体补充上来，如此便能够避免气流分离的现象，从而降低湍流阻力，如图 9.11.5 所示。用边界层抽吸的方法，还可增加流动的稳定性，延长流动层流区，从而减小摩擦阻力。抽吸作用可以将临界雷诺数提高至 3×10^7。

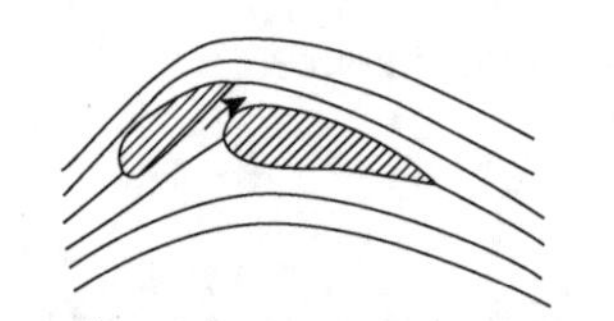

图 9.11.4　前缘缝翼绕流流动示意图

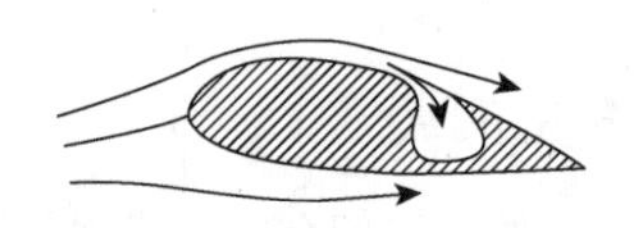

图 9.11.5　边界层抽吸作用

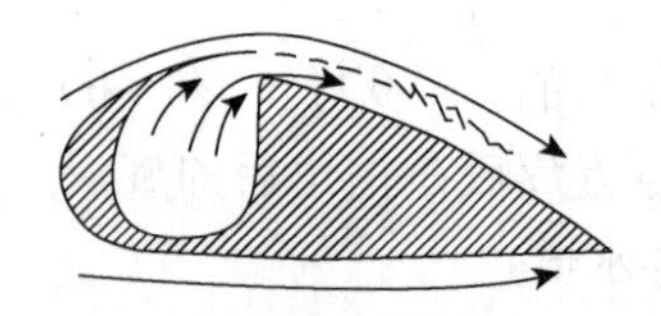

图 9.11.6　边界层吹喷作用

3. 吹喷作用

利用某些设备自物体表面向后吹喷流体，如图 9.11.6 所示，可以增加边界层内流体的动能，从而防止或推迟边界层的分离。对层流边界层，吹喷时引起扰动，使层流提前过渡为湍流，会增加摩擦阻力。对湍流则会使边界层变厚，反而减小了摩擦阻力。

9.11.5　采用层流翼型

层流翼型的特点是其最大厚度在弦长 30%～70%处（距离翼型前缘），而普通翼型仅为 30%左右。由于翼型最大厚度处对应为最小压力点。在最小压力点以前，流体处于减压加速的区段，速度剖面比较丰满，流动状态容易保持为层流，因此可以有效延长层流区，从而降低摩擦阻力。

层流翼型可以将临界雷诺数 Re_{kp} 提高至 5×10^6，因此在 $Re\leqslant10^7$ 时可以大大降低摩擦阻力。例如在 $Re=5\times10^6$ 时，可将黏性阻力系数降低为 0.002 9。当雷诺数较大时，层流翼型将失去减阻效用，此时边界层基本全部为湍流。另外层流翼型的加工和维护都较为困难。如果表面粗糙或沾污，都会作为扰动源，引起扰动，边界层将会从层流转变为湍流。

9.11.6　聚合物溶液的减阻作用

1969 年相关学者从平板表面向平板边界层中以 285 cm^3/s 的流量喷注 0.003 mol 的聚氧化乙烯溶液，实验结果显示可以减小平板阻力的 60%；1966 年相关学者从船模表面向边界层中以每分钟 4 升左右的流量喷注 0.006 mol 的聚氧化乙烯溶液，可以使船模的摩擦阻力减小 30%（$Re = 1.77\times10^7$）。有一定的减阻效果。但是在实船上应用喷注时，经济性不够理想。

9.12　减阻技术简介

黏性流体绕流会产生阻力，有些情况下希望增加阻力，例如，在空中打开降落伞。而更多情况下希望减小阻力，例如对于水下航行的舰艇、公路上行驶的汽车以及空中飞行的飞机等。随着流体力学不断发展，针对各类不同问题已有多种多样的减阻方法，一种常见的减阻方法是通过流线型设计减阻，这种方法通过抑制流动分离减小压差阻力，从而达到减阻的目的。此外，还有表面微结构减阻、微气泡减阻、超疏水表面减阻、壁面振动减阻等多种减阻技术，其中有许多技术源于对自然界中生物运动的观察和研究。

英国生物学家 Gray（格雷）在 1936 年随船观察到印度洋中海豚跟随船舶的运动，海豚长 1.8～2.1 m，随船前进速度可达 20 kn。他将海豚作为刚体计算其水动阻力，计算所得的结论为，海豚可发挥的力量不足以克服高速游动所产生的阻力，这就是著名的格雷悖论。因此 Gray 假设海豚的皮肤具有特殊的减阻性能。受到格雷悖论的启发，后续许多研究人员从不同方面对这鱼类问题进行分析，并提出了相应的减阻方法。

9.12.1　对海豚外形的研究

海豚外形为流线体，其细长比 FR（最大长度与最大宽度之比）的范围为 3.3～8.0。空气动力学理论研究表明，回转体最小阻力的细长比 FR 在 3～7，飞艇设计取 FR = 4.5；近代潜艇设计亦采用相似于海豚外形的纺锤形。

海豚外形最大厚度的位置距离前缘为海豚全长的 34%～45%，类似于工程上的层流翼型，这个位置可以利用有利的压力梯度（$\dfrac{\partial p}{\partial x}<0$，降压区），延长层流边界层而获得减阻效果。

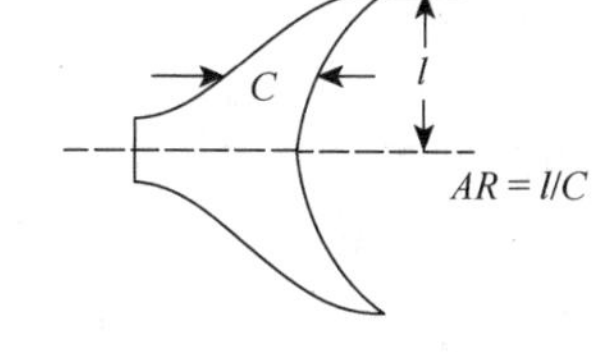

图 9.12.1　海豚尾鳍示意图

海豚的尾鳍，其展弦比 AR 较大，AR = 2.0～6.2，且为后掠式或半圆形，如图 9.12.1 所示，理论研究表明后掠翼的诱导阻力相比椭圆翼可减小 8.8%，同时后掠翼在近水面运动时还可减小兴波阻力。

9.12.2　仿生表面微结构减阻

传统观点认为光滑表面阻力最小，因此早期减阻研究的主要方向是尽量减小表面粗糙度。受格雷的工作的启发，Kramer（克雷默）提出海豚皮肤具有微结构的非光滑状态，达到减阻效果。在鱼类游动中，鲨鱼表面微结构最具有代表性，鲨鱼表面具有“皮质鳞凸”的重叠鳞片结构。通过对鲨鱼表皮微结构减阻的研究，研究人员提出对平板表面刻铸纵向（流动方向）V 形微槽、U 形微槽和 L 形或叶片形微槽，如图 9.12.2 所示。

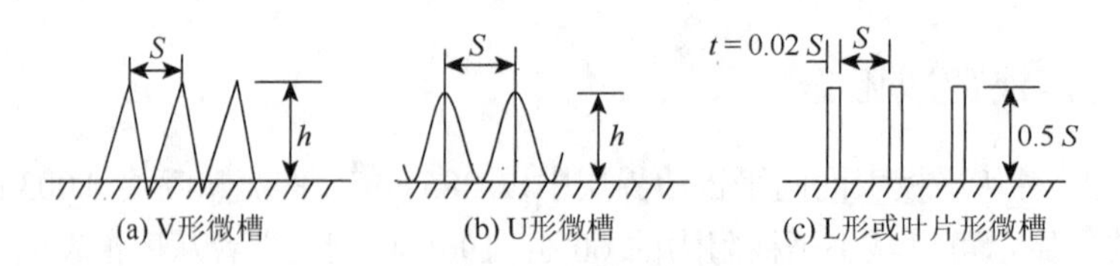

图 9.12.2　壁面微槽减阻类型示意图

若以边界层壁面律的无量纲长度自变量定义槽高 h^+ 和槽道间距 S^+，令

$$h^+ = \frac{hu_*}{\nu}, \quad S^+ = \frac{Su_*}{\nu} \tag{9.12.1}$$

式中：u_* 为壁面摩擦速度；ν 为流体运动黏性系数。试验表明，如取值 $S^+ = 15 \sim 18$，$h^+ = 8 \sim 13$，它们都有减阻效果，可使平板摩擦阻力降低 5%～8%。并且槽道对来流偏角的影响并不敏感。在偏角 15°以内几乎不受影响，只有当偏角大于 80°后，减阻效果便消失，但仍不增加阻力。

对这种壁面纵向微槽减阻的机理，目前尚不清楚，可能是纵向微槽使近壁面的边界层过渡区湍流猝发时横向脉动速度受阻降低，而增大纵向脉动速度，其结果使湍流雷诺应力降低而获得减阻效果。之所以是微槽，是因为这种能使物面减阻的沟槽结构其槽宽 S 和槽高 h 都是微小的量。如在实验室中取平板长 $L = 1\,\mathrm{m}$ 做试验，将平板表面刻铸或粘贴沟槽，使沟槽无量纲宽度 $S^+ = Su_*/\nu = 18$，所以 $S = 18\,\nu/u_*$，因 $u_* = \sqrt{\tau_0/\rho} = U\sqrt{C_\mathrm{f}/2}$，式中 U 为试验中水的来流速度，则有

$$\frac{S}{L} = \frac{18\nu}{\sqrt{C_\mathrm{f}/2} \cdot UL} = \sqrt{\frac{2}{C_\mathrm{f}}} \cdot \frac{18}{Re_L} \tag{9.12.2}$$

式中：C_f 用光滑平板湍流边界层平均值代入，即 $C_\mathrm{f} = 0.074/Re_L^{0.2}$，其中 $Re_L = UL/\nu$ 为雷诺数，取 $Re_L = 5\times10^6$（相当于 $U \approx 5\,\mathrm{m/s}$），则可获得 $S/L = 8.75\times10^{-5}$ 或 $S = 87.5\,\mu\mathrm{m}$。通常微槽 S 和 h 的尺度远小于 $1\,\mathrm{mm}$，故这种沟槽可称为微槽。

然而，考虑到实船上的应用，由于实船的雷诺数常在 10^9 以上，通过以上类似的计算，微槽尺度还应远远小于实验室使用的微槽。这样小的物面微槽，特别是在水中的应用就会受到局限。不多的实际应用有：1984 年洛杉矶夏季奥林匹克运动会，美国划船队曾在船体上粘贴具有微槽的薄膜片，以及 1987 年美国美洲杯赛事中美国星条号 12 m 帆船比赛中，他们使用粘贴有 V 形槽（$h = 0.01\,\mathrm{mm}$，$S = 0.11\,\mathrm{mm}$）的膜片，通过技术减阻的帮助夺走了美洲杯。但这两个实例只说明此项技术在水中一次性或短期使用是有一定减阻效果的。

9.12.3　利用微气泡、气膜润滑和人工气腔减阻

由于降低船舶摩擦阻力具有重大实际意义，许多国家都在致力于减阻的研究。例如，利用气泡减阻（bubble drag reduction，BDR），利用气膜或空气层减阻（air layer drag reduction，ALDR）和利用人工气腔减阻（air cavity drag reduction，ACDR），这三种不同的减阻技术正在发展中。

气泡减阻是通过引射微小气泡到船底，由气泡的浮力使大量气泡分布在船底，可使船体摩擦阻力降低。相关学者利用多孔平板引入空气泡，结果显示平板摩擦阻力降低 80%以上。其他人在循环水槽的模型试验中也证实其减阻的有效性。如在宽×高×长 = 100 mm×

15 mm×3 000 mm 的循环水槽试验段，使用孔径为 1 mm 多孔板引入空气，沿流动方向的孔距为 2.5 mm，展向孔距为 1.875 mm，多孔板共 277 个小孔，位于距离试验段前端 1 028 mm 处，即可使平板壁面摩擦阻力有显著降低。当微气泡直径在 0.4～2.2 mm，气泡大小不影响减阻效果。

微气泡的减阻机理还处于探索阶段，使用微气泡减阻技术时对物面附近边界层内微气泡分布的影像观测显示，微气泡只在黏性底层外与边界层内水体相混合，黏性底层内仍然是水体（气泡未进入黏性底层），故减阻的原因可以认为主要是湍流雷诺应力的大幅降低。湍流雷诺应力降低的原因：一方面是由边界层过渡区内大量微气泡与水流相混合，混合后流体密度显著下降所造成的；另一方面也可能是边界层过渡区有大量微气泡存在，使猝发的湍流通过微气泡的缓冲和耗散，降低了其脉动速度（特别是横向脉动速度），从而使湍流雷诺应力降低。

然而，微气泡减阻的大尺度模型试验以及实船试验中，均没有出现显著的减阻效果。如相关研究团队在报告中指出：对 50 m 长的平板在 400 m 长的船池中试验微气泡减阻，船速 7 m/s，单位展长喷射的空气量为 0.3 m^2/s。试验结果表明，减阻效果只在平板前几米的范围内较为显著（亦不超过 40%）。美国密歇根大学相关研究团队在美国海军最大空泡水槽中的试验研究表明：当试验平板长 10 m，来流速度 11.1 m/s，通过多孔气口引入微气泡，单位展长上气流量 $Q_a < 0.05\ m^2/s$ 时，能测得微气泡减阻效果，但在喷气口以下 2 m 长度后，不再出现显著的减阻效果。日本相关团队进行的一些实船试验报告显示，使用微气泡对船舶总阻力仅有 0～5%的减阻效果。从已有的一些试验可知，微气泡减阻也有重要的尺度效应。究竟何种因素影响大比例尺试验减阻的效果，还不是很清楚。

减阻是流体力学永恒的话题，本节简要介绍了几种典型的减阻方法，读者可以通过阅读相关书籍及文献对各类减阻方法进行更为深入研究。

9.13 例题选讲

例 9.13.1　一平板长 5 m，水流以速度 0.19 m/s 流过平板，试分别求距前端 1 m 及 4.5 m 处边界层最大厚度，并求在该两点垂直距板面 5 mm 处的速度。

解　首先判别流动状态。算出临界长度为

$$x_{kp} = 5\times 10^5 \times \frac{\nu}{U} = 5\times 10^5 \times \frac{1.145\times 10^{-6}}{19\times 10^{-2}} = 3(\mathrm{m})$$

即在 1 m 处为层流，而在 4.5 m 处为湍流。

在 1 m 处使用层流边界层公式，由式（9.6.9）得

$$\delta = 5.49\sqrt{\frac{\nu x}{U}} = 5.49\sqrt{\frac{1.145\times 10^{-6}\times 1}{19\times 10^{-2}}} = 1.34(\mathrm{cm})$$

再由式（9.6.2）得

$$\frac{v_x}{U} = 2\frac{y}{\delta} - \frac{y^2}{\delta^2} = 19\times 10^{-2}\times\left[2\times\frac{0.5}{1.34} - \left(\frac{0.5}{1.34}\right)^2\right] = 0.116(\mathrm{m/s})$$

在 4.5 m 处则需用有关湍流边界层的公式，由式（9.7.15）得

$$\delta = 0.37\left(\frac{\nu}{U}\right)^{1/5} x^{4/5} = 0.37\times\left(\frac{1.145\times10^{-6}}{19\times10^{-2}}\right)^{1/5} 4.5^{4/5} = 11.1(\text{cm})$$

$$v_x = U\left(\frac{y}{\delta}\right)^{1/7} = 0.19\times\left(\frac{0.5}{11.1}\right)^{1/7} = 0.122(\text{m/s})$$

例 9.13.2 一平板宽为 2 m，长 5 m，在空气中运动的速度为 2.42 m/s。试分别求沿宽度方向及沿长度方向运动时的摩擦阻力。

解 首先判别边界层的流动状态

$$x_{\text{kp}} = 5\times10^5\frac{\nu}{U} = 5\times10^5\frac{1.45\times10^{-5}}{2.42} = 3(\text{m})$$

因此沿宽度方向运动时为层流边界层，而沿长度方向运动时为混合边界层。

首先求沿宽度方向运动时的摩擦阻力，这时

$$Re = \frac{2.42\times2}{1.45\times10^{-5}} = 3.34\times10^5$$

$$C_{\text{f}} = \frac{1.328}{\sqrt{Re}} = \frac{1.328}{\sqrt{3.34\times10^5}} = 2.298\times10^{-3}$$

$$R_{\text{f}} = C_{\text{f}}\cdot\frac{1}{2}\rho U^2 S = 2.298\times10^{-5}\times\frac{1}{2}\times1.226\times2.42^2\times2\times5\times2 = 0.165(\text{N})$$

现在来求沿长度方向运动时的摩擦阻力，这时：

$$Re = \frac{2.42\times5}{1.45\times10^{-5}} = 8.35\times10^5$$

$$C_{\text{f}} = \frac{0.074}{Re^{1/5}} - \frac{1\,700}{Re} = 2.81\times10^{-3}$$

$$R_{\text{f}} = C_{\text{f}}\cdot\frac{1}{2}\rho U^2 S = 0.202(\text{N})$$

可见沿长度方向运动较沿宽度方向运动时阻力要高 22%。

测 试 题 9

1. 边界层的特点包括（ ）。

   A. 边界层内黏性力作用不可忽略　　B. 边界层内沿壁面法线方向速度梯度很小

2. 边界层内的流动状态（ ）。

   A. 只有层流边界层　　B. 也有层流边界层和湍流边界层之分

3. 边界层动量积分方程（ ）。

   A. 只能用于层流边界层　　B. 可用于层流边界层及湍流边界层

4. 边界层（ ）。

   A. 外边界与流线重合　　B. 没有明显的内外分界线

5. 边界层分离的必要条件是（ ）。

   A. 黏性作用和逆压梯度同时存在　　B. 存在黏性作用

习　题　9

1. 边界层内分为几种不同流动区域，其特征如何？

2. 试比较层流边界层与湍流边界层流动中的速度分布、边界层厚度及壁面切应力的差别。

3. 平板边界层的流动，不论是层流还是湍流边界层，平板壁面上摩擦切应力为何在前缘处最大，并随 x 增大逐渐减小？从物理概念和计算表达式两方面加以分析和解释。

4. 试讨论二维平板摩擦阻力，它与平板运动速度的关系如何？

5. 简述阻力危机形成的原因。

6. 已知不可压缩黏性流体以匀速 U 绕长为 L、宽为 b 的平板流动，其边界层（层流）内的速度分布为 $\dfrac{v_x}{U}=a+b\left(\dfrac{y}{\delta}\right)+c\left(\dfrac{y}{\delta}\right)^2+d\left(\dfrac{y}{\delta}\right)^4$，其中 a，b，c，d 为待定常数。求：（1）边界层厚度 $\delta(x)$；（2）平板上的摩擦阻力；（3）摩擦阻力系数。

拓 展 题 9

1. 什么是流致振动（flow-induced vibration，FIV）现象？控制流致振动的方法有哪些？

2. 影响摩擦阻力的主要因素有哪些？影响压差阻力的主要因素有哪些？有哪些减阻技术？

第 10 章　机 翼 理 论

利用流体提供与运动方向垂直的动力装置称为“翼”。“翼”一词来源于航空界，通常称“机翼”。在船舶工程中，翼是指水翼、舵、桨、鳍、螺旋桨叶片等装置，可称为船用翼。不仅如此，在研究船舶的操纵性能时，甚至可将船体水下部分看成是一个机翼（短翼）。若不考虑自由水面和空化现象的影响，船用翼产生动力原理与低速飞机机翼一致，因此低速空气中的机翼理论完全适用于船用翼。

本章首先介绍机翼理论的一些基本概念，包括机翼几何特性、流体动力学特性的定义等；然后解释机翼升力产生的原理、库塔-茹科夫斯基定理；接着介绍一般实用翼型的试验成果；最后讨论三维机翼的流体动力特性。

10.1　概　　述

机翼的几何特性直接影响其流体动力特性，本节分别介绍机翼的几何参数、机翼平面特性与机翼流体动力特性的定义。

10.1.1　翼型的几何参数及其定义

为了便于讨论，规定如下坐标系：x 轴沿飞机轴线方向并由机身头部指向尾部；z 轴处在机翼平面内，面向来流，指向左侧机翼；y 轴垂直于 xOz 平面并指向飞机上方，如图 10.1.1 所示。用平行于飞机对称轴线的平面（即 xOy 平面）截取机翼所得的翼剖面称为翼型。机翼的主要作用是产生升力，但机翼在流体中运动时，不可避免地会存在阻力，因此良好的翼型应该产生尽可能大的升力阻力比。

1. 翼型的几何参数

低速翼型通常是圆头尖尾的流线型，如图 10.1.2 所示，翼型的各部分几何参数介绍如下。

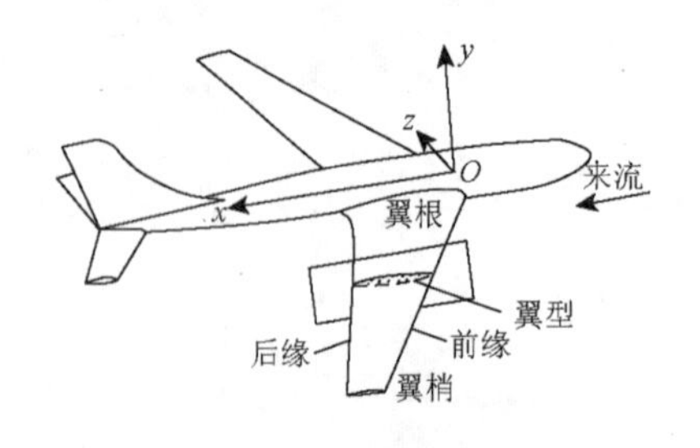

图 10.1.1　机翼坐标系定义

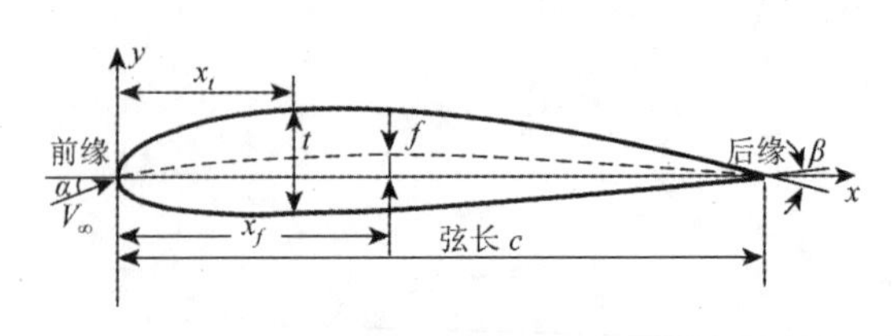

图 10.1.2　翼型的几何参数

（1）前、后缘点。翼型上距后缘最远的点称为前缘点（简称前缘），翼型后尖点称为后缘点（简称后缘）。

（2）翼弦。一般定义前缘和后缘的连线为翼弦，其长度称为弦长，通常用符号 c 表示，是翼型的特征尺寸，通常被当作翼型的基线。

（3）厚度。在弦向任一位置 x 处，垂直于弦线的直线与翼型上下表面相交，两交点之间距离称为局部厚度，局部厚度的最大值称为翼型的厚度，简称翼厚，用符号 t 表示。翼厚与弦长之比 $\bar{t}=\dfrac{t}{c}$ 称为相对厚度或厚度比。翼型的厚度与翼弦相比要小，而机翼的横向展长（翼展）在许多实用场合中又比翼弦要大些。

（4）中线。局部厚度中点的连线称为中线或中弧线。

（5）弯度。中线至翼弦距离的最大值称为弯度，用符号 f 表示。弯度与翼弦之比 $\bar{f}=f/c$ 称为相对弯度或弯度比。最大弯度位置距前缘的距离用符号 x_f 表示，其与翼弦的比值 $\bar{x}_f=x_f/c$ 表示最大弯度的相对位置。显然 $f/c=0$ 的翼型为对称翼型，其中线和翼弦重合。

（6）前缘半径。前缘的内切圆半径，其圆心在中弧线前缘点的切线上。该圆的半径称为前缘半径，表征前缘钝度。

（7）后缘角。后缘处翼型上、下表面切线的夹角称为后缘角，用符号 β 表示。

在翼型平面上，来流方向与翼弦之间的夹角定义为几何攻角，也称为迎角、冲角，用符号 α 表示。它是表示机翼工况的一个参数。

上述几个参数是翼剖面的特征参数。翼剖面的完整形状需要翼型上下表面的坐标值 (x_u,y_u) 和 (x_l,y_l) 描述。令中弧线的 y 方向坐标为 y_f，翼型局部厚度的一半为 y_t，给出中弧线方程 $y_f=y_f(x)$ 和厚度分布方程 $y_t=y_t(x)$，则翼型上、下表面坐标可表示为

$$x_u=x,\quad y_u=y_f(x)+y_t(x) \tag{10.1.1}$$

$$x_l=x,\quad y_l=y_f(x)-y_t(x) \tag{10.1.2}$$

现在已发展出多种翼型系列，如美国有 NACA 翼型系列、德国有 DVL 翼型系列、英国有 RAF 翼型系列或 RAE 翼型系列、苏联有 ЦАГИ 翼型系列等。目前在舰船的舵、螺旋桨上用得较多的是 NACA 翼型。

2. NACA 翼型

NACA 翼型主要包括四位数字、五位数字及层流翼型系列。

（1）NACA 四位数字翼型。

四位数字翼型的中弧线由两段抛物线组成，它们在中弧线的最高点相切，中线弧的方程是

$$\begin{cases} y_f=\dfrac{f}{x_f^2}(2x_f\cdot x-x^2), & x\leqslant x_f \\ y_f=\dfrac{f}{(1-x_f)^2}[(1-2x_f)+2x_f\cdot x-x^2), & x>x_f \end{cases} \tag{10.1.3}$$

厚度分布方程 $y_t(x)$ 为

$$y_t=t(1.848\,5\sqrt{x}-0.630\,0x-1.758\,0x^2+1.421\,5x^3-0.507\,5x^4)$$

该翼型系列的 $\bar{x}_t=30\%$，$\bar{x}_f=40\%$，前缘半径 $r=1.1019t^2$。翼型系列有 9 种相对厚度：

6%，8%，9%，10%，12%，15%，18%，21%，24%；有 3 种相对弯度：0，1%，2%。

下面以 NACA2412 翼型为例（图 10.1.3）说明各位数字的含义：第一位数表示最大弯度为弦长的 100 倍，即 $\bar{f}=2\%$；第二位数表示最大弯度位置离前缘的距离与弦长的 10 倍，即 $\bar{x}_f=40\%$；最后两位数表示最大厚度与弦长的 100 倍，即 $\bar{t}=12\%$。

（2）NACA 五位数字翼型。

五位数字翼型系列的厚度分布与四位数字系列相同，不同的是其最大弯度位置比四位数字翼型靠前，相对厚度 $\bar{t}$ 有 12%、15%、18%、21%、24%；$\bar{x}_f$ 都是 15%；设计升力系数都是 0.3。

以 NACA23012 翼型为例（图 10.1.4），说明各位数字的含义：第一位数字表示最大拱度与弦长的 100 倍，即 $\bar{f}=2\%$；第二位数字大小为设计升力系数的 $\frac{20}{3}$ 倍，即 $2=\frac{20}{3}C_{l设}$；第三位数字表示后段中弧线的类型，“0”为直线，“1”为反弯曲线；最后两位数字表示相对厚度 $\bar{t}=12\%$。

图 10.1.3　NACA2412 翼型　　图 10.1.4　NACA23012 翼型

（3）NACA 层流翼型。

20 世纪 40 年代前后，NACA 发展了一系列低阻力层流翼型，其中 NACA 1 系列和 NACA 6 系列比较适用于船用螺旋桨和水翼船，具有较好的抗空泡性能。

10.1.2　机翼的平面图形

机翼的平面图形是指机翼的俯视投影图形，机翼平面图形多种多样，常见的有矩形翼、椭圆形翼、梯形翼、后掠翼、三角形翼等翼型，如图 10.1.5 所示。

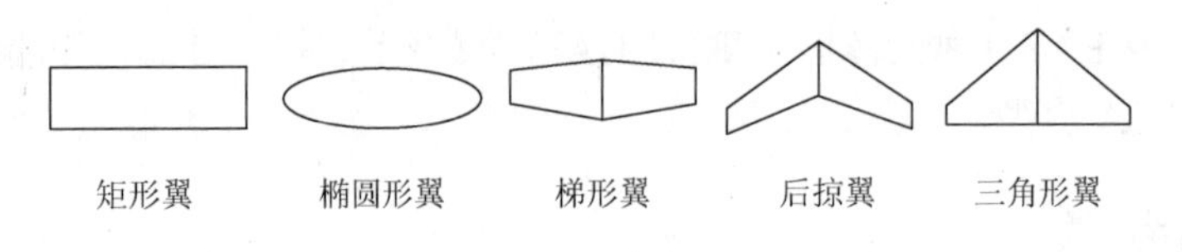

图 10.1.5　机翼平面形状

机翼展长是指机翼两侧翼尖之间的距离，用符号 b 表示（图 10.1.6）。对于船用舵（图 10.1.7），舵高就是翼展。对于船舶，若将整个船体的水下部分看成是一个机翼，则其吃水就是翼展。除矩形机翼外，一般机翼弦长 c 沿展向逐渐变化，因此 c 是展向坐标 z 的函数，可记为 $c=c(z)$。

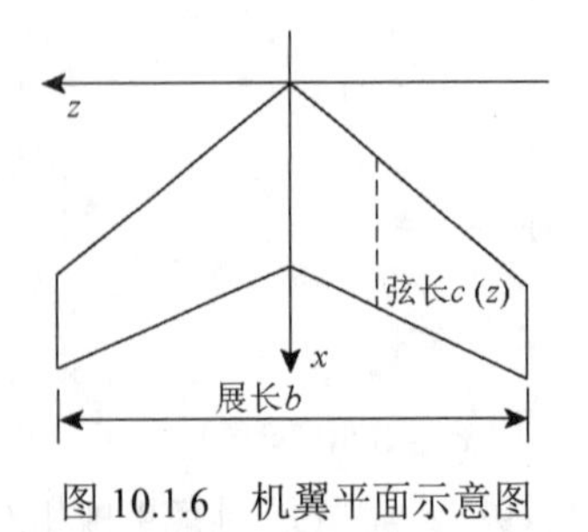

图 10.1.6　机翼平面示意图

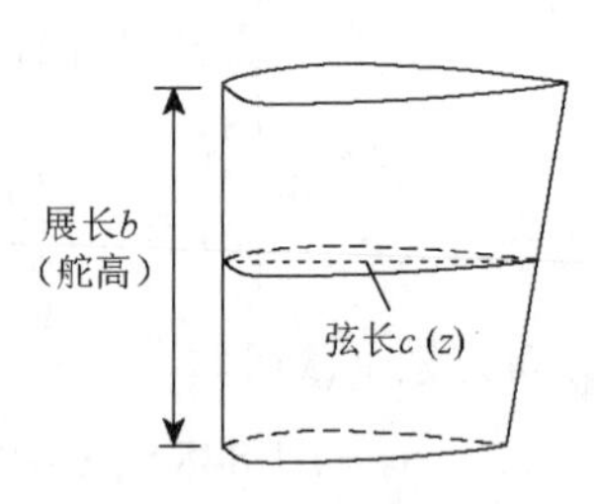

图 10.1.7　舵叶示意图

机翼最大投影面积定义为机翼面积，用 S 表示；机翼面积与展长之比，称为机翼平均翼弦 c_m；翼展与平均翼弦之比称为展弦比，记为 λ。

不同展弦比的机翼，流动特性有很大差别，在理论研究方法上亦有很大不同。因此为便于讨论，根据展弦比将绕机翼的流动分为下面两类。

（1）无限翼展机翼。无限翼展机翼是指翼展长度无限，沿展向其翼型和攻角相同的机翼。对于该机翼，绕所有翼剖面流动都相同，则可将该翼型绕流看成是二维（平面）流动，如图 10.1.8 所示。

（2）有限翼展机翼。有限翼展机翼的翼展长度有限，沿展向机翼的翼型也可不同。由于翼端存在、翼型随展向变化、机翼扭转等因素的影响，有限翼展机翼绕流中不同翼剖面流动不同，故绕有限翼展机翼的流动是三维的。

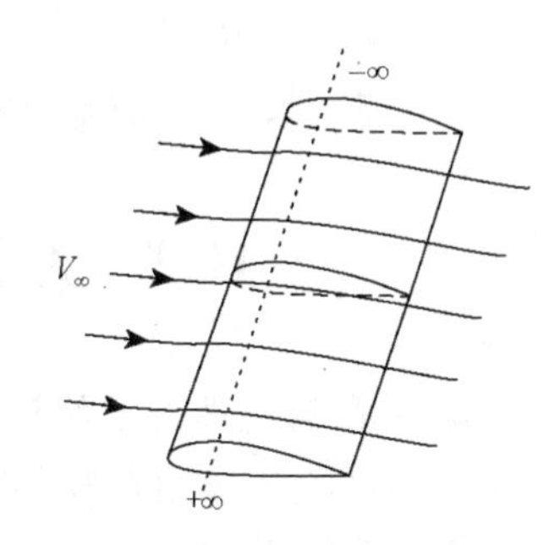

图 10.1.8 无限翼展机翼（二维翼型）

因实际机翼长度是有限的，故任何实际机翼绕流都是三维流动。但若机翼很长，则除翼端部外，沿展向绝大部分区域流动可近似当成二维流动。对二维翼型绕流，已有成熟的理论解，如采用薄翼理论就能得到薄翼升力、力矩、压力中心等；将二维流动解进行适当修正，可以应用于三维机翼绕流问题，如升力线和升力面理论等。

10.1.3 机翼的流动特性定义

机翼与绕流流体的相互力作用特性称为机翼的流体动力特性，包括压力、升力、阻力、俯仰力矩等特性。

当流体绕过机翼时，流体对机翼的作用力 $\boldsymbol{R}$ 可以分解为与来流方向平行的阻力 D 以及与来流方向垂直的升力 L，如图 10.1.9 所示。升力大小决定于机翼上下表面的压力差，机翼总阻力包括黏性阻力、诱导阻力和波浪阻力（针对水翼）等几部分，本章针对黏性阻力和诱导阻力展开讨论。俯仰力矩大小则与所取的力矩轴有关，通常由两种取法：一种是对前缘取力矩，用 M_0 表示；另一种是对离前缘 1/4 弦长处取力矩，记为 $M_{1/4}$。规定顺时针力矩即使机翼抬头向上的力矩为正，使机翼低头向下的力矩为负。

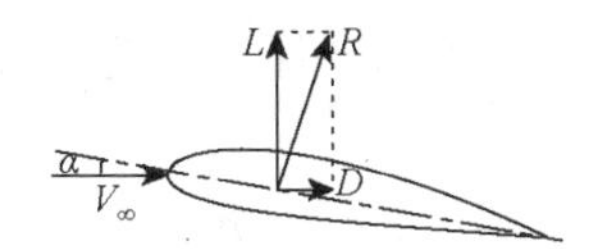

图 10.1.9 翼型上的作用力分解

流体动力特性也可以说是流体动力系数特性。压力、升力、阻力及俯仰力矩系数定义式如下：

$$C_p = \frac{p - p_\infty}{\frac{1}{2}\rho V_\infty^2} \tag{10.1.4}$$

$$C_L = \frac{L}{\frac{1}{2}\rho V_\infty^2 A} \tag{10.1.5}$$

$$C_D = \frac{D}{\frac{1}{2}\rho V_\infty^2 A} \tag{10.1.6}$$

$$C_{M_0} = \frac{M_0}{\frac{1}{2}\rho V_\infty^2 Ac}, \quad C_{M_{1/4}} = \frac{M_{1/4}}{\frac{1}{2}\rho V_\infty^2 Ac} \tag{10.1.7}$$

式（10.1.4）～式（10.1.7）中：C_L为力系数；C_D为阻力系数；C_M为俯仰力矩系数；L为机翼升力；D为阻力、M为俯仰力矩；ρ为流体密度；V_∞为来流速度；A为机翼面积。对二维翼型，A为单位展长机翼面积，因此$A = c\cdot 1$。

10.2　翼剖面升力　库塔-茹科夫斯基定理

在第 6 章势流理论已经讨论过，如果不考虑流体的黏性，均匀来流绕过一个不带环量的封闭物体，流体作用在物体上的合力为零，物体不会受到升力、阻力作用。因此，对于一个均匀来流绕翼剖面的流动，即使翼剖面有弯度、翼弦和来流之间也有攻角，在理想流体的理论框架下分析，翼剖面是没有升力的。但实际翼剖面绕流是有升力的，而且不同攻角会产生不同大小的升力。在第 6 章中也通过均匀来流流过一个带环量的圆柱体流动分析，推导出了库塔-茹科夫斯基定理。该定理说明有环量才有升力，且升力正比于环量。也就是说对于实际翼剖面而言，要产生升力，必须存在一个绕翼剖面的环量，但翼剖面并没有旋转，这个绕翼剖面的环量是如何产生的？下面讨论在静止流场中的翼剖面加速过程中环量产生的机理。

10.2.1　翼剖面绕流环量形成的物理过程

翼剖面由静止加速到恒定运动状态的过程，称为起动过程。为了讨论的方便，将翼剖面起动过程划分为下面三个阶段。

（1）起动前静止。如图 10.2.1（a）所示，在静止流场中作一包围翼剖面且充分大的封闭流体周线，翼剖面起动前此封闭流体周线上的速度环量为零。根据汤姆孙定理，此流体周线上的环量将始终保持为零。

（2）起动过程。在翼剖面刚起动的极短时间内，黏性尚未起作用，翼剖面前驻点O在下翼面上，后驻点O_1在上翼面，如图 10.2.2（b）所示。由于后缘较尖，后缘处绕流流速非常大、压力非常低，流体由下翼面绕过后缘并沿上翼面流向后驻点O_1时，遇到非常强的逆压梯度作用。随着翼剖面的加速，在起动某一时间间隔后，黏性发挥作用，沿上翼面从后缘流向后驻点O_1的流动出现分离，产生逆时针的旋涡，通常称为起动涡。起动涡随着流体向下游运动。根据汤姆孙定理，沿流体周线的环量仍应为零，故绕翼剖面必将产生一速度环量，其大小与起动涡相等方向相反，如图 10.2.2（c）所示。由于绕翼剖面环量的作用，后驻点O_1将向后缘点移动。但是，在后驻点O_1到达后缘点之前，将继续出现上述现象，也就是不断有反时针方向的旋涡流向下游。所以，绕翼剖面的环量Γ也不断增大，驻点不断向后缘点推移，直到后驻点O_1推移到后缘点为止。

（3）起动完结。当翼剖面以速度V_∞继续飞行，后缘不再有旋涡脱落，环量Γ也不再变化，

那么 Γ 就只与翼剖面的几何形状以及来流的速度大小与方向有关。这时翼剖面上、下两股流体将在翼剖面的后缘处汇合，其流动图案如图 10.2.1（d）所示。绕翼剖面的速度环量，也形成一个涡，称为附着涡。

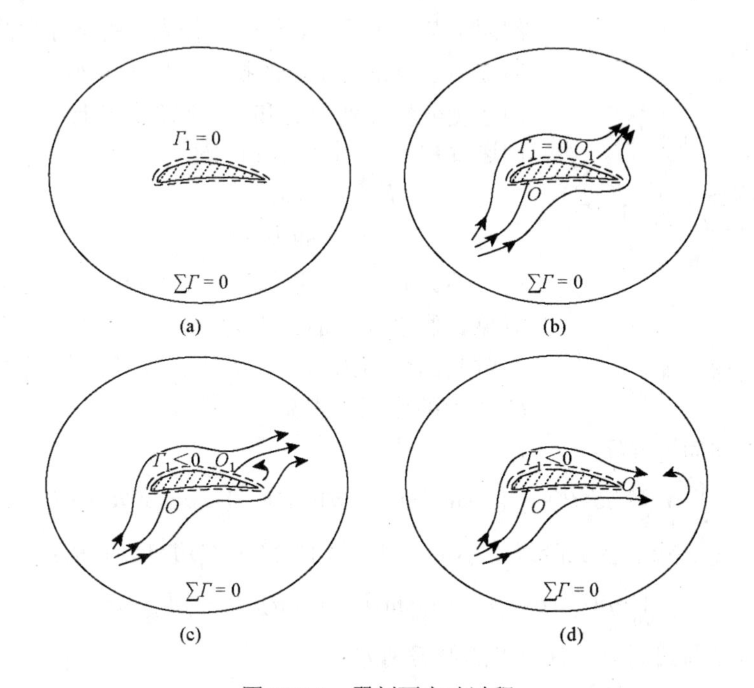

图 10.2.1 翼剖面启动过程

与有环量的圆柱绕流类似，由于绕翼剖面的上部原有的流速同环量的方向相同，合成后的速度增加［见图 10.2.2（a）］；而翼剖面下部原有流速与环量方向相反，合成后的速度减小。所以翼剖面的上部流速大，压力低；翼剖面下部流速小，压力高。这样翼剖面上下表面的压力差就产生了升力。图 10.2.2（b）给出了某个翼剖面在一定攻角下的上、下翼面压力分布，可以看出，翼剖面上表面负压对升力的贡献比下表面要大得多。

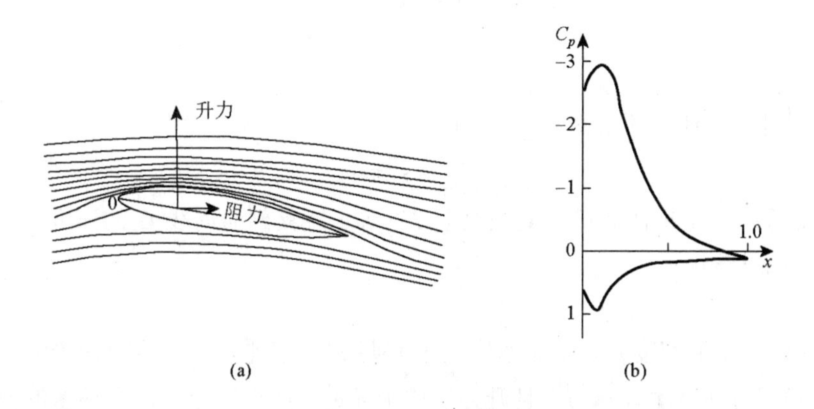

图 10.2.2 翼剖面绕流示意图及其翼面压力分布

10.2.2　库塔-茹科夫斯基定理

下面针对翼剖面，采用动量定理导出库塔-茹科夫斯基定理。

如图 10.2.3 所示，有一头圆尾尖的二维翼剖面，翼剖面为 C，前方来流速度为V_∞，以翼剖面上某点为圆心，作一半径为 r 的充分大圆周 C_r，则在圆周上由于翼剖面引起的扰动速度为一小量，令其圆周向和切向速度分量分别为 v_s 和 v_r，则在圆周上圆心角为θ 处流体径向速度V_r 与圆周向速度V_s 为

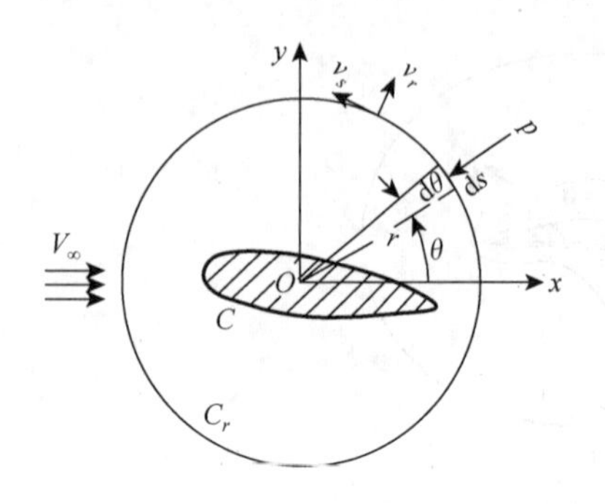

图 10.2.3　二维翼剖面

$$V_r = V_\infty \cos\theta + v_r \tag{10.2.1}$$

$$V_s = V_\infty \sin\theta + v_s \tag{10.2.2}$$

不计质量力，以翼剖面与外周线 C_r 之间的流体为研究对象。假设翼剖面升力为 L，方向向上，则流体受到翼剖面对其的作用力向下，大小为 L；此外流体还受到外周线 C_r 压力的作用。

①列出 y 方向动量方程：

$$\int_0^{2\pi} \rho(V_\infty \cos\theta + v_r)(v_r \sin\theta + v_s \cos\theta) r \mathrm{d}\theta = -\int_0^{2\pi} pr\sin\theta \mathrm{d}\theta - L \tag{10.2.3}$$

忽略扰动速度 v_s 和 v_r 的二阶以上小量，则式（10.2.3）左边可以写成：

$$\int_0^{2\pi} \rho(V_\infty \cos\theta + v_r)(v_r \sin\theta + v_s \cos\theta) r \mathrm{d}\theta = \rho V_\infty v_s \pi r \tag{10.2.4}$$

②列无穷远处与圆周上任意一点的伯努利方程：

$$p + \frac{1}{2}\rho[(V_\infty \cos\theta + v_r)^2 + (V_\infty \sin\theta + v_s)^2] = p_o + \frac{1}{2}\rho V_\infty^2 \tag{10.2.5}$$

同样忽略扰动速度 v_s 和 v_r 的高阶小量，可得圆周上任意一点的压力

$$p = p_o - \rho V_\infty v_r \cos\theta - \rho V_\infty v_s \sin\theta \tag{10.2.6}$$

将式（10.2.6）代入式（10.2.3）右边，经积分计算可得

$$-\int_0^{2\pi} pr\sin\theta \mathrm{d}\theta = -\int_0^{2\pi} (p_o - \rho V_\infty v_r \cos\theta - \rho V_\infty v_s \sin\theta)\, r\sin\theta \mathrm{d}\theta = -\rho V_\infty v_s \pi r \tag{10.2.7}$$

联立式（10.2.3）、式（10.2.4）和式（10.2.7），则 y 方向动量方程可写为

$$\rho V_\infty v_s \pi r = -\rho V_\infty v_s \pi r - L \tag{10.2.8}$$

所以

$$L = -2\rho V_\infty v_s r \pi \tag{10.2.9}$$

令 C_r 上沿顺时针方向速度环量为Γ_{C_r}，则有

$$\Gamma_{C_r} = -2\pi r v_s \tag{10.2.10}$$

在无旋流场中，绕翼剖面 C_r 的速度环量Γ_{C_r} 等于绕翼剖面周线 C 的速度环量 Γ，因此可得库塔-茹科夫斯基定理：

$$L = \rho V_\infty \Gamma \tag{10.2.11}$$

升力大小等于来流密度ρ，来流速度V_∞和环量Γ 三者乘积，其方向为来流方向逆环流转 90°。该定理说明有环量才有升力，且升力正比于环量。如果确定了这个环量的值，就可以得到翼剖面升力具体数值。

10.2.3 库塔条件

大量的翼剖面绕流实验观测结果表明：对具有尖后缘的翼剖面，在一定的攻角范围内，其流动是不离体的，黏性效应迫使翼剖面上下表面流体在后缘处汇合，平滑地离去，而且后缘处的速度为有限值。这就是著名的库塔-茹科夫斯基后缘条件，简称为库塔条件。也就是说，对给定的翼剖面和攻角，翼剖面绕流的速度环量值应恰好使流动平滑地流过后缘。根据这个条件，就有可能在数量上确定绕翼剖面环量的大小。

如图 10.2.4 所示，对于尖后缘翼剖面，若后缘角度为一有限值，则后缘 T 为驻点，后缘流速为 0［图 10.2.4（a)］；若后缘角为 0，则上下表面流体在后缘流速相等［图 10.2.4（b)］。对于具有圆钝尾部的实际翼剖面，实际测量表明，在接近尾缘的尾流中压力为常数，后缘上下表面压力或速度相等，这就是推广的库塔条件［图 10.2.4（c)］。

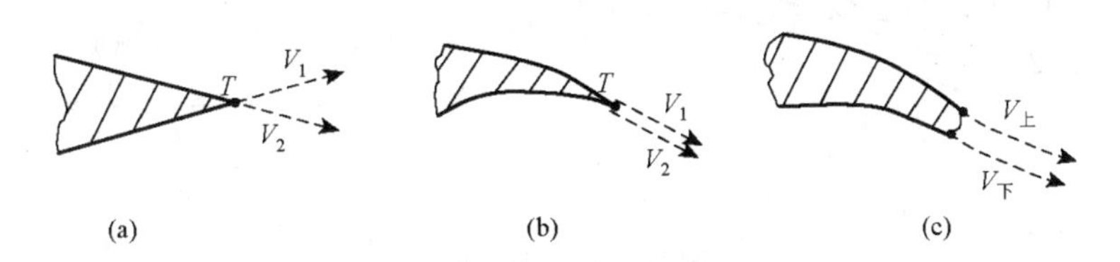

图 10.2.4 不同后缘形式的库塔条件

(a) 后缘 T 为驻点，$V_1 = V_2 = 0$；(b) $V_1 = V_2 =$ 有限值；(c) $V_上 = V_下$

库塔-茹科夫斯基定理给出了升力的计算公式，但并没有解决环量如何计算的问题。翼剖面的环量或升力、力矩等流动参数可用保角变换法和奇点法进行计算。早期多用保角变换法，但由于该法只适用于二维翼剖面，且一般实用翼剖面的保角变换很复杂，故近年来，保角变换法逐渐被奇点法所取代。奇点法是通过在流场中布置一些奇异点（如源、汇、旋涡等）以代替绕流翼剖面，进而得到环量、升力系数、力矩系数等结论。奇点法不但能求解二维翼剖面问题，也能求解三维问题。

10.2.4 有攻角的平板翼剖面的理论解

为了减小阻力，大多数翼剖面都采用薄、平（即弯度不大）的形状。均匀流绕这些翼剖面速度环量的计算和确定最简单的方法是用升力线求解。

如图 10.2.5（a）所示，对于攻角为 α、弦长为 c 的平板翼剖面，其速度环量 Γ 可用强度为 Γ 的点涡（升力线）代替。根据理论和数值计算的经验，翼剖面升力的作用点（压力中心）在大约离前缘 $\dfrac{1}{4}c$ 的弦长处。再根据绕机翼上下表面流动在尾缘点汇合的库塔条件，满足物面上流体运动学边界条件的控制点，取在离平板前缘 $\dfrac{3}{4}c$ 弦长处，则可对升力的计算获得与试验相符合的良好结果。为此，对于平板翼，将点涡（其环量为 Γ）放在 A 点处（离前缘 $\dfrac{1}{4}c$ 弦长处)，并且使均流绕平板翼物面上运动学边界条件（物面上法向速度为零）在 B 点处（离前缘 $\dfrac{3}{4}c$ 弦长处）满足。由于 A 点处附着涡（点涡）对 B 点的诱导速度在平板的法向分量 u_n 为

$$u_n = -\frac{\Gamma}{2\pi(\frac{3}{4}c - \frac{1}{4}c)} = -\frac{\Gamma}{\pi b}$$

式中：负号表示图示的速度环量为顺时针方向取负值。再加来流在平板 B 点处法向速度 $V_\infty \sin\alpha$，两者合成后满足物面运动学边界条件，则有

$$V_\infty \sin\alpha - \frac{\Gamma}{\pi c} = 0$$

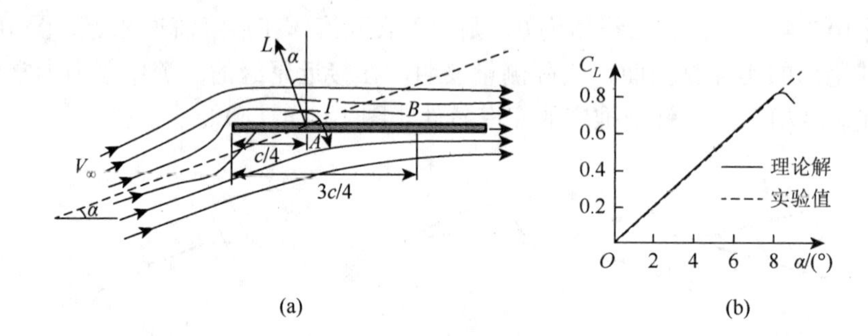

图 10.2.5　平板绕流

(a) 绕流图谱；(b) 升力系数曲线

从而可求得平板翼剖面速度环量为

$$\Gamma = \pi c V_\infty \sin\alpha$$

对小攻角，还可以将上式写为

$$\Gamma = \pi c V_\infty \alpha$$

根据库塔-茹科夫斯基定理，则平板翼剖面升力大小计算式为

$$L = \rho V_\infty \Gamma = \rho V_\infty^2 \pi c \alpha \tag{10.2.12}$$

则其升力系数为

$$C_L = 2\pi\alpha \tag{10.2.13}$$

升力特性的另外一个参数是升力系数曲线的斜率，其反映升力系数随几何攻角的变化程度，用 C_L^α 表示，定义式为 $C_L^\alpha = \frac{\mathrm{d}C_L}{\mathrm{d}\alpha}$。故有平板翼剖面升力系数曲线斜率为

$$C_L^\alpha = 2\pi \tag{10.2.14}$$

这说明升力系数随攻角线性增加，其斜率为常数。

平板翼剖面对 1/4 弦长力矩为零，说明翼剖面升力的作用点 O（压力中心）在离前缘 1/4 弦长处，即

$$C_{M,1/4} = 0 \tag{10.2.15}$$

压力中心

$$x_{cp} = \frac{c}{4} \tag{10.2.16}$$

从图 10.2.5（b）可以看出，对攻角 $\alpha < 8°$的平板升力系数，其理论计算值与实验结果符合得很好。并且 $C_L = 2\pi\alpha$ 这个升力系数的结果，对一般二维薄翼在小攻角下亦适用。

10.3 实用翼型的流体动力特性

对一般的实用翼型，流体动力系数大小主要取决于翼型形状、攻角、来流雷诺数，通常由实验确定。

10.3.1 升力系数

升力特性一般用升力系数与攻角的关系曲线来表示，如图 10.3.1、图 10.3.2 所示。不同翼型的升力系数随攻角的变化规律具有相同的特点。

随着攻角 α 的增加，机翼翼背上边界层分离点逐渐前移，分离区逐渐扩大，直到某一攻角 α_{cr}，边界层分离点前移到极点，分离区扩大到整个翼背面，再增大攻角，升力系数迅速减小，同时阻力系数显著增加，此时机翼产生失速现象。失速时机翼的攻角称为临界攻角 α_{cr}，一般由实验确定，常用翼型一般在 10°～20°。

应该指出的是，失速不是由于飞机、船舵产生机器故障，也不等于飞机、船舶停止航行。失速是机翼绕流边界层分离产生的，但也不是机翼绕流产生边界分离现象后就会出现失速，机翼失速表示升力系数已达到最大值 $C_{L\max}$，C_L 不能再增大反而急剧下落的现象。

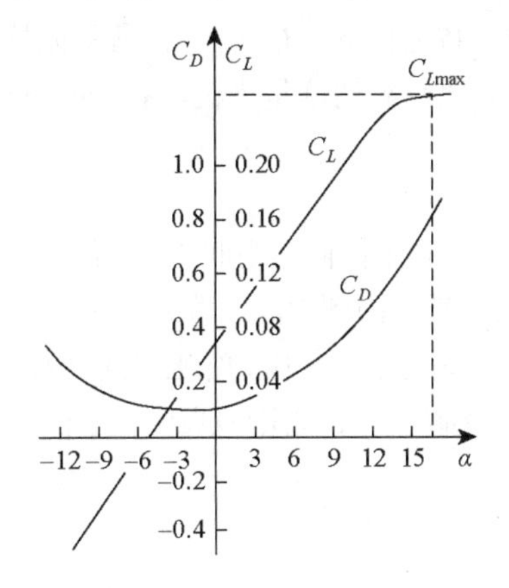

图 10.3.1 升力、阻力系数曲线

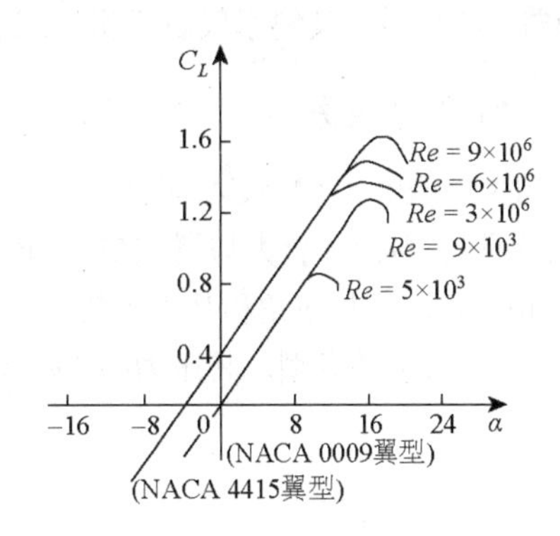

图 10.3.2 不同 Re 升力系数曲线

由升力曲线图还可以得到机翼的零升力角 α_0，所谓零升力角是指机翼升力为零时的攻角，一般为负值，在这一攻角附近，机翼的阻力最小。零升力角主要与翼型的相对拱度 $\overline{f}$ 有关。$\overline{f}$ 越大，零升力角的绝对值越大，对于很多翼型，两者几乎成线性比例关系，零升力角可用相对弯度的百分数表示，即 $\alpha_0 = -\overline{f} \times 100\%$ 。对称翼型，$\overline{f} = 0$，$\alpha_0 = 0$ 。

最大升力系数 $C_{L\max}$ 主要与雷诺数 $\left(Re = \dfrac{V_\infty c}{\nu}\right)$、翼型的相对弯度 $\overline{f}$ 、相对厚度 $\overline{t}$ 以及表面粗糙度等因素有关。图 10.3.2 表示对同一翼型，增加 Re 可提高 $C_{L\max}$，这是由于大 Re 将推迟翼型边界层分离，从而减小边界层压差阻力的结果。通常 $\overline{t} = 12\%$～15%时，$C_{L\max}$ 值最大；一定攻角下，随着弯度 $\overline{f}$ 增加，$C_{L\max}$ 和升力系数均增大。翼型的表面粗糙度也对 $C_{L\max}$ 有明显影响，实测结果表明，$C_{L\max}$ 随粗糙度的增加减小。

10.3.2　阻力系数

翼型黏性阻力由表面摩擦阻力和压差阻力（亦称形状阻力）两部分组成。表面摩擦阻力是由翼型上流体黏性切应力在翼型运动方向的合力。压差阻力则是由翼型表面边界层前后压力差所造成，它的大小与 $\overline{f}$ 、$\overline{t}$ 、Re 等有密切的关系，一般仍由实验确定。

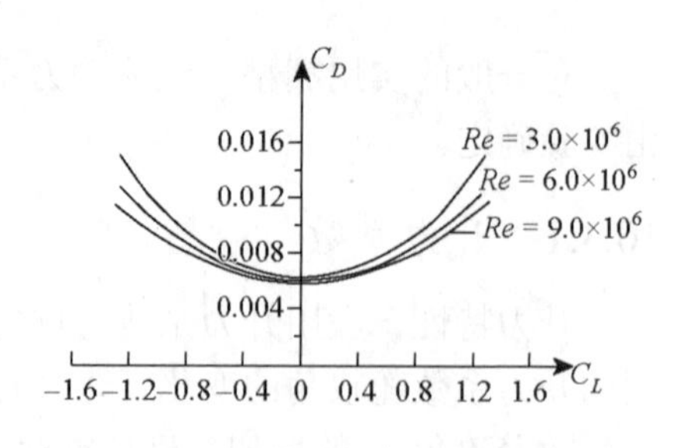

图 10.3.3　NACA0012 翼型的 C_D-C_L 曲线

图 10.3.1 表明，阻力系数 C_D 随攻角 α 绝对值的增加而增加，在零升力角 $\alpha=\alpha_0$ 处取极小值；图 10.3.3 给出了 NACA0012 翼型的 C_D-C_L 曲线。由图可见，C_D 随 C_L 的绝对值的增大而增大，而且在 $C_L=0$ 时 C_D 取极小值；此图还显示 C_L 随 Re 的增加略有减小，这是由于大 Re 将推迟翼型边界层分离，从而减小边界层压差阻力的结果。

10.3.3　极曲线

通常用 C_L-C_D 关系曲线表示机翼升阻特性，称为极曲线，如图 10.3.4 所示。极曲线包括升力、阻力系数的全部内容。从原点 O 到曲线上任一点的矢径表示该对应攻角下的总流体动力系数的大小和方向。矢径的斜率，为在该攻角下的升力系数与阻力系数之比 $K=C_L/C_D$，简称升阻比。过原点作极曲线的切线，其斜率代表飞机（或机翼）的最大升阻比，显然这是飞机最有利的飞行状态。

10.3.4　俯仰力矩系数

图 10.3.5 给出一个 NACA 对称翼型的俯仰力矩特性曲线。利用俯仰力矩曲线，并结合升力和阻力曲线，可以得到流体合力与翼弦交点的位置，即压力中心位置。由图 10.3.5 可见，该翼型失速前，$C_{M,1/4}$ 值恒为零，并与攻角和升力系数均无关，说明对于这样的翼型，其压力中心就恒在离前缘 1/4 弦长处。一个优良的翼型，其压力中心位置随攻角改变移动不能太大，否则机翼的稳定性较差。

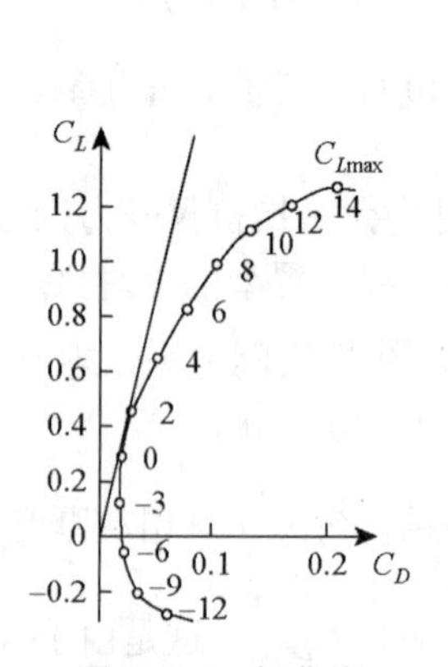

图 10.3.4　极曲线

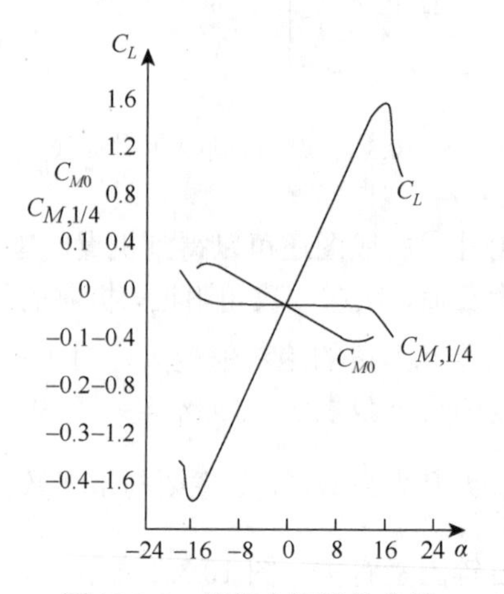

图 10.3.5　俯仰力矩特性曲线

10.4 有限翼展机翼

前面讨论了二维机翼（翼剖面）的流体动力特性，然而实际机翼都是有限展长的。对有限翼展机翼，由于翼端（也称翼尖或翼梢）的存在，机翼沿展向不同位置处的流动可能不一样。下面介绍有限翼展机翼的流动特性。由于展弦比对机翼的流体动力特性有着重要的影响，所以可根据展弦比的大小把机翼分成两类：$\lambda>2$ 的机翼称为大展弦比机翼；$\lambda<2$ 称为小展弦比机翼或短翼。本节的结果只适用于大展弦比机翼。

10.4.1 有限翼展机翼绕流三维效应

如图 10.4.1 所示，在有限翼展机翼绕流中，当机翼产生升力时，其上翼面为低压面，下翼面为高压面，但上、下翼面翼端处流体接触，因此下翼面高压流体将绕过翼端流至上翼面，形成横向流动，其流场呈现三维性。并由此引起有限翼展机翼绕流与翼剖面绕流的显著区别，主要有以下几点。

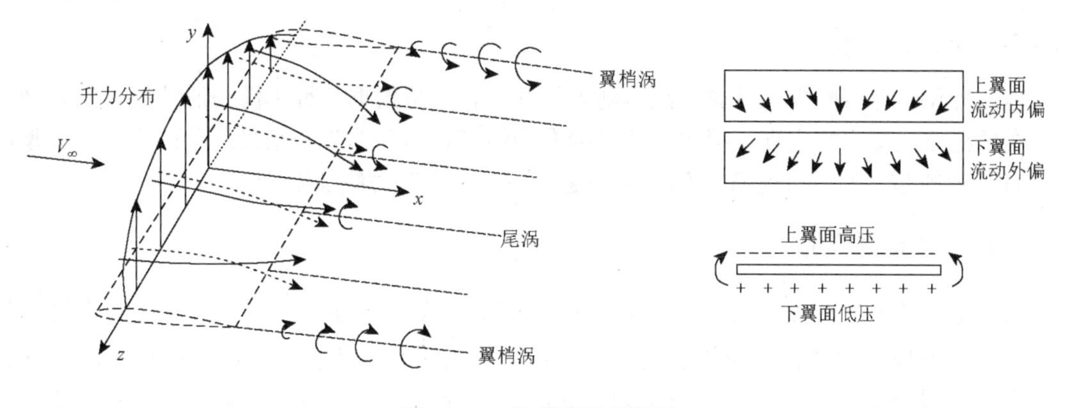

图 10.4.1 机翼绕流示意图

（1）由于翼端效应产生的横向流动，在翼展方向存在速度分量，使绕流在机翼上表面的流线都向中间偏斜，下表面流体则向两端偏斜。这说明流体流过翼表面时，具有横向流动的分量，且上下两边的横向流动方向相反。当它们在机翼后缘处相会时，由于速度方向的间断必产生一个涡层。这样的涡层将随绕流不断从后缘下泄，形成尾涡片（或称为自由涡系）。实际上，尾涡片并不稳定，在离机翼后缘若干距离后，尾涡片分裂滚卷成两个对向旋转、环量相等的大漩涡，通常称为翼尖涡、翼梢涡、自由涡、尾涡等。

（2）由于翼端效应使翼剖面上下表面存在压力差，沿着翼展向两端逐渐减小为零，相应的机翼升力（或环量）沿翼展的分布亦向两端逐渐减小为零，如图 10.4.2 所示。

（3）由于尾涡的出现，它将对周围流体产生一个诱导速度场，在翼端以内的诱导速度都是向下的，称为下洗速度，用 w 表示（或下滑速度）。下洗速度在机翼翼端内分布大致如图 10.4.2 所示，下洗速度的出现，使绕机翼来流速度 V_∞ 改变为合成速度 V_e，结果使机翼攻角发生变化，由原先的 α 改变为 α_e，攻角减小量 $\Delta\alpha=\alpha-\alpha_e$ 称为下洗角（下滑角），如图 10.4.3 所示。按照库塔-茹科夫斯基定理，由于下洗，作用于机翼的合力矢量 $\boldsymbol{R}$ 应该垂直于有效来流速度 V_e，所以下洗流使合力与垂直方向偏斜 $\Delta\alpha$。结果合力在来流方向呈现一分力 D_i，这个因下洗流的存在而出现的附加阻力称为诱导阻力。实际上尾涡系的出现，必然伴随有附加的能量损失，它区别于黏性阻力，是有限翼展机翼特有的诱导阻力，是机翼产生升力必须要付出的代价。

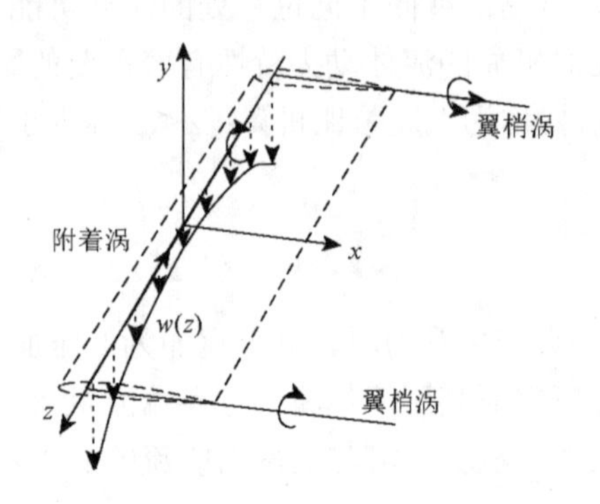

图 10.4.2 翼端内下洗速度分布示意图

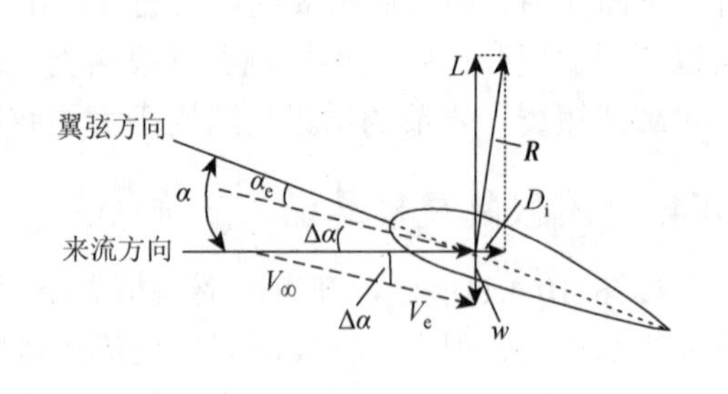

图 10.4.3 诱导阻力示意图

10.4.2 升力线理论

为分析和估算有限翼展机翼的流体动力特性，普朗特根据三维机翼绕流特征，结合理想流体亥姆霍兹涡量守恒定理，提出了著名的升力线理论。下面先介绍最简单的升力线模型即单一Π形涡模型，然后讨论Π形涡系的理想模型，建立升力线理论。

1. 单一Π形涡模型

机翼最根本的特性是产生环量Γ，使单位长翼展获得升力$L=\rho V_\infty \Gamma$。因此对二维机翼（翼型），可近似的用一根无限长的涡线来代替，此涡线具有环量Γ，称为机翼的附着涡。但对有限翼展机翼，根据亥姆霍兹定理，涡线（或旋涡）不能终止于流体内部，因此不可能只用一段有限长的附着涡来代替机翼。故此早期人们能用单一的Π形涡（也称马蹄涡）模型来代替机翼（见图 10.4.2），它们是由延伸到无穷远处的两条翼梢涡与附着涡相互连接组成Π形涡系。根据涡旋理论，这个模型中附着涡和翼梢涡的涡量强度（或速度环量Γ）应相等。

单个马蹄涡对翼展附着涡线上任一点的下洗速度为 $w(z)$，根据旋涡诱导定理，附着涡沿其轴线不产生诱导速度，因此下洗速度是由两条半无穷长翼梢涡产生的，根据前述半无限长涡线诱导速度计算公式，可得翼展上任一点下洗速度 $w(z)$的计算式：

$$w(z)=-\frac{\Gamma}{4\pi\left(\frac{b}{2}+z\right)}-\frac{\Gamma}{4\pi\left(\frac{b}{2}-z\right)}=-\frac{\Gamma}{4\pi}\cdot\frac{1}{\left(\frac{b}{2}\right)^2-z^2} \tag{10.4.1}$$

式中：b为翼展全长，速度环量方向如图 10.4.2 所示。式（10.4.1）右端负号表示诱导速度为y轴负向。应当指出的是，从式（10.4.1）可见，在翼梢处$\left(z=\pm\frac{b}{2}\right)$，下洗速度将趋于无穷大，与实际不符，需将模型稍做修改，如将翼梢涡位置向外稍偏离就可获得近似结果。

如前所述，三维机翼由于下洗速度的出现产生了诱导阻力，不可忽略不计。机翼诱导阻力与下洗角$\Delta\alpha$有密切关系，诱导阻力随下洗角增大而增大，并与来流速度V_∞的平方成反比。例如，飞机起飞时，其诱导阻力将占总阻力的主要成分（有人估计占总阻力的80%～90%）；飞机在巡航飞行时诱导阻力占总阻力的 40%左右。因此对降低机翼诱导阻力的研究是有重要实际意义的。

2. 升力线理论模型

单一Π形涡模型环量Γ不符合实际，是因为对实际有限翼展机翼，在发生翼梢涡后，沿翼展附着涡环量Γ不再是常数，并且机翼后面出现了许多从后缘拖出的尾涡。

对大展弦比机翼，自由尾涡面的卷起和弯曲主要发生在远离机翼的地方（大约距机翼后缘一倍展长处）。为简化，假设自由涡面既不卷起也不耗散，顺着来流方向延伸到无穷远处。此时均匀流绕大展弦比直机翼流动可视为均匀流、附着涡面与自由涡面的组合。附着涡面和自由涡面可用无数条Π形涡来模拟，如图 10.4.4 所示。

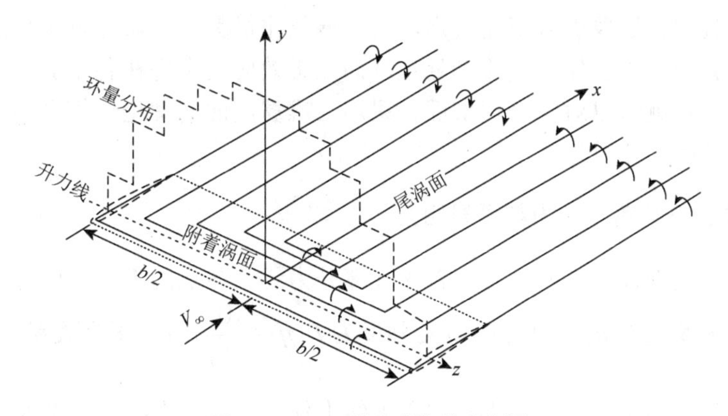

图 10.4.4 Π形涡系模型示意图

无数条Π形涡垂直来流的部分涡线叠加即为附着涡系，可代替机翼的升力作用。沿翼展各剖面上通过的涡线数目不同，中间剖面通过的数目最多，环量最大；越远离翼展中心，剖面通过的涡线数目越少，环量减小；翼端剖面无涡线通过，环量为零。这样由无数条Π形涡中间部分涡线叠加构成的附着涡系就可以模拟环量或升力沿展向的变化。

每一根Π形涡是同一根涡线，沿涡线旋涡强度（或环量）不变，即涡线垂直来流部分与顺流部分环量都相等，且顺流部分两段涡线延伸至下游无穷远处。这样Π形涡系既能模拟自由涡面，也符合沿一根涡线旋涡强度不变且涡线不能在流场中中断的旋涡守恒定理。

此外由展向相邻两剖面拖出的自由涡强度等于这两个剖面上附着涡的环量差，这样就可以建立展向自由涡线强度与机翼上附着涡强度之间的关系。

对大展弦比机翼，由于弦长比展长小，可以近似的将机翼上的附着涡系合并为一条附着涡线，此涡线强度沿展向连续变化，如图 10.4.5 所示。通常将涡线放在 1/4 弦线处（各翼剖面 1/4 弦长处的点连接而成的弦线），并认为各翼剖面的升力系数就作用在该线上，称为升力线。以升力线为理想模型的计算翼动力特性的理论称为升力线理论。

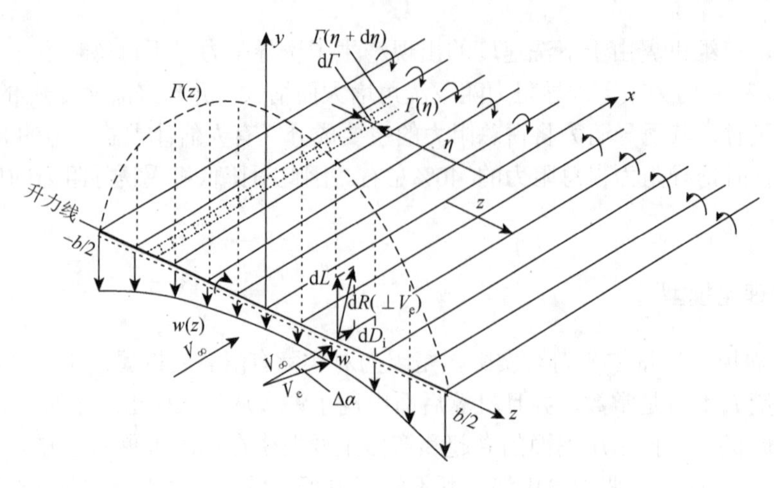

图 10.4.5　升力线理论模型示意图

3. 剖面假定

为便于数学处理，还要引入下面假定。对大展弦比机翼，可假定机翼平面上横向流动很小，在任一剖面处都可以当作平面流动处理，而三维效应仅考虑在各个翼剖面处下洗速度和下洗角的不同。这样就可以对每个翼剖面，采用二维翼剖面的理论计算升力，然后沿翼展积分即可得整个机翼的总升力。

4. 下洗速度、下洗角、升力与诱导阻力

下面建立升力线理论的基本公式，首先计算升力线上各点的下洗速度。附着涡线在任一展向位置 η 处的强度为 $\Gamma(\eta)$，在 $\eta+\mathrm{d}\eta$ 处强度为 $\Gamma(\eta)+\dfrac{\mathrm{d}\Gamma}{\mathrm{d}\eta}\mathrm{d}\eta$，根据旋涡定理，$\mathrm{d}\eta$ 微段拖出的自由涡强度为 $\dfrac{\mathrm{d}\Gamma}{\mathrm{d}\eta}\mathrm{d}\eta$。此自由涡在附着涡线上任一点 z 处诱导的下洗速度为

$$\mathrm{d}w(z)=-\frac{\dfrac{\mathrm{d}\Gamma}{\mathrm{d}\eta}\mathrm{d}\eta}{4\pi(z-\eta)}=-\frac{\Gamma'(\eta)\mathrm{d}\eta}{4\pi(z-\eta)} \tag{10.4.2}$$

整个自由涡面在 z 点产生的下洗速度为

$$w(z)=-\frac{1}{4\pi}\int_{-\frac{b}{2}}^{+\frac{b}{2}}\frac{\Gamma'(\eta)}{(z-\eta)}\mathrm{d}\eta \tag{10.4.3}$$

对沿展向 z 处的截面，实际有效来流速度 v_e 应为无穷远处来流速度 V_∞ 和诱导速度 $w(z)$ 的矢量和。由于在小攻角假定下，诱导速度 $w(z)$ 远小于 V_∞，所以有 $v_e\approx V_\infty$。有效攻角也比几何攻角减小了 $\Delta\alpha$，$\Delta\alpha$ 即为前述的下洗角。

在小攻角假设下，下洗角 $\Delta\alpha$ 是一个很小的角度，因此有

$$\Delta\alpha\approx\tan\Delta\alpha\approx-\frac{w(z)}{V_\infty} \tag{10.4.4}$$

式中：负号表示 $w(z)$ 向下，与 y 轴正向相反。将式（10.4.3）代入上式，可得

$$\Delta\alpha = \frac{1}{4\pi V_{\infty}} \int_{-\frac{b}{2}}^{+\frac{b}{2}} \frac{\Gamma'(\eta)}{(z-\eta)} \mathrm{d}\eta \tag{10.4.5}$$

根据库塔-茹科夫斯基定理，在 z 处 dz 宽度的机翼微段上的二维升力为

$$\mathrm{d}R = \rho v_{\mathrm{e}} \Gamma(z) \mathrm{d}z \approx \rho V_{\infty} \Gamma(z) \mathrm{d}z \tag{10.4.6}$$

dR 的方向垂直于有效来流速度。对于一个着眼于整个机翼的观察者来说，所谓升力应该是指与远方来流速度相垂直的分力 dL；诱导阻力指平行来流速度的分量 dD_{i}，则有

$$\mathrm{d}L = \mathrm{d}R\cos\Delta\alpha \approx \mathrm{d}R = \rho V_{\infty} \Gamma(z) \mathrm{d}z \tag{10.4.7}$$

$$\mathrm{d}D_{\mathrm{i}} = \mathrm{d}R\sin\Delta\alpha \approx \mathrm{d}L \cdot \Delta\alpha = \rho V_{\infty} \Gamma(z) \Delta\alpha \tag{10.4.8}$$

沿整个机翼的翼展积分得到机翼的升力和阻力

$$L = \rho V_{\infty} \int_{-\frac{b}{2}}^{+\frac{b}{2}} \Gamma(z) \mathrm{d}z \tag{10.4.9}$$

$$D_{\mathrm{i}} = \rho V_{\infty} \int_{-\frac{b}{2}}^{+\frac{b}{2}} \Gamma(z) \Delta\alpha \mathrm{d}z \tag{10.4.10}$$

式（10.4.5）、式（10.4.9）、式（10.4.10）中只有环量 $\Gamma(z)$ 是未知的，因此只要已知升力线理论中 $\Gamma(z)$ 的分布函数，就可以计算出整个机翼的升力和诱导阻力。

5. 环量积分微分方程

根据剖面假设，dz 微段上机翼的升力也可以用剖面的升力系数表示

$$\mathrm{d}L = c_b(z) \frac{1}{2} \rho V_{\infty}^2 c(z) \mathrm{d}z \tag{10.4.11}$$

式中：$c_b(z)$ 、$c(z)$ 分别表示沿展向 z 处的翼剖面升力系数和弦长。

联立式（10.4.7）和式（10.4.11），可得

$$\Gamma(z) = \frac{1}{2} V_{\infty} c_b(z) c(z) \tag{10.4.12}$$

根据前面所述，二维翼型在小攻角范围内升力曲线随攻角线性增加，因此根据剖面假设，考虑三维效应，翼剖面升力系数可写成：

$$c_b(z) = c_b^{\alpha} (\alpha_{\mathrm{e}} - \alpha_0) \tag{10.4.13}$$

式中：c_b^{α} 为翼型升力曲线（c_l - α 曲线）的斜率，它与翼剖面的形状有关；α_{e} 为有效攻角，与下洗角的关系为

$$\alpha_{\mathrm{e}} = \alpha - \Delta\alpha \tag{10.4.14}$$

将式（10.4.14）代入式（10.4.13），则有

$$c_b(z) = c_b^{\alpha} (\alpha - \alpha_0 - \Delta\alpha) = c_b^{\alpha} (\alpha_a - \Delta\alpha) \tag{10.4.15}$$

式中：$\alpha_a = \alpha - \alpha_0$ 为从零升力线算起的剖面绝对攻角。

进一步将式（10.4.15）代入式（10.4.12），可得

$$\Gamma(z) = \frac{1}{2} V_{\infty} c_b^{\alpha} c(z) (\alpha_a - \Delta\alpha) \tag{10.4.16}$$

联立式（10.4.5）与式（10.4.16），可得

$$\Gamma(z)=\frac{1}{2}V_{\infty}c_b^{\alpha}b(z)\left[\alpha_a-\frac{1}{4\pi V_{\infty}}\int_{-\frac{b}{2}}^{+\frac{b}{2}}\frac{\Gamma'(\eta)}{(z-\eta)}\mathrm{d}\eta\right] \tag{10.4.17}$$

此式即为给定攻角和机翼几何形状条件下$\Gamma(z)$的方程。由于$\Gamma(z)$既在微分号下，又在积分号内，所以式（10.4.17）称为有限翼展机翼的环量积分微分方程。它建立了环量、弦长和绝对攻角之间的关系，是升力线理论的基础。

采用环量积分微分方程可解决如下两类问题。

（1）给定沿翼展的环量（升力）分布，求机翼的弦长$c(z)$以及翼剖面绝对攻角$\alpha_a(z)$。这一类问题通常称为机翼的设计问题或反问题。由于式（10.4.17）中有两个待求量$c(z)$和$\alpha_a(z)$，要得到唯一的解，必须在$c(z)$和$\alpha_a(z)$中先选定一个，还必须满足边界条件$\Gamma\left(\pm\frac{b}{2}\right)=0$。

（2）给定机翼弦长$c(z)$及翼剖面绝对攻角$\alpha_a(z)$，求环量（升力）沿翼展的分布。这类问题通常称为正问题。

注，式（10.4.17）是一个奇异线性积分微分方程，求解比较麻烦，常用三角级数法求其近似解。

平面形状为椭圆的机翼其环量沿展向呈椭圆形分布，是环量积分微分方程最简单的解析解，下面介绍椭圆形机翼的解。

6. 椭圆形机翼

若机翼环量为椭圆形分布为

$$\frac{\Gamma(z)}{\Gamma_0}=\sqrt{1-\left(\frac{2z}{b}\right)^2} \tag{10.4.18}$$

式中：Γ_0为$z=0$处的环量。

将上述环量分布代入式（10.4.3）可以求得翼展任意一点z处的下洗速度

$$w(z)=\frac{\Gamma_0}{\pi b^2}\int_{-\frac{b}{2}}^{+\frac{b}{2}}\frac{\eta}{(z-\eta)\sqrt{1-4\eta^2/b^2}}\mathrm{d}\eta \tag{10.4.19}$$

作变量变换$z=-\frac{b}{2}\cos\theta$，$\eta=-\frac{b}{2}\cos\theta_1$，$\mathrm{d}\eta=\frac{b}{2}\sin\theta_1\mathrm{d}\theta_1$，可得

$$w(\theta)=-\frac{\Gamma_0}{2\pi b}\int_0^{\pi}\frac{\cos\theta_1}{\cos\theta_1-\cos\theta}\mathrm{d}\theta_1 \tag{10.4.20}$$

再利用公式$\int_0^{\pi}\frac{\cos(n\theta_1)}{\cos\theta_1-\cos\theta}\mathrm{d}\theta_1=\pi\frac{\sin(n\theta)}{\sin\theta}$，则可得$z$处的下洗速度为

$$w(z)=w(\theta)=-\frac{\Gamma_0}{2b} \tag{10.4.21}$$

下洗角为

$$\Delta\alpha=-\frac{w}{V_{\infty}}=\frac{\Gamma_0}{2bV_{\infty}} \tag{10.4.22}$$

也就是说对椭圆环量分布，机翼的下洗速度和下洗角沿翼展是不变的常数，且下洗角与升力系数成正比，与展弦比成反比。

对比式（10.4.9）和式（10.4.10），因为下洗角为常数，可得椭圆形机翼诱导阻力和升力的关系为

$$D_{\mathrm{i}} = L\Delta\alpha \tag{10.4.23}$$

或

$$C_{D_{\mathrm{i}}} = C_L\Delta\alpha \tag{10.4.24}$$

下面求升力系数和诱导阻力系数表达式。将环量分布式（10.4.18）代入式（10.4.9）即可求得升力为

$$L = \rho V_\infty \Gamma_0 \int_{-\frac{b}{2}}^{+\frac{b}{2}} \sqrt{1-\left(\frac{2z}{b}\right)^2}\,\mathrm{d}z \tag{10.4.25}$$

为便于计算，作变换 $z = -\dfrac{b}{2}\cos\theta$， $\mathrm{d}z = \dfrac{b}{2}\sin\theta\mathrm{d}\theta$，则有

$$L = \rho V_\infty \Gamma_0 \frac{b}{2}\int_0^{\pi} \sin^2\theta\mathrm{d}\theta = \frac{\pi}{4}\rho V_\infty \Gamma_0 b \tag{10.4.26}$$

相应升力系数

$$C_L = \frac{L}{\dfrac{1}{2}\rho V_\infty^2 A} = \frac{\Gamma_0 b}{V_\infty A}\cdot\frac{\pi}{2} \tag{10.4.27}$$

将式（10.4.27）代入式（10.4.22），可得

$$\Delta\alpha = \frac{\Gamma_0}{2bV_\infty} = \frac{C_L}{\pi\lambda} \tag{10.4.28}$$

将式（10.4.28）代入式（10.4.24），可得诱导阻力系数

$$C_{D\mathrm{i}} = C_L\Delta\alpha = \frac{C_L^2}{\pi\lambda} \tag{10.4.29}$$

式中：$\lambda = \dfrac{b^2}{A}$ 为展弦比。上式表明诱导阻力系数与升力系数的平方成正比，与展弦比成反比。

在相同展弦比下，椭圆形机翼的升力线斜率最大，诱导阻力系数最小，升阻比最大，因此椭圆形机翼是升阻比最佳的平面形状。任意平面形状大展弦比机翼的流动特性，均可在椭圆机翼计算公式的基础上修正求得。

非椭圆形机翼下洗角和诱导阻力系数计算公式为

$$\Delta\alpha = \frac{C_L}{\pi\lambda}(1+\tau) \tag{10.4.30}$$

$$C_{D\mathrm{i}} = \frac{C_L^2}{\pi\lambda}(1+\delta) \tag{10.4.31}$$

式（10.4.30）和式（10.4.31）中：τ 和 δ 通常称为非椭圆机翼对椭圆机翼流体动力修正系数，表示其他形状机翼偏离椭圆形状机翼的程度。τ 和 δ 主要取决于机翼的平面形状和展弦比，可通过三角级数法计算求得。表 10.4.1 给出了展弦比 $\lambda = 6$ 的几种常见平面形状的 τ 和 δ。

表 10.4.1　τ 和 δ 修正值

平面形状	根梢比	τ	δ
椭圆形	—	0	0
矩形	1	0.17	0.049
梯形	4/3	0.10	0.026
梯形	2.5	0.01	0.01
菱形	∞	0.17	0.141

7. 不同展弦比机翼流动特性的换算

在进行机翼或舵的设计时，常需要利用已有机翼的流动特性实验数据去推算待求机翼的流动特性，例如将 NACA 翼剖面中 $\lambda = 5$ 或 6 的某种机翼的 $C_L \sim \alpha$ 曲线换算成同一翼剖面不同展弦比机翼的升力曲线。设有两个平面相同的矩形机翼，它们的翼剖面和弦长都相同，只是展弦比不同，设其展弦比分别为 λ_1 和 λ_2。所谓展弦比的换算，是指对于展弦比为 λ_1 的机翼，若已知它在某攻角下 α_1 产生的升力系数 C_L，计算展弦比为 λ_2 的机翼产生同样的升力系数 C_L 时的攻角 α_2。

要使两个机翼具有相同的升力系数 C_L，必须让它们在相同的有效攻角下工作，即

$$\alpha_{e1} = \alpha_{e2} \tag{10.4.32}$$

式中：α_{e1} 和 α_{e2} 分别为两个机翼的有效攻角，则有

$$\alpha_{e1} = \alpha_1 - \Delta\alpha_1 = \alpha_1 - \frac{C_L}{\pi\lambda_1}(1+\tau_1) \tag{10.4.33}$$

$$\alpha_{e2} = \alpha_2 - \Delta\alpha_2 = \alpha_2 - \frac{C_L}{\pi\lambda_2}(1+\tau_2) \tag{10.4.34}$$

将式（10.4.33）和式（10.4.34）相减，可得

$$\alpha_2 - \alpha_1 = \frac{C_L}{\pi}\left(\frac{1+\tau_2}{\lambda_2} - \frac{1+\tau_1}{\lambda_1}\right) \tag{10.4.35}$$

两机翼的诱导阻力系数则满足关系式：

$$(C_{Di})_2 = (C_{Di})_1 + \frac{C_L^2}{\pi}\left(\frac{1+\delta_2}{\lambda_2} - \frac{1+\delta_1}{\lambda_1}\right) \tag{10.4.36}$$

上述换算公式的正确性已由实验所验证。

如图 10.4.6 所示，已知两机翼展弦比的值，且 $\lambda_1 > \lambda_2$，其中一个机翼 λ_1 的 $C_L \sim \alpha$ 曲线也已知，则在该曲线上任取一点 A_1，它对应的升力系数为 C_L，按式（10.4.35）算出几何攻角之差。由于展弦比越小的机翼其升力曲线斜率越小，则 λ_2 机翼的升力曲线在 λ_1 机翼升力曲线的右边，自 A_1 点沿水平方向向右延伸 $\alpha_2 - \alpha_1$ 的长度，其端点 A_2 即为 λ_2 机翼的升力曲线上的一个相应点。类似的在 λ_1 机翼的升力曲线上再取几个点，按相同方法找出 λ_2 机翼的升力曲线上另几个相应点。把这些相应点连接起来，就

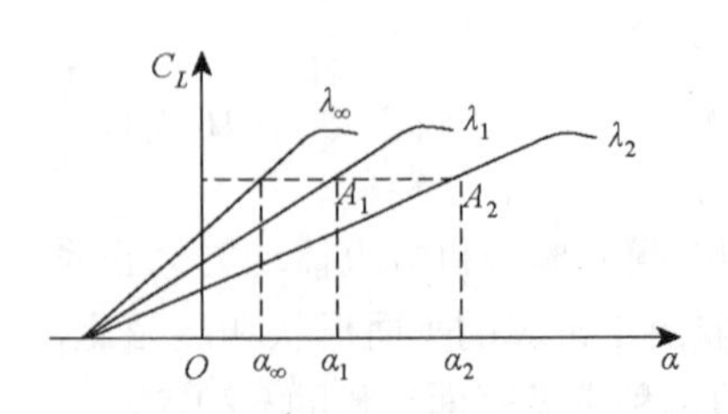

图 10.4.6　不同 λ 值 C_L-α 曲线换算

得到机翼 λ_2 的 C_L-α 曲线。同样的方法可以对有限翼展机翼和无限翼展机翼的 C_L-α 曲线进行换算。

10.5 例 题 选 讲

例 10.5.1　一机翼弦长 $c = 2$ m，展长 $b = 10$ m，空中航行速度为 $V = 100$ m/s。设机翼中部的环量 $\Gamma_0 = 20$ m^2/s，翼端环量为零，环量沿翼展呈椭圆形分布。试求该机翼的升力系数及诱导阻力系数（空气密度 $\rho = 1.2$ kg/m^3）。

解　设坐标原点在机翼中点，沿展向为 z 轴，根据题意，环量分布为

$$\frac{\Gamma(z)}{\Gamma_0} = \sqrt{1-\left(\frac{2z}{b}\right)^2}$$

将 b= 10 m，$\Gamma_0 = 20$ m^2/s 代入上式，可得

$$\Gamma(z) = \Gamma_0\sqrt{1-\left(\frac{2z}{b}\right)^2} = 20\times\sqrt{1-\left(\frac{z}{5}\right)^2} = 4\sqrt{25-z^2}$$

则升力

$$L = \rho V\int_{-\frac{b}{2}}^{+\frac{b}{2}}\Gamma(z)\mathrm{d}z = 4\rho V\int_{-5}^{+5}\sqrt{25-z^2}\,\mathrm{d}z$$

$$= 4\rho V\times\frac{25\pi}{2} = 18.84\,(\mathrm{kN})$$

升力系数

$$C_L = \frac{L}{\frac{1}{2}\rho V^2 A} = \frac{18.84\times10^3}{0.5\times1.2\times100^2\times2\times10} = 0.157$$

诱导阻力系数

$$C_{D\mathrm{i}} = \frac{C_L^2}{\pi\lambda} = \frac{0.157^2}{3.14\times5} = 0.00157$$

测 试 题 10

1. 临界攻角是指（　）。

　A. 升力为零对应的攻角

　B. 边界层从层流转变为湍流所对应的攻角

　C. 边界层分离的攻角

　D. 升力突然降低而阻力迅速上升出现“失速”所对应的攻角

2. 翼剖面相同的二维机翼，在攻角不变的情况下，最大升力系数随 Re 的增加（　）。

　A. 而降低　　B. 而增加　　C. 保持不变　　D. 而急剧下降

3. 同一种翼剖面在相同攻角、相同来流情况下，最大升力系数随弯度的增加（　）。

　A. 而降低　　B. 而增加　　C. 保持不变　　D. 而急剧下降

4. 机翼的诱导阻力趋于零的条件是（　）。

　A. 保持层流边界层　　B. 展弦比趋于无穷大

C. 控制边界层使其不分离　　D. 控制翼端绕流

5. 对于有限翼展机翼，若环量呈椭圆形分布，则机翼的（　）最小。

A. 诱导阻力系数　B. 阻力系数　C. 形状阻力系数　D. 升力系数

6. 机翼的失速角是（　）

A. 升力增加到最大值而阻力又保持不变的冲角

B. 升力突然减小，阻力急剧增加所对应的冲角

C. 升力突然减小的冲角

D. 阻力突然减小而升力保持不变的冲角

7. 根据库塔–茹科夫斯基定理，弦长为 c 的二元机翼的升力系数可写为（　）。

A. $\rho V\Gamma$　B. $\Gamma/V/c$　C. $2\Gamma/V/c$　D. $\rho V\Gamma c$

8. 库塔–茹科夫斯基定理给出升力与（　）有关。

A. 来流速度和环量的大小　B. 来流速度和旋涡的大小

C. 来流速度大小和物体的形状　D. 来流速度和物体的旋转角速度大小

9. 三元机翼的阻力包括（　）三部分。

A. 摩擦阻力、形状阻力和诱导阻力　B. 压差阻力、形状阻力和诱导阻力

C. 沿程阻力、摩擦阻力和诱导阻力　D. 摩擦阻力、形状阻力和沿程阻力

10. 根据库塔–茹科夫斯基定理，机翼升力是由（　）产生的。

A. 速度环量　B. 压强差　C. 下洗诱导速度　D. 非对称翼型

习　题　10

1. 参考 10.1 节内容或收集翼剖面数据，绘制出 NACA2412 翼剖面与 NACA0012 翼剖面。

2. 某一矩形机翼面积 $S = 20\ \text{m}^2$，翼展 $b = 10$ m。若用一 Π 形涡来代替机翼，Π 形涡中间段长度与机翼翼展相同，当升力系数 $C_L = 1.0$ 时，计算：（1）Π 形涡的环量；（2）机翼中部以及 1/4 翼展处的下洗速度。

3. 有一水翼艇重 68 t，水翼的升力系数 $C_L = 0.8$，求水翼艇巡航速度为 50 kn 时，能将艇底完全抬离水面所需要的水翼面积。（提示：kn 是一个专用于航海、航空的速率单位，相当于船只或飞机每小时所航行的海里数，1 kn = 0.514 m/s）

4. NACA0018 翼型的矩形机翼模型，翼展为 100 cm，弦长为 20 cm，在风洞风速为 25 m/s 时测得升力为 40 N，此时几何攻角为 8.5°。有一翼型相同的矩形舵板，宽 2 m，吃水 4 m，求船速 13 kn、舵角 10°时，作用于舵上的横向力（即升力）。

5. 有一平面形状为椭圆、展弦比 $\lambda_1 = 6$ 的机翼，其翼剖面为对称翼剖面。在风洞试验中测得攻角 $\alpha = 4°$ 时升力系数 $C_L = 0.45$。（1）求 $\alpha = 4°$ 和 $\alpha = 8°$ 时的诱导阻力系数；（2）若翼弦不变，求展弦比为 $\lambda_2 = 4$，攻角 $\alpha = 4°$ 时机翼的升力系数和诱导阻力系数。

拓 展 题 10

1. 提高机翼升力的措施和实例。

2. 新型翼型在船舶与海洋工程行业中的应用。

第 11 章　模型实验理论基础

流体力学实验是检验和发展流体力学理论的重要途径，通过制作缩小比例的模型进行实验可以简化复杂问题，探索流动过程的规律。相似理论和量纲分析是模型实验中的重要工具，可以保证模型实验的流动与原实物对象的流动力学相似，并且可以科学地设计实验方案和归纳总结实验结果。相似原理作为基础的模型实验方法在流体力学中有着广泛的应用，例如，在风洞中进行飞机模型实验以探索飞机的气动特性，在实验水池中进行舰船模型实验以研究舰船的阻力特性等。

本章主要讨论流动的力学相似、相似准则和量纲分析法。流体力学中的相似性是一个重要的概念，它包括几何相似、运动相似和动力相似。无量纲流体动力学基本方程是研究流体力学中相似性的基础，推导得到的相似准则数是用来描述流体力学中相似性的重要参数。量纲分析法是一种常用的研究相似性的方法，它包括基本量、导出量、量纲齐次性原理和 π 定理。

11.1　相似的基本概念

在流体力学中，相似理论是一种重要的理论工具，用于研究流场的力学相似。相似理论的核心是要求模型和实物的力学相似，即在对应瞬时，这两个流动系统对应位置上的相应物理量之比相等。相似理论被广泛应用于实验研究和工程设计中，可以通过缩小模型进行实验，得到所需的实验结果，再换算到实物上去，进而预测实物可能发生的物理现象。相似理论研究的内容包括：进行实验的条件，实验结果的处理以及换算到实物上的方法。相似理论表征流动过程的物理量按其性质主要有三类：表征流场几何形状的，表征流体质点运动状态的，表征流体质点动力性质的。本章中以下标“m”表示按照缩尺比缩小尺寸后实验用的模型（model）的物理量，以下标“p”表示实尺度实物原型（prototype）的物理量。

11.1.1　几何相似

几何相似是指模型与原型的几何形状相似，即两个系统几何的对应长度有同一比例，且对应角相等，即

$$\frac{l_{\mathrm{m}}}{l_{\mathrm{p}}}=C_l \tag{11.1.1}$$

式中：C_l 为长度比例尺。模型与原型的全部对应线性长度的比例相等则任意对应线间的夹角必然相等，如图 11.1.1 所示，图中角度 $\beta_{\mathrm{p}}=\beta_{\mathrm{m}}$。

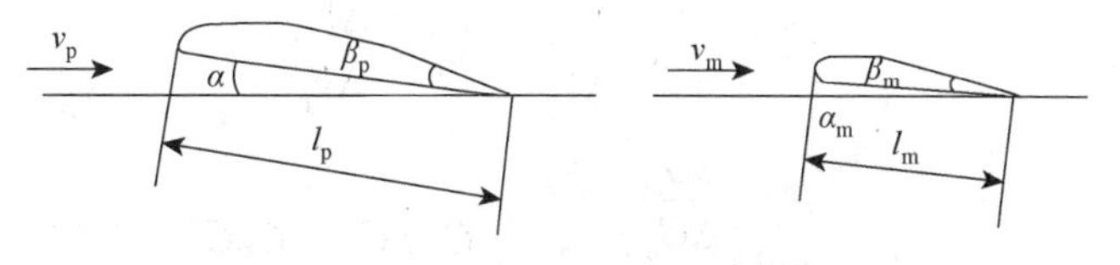

图 11.1.1　几何相似

几何相似的同时也保证了模型与原型对应面积和对应体积也分别成比例，即

$$C_S = \frac{S_m}{S_p} = \frac{l_m^2}{l_p^2} = C_l^2 \tag{11.1.2}$$

$$C_V = \frac{V_m}{V_p} = \frac{l_m^3}{l_p^3} = C_l^3 \tag{11.1.3}$$

式中：C_S、C_V分别称为面积比例尺和体积比例尺。

11.1.2 运动相似

运动相似是指模型与原型中流体流动的速度场相似，即在满足几何相似的两个系统中，在对应瞬时，对应点上的速度方向相同，大小比例相等，速度比例尺 C_v 可写为

$$\frac{v_m}{v_p} = C_v \tag{11.1.4}$$

流场的几何相似是运动相似的前提条件。运动相似也意味着流体质点通过对应距离的时间也互成比例。时间比例尺 C_t 可写为

$$C_t = \frac{t_m}{t_p} = \frac{l_m / v_m}{l_p / v_p} = \frac{C_l}{C_v} \tag{11.1.5}$$

同理，两系统运动相似时，对应点的加速度、体积流量、角速度也相似。加速度比例尺、体积流量比例尺、角速度比例尺可分别写为

$$C_a = \frac{a_m}{a_p} = \frac{v_m / t_m}{v_p / t_p} = \frac{C_v}{C_t} \tag{11.1.6}$$

$$C_q = \frac{q_m}{q_p} = \frac{l_m^3 / t_m}{l_p^3 / t_p} = \frac{C_l^3}{C_t} = C_l^2 C_v \tag{11.1.7}$$

$$C_\omega = \frac{\omega_m}{\omega_p} = \frac{v_m / l_m}{v_p / l_p} = \frac{C_v}{C_l} \tag{11.1.8}$$

11.1.3 动力相似

动力相似是指模型和原型的流场在对应瞬时，对应位置处各作用力的方向相同，大小成同一比例，力的比例尺 C_F 可写为

$$\frac{F_m}{F_p} = C_F \tag{11.1.9}$$

动力相似、运动相似和几何相似使得力、时间和长度三个基本物理量相似。模型和原型两系统的其他力学物理量由它们所决定，所以也必相似。以密度相似为例说明如下。

$$\begin{aligned} C_\rho = \frac{\rho_m}{\rho_p} &= \frac{\lim\limits_{\Delta V_m \to 0} \dfrac{\Delta m_m}{\Delta V_m}}{\lim\limits_{\Delta V_p \to 0} \dfrac{\Delta m_p}{\Delta V_p}} = \lim_{\substack{\Delta V_m \to 0 \\ \Delta V_p \to 0}} \frac{\dfrac{\Delta m_m}{\Delta m_p}}{\dfrac{\Delta V_m}{\Delta V_p}} \\ &= \lim_{\substack{\Delta V_m \to 0 \\ \Delta V_p \to 0}} \frac{\dfrac{\Delta G_m}{\Delta G_p} \Big/ \dfrac{g_m}{g_p}}{\dfrac{\Delta V_m}{\Delta V_p}} = \frac{C_F / C_a}{C_V} = \frac{C_F C_t^2}{C_l^4} \end{aligned} \tag{11.1.10}$$

式中：m 和 G 分别表示质量和重量；g 表示重力加速度。由于 C_F、C_t 和 C_l 均为常数，所以 C_ρ 也为常数，即两系统对应点的密度成比例。

由于两个流场的密度比例尺常常是已知的或者是已经选定的，故开展流体力学的模型实验时，经常选取 C_ρ、C_l、C_v 作基本比例尺，即选取 ρ、l、v 作为独立的基本变量，于是可导出用 C_F、C_M、C_p 表示的力、力矩和压力的比例尺为

$$C_F = C_\rho C_l^2 C_v^2 \tag{11.1.11}$$

$$C_M = \frac{M_{\mathrm{m}}}{M_{\mathrm{p}}} = \frac{F_{\mathrm{m}} l_{\mathrm{m}}}{F_{\mathrm{p}} l_{\mathrm{p}}} = C_F C_l = C_\rho C_l^3 C_v^2 \tag{11.1.12}$$

$$C_p = \frac{p_{\mathrm{m}}}{p_{\mathrm{p}}} = \frac{F_{\mathrm{m}} / A_{\mathrm{m}}}{F_{\mathrm{p}} / A_{\mathrm{p}}} = \frac{C_F}{C_A} = C_\rho C_v^2 \tag{11.1.13}$$

可见，只要确定了模型与原型的长度比例尺、速度比例尺和密度比例尺，便可由它们确定所有动力学量的比例尺。

以上三种相似是互相联系的。流场的几何相似是力学相似的前提条件，运动相似则是几何相似和动力相似的表现，而动力相似是决定运动相似的主导因素。因此，模型与原型流场的几何相似、运动相似和动力相似是两个流场完全相似的重要特征。

此外，还可以推导出：在满足动力相似的条件下，对应的流体动力系数（压力系数、升力系数和阻力系数等）是相等的。

无因次的流体动力系数 C_p 由下式定义

$$C_p = \frac{P}{\frac{1}{2}\rho v^2 S} \tag{11.1.14}$$

式中：P 为流体作用力；ρ、v 和 S 分别为选定的作为特征量的流体密度、速度和面积。对两动力相似系统

$$C_{p_{\mathrm{m}}} = \frac{P_{\mathrm{m}}}{\frac{1}{2}\rho_{\mathrm{m}} v_{\mathrm{m}}^2 s_{\mathrm{m}}} = \frac{C_F P_{\mathrm{p}}}{\frac{1}{2} C_\rho \rho_{\mathrm{p}} C_v^2 v_{\mathrm{p}}^2 C_S S_{\mathrm{p}}} = \frac{C_F}{C_\rho C_v^2 C_S} \frac{P_{\mathrm{p}}}{\frac{1}{2}\rho_{\mathrm{p}} v_{\mathrm{p}}^2 S_{\mathrm{p}}} \tag{11.1.15}$$

式中

$$\frac{C_F}{C_\rho C_v^2 C_S} = \frac{C_F C_t^2}{C_\rho C_l^4} = \frac{C_\rho}{C_\rho} = 1, \qquad \frac{P_{\mathrm{p}}}{\frac{1}{2}\rho_{\mathrm{p}} v_{\mathrm{p}}^2 S_{\mathrm{p}}} = C_{P_{\mathrm{p}}} \tag{11.1.16}$$

因此有

$$C_{P_{\mathrm{m}}} = C_{P_{\mathrm{p}}} \tag{11.1.17}$$

即两动力相似系统的流体动力系数相等。这样可先通过模型实验测出模型的流体动力系数，再利用此性质得到实物上的流体动力系数，进而换算作用力等信息。这就可将模型实验结果换算到实物中。

11.2　无量纲流体动力学基本方程和相似准则数

11.1 节中的讨论表明，两个流动系统要相似，需要满足几何相似、运动相似、动力相似，实际上还应包括相同的初始条件和边界条件。通常情况下，几何相似是流动相似的基础，运动相似则是几何相似和动力相似的表现，而动力相似是决定两个流动相似的主要因素。因此，在几何相似的前提下，要使流动相似必须保证动力相似。根据前面章节内容可知，不可压缩黏性流体的基本方程是 N-S 方程，流体受到惯性力、压力、质量力和黏性力的作用，为了使两个系统流动相似，上述各力应该成比例。

11.2.1　不可压缩 N-S 方程无量纲化

流体动力学基本方程，不仅是理论上研究流体动力学问题的出发点，同时也是指导模型实验研究流体动力学问题的依据。

以重力场中不可压缩和黏性系数为常数的流体为例，对 N-S 方程取重力方向运动微分方程为代表作分析，有

$$\frac{\partial v_z}{\partial t}+v_x\frac{\partial v_z}{\partial x}+v_y\frac{\partial v_z}{\partial y}+v_z\frac{\partial v_z}{\partial z}=-g-\frac{1}{\rho}\frac{\partial p}{\partial z}+\frac{\mu}{\rho}\left(\frac{\partial^2 v_z}{\partial x^2}+\frac{\partial^2 v_z}{\partial y^2}+\frac{\partial^2 v_z}{\partial z^2}\right) \tag{11.2.1}$$

式中：ρ，g，μ 为常数。

对其他物理量选择下面无量纲量（注，带*号均为无量纲量）。

$$\begin{cases} x^*=\dfrac{x}{L},y^*=\dfrac{y}{L},z^*=\dfrac{z}{L} \\ v_x^*=\dfrac{v_x}{v_0},v_y^*=\dfrac{v_y}{v_0},v_z^*=\dfrac{v_z}{v_0} \\ t^*=\dfrac{t}{t_0},p^*=\dfrac{p}{p_0} \end{cases} \tag{11.2.2}$$

式中：L 为特征尺度；v_0 为特征速度；t_0 为特征时间；p_0 为特征压力，它们都是在同一流场中具有代表性的一些特定的参考尺度。将式（11.2.2）代入式（11.2.1），则有

$$\begin{aligned}&\frac{v_0}{t_0}\frac{\partial v_z^*}{\partial t^*}+\frac{v_0^2}{L}\left(v_x^*\frac{\partial v_z^*}{\partial x^*}+v_y^*\frac{\partial v_z^*}{\partial y^*}+v_z^*\frac{\partial v_z^*}{\partial z^*}\right)\\&=-g-\frac{p_0}{\rho L}\frac{\partial p^*}{\partial z^*}+\frac{\mu v_0}{\rho L^2}\left(\frac{\partial^2 v_z^*}{\partial x^{*2}}+\frac{\partial^2 v_z^*}{\partial y^{*2}}+\frac{\partial^2 v_z^*}{\partial z^{*2}}\right)\end{aligned} \tag{11.2.3}$$

选择其中迁移加速度项的有量纲系数除式（11.2.3），便得无量纲的方程为

$$\begin{aligned}&\frac{L}{V_0 t_0}\frac{\partial v_z^*}{\partial t^*}+v_x^*\frac{\partial v_z^*}{\partial x^*}+v_y^*\frac{\partial v_z^*}{\partial y^*}+v_z^*\frac{\partial v_z^*}{\partial z^*}\\&=-\frac{gL}{V_0^2}-\frac{p_0}{\rho V_0^2}\frac{\partial p^*}{\partial z^*}+\frac{\mu}{\rho V_0 L}\left(\frac{\partial^2 v_z^*}{\partial x^{*2}}+\frac{\partial^2 v_z^*}{\partial y^{*2}}+\frac{\partial^2 v_z^*}{\partial z^{*2}}\right)\end{aligned} \tag{11.2.4}$$

以上这种处理方式反映了前人的共同认识，$\dfrac{V_0^2}{L}$ 在物理意义上表示单位质量流体惯性力的量度，它在各种流动问题中总是存在并起作用的。

对不可压缩流体连续性方程，无量纲化后仍为

$$\frac{\partial v_x^*}{\partial x^*}+\frac{\partial v_y^*}{\partial y^*}+\frac{\partial v_z^*}{\partial z^*}=0 \tag{11.2.5}$$

11.2.2 相似准则数

可以看到式（11.2.4）中各项前的系数形成了一些无量纲组合数，它们组成了常用的相似准则数，包括雷诺数、弗劳德数、欧拉数、斯特劳哈尔数、马赫数，其相关定义如下。

1. 雷诺数

雷诺数 Re 反映了流体黏性的作用，雷诺数相等表示两个流动现象的黏性力作用相似。与黏性力有关的现象主要根据雷诺数判断相似。此外，雷诺数的大小还反映黏性作用的大小，雷诺数小表示黏性作用大；雷诺数大则表示黏性作用小。它是惯性力与黏性力的比值，表达式为

$$\frac{惯性力}{黏性力}\sim\frac{\dfrac{v^2}{L}}{\mu\dfrac{v}{\rho L^2}}=\frac{vL}{\nu}=Re \tag{11.2.6}$$

2. 弗劳德数

弗劳德数 Fr 反映了重力（质量力）对流体流动的作用。弗劳德数相等表示模型和原型的重力作用相似。和重力有关的现象主要根据弗劳德数判断相似，例如波浪运动和船舶兴波阻力等问题。弗劳德数的大小还反映重力作用的大小，弗劳德数越大，重力影响越小；反之则大。它是惯性力与重力的比值，表达式为

$$\frac{惯性力}{重力}\sim\frac{\dfrac{v^2}{L}}{g}=\frac{v^2}{gL}=Fr^2 \tag{11.2.7}$$

3. 欧拉数

欧拉数 Eu 反映了压力作用力对流体的作用，欧拉数相等表示模型和原型流场的压力作用力相似。它是压力作用力与惯性力的比值，表达式为

$$\frac{压力作用力}{惯性力}\sim\frac{\dfrac{p}{\rho L}}{\dfrac{v^2}{L}}=\frac{p}{\rho v^2}=Eu \tag{11.2.8}$$

和压力有关的现象由 Eu 决定，例如空泡现象等。在讨论空泡问题时这一相似准数又称为空泡数，如

$$\sigma=\frac{p-p_{\mathrm{V}}}{\dfrac{1}{2}\rho v^2} \tag{11.2.9}$$

式中：p_V 为液体的饱和蒸气压力。一般情况下，欧拉数准则并不是决定性的相似准则数，因为流体的压力与速度之间有确定的关系，所以当与速度有关的准则成立时，欧拉数准则也必定会成立。

4. 斯特劳哈尔数

斯特劳哈尔数 St 反映了流体非定常运动的相似，对于周期性的非定常运动就反映其周期性相似。它是迁移惯性力与局部惯性力的比值，表达式为

$$\frac{\text{迁移惯性力}}{\text{局部惯性力}} \sim \frac{\dfrac{v^2}{L}}{\dfrac{v}{t}} = \frac{v_t}{L} = St \tag{11.2.10}$$

对定常流动，斯特劳哈尔数便不存在。在螺旋桨理论中，与 St 相对应的是螺旋桨的相对进程（进速系数）

$$J = \frac{v}{nD} \tag{11.2.11}$$

式中：J 为螺旋桨进速；v 为流速；D 为螺旋桨直径；n 为转速。

5. 马赫数

马赫数 Ma 反映流动的弹性力作用相似。它是惯性力与弹性力的比值，表达式为

$$\frac{\text{惯性力}}{\text{弹性力}} \sim \frac{v}{c} = Ma \tag{11.2.12}$$

式中：v 为流速；c 为声速。

对于可压缩流的模型实验，要保证流动相似，由流体可压缩性引起的弹性力场须相似。

11.3 量纲分析法

在工程设计和科研工作中，由于情况复杂，涉及到物理量较多，有时并不能直接从前几章所述的无量纲数得到各量间的关系，需要针对具体问题建立新的关系式。有时只能确定所研究的问题与某些物理量有关，现有理论方法并不能确定准确的表达式。为了揭示各物理量之间的函数关系，需要进行模型实验。但是，依次改变每个自变量的方法不适用于有多种影响因素的情况。因此，需要将物理量之间的函数式转化为无量纲数之间的函数式，以便合理选择实验变量并使实验结果具有普遍适用价值。量纲分析的好处有两个方面：一是减少实验变量的数目，节省时间、人力和财力；二是按无量纲参数整理的实验结果可以直接用于实物上。

11.3.1 基本量和导出量

在科学研究中会涉及各种物理量，如质量、时间、力、速度、长度等，大多数物理量是有单位的。但是量纲与单位不同，物理量测量单位的类别称为因次或量纲。同一物理量可以用不同的单位来度量，但只有唯一的量纲，例如长度有毫米（mm）、米（m）、千米（km）等不同单位，同时可以用长度量纲［L］表示。量纲分基本量纲和导出量纲。基本量纲必须具有独立性，不能从其他基本量纲推导出来，而可以用它来参与表示其他各物理量的量纲。对于不可压缩流体，国际单位制中的基本量纲为：长度［L］，时间［T］和质量［M］。由基本量

纲通过物理方程或定义推导出来的量纲，称导出量纲。导出量 X 的量纲 $[X]$ 可以用基本量纲表示为

$$[X]=\mathrm{M}^a\mathrm{L}^b\mathrm{T}^c \tag{11.3.1}$$

式中：指数 a、b、c 为实数。若指数全部取值为零，则意味着 X 为无量纲量或无量纲数。它的特点是既无量纲又无单位，数值的大小与所采用的单位制无关。所以在模型实验时常用同一个无量纲量作为相似准则数。部分常用物理量的量纲如表 11.3.1 所示。

表 11.3.1　常用物理量的量纲

物理量	符号	量纲
速度	v	LT^{-1}
力	F	LMT^{-2}
密度	ρ	ML^{-3}
压强、切应力	p、τ	$\mathrm{ML}^{-1}\mathrm{T}^{-2}$
功、能量、热量	W、E、Q	$\mathrm{ML}^2\mathrm{T}^{-2}$
功率	N	$\mathrm{ML}^2\mathrm{T}^{-3}$
动力黏性系数	μ	$\mathrm{ML}^{-1}\mathrm{T}^{-1}$
运动黏性系数	ν	$\mathrm{L}^2\mathrm{T}^{-1}$

11.3.2　量纲齐次性原理

量纲齐次性的基本原理是考虑某个物理过程与几个确定的物理量有关系，可表达为

$$f(q_1,q_2,\cdots,q_n)=0 \tag{11.3.2}$$

则其中的任意一个物理量 q_i 可以表示成其他物理量的指数乘积

$$q_i=Kq_1^a q_2^b\cdots q_n^p \tag{11.3.3}$$

式中：K 为无量纲数，写出等式两边各物理量的量纲式，将量纲式按式（11.3.1）表示为基本量纲的指数乘积形式，并根据量纲齐次性原理确定指数就可以得出表示该物理过程的方程式。

下面用一个具体的例子来说明量纲齐次性原理的应用。

如果一个物理过程涉及的物理量为 y，$x_1, x_2, \cdots, x_n$，它们之间的待定函数一般可表示为

$$y=f(x_1, x_2, \ldots, x_n) \tag{11.3.4}$$

由于各物理量的量纲只能由基本量纲导出，所以式（11.3.4）右端可以写成这些物理量的某种幂次之积：

$$y=kx_1^{a_1}x_2^{a_2}\cdots x_n^{a_n} \tag{11.3.5}$$

式中：k 为无量纲系数，由实验确定：$a_1, a_2, \cdots, a_n$ 为待定指数。式（11.3.5）可用基本量纲表示为

$$\mathrm{L}^\alpha\mathrm{T}^\beta\mathrm{M}^\gamma=(\mathrm{L}^{\alpha_1}\mathrm{T}^{\beta_1}\mathrm{M}^{\gamma_1})^{a_1}(\mathrm{L}^{\alpha_2}\mathrm{T}^{\beta_2}\mathrm{M}^{\gamma_2})^{a_2}\cdots(\mathrm{L}^{\alpha_n}\mathrm{T}^{\beta_n}\mathrm{M}^{\gamma_n})^{a_n} \tag{11.3.6}$$

根据物理方程量纲齐次性原理，由等式两端基本量纲 L、T、M 的指数相等可得

$$\begin{cases}\alpha=\alpha_1 a_1+\alpha_2 a_2+\cdots+\alpha_n a_n\\ \beta=\beta_1 a_1+\beta_2 a_2+\cdots+\beta_n a_n\\ \gamma=\gamma_1 a_1+\gamma_2 a_2+\cdots+\gamma_n a_n\end{cases} \tag{11.3.7}$$

n 个指数有三个代数方程，只有三个指数是独立的，其余 $n-3$ 个指数需用独立的指数来表示。

根据流动条件求得这些指数，代入式（11.3.5）便可得到上述物理量的函数关系式。

由以上分析可以看出，对于变量较少的简单流动问题，用量纲齐次性原理可以方便地直接求出结果。对于变量较多的复杂流动问题，比如说有多个变量，由于按照基本量纲只能列出三个代数方程，只有三个指数是独立的、待定的，这样会有待定指数的选取问题。

11.3.3 π 定理

π 定理又称白金汉（Buckingham）定理，于 1915 年首次由白金汉提出，应用非常广泛。符号 π 仅用于表示无量纲量，没有其他数学意义。π 定理指出，如果一个物理过程涉及 n 个物理量和 m 个基本量纲，则这个物理过程可以用由 n 个物理量组成的 $n-m$ 个无量纲量（相似准则数）的函数关系来描述，这些无量纲量用 π_i（$i=1, 2, \cdots, n-m$）来表示。

若某一物理现象与几个物理量有关，写为

$$f(q_1,q_2,\cdots,q_n)=0 \tag{11.3.8}$$

其中涉及的物理量为 n 个，涉及的基本量为 m 个，则该物理过程可由 $n-m$ 个无量纲量来描述，即

$$F(\pi_1,\pi_2,\cdots,\pi_{n-m})=0 \tag{11.3.9}$$

式中无量纲量 π_i 可以导出如下：倘若基本量纲是 L，T，M 三个，则可以从 n 个物理量中选取三个既包含上述基本量纲、又互为独立的量，作为基本量。如果这三个基本量是 x_{n-2}、x_{n-1}、x_n 则其他物理量均可用三个基本量的某种幂次与无量纲量的乘积来表示，即

$$x_i=\pi_i x_{n-2}^{a_i}x_{n-1}^{b_i}x_n^{c_i} \tag{11.3.10}$$

于是

$$\pi_i=\frac{x_i}{x_{n-2}^{a_i}x_{n-1}^{b_i}x_n^{c_i}} \tag{11.3.11}$$

根据物理方程量纲一致性原则便可确定待定指数 a_i、b_i、c_i，从而也就确定了 π_i。由上式可以看出，无量纲量 π_i 实际上是按基本量变小了（$x_{n-2}^{a_i}x_{n-1}^{b_i}x_n^{c_i}$）倍的原来的物理量，而其中的 π_{n-2}、π_{n-1}、π_n 都等于 1。因而，可以用对应的无量纲量代替基本量以外的物理量，将原物理方程式转化为

$$F(\pi_1,\pi_2,\cdots,\pi_{n-3},1,1,1)=0 \tag{11.3.12}$$

式中：常数 1 可以不写入。这样，便把原来有 n 个物理量的物理方程式转化成了只有 $n-m$ 个无量纲量的准则方程式，变量减少了 m 个，这给模型实验和实验数据的整理带来很大方便。

π 定理中的无量纲量就是相似准则数（包括几何相似等）。π_i 的倒数、幂次方，它与任何常数的和、差、乘积，它与另外的无量纲量的和、差、乘积都仍然是无量纲量，是新的相似准则数。

对于三个基本量 x_{n-2}、x_{n-1}、x_n 要包含基本量纲，容易识别；是否互相独立，则可根据它们的指数行列式的性质去判断。它们的量纲可用基本量纲表示为

$$
\begin{aligned}
&[x_{n-2}] = \mathrm{L}^{a_1}\mathrm{T}^{b_1}\mathrm{M}^{c_1} \\
&[x_{n-1}] = \mathrm{L}^{a_2}\mathrm{T}^{b_2}\mathrm{M}^{c_2} \\
&[x_n] = \mathrm{L}^{a_3}\mathrm{T}^{b_3}\mathrm{M}^{c_3}
\end{aligned} \tag{11.3.13}
$$

其指数行列式为

$$
\varDelta = \begin{vmatrix} a_1 b_1 c_1 \\ a_2 b_2 c_2 \\ a_3 b_3 c_3 \end{vmatrix} \tag{11.3.14}
$$

由行列式的性质知，$\varDelta \neq 0$，基本量互相独立；$\varDelta = 0$，它们则不独立。如 11.1 节所述，流体力学经常选取特征长度 l、流速 v 和流体密度 ρ 作为基本量，它们已包含基本量纲 L，T，M，它们用基本量纲表示时的指数行列式为

$$
\begin{array}{c} \\ \mathrm{L} \\ \mathrm{T} \\ \mathrm{M} \end{array}
\begin{array}{c} \begin{matrix} l & v & \rho \end{matrix} \\ \begin{vmatrix} 1 & 1 & -3 \\ 0 & -1 & 0 \\ 0 & 0 & 1 \end{vmatrix} \end{array} = -1 \tag{11.3.15}
$$

可见，它们互相独立。它们分别是有代表性的几何学量、运动学量和动力学量，有了这三种基本量的比例尺，便可导出所有几何学量、运动学量和动力学量的比例尺。当然，也可以选取其他物理量作为基本量，只要它们符合既包含基本量纲又互为独立的条件。如果基本量纲是 m 个，同样可用此法去判断选取的基本量是否互相独立，它们的列式是 m 阶的。

应用量纲分析法去探索流动规律时，还要注意以下几点。

（1）必须知道流动过程所包含的全部物理量，不应缺少其中的任何一个，否则，会得到不全面的甚至是错误的结果。

（2）在表征流动过程的函数关系式中存在无量纲常数的系数时，量纲分析法不能给出它们的具体数值，只能由实验来确定。

（3）量纲分析法不能区别量纲相同而意义不同的物理量。例如，流函数 ψ、速度势 φ、速度环量 $\varGamma$ 与运动黏度 ν 等。遇到这类问题时，应加倍小心。

11.4　相似准则与实验

相似准则主要指确保流体流动相似所必要和充分的条件，也是模型实验中应当考虑和遵守的。在几何相似的基础上，要求所有的相似准则数都相等实际上是很困难的。例如，如果在模型实验中要求 Re 与 Fr 这两个相似准则数相等，假设流动是在同一种介质，即 $\rho_{\mathrm{m}} = \rho_{\mathrm{p}}$。则有

Re 相等：

$$
\frac{v_{\mathrm{m}} L_{\mathrm{m}}}{\nu_{\mathrm{m}}} = \frac{v_{\mathrm{p}} L_{\mathrm{p}}}{\nu_{\mathrm{p}}} \Rightarrow v_{\mathrm{m}} = v_{\mathrm{p}} \frac{L_{\mathrm{p}}}{L_{\mathrm{m}}} \tag{11.4.1}
$$

Fr 相等：

$$
\frac{v_{\mathrm{m}}}{\sqrt{g L_{\mathrm{m}}}} = \frac{v_{\mathrm{p}}}{\sqrt{g L_{\mathrm{p}}}} \Rightarrow v_{\mathrm{m}} = v_{\mathrm{p}} \sqrt{\frac{L_{\mathrm{m}}}{L_{\mathrm{p}}}} \tag{11.4.2}
$$

很明显，这两个条件是无法同时满足的。

如果在不同的流体中进行实验，将式（11.4.2）代入式（11.4.1）可得

$$v_{\mathrm{p}} = v_{\mathrm{m}}\left(L_{\mathrm{p}}/L_{\mathrm{m}}\right)^{\frac{2}{3}} \tag{11.4.3}$$

如果原型与模型的尺度比为 1∶10，要求原型中流体的运动黏度是模型实验时的 31.6 倍，要达到这种条件通常是很困难的。因此，在实际模型实验中，只能抓住对流动过程起主要作用的相似数准则来安排实验，而忽略影响较小的相似数准则，这就是所谓的局部相似。如考虑船舶黏性阻力或流体在水平管道中流动时，因黏性力起主导作用，应按 *Re* 相等的准则来安排实验；而研究船舶的兴波阻力时，重力起主导作用，应按 *Fr* 相等的准则进行实验。

此外，有一些特殊现象需要单独考虑。例如当 *Re* 增大到一定值时，压差黏性管流中会出现自模化状态，此时管内流体的紊乱程度、速度剖面和沿程能量损失系数几乎不再变化。自模化状态的 *Re* 范围称为自模化区，阻力的主要部分是紊动阻力而不是黏滞阻力。在自模化区内，没有独立的相似准则，物理量可以按力学相似的比例尺进行换算。因此，一旦流动自动模化，其他物理量就可以根据选定的基本比例尺进行换算。

11.5 例题选讲

例 11.5.1 一潜艇长为 $L = 78$ m，水面航速为 13 kn（1 kn = 0.514 m/s），现用 1∶50 的模型在水池中做实验测它在水面航行时的兴波阻力，试确定水池拖车的拖曳速度。

解 实验应按弗劳德数准则进行。船模长度

$$L_{\mathrm{m}} = \frac{1}{50} \times 78 = 1.56(\mathrm{m})$$

实艇水面航速

$$v_{\mathrm{p}} = 13 \times 0.514 = 6.7(\mathrm{m/s})$$

$$\frac{v_{\mathrm{p}}}{\sqrt{gL_{\mathrm{p}}}} = \frac{v_{\mathrm{m}}}{\sqrt{gL_{\mathrm{m}}}}$$

则实验时船模的拖曳速度为

$$v_{\mathrm{m}} = v_{\mathrm{p}}\sqrt{\frac{L_{\mathrm{m}}}{L_{\mathrm{p}}}} = 6.7 \times \sqrt{\frac{1}{50}} = 0.95(\mathrm{m/s})$$

例 11.5.2 黏性流体中运动物体所受的阻力 R，影响它的因素有物体的长度 L、运动速度 v、流体的密度 ρ 及流体的动力黏度 μ，试确定它们之间的关系式。

解 由题意有如下的关系式

$$R = f(\mu, \rho, v, L)$$

由量纲齐次性原理假设

$$R = K\mu^a \rho^b v^c L^d$$

式中：K 为无量纲数，指数 a，b，c，d 待定。等式两边写成量纲方程为

$$[R] = [\mu]^a [\rho]^b [v]^c [L]^d$$

将各物理量的量纲用基本量纲表示代入上式，得

$$\mathrm{MLT^{-2}} = [\mathrm{ML^{-1}T^{-1}}]^a [\mathrm{ML^{-3}}]^b [\mathrm{LT^{-1}}]^c [\mathrm{L}]^d = \mathrm{M}^{a+b}\mathrm{L}^{-a-3b+c+d}\mathrm{T}^{-a-c}$$

由量纲齐次性知，等式两边各基本量纲的指数应分别相等，于是有

$$\begin{cases} a+b=1 \\ -a-3b+c+d=1 \\ -a-c=-2 \end{cases}$$

三个方程有四个未知数，为此任意指定一个未知量为待定指数，如选 a 为待定指数，则可从上式解出

$$\begin{cases} b=1-a \\ c=2-a \\ d=2-a \end{cases}$$

于是有

$$R=K\mu^a\rho^{1-a}v^{2-a}L^{2-a}=K\rho v^2L^2\left(\frac{\mu}{\rho vL}\right)^a=K\rho v^2L^2Re^{-a}$$

因 K，Re 均为无量纲量，所以上式表明无量纲量 $R/\left(\rho v^2L^2\right)$ 和 Re 之间存在某种待定的函数关系，并可写成

$$C_R=\frac{R}{\frac{1}{2}\rho v^2L^2}=f_1(Re)$$

式中：C_R 为阻力系数。它需要通过实验确定。

需要指出的是，选择不同的待定指数，无量纲函数关系可能有不同的形式，究竟采用哪一种，要通过对实验结果的分析作出选择。

例 11.5.3　黏性不可压缩流体在水平直管中做定常流动，其压力差 Δp 取决于管长 l、管径 d、管壁绝对粗糙度 $\varDelta$、流体的密度 ρ、动力黏度 μ 以及流速 v。试用 π 定理确定压力降 Δp 与其他物理量的函数关系。

解　（1）根据题意知

$$\Delta p=f(l,d,\varDelta,\rho,\mu,v)$$

有 $n=7$ 个物理量，它们的量纲用基本量纲分别表示为 Δp: $\mathrm{ML^{-1}T^{-2}}$, ρ: $\mathrm{ML^{-3}}$, μ: $\mathrm{ML^{-1}T^{-1}}$, l：L、d：L，$\varDelta$：L，v：$\mathrm{LT^{-1}}$。

（2）选择 ρ、v、d 为基本量，$m=3$。

（3）将基本量与其他物理量组成 $n-m=4$ 个无量纲量

$$\pi_1=\frac{\Delta p}{v^ad^b\rho^c}$$

于是有

$$\mathrm{ML^{-1}T^{-2}}=[\mathrm{LT^{-1}}]^a[\mathrm{L}]^b[\mathrm{ML^{-3}}]^c=\mathrm{M}^c\mathrm{L}^{a+b-3c}\mathrm{T}^{-a}$$

由此解得 $a=2$，$b=0$，$c=1$，故

$$\pi_1=\frac{\Delta p}{\rho v^2}$$

$$\pi_2=\frac{\mu}{v^ad^b\rho^c}$$

同理有

$$ML^{-1}T^{-1} = M^cL^{a+b-3c}T^{-a}$$

由此解得 $a=1$，$b=1$，$c=1$，故

$$\pi_2 = \frac{\mu}{\rho v d} = \frac{1}{Re}$$

显然对物理量 l 和 $\varDelta$ 有

$$\pi_3 = \frac{l}{d},\quad \pi_4 = \frac{\varDelta}{d}$$

（4）整理方程式有

$$\frac{\Delta p}{\rho v^2} = f\left(\frac{1}{Re}, \frac{l}{d}, \frac{\varDelta}{d}\right) = f_1\left(Re, \frac{l}{d}, \frac{\varDelta}{d}\right)$$

实验研究表明，压力差与管长成正比，与管径成反比，故可将 l/d 移至函数式外面

$$\frac{\Delta p}{\rho v^2} = f_1\left(Re, \frac{\varDelta}{d}\right)\frac{l}{d}$$

沿程水头损失

$$h_f = \frac{\Delta p}{\rho g} = 2f_1\left(Re, \frac{\varDelta}{d}\right)\frac{l}{d}\frac{v^2}{2g} = \lambda\frac{l}{d}\frac{v^2}{2g}$$

此式称为达西公式，它是计算管路沿程水头损失的一个重要公式。式中

$$\lambda = 2f_1\left(Re, \frac{\varDelta}{d}\right)$$

是沿程水头损失系数。

测 试 题 11

1. 两个物理现象相似通常包括______、______、______三个相似条件。
2. 反映了流体黏性作用的相似准则数为______。
3. 在流体力学实验中，动力相似是指（　）。

   A. 实验模型和实际对象在形状、大小等方面具有相似的特征

   B. 实验模型和实际对象在力学特性上具有相似的特征

   C. 实验模型和实际对象的速度场具有相似的特征

   D. 实验模型和实际对象在介质密度上具有相似的特征
4. 在流体力学实验中，相似准则的选择应该遵循的原则是（　）。

   A. 确保满足所有相似准则

   B. 选择相似准则时，应该优先考虑流体力学特性

   C. 选择相似准则时，应该优先考虑实验模型和实际对象的形状和大小

   D. 选择相似准则时，应该优先考虑实验模型和实际对象的材料
5. 在流体力学中，以下（　）准则数用于描述流体的惯性力和黏性力之间的相对重要性。

   A. 马赫数　　B. 韦伯数　　C. 弗劳德数　　D. 雷诺数

习　题　11

1. 在设计轿车时，需要确定其在公路上以某速度行驶时的正面空气阻力。已知一轿车最大速度为 200 km/h，拟在风洞中进行 1∶2 的模型实验，并假定风洞实验气流的温度与公路上行驶时的温度相同。求：（1）在风洞中做实验时，风洞的风速；（2）若测得模型汽车正面空气阻力 $F_m = 1\,000$ N，求实物汽车在公路上以最大速度 200 km/h 行驶时，所受空气阻力 F 为多少？

2. 已知水中水波波长λ与水深 h、波速 v、重力加速度 g、流体密度ρ有关，用量纲分析法确定它们之间的关系。

3. 已知水下航行体在水中所受阻力 R 与航行体速度 v、长度 l、水的动力黏度 μ、水的密度 ρ 有关，试用 π 定理推导它们之间的关系。

拓 展 题 11

1. 开展水下航行体阻力实验设计时，应优先考虑满足哪一个相似准则数？

2. 研究桥梁、建筑物等的风致振动问题时，流体流动和结构物振动同时存在，此时若开展实验研究应如何考虑相似？

参考文献

陈浮，权晓波，宋彦萍，2015. 空气动力学基础[M]. 哈尔滨：哈尔滨工业大学出版社.
陈建平，端木玉，2020. 船舶流体力学[M]. 哈尔滨：哈尔滨工程大学出版社.
陈懋章，2002. 粘性流体动力学基础[M]. 北京：高等教育出版社.
陈小刚，宋金宝，孙群，2005. 三层流体界面内波的二阶 Stokes 解[J]. 物理学报（12）：5699-5706.
丁祖荣，2003. 流体力学. 上册[M]. 北京：高等教育出版社.
冯元桢，2009. 连续介质力学初级教程[M]. 葛东云，陆明万，译. 北京：清华大学出版社.
付星华，1994. 五阶斯托克斯波的简化解法及改进解[J]. 海洋通报（3）：53-61.
高殿荣，吴晓明，1999. 工程流体力学[M]. 北京：机械工业出版社.
郭志萍，2010. 无流存在下三层密度分层流体界面波三阶方程的解[J]. 运城学院学报（2）：4-6.
国丽萍，2015. 复杂流体力学[M]. 北京：中国石化出版社.
胡敏良，吴雪茹，2011. 流体力学[M]. 武汉：武汉理工大学出版社.
贾宝贤，周军伟，2014. 流体力学[M]. 北京：化学工业出版社.
贾月梅，2006. 流体力学[M]. 北京：国防工业出版社.
景思睿，张鸣远，2001. 流体力学[M]. 西安：西安交通大学出版社.
李睿劬，2016. 论流体力学中涡量与速度梯度张量的物理意义[C]. 北京力学会第二十二届学术年会. 北京：I-85-87
李玉柱，苑明顺，2020. 流体力学[M]. 北京：高等教育出版社.
梁智权，2002. 流体力学[M]. 重庆：重庆大学出版社.
林建忠，2013. 流体力学[M]. 北京：清华大学出版社.
刘天宝，1983. 流体力学及叶珊理论[M]. 北京：机械工业出版社.
刘延俊，武爽，王登帅，等，2021. 海洋波浪能发电装置研究进展[J]. 山东大学学报（工学版），51（5）：63-75.
吕华庆，魏守林，周华民，2006. 流体力学基础[M]. 杭州：浙江科学技术出版社.
马乾初，王家楣，1994. 流体力学[M]. 大连：大连海事大学出版社.
马汝建，李桂喜，2001. Stokes 波的谱特性分析[J]. 海洋工程（4）：52-57.
潘文金，1982. 流体力学基础下[M]. 北京：机械工业出版社.
彭伟，张继生，范亚宁，等，2021. 结合防波堤的振荡摇摆式波浪能装置试验研究[J]. 太阳能学报，42（2）：295-301.
祁德庆，1995. 工程流体力学[M]. 上海：同济大学出版社.
盛振邦，2019. 船舶原理. 下册[M]. 上海：上海交通大学出版社.
施永生，徐向荣，2005. 流体力学[M]. 北京：科学出版社.
史宏达，刘臻，2021. 海洋波浪能研究进展及发展趋势[J]. 科技导报，39（6）：22-28.
孙祥海，2000. 流体力学[M]. 上海：上海交通大学出版社.
唐登斌，2015. 边界层转捩[M]. 北京：科学出版社.
王树青，梁丙臣，2013. 海洋工程波浪力学[M]. 青岛：中国海洋大学出版社.
王献孚，韩久瑞，1987.机翼理论[M].北京：人民交通出版社.
王鑫，邢文雅，李胜军，2019. 一类五阶非线性波方程的新精确解[J]. 数学的实践与认识，49（2）：234-240.
吴望一，1983. 流体力学[M]. 北京：北京大学出版社.
熊鳌魁，王献孚，吴静萍，等，2016. 流体力学[M]. 北京：科学出版社.

徐德伦，1987. 由 JONSWAP 谱和 PM 谱计算的风浪波高之间的关系[J]. 海洋湖沼通报（1）：1-4.
许维德，1979. 流体力学[M]. 北京：国防工业出版社.
尤努斯 • A. 森哲尔，约翰 • M. 辛巴拉，2019. 流体力学基础及其工程应用. 上册[M]. 李博，梁莹，译. 北京：机械工业出版社.
尤努斯 • A. 森哲尔，约翰 • M. 辛巴拉，2021. 流体力学基础及其工程应用. 下册[M]. 李博，梁莹，译. 北京：机械工业出版社.
曾亿山，郭永存，2008. 流体力学[M]. 合肥：合肥工业大学出版社.
张爱民，王长永，2010. 流体力学[M]. 北京：科学出版社.
张亮，李云波，2001. 流体力学[M]. 哈尔滨：哈尔滨工程大学出版社.
张也影，1999. 流体力学[M]. 北京：高等教育出版社.
张兆顺，崔桂香，2015. 流体力学[M]. 北京：清华大学出版社.
章梓雄，董曾南，2011. 粘性流体力学[M]. 北京：清华大学出版社.
周光坰，严宗毅，许世雄，等，1992. 流体力学[M]. 北京：高等教育出版社.
周剑锋，邵春雷，2018. 流体力学基础[M]. 北京：化学工业出版社.
朱克勤，许春晓，2009. 粘性流体力学[M]. 北京：高等教育出版社.
朱仁传，缪国平，2019. 船舶在波浪上的运动理论[M]. 上海：上海交通大学出版社.
朱仁庆，杨松林，王志东，2015. 船舶流体力学[M]. 北京：国防工业出版社.
Л. Д. 朗道 Е. М. 栗弗席茨，1983. 流体力学.上册[M]. 孔祥言，徐燕侯，庄礼贤，等，译. 北京：高等教育出版社.
Л.И. 谢多夫，2007. 连续介质力学：第 1 卷[M]. 李植，译. 北京：高等教育出版社.
L.普朗特，K.奥斯瓦提奇，K.维格哈特，1981. 流体力学概论[M]. 郭永怀，陆士嘉，译. 北京：科学出版社.
STREETER V L，WYLIE E B，1987. 流体力学[M]. 周均长，郝中堂，冯士明，等，译. 北京：高等教育出版社.
FRANK M，WHITE，1991. Viscous fluid flow[M]. Boston：McGraw-Hill.
FRANK M，WHITE，2004. Fluid mechanics[M]. Boston：McGraw-Hill.

附录1　常用矢量公式及标记法

1.1　指标符号

1. 爱因斯坦求和约定

张量分析中为了便于标记及公式推导，通常对于一组性质相关的量使用一个带指标的符号表示，这一符号称为指标符号。

例如：一点的三个坐标 x，y，z 可表示为 x_1，x_2，x_3，用指标符号简记为 x_i，i=1，2，3；流速的三个方向分量表示为 v_1，v_2，v_3，简记为 v_i（i=1，2，3）；九个应力分量 σ_{xx}，σ_{xy}，σ_{xz}，σ_{yx}，σ_{yy}，σ_{yz}，σ_{zx}，σ_{zy}，σ_{zz}，简记为 σ_{ij}，i=1，2，3。

在数学上为了书写方便在求和表达式中采用求和记号，例如

$$S = a_1 x_1 + a_2 x_2 + \cdots + a_n x_n = \sum_{i=1}^{n} a_i x_i \tag{1}$$

进一步可以引进爱因斯坦求和约定：在表达式的某一项内（单项式、乘积式、求导式等）重复一次且仅重复一次的指标，表示对该指标在取值范围内进行遍历求和；重复出现的指标称为哑指标，简称为哑标。用哑标代替求和，则式（1）可写为

$$S = a_1 x_1 + a_2 x_2 + \cdots + a_n x_n = a_i x_i \tag{2}$$

由于哑标仅表示要遍历求和，所以可以成对任意换标。

例如，式（2）可以写为

$$S = a_1 x_1 + a_2 x_2 + a_3 x_3 = a_i x_i = a_j x_j = a_k x_k \tag{3}$$

哑标只能成对出现，否则需要加上求和号或特别指出。例如，$a_i b_i x_i$ 是违约的，求和时要保留求和号 $\sum_{i=1}^{n} a_i b_i x_i$ 。

同项中出现两对（或多对）不同哑标表示多重求和。例如，$S = a_{ij} x_i x_j = \sum_{i=1}^{3}\sum_{j=1}^{3} a_{ij} x_i x_j$ ，展开式共九项。

若表达式的某一项中某个指标不重复出现，则该指标称为自由指标，简称自由标。例如

$$a_{ij} x_j = y_i \tag{4}$$

式中：i=1, 2, 3 是自由标。当 i 分别取 1，2，3 时，式（4）可表示三个独立方程为

$$a_{11}x_1 + a_{12}x_2 + a_{13}x_3 = y_1$$
$$a_{21}x_1 + a_{22}x_2 + a_{23}x_3 = y_2$$
$$a_{31}x_1 + a_{32}x_2 + a_{33}x_3 = y_3$$

通常约定：拉丁指标 i，j，k 等表示三维指标，取值 1，2，3；希腊字母指标 α，β，γ 等均为二维指标，取值 1，2。这样就不必再每次书写取值范围。

2. 克罗内克符号

任意两个正交单位向量点积可表示为

$$\boldsymbol{e}_i \cdot \boldsymbol{e}_j = \delta_{ij}$$

式中：δ_{ij} 为克罗内克（kronecker）符号，其值为

$$\delta_{ij}=\begin{cases}1, & i=j \\ 0, & i\neq j\end{cases}$$

δ_{ij} 有 9 个分量，为二阶张量

$$\delta_{ij}=\begin{bmatrix}1 & 0 & 0 \\ 0 & 1 & 0 \\ 0 & 0 & 1\end{bmatrix}$$

即 $\delta_{11}=\delta_{22}=\delta_{33}=1$，$\delta_{12}=\delta_{21}=\delta_{13}=\delta_{31}=\delta_{23}=\delta_{32}=0$。

3. 置换符号

任意两个正交单位向量叉积可表示为

$$\boldsymbol{e}_i \times \boldsymbol{e}_j = \varepsilon_{ijk}\boldsymbol{e}_k$$

式中：ε_{ijk} 称为置换符号，也称为 Ricci 符号，其值为

$$\varepsilon_{ijk}=\begin{cases}1, & 若(i,j,k)=(1,2,3),(2,3,1),(3,1,2) \quad \rightarrow 偶次置换 \\ -1, & 若(i,j,k)=(3,2,1),(2,1,3),(1,3,2) \quad \rightarrow 奇次置换 \\ 0, & 若有两个或三个指标相等\end{cases}$$

1.2　矢量的基本运算

在三维空间中，任意矢量都可以表示为三个基矢量 $\boldsymbol{e}_1,\boldsymbol{e}_2,\boldsymbol{e}_3$ 的线性组合

$$\boldsymbol{a} = a_1\boldsymbol{e}_1 + a_2\boldsymbol{e}_2 + a_3\boldsymbol{e}_3 = a_i\boldsymbol{e}_i$$

式中：a_i 为矢量 $\boldsymbol{a}$ 在基矢量 $\boldsymbol{e}_i$ 下的分解系数，也称矢量的分量。

1. 矢量点积

$$\boldsymbol{e}_i \cdot \boldsymbol{e}_j = \delta_{ij}$$

$$\boldsymbol{a} \cdot \boldsymbol{b} = a_i\boldsymbol{e}_i \cdot b_j\boldsymbol{e}_j = a_i b_j \delta_{ij} = a_i b_i = a_j b_j$$

2. 矢量叉积

$$\boldsymbol{e}_i \times \boldsymbol{e}_j = e_{ijk}\boldsymbol{e}_k$$

$$\boldsymbol{a}\times\boldsymbol{b}=a_i\boldsymbol{e}_i\times b_j\boldsymbol{e}_j=a_ib_j\boldsymbol{e}_i\times\boldsymbol{e}_j=a_ib_je_{ijk}\boldsymbol{e}_k=\begin{vmatrix}\boldsymbol{e}_1&\boldsymbol{e}_2&\boldsymbol{e}_3\\a_1&a_2&a_3\\b_1&b_2&b_3\end{vmatrix}$$

3. 矢量的混合积

$$\boldsymbol{a}\cdot(\boldsymbol{b}\times\boldsymbol{c})=(\boldsymbol{a}\times\boldsymbol{b})\cdot\boldsymbol{c}=\boldsymbol{c}\cdot(\boldsymbol{a}\times\boldsymbol{b})=(\boldsymbol{c}\times\boldsymbol{a})\cdot\boldsymbol{b}$$

$$\boldsymbol{a}\times(\boldsymbol{b}\times\boldsymbol{c})=(\boldsymbol{a}\cdot\boldsymbol{c})\boldsymbol{b}-(\boldsymbol{a}\cdot\boldsymbol{b})\boldsymbol{c}$$

$$(\boldsymbol{a}\times\boldsymbol{b})\cdot(\boldsymbol{c}\times\boldsymbol{d})=(\boldsymbol{a}\cdot\boldsymbol{c})(\boldsymbol{b}\cdot\boldsymbol{d})-(\boldsymbol{b}\cdot\boldsymbol{c})(\boldsymbol{a}\cdot\boldsymbol{d})$$

4. 矢量的并乘（并矢）

两矢量 $\boldsymbol{a}=a_i\boldsymbol{e}_i$ 和 $\boldsymbol{b}=b_j\boldsymbol{e}_j$ 的乘积运算定义为并矢，并矢是二阶张量。

$$\boldsymbol{ab}=a_i\boldsymbol{e}_ib_j\boldsymbol{e}_j=a_ib_j\boldsymbol{e}_i\boldsymbol{e}_j$$

1.3 矢量场的基本运算

1. 哈密顿算子∇

哈密顿算子在运算中具有矢量和微分的双重性质，分别可与数量场（标量场）和矢量场发生作用，在直角坐标系中的表达式为

$$\nabla=\boldsymbol{i}\frac{\partial}{\partial x}+\boldsymbol{j}\frac{\partial}{\partial y}+\boldsymbol{k}\frac{\partial}{\partial z}=\boldsymbol{e}_i\frac{\partial}{\partial x_i}$$

2. 梯度、散度与旋度

哈密顿算子与数（标）量场 φ（x，y，z）的相互作用即为标量场 φ 的梯度 $\mathrm{grad}\varphi$

$$\nabla\varphi=\left(\frac{\partial}{\partial x}\boldsymbol{i}+\frac{\partial}{\partial y}\boldsymbol{j}+\frac{\partial}{\partial z}\boldsymbol{k}\right)\varphi=\frac{\partial\varphi}{\partial x}\boldsymbol{i}+\frac{\partial\varphi}{\partial y}\boldsymbol{j}+\frac{\partial\varphi}{\partial z}\boldsymbol{k}=\mathrm{grad}\varphi$$

哈密顿算子与矢量场 $\boldsymbol{A}(x,y,z)$ 的数性作用即为矢量场 $\boldsymbol{A}(x,y,z)$ 的散度 $\mathrm{div}\boldsymbol{A}$

$$\nabla\cdot\boldsymbol{A}=\left(\frac{\partial}{\partial x}\boldsymbol{i}+\frac{\partial}{\partial y}\boldsymbol{j}+\frac{\partial}{\partial z}\boldsymbol{k}\right)\cdot(A_x\boldsymbol{i}+A_y\boldsymbol{j}+A_z\boldsymbol{k})=\frac{\partial A_x}{\partial x}+\frac{\partial A_y}{\partial y}+\frac{\partial A_z}{\partial z}=\mathrm{div}\boldsymbol{A}$$

哈密顿算子与矢量场 $\boldsymbol{A}(x,y,z)$ 的矢性作用即为矢量场 $\boldsymbol{A}(x,y,z)$ 的旋度 $\mathrm{rot}\boldsymbol{A}$

$$\nabla\times\boldsymbol{A}=\left(\frac{\partial A_z}{\partial y}-\frac{\partial A_y}{\partial z}\right)\boldsymbol{i}+\left(\frac{\partial A_x}{\partial z}-\frac{\partial A_z}{\partial x}\right)\boldsymbol{j}+\left(\frac{\partial A_y}{\partial x}-\frac{\partial A_x}{\partial y}\right)\boldsymbol{k}=\mathrm{rot}\boldsymbol{A}=\varepsilon_{ijk}\boldsymbol{e}_k\frac{\partial A_j}{\partial x_i}$$

3. 常用哈密顿算子运算微分

（1）$\nabla(Cu)=C\nabla u$ （C为常数）

（2）$\nabla\cdot(C\boldsymbol{A})=C\nabla\cdot\boldsymbol{A}$ （C为常数）

（3）$\nabla\times(C\boldsymbol{A})=C\nabla\times\boldsymbol{A}$ （C为常数）

（4）$\nabla(u\pm v)=\nabla u\pm\nabla v$

（5）$\nabla\cdot(\boldsymbol{A}\pm\boldsymbol{B})=\nabla\cdot\boldsymbol{A}\pm\nabla\cdot\boldsymbol{B}$

（6）$\nabla\times(\boldsymbol{A}\pm\boldsymbol{B})=\nabla\times\boldsymbol{A}\pm\nabla\times\boldsymbol{B}$

（7）$\nabla\cdot(u\boldsymbol{C})=\nabla u\cdot\boldsymbol{C}$　（$\boldsymbol{C}$为常矢）

（8）$\nabla\times(u\boldsymbol{C})=\nabla u\times\boldsymbol{C}$　（$\boldsymbol{C}$为常矢）

（9）$\nabla(uv)=u\nabla v\pm v\nabla u$

（10）$\nabla\cdot(u\boldsymbol{A})=u\nabla\cdot\boldsymbol{A}+\nabla u\cdot\boldsymbol{A}$

（11）$\nabla\times(u\boldsymbol{A})=u\nabla\times\boldsymbol{A}+\nabla u\times\boldsymbol{A}$

（12）$\nabla(\boldsymbol{A}\cdot\boldsymbol{B})=\boldsymbol{A}\times(\nabla\times\boldsymbol{B})+(\boldsymbol{A}\cdot\nabla)\boldsymbol{B}+\boldsymbol{B}\times(\nabla\times\boldsymbol{A})+(\boldsymbol{B}\cdot\nabla)\boldsymbol{A}$

（13）$\nabla\cdot(\boldsymbol{A}\times\boldsymbol{B})=\boldsymbol{B}\cdot(\nabla\times\boldsymbol{A})-\boldsymbol{A}\cdot(\nabla\times\boldsymbol{B})$

（14）$\nabla\times(\boldsymbol{A}\times\boldsymbol{B})=(\boldsymbol{B}\cdot\nabla)\boldsymbol{A}-(\boldsymbol{A}\cdot\nabla)\boldsymbol{B}-\boldsymbol{B}(\nabla\cdot\boldsymbol{A})+\boldsymbol{A}(\nabla\cdot\boldsymbol{B})$

（15）$\nabla\cdot(\nabla u)=\nabla^2u=\Delta u$

（16）$\nabla\times(\nabla u)=0$

（17）$\nabla\cdot(\nabla\times\boldsymbol{A})=0$

（18）$\nabla\times(\nabla\times\boldsymbol{A})=\nabla(\nabla\cdot\boldsymbol{A})-\Delta\boldsymbol{A}$

上面式子中，u、v 是数性函数，$\boldsymbol{A},\boldsymbol{B}$ 是矢性函数。

1.4　广义高斯公式和斯托克斯公式

1. 广义高斯公式

设 S 是空间体积 τ 的边界曲面（附图 1.1），矢量 $\boldsymbol{A}$ 或标量 φ 在 $S+\tau$ 上的一阶偏导数连续，则有以下体积分与面积分之间的等式：

$$\iiint_\tau \nabla\cdot\boldsymbol{A}\mathrm{d}\tau=\iint_S \boldsymbol{n}\cdot\boldsymbol{A}\mathrm{d}S$$

$$\iiint_\tau \nabla\varphi\mathrm{d}\tau=\iint_S \boldsymbol{n}\varphi\mathrm{d}S$$

$$\iiint_\tau \nabla\times\boldsymbol{A}\mathrm{d}\tau=\iint_S \boldsymbol{n}\times\boldsymbol{A}\mathrm{d}S$$

以上三式称为广义高斯（Gauss）公式。式中 $\boldsymbol{n}$ 为微元面积 dS 的外法线方向的单位矢量。

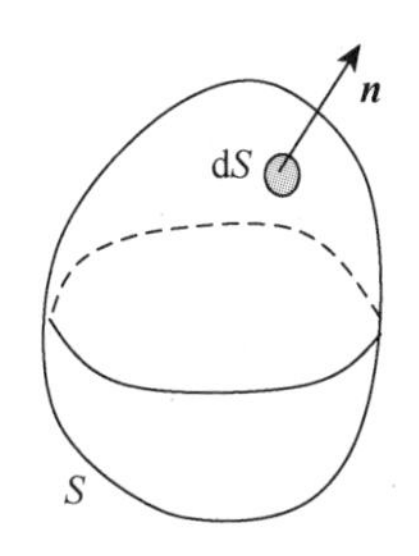

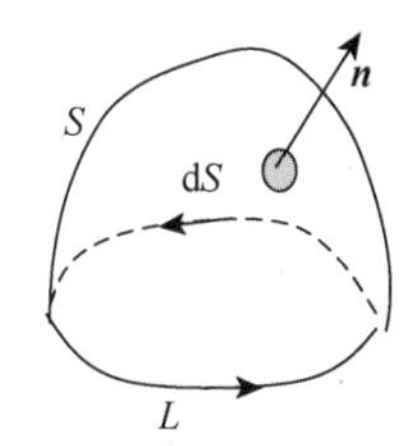

附图 1.1

2. 斯托克斯公式

若 L 为曲面 S 的边界，且为可缩曲线，矢量 $\boldsymbol{A}$ 在 $S+L$ 上一阶导数连续，则有以下面积分与线积分之间的等式：

$$\iint_S \boldsymbol{n}\cdot(\nabla\times\boldsymbol{A})\mathrm{d}S=\oint_L \boldsymbol{A}\cdot\mathrm{d}\boldsymbol{L}$$

上式为斯托克斯（Stokes）公式。

附录 2　双曲函数及其渐近值

双曲函数

$$\sinh x = \frac{1}{2}(e^x - e^{-x})$$

$$\cosh x = \frac{1}{2}(e^x + e^{-x})$$

$$\tanh x = \frac{e^x - e^{-x}}{e^x + e^{-x}}$$

$$\frac{d}{dx}(\sinh x) = \cosh x$$

$$\frac{d}{dx}(\cosh x) = \sinh x$$

双曲函数渐近值

$$\tanh x \approx 1 \quad (x > \pi)$$

$$\sinh x \approx \cosh x \quad (x > \pi)$$

$$\tanh x \approx \sinh x \approx x \quad \left(x < \frac{\pi}{10}\right)$$

$$\cosh x \approx 1 \quad \left(x < \frac{\pi}{10}\right)$$

附录 3　标准大气压下不同温度时空气和水的黏度以及水 汽化压力和表面张力

温度/℃	空气		水			
	$\mu/(\times10^{-5}N\cdot s/m^2)$	$\nu/(\times10^{-5}m^2/s)$	$\mu/(\times10^{-5}N\cdot s/m^2)$	$\nu/(\times10^{-5}m^2/s)$	汽化压力/Pa	表面张力/（N/m）
−40	1.57	1.04				
−20	1.63	1.11				
0	1.71	1.32	1.79	1.79	611	0.075 6
5	1.73	1.56	1.52	1.52	872	0.074 9
10	1.76	1.41	1.31	1.31	1 227	0.074 2
15	1.80	1.47	1.14	1.14	1 704	0.073 5
20	1.82	1.51	1.00	1.00	2 337	0.072 8
25	1.85	1.56	0.89	0.89	3 166	0.072 0
30	1.86	1.60	0.80	0.80	4 242	0.071 2
40	1.87	1.66	0.65	0.66	7 375	0.069 6
50	1.95	1.76	0.55	0.55	12 335	0.067 7
60	1.97	1.86	0.47	0.48	19 919	0.066 2
70	2.03	1.97	0.40	0.41	31 161	0.064 4
80	2.07	2.07	0.36	0.37	47 359	0.062 6
90	2.14	2.20	0.32	0.33	70 108	0.060 8
100	2.17	2.29	0.28	0.29	10 325	0.058 9